ビジュアルで学ぶ

伴侶動物
解剖生理学

監修 浅利昌男
　　 大石元治

緑書房

はじめに

　本書は，獣医臨床にかかわるすべての人を対象に，伴侶動物の解剖生理学の基礎知識を学習できるものとしてつくられた．すなわち，獣医学分野，動物看護学分野の学生はもちろん，卒業後にもう一度，動物の体の構造や機能を勉強したいと思っている臨床現場で活躍中の獣医師や動物看護師をはじめとする獣医療関係者，さらには動物を愛する一般の方々に向けて本書は書かれている．

　臨床現場で何かの問題に直面し，動物の解剖生理学的知見を深く求める場合には，辞書的に使用できる獣医解剖学および獣医生理学の専門書は有用である．しかし，臨床現場における基礎技術の向上を目的に，伴侶動物の解剖生理学を広く学ぼうと考えたときには，辞書的な専門書はかならずしも最適な選択肢とはならないときがある．そこで本書は，できるだけ内容は簡潔に，しかし系統立てて整理され，かつ，臨床で目にするような症例に対して解剖学的および生理学的に理解できるよう配慮した専門書を目指した．また，小動物臨床獣医師や動物看護師を目指す学生にとっても有用な一冊となるよう，各項目は獣医学や動物看護学の授業内容も考慮して構成されている．

　本書の特徴は，まずわかりやすいイラストを豊富に掲載していること，専門用語などは本文とは別に解説を加えていることである．これらの工夫により内容が格段に理解しやすくなっている．また，複数の章に記載がある用語については，より詳細な解説が掲載されているページを示し，系統を超えて解剖生理学を学ぶことができるように配慮した．さらに，本書ではコラム形式で動物の病気における解剖生理学的側面を説明している．これは日頃から獣医解剖学教育，または獣医解剖学の知識を用いながら各方面でご活躍されている執筆者の先生方によるところが大きい．大塚裕忠先生，佐々木悠先生，鈴木武人先生，塚本篤士先生，松井利康先生に深謝したい．また，本書のイラスト作成などにご尽力いただいた緑書房の岡本鈴子氏をはじめ，編集部の方々にはたいへんお世話になった．本書が無事に出版されるにあたりこの場で感謝申し上げる．

　本書にかかわった監修者，執筆者，編集者らは動物の解剖学や生理学を理解することが，病院を訪れる伴侶動物に対する治療や処置を向上させるために重要であると感じている．本書が動物に接する人々にとって有用な一冊になることを願っている．

監修者

監修者・執筆者一覧

(所属：2024年1月現在)

■監修者

浅利 昌男　麻布大学 名誉教授

大石 元治　麻布大学 獣医学部 獣医学科 解剖学第一研究室

■執筆者（五十音順）

大石 元治　上掲
　　　　　　CH. 1 (B [1] [2] [4], C〜E) ／CH. 2 ／CH. 3 (A〜E, H, I) ／CH. 4〜7 ／CH. 11

大塚 裕忠　日本獣医生命科学大学 獣医学部 獣医学科 獣医解剖学研究室
　　　　　　CH. 8 ／CH. 10

佐々木 悠　動物のがんと総合診療
　　　　　　CH. 12

鈴木 武人　麻布大学 獣医学部 獣医学科 栄養学研究室
　　　　　　CH. 1 (A) ／CH. 3 (F, G) ／CH. 14

塚本 篤士　麻布大学 獣医学部 獣医学科 実験動物学研究室
　　　　　　CH. 13

松井 利康　岡山理科大学 獣医学部 獣医学科 形態学講座
　　　　　　CH. 1 (B [3]) ／CH. 9

CONTENTS

はじめに 3
監修者・執筆者一覧 4
本書の使い方 10

CHAPTER 1 体の基本構造 12

A 細胞 13
　[1] 細胞とは 13
　[2] 細胞の構造 14
　[3] 遺伝子の本体"DNA" 16
　[4] 遺伝子の発現 16
B 組織 16
　[1] 上皮組織 16
　[2] 筋組織 19
　[3] 神経組織 22
　[4] 結合組織 26
C 体腔 29
D 体液 30
　[1] 体液の組成 30
　[2] 物質の現象 30
E 解剖学用語 33
確認問題 35

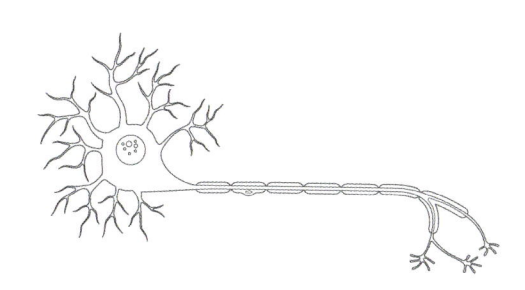

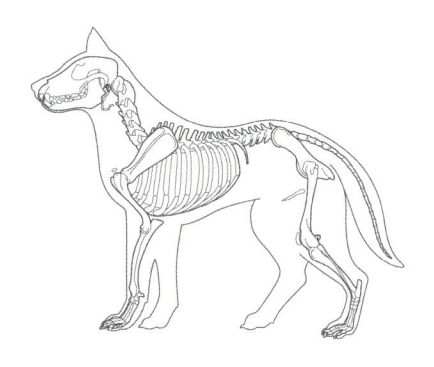

CHAPTER 2 筋骨格系 36

A 骨の基本構造 36
　[1] 骨の構造 36
　[2] 骨の分類 37
B 骨格系 37
　[1] 軸性骨格 40
　[2] 前肢の骨格 41
　[3] 後肢の骨格 42
C ウサギの骨 44
D 鳥類の骨 44
　[1] 軸性骨格 44
　[2] 前肢の骨格 45
　[3] 後肢の骨格 45
E 関節 45
F 筋系 47
　[1] 骨格筋 47
　[2] 頭部の筋 50
　[3] 横隔膜 50
G 体表から触知できる構造 50
確認問題 53

CHAPTER 3 消化器系 54

- **A 消化管の入り口** 54
  - [1] 口腔 55
  - [2] 歯 56
  - [3] 舌 60
  - [4] 唾液腺 61
- **B 上部消化管** 62
  - [1] 食道 62
  - [2] 胃 64
- **C 下部消化管** 65
  - [1] 小腸 65
  - [2] 大腸 66
- **D 消化管の出口** 68
- **E 消化腺** 68
  - [1] 肝臓と胆嚢 68
  - [2] 膵臓 70
- **F 消化管運動** 72
- **G 栄養素の消化と吸収** 72
  - [1] 消化 72
  - [2] 吸収 74
  - [3] 動物種による消化と吸収のしくみの違い 76
- **H ウサギの消化器系** 77
  - [1] 歯の構造 77
  - [2] 栄養素の消化と吸収 77
  - [3] 消化管の基本構造 77
- **I 鳥類の消化器系** 79
- 確認問題 81

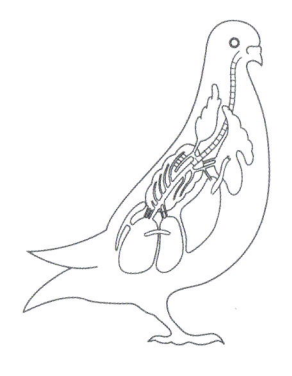

CHAPTER 4 循環器系 82

- **A 心臓** 82
  - [1] 心臓の役割 82
  - [2] 心臓の解剖 82
  - [3] 心膜 86
- **B 刺激伝導系** 87
  - [1] 心周期 87
  - [2] 刺激伝導系のしくみ 88
  - [3] 心臓の神経支配 88
- **C 血管系** 88
  - [1] 血管の構造 88
  - [2] 動脈と血流 88
  - [3] 主要な静脈の位置 89
  - [4] 特殊な血管系（門脈） 90
- **D 血圧調節機構** 91
  - [1] 血圧調節のしくみ 91
  - [2] 血圧調節の中枢 92
- **E 胎子循環** 92
- **F リンパ管系** 92
  - [1] リンパ管 92
  - [2] リンパ液 94
- 確認問題 95

CHAPTER 5 呼吸器系 96

- **A 呼吸器の解剖** 96
  - [1] 気道 96
  - [2] 外鼻 96
  - [3] 鼻腔 96
  - [4] 咽頭 98
  - [5] 喉頭 98
  - [6] 気管，気管支 98
  - [7] 肺 100
- **B 換気** 102
  - [1] 換気のしくみ 102
  - [2] 呼吸のリズム 102
- **C ガス交換** 102
- **D 鳥類の呼吸器系** 104
  - [1] 解剖 104
  - [2] 呼吸の様式 104
- 確認問題 106

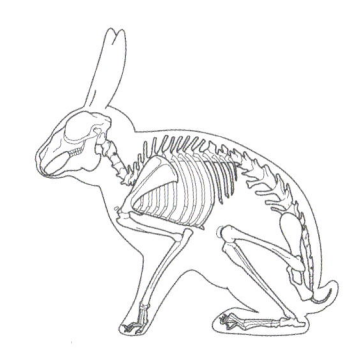

CHAPTER 6 泌尿器系 108

A 腎臓 108
　[1] 腎臓の位置と形態　108
　[2] 実質とその他の部位　110
　[3] 尿細管　112
B 尿路 112
　[1] 尿管　112
　[2] 膀胱　112
　[3] 尿道　113
C 尿 114
　[1] 尿の生成　114
　[2] 尿の性状　116
　[3] 蓄尿と排尿　117
D 鳥類の泌尿器系 118
　[1] 泌尿器系の構造　118
　[2] 尿酸　118
確認問題　120

CHAPTER 7 生殖器系 122

A 雄の生殖器 122
　[1] 雄の生殖腺　122
　[2] 雄の生殖管　124
　[3] 雄の副生殖腺　125
　[4] 陰茎　126
B 雌の生殖器 127
　[1] 雌の生殖腺　127
　[2] 雌の生殖管および腟前庭と副生殖腺　127
　[3] 外陰部　130
　[4] 乳腺　131

C 繁殖生理 131
　[1] 生殖子の産生　131
　[2] 卵巣周期　134
　[3] 発情周期　134
　[4] 腟細胞診　137
　[5] 交尾　138
　[6] 着床，妊娠　139
　[7] 分娩　143
　[8] 産褥　144
D ウサギの生殖器系と繁殖生理 144
　[1] 雄の生殖器　144
　[2] 雌の生殖器　145
　[3] 排卵，妊娠，分娩　145
E 鳥類の生殖器系と繁殖生理 146
　[1] 雄の生殖器　146
　[2] 雌の生殖器　146
　[3] 排卵，産卵　148
確認問題　149

CHAPTER 8 内分泌系 150

A 内分泌とは 150
　[1] 内分泌とホルモン　150
　[2] 主要な内分泌器官　151
　[3] 内分泌と伝達経路　152
B 視床下部－下垂体－末梢内分泌系 152
　[1] 視床下部　152
　[2] 下垂体　154
　[3] 甲状腺　155
　[4] 副腎　156
　[5] 性腺　156
C 視床下部－下垂体－末梢内分泌系以外の内分泌 158
　[1] 膵臓（ランゲルハンス島）　158
　[2] 甲状腺の傍濾胞細胞（C細胞）　158
　[3] 上皮小体（副甲状腺）　159
　[4] 副腎髄質　160
　[5] 松果体　160
　[6] その他のホルモン　160
確認問題　161

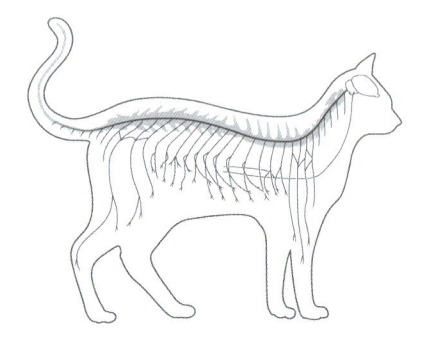

CHAPTER 9 神経系 162

A 神経系の区分 162
B 中枢神経系——脳 164
　[1] 大脳（終脳） 164
　[2] 間脳 166
　[3] 小脳 167
　[4] 脳幹 167
C 中枢神経系——脊髄，その他 168
　[1] 脊髄 168
　[2] 髄膜，脳室系と脳脊髄液 170
D 末梢神経系 170
　[1] 脳神経 170
　[2] 脊髄神経 172
E 内臓性神経系 172
　[1] 自律神経系とは 172
　[2] 自律神経系の構造 172
　[3] 交感神経系 174
　[4] 副交感神経系 174
F 反射 174
G 皮膚感覚 177
H 疼痛 178
　[1] 体性痛と内臓痛 178
　[2] 疼痛のメカニズム 179
確認問題 180

CHAPTER 10 感覚器系 182

A 眼の構造と機能 182
　[1] 眼球壁 182
　[2] 眼球内容物 186
　[3] 眼球付属物（副眼器） 186
B 耳の構造と機能 188
　[1] 外耳 188
　[2] 中耳 188
　[3] 内耳 189
C 嗅覚 190
　[1] 嗅覚器の構造 191
　[2] においの受容 191
　[3] フェロモンの感覚器 191
D 味覚 192
　[1] 舌乳頭 192
　[2] 味蕾の構造 192
　[3] 味覚 192
確認問題 194

CHAPTER 11 外皮系 196

A 皮膚の構造 196
　[1] 表皮 196
　[2] 真皮 198
　[3] 皮下組織 198
B 皮膚の付属器 199
　[1] 毛 199
　[2] 羽毛 200
　[3] 爪 200
　[4] 皮膚腺，脂腺，汗腺 202
　[5] 脂腺や汗腺が特殊化した皮膚腺 202
C 熱産生・熱拡散および
　　体温調節機構 204
確認問題 206

CHAPTER 12 血液 208

A 血液の成分 208
B 血球の種類 208
　[1] 赤血球　209
　[2] 白血球　211
　[3] 血小板　214
C 血液凝固 214
　[1] 血管収縮　214
　[2] 一次止血　214
　[3] 二次止血　215
　[4] 線溶系　217
確認問題　218

CHAPTER 13 免疫系 220

A 免疫担当細胞と液性因子 220
　[1] 免疫担当細胞　220
　[2] 免疫にかかわる液性因子　221
B 免疫系の分類 221
　[1] 自然免疫と獲得免疫　221
　[2] 液性免疫と細胞性免疫　222
　[3] 能動免疫と受動免疫　223
C リンパ系器官 224
　[1] 骨髄　224
　[2] 胸腺　225
　[3] リンパ節　225
　[4] 脾臓　226
D 輸血と移植免疫 228
E アレルギー反応と疾患 228
確認問題　230

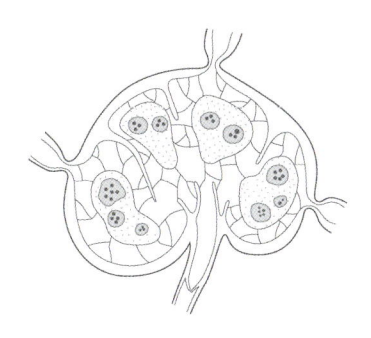

CHAPTER 14 代謝 232

A 代謝とは 232
　[1] 異化と同化　232
　[2] 基礎代謝　232
B 栄養素の代謝 233
　[1] 炭水化物の代謝　233
　[2] たんぱく質の代謝　236
　[3] 脂質の代謝　237
　[4] ビタミンとミネラルの役割　238
C 動物種に特有の代謝と必要な栄養素 240
　[1] 猫は厳格な肉食動物　240
　[2] 反芻動物とルーメン発酵　240
確認問題　241

確認問題解答　242
参考文献　244
索引　251

■ 別冊付録
ぬりえワークブック

本書の使い方

■ CHAPTER
伴侶動物の解剖生理学を学ぶうえで必要な知識を，系統ごとにCHAPTERでまとめています。

■学習の目標
CHAPTERごとに「学習の目標」を掲げています。学ぶべきポイントを確認しましょう。

■基本の用語
解剖生理学を学ぶうえで，知っておくべき基本的な用語を赤字にしています。

■欄外
本文中の用語や関連する内容をとりあげています。各マークの意味はつぎの通りです。

🗝 重要な用語をとりあげて説明を補足しました。

[参考] 関連する内容をとりあげて解説。知識の幅が広がります。

☞ ほかのCHAPTERに解説があるものについては，参照ページを記載しています。

■臨床で役立つコラム

動物の病気や検査，薬の作用などを解剖生理学の観点から説明しています。学んだ内容を臨床現場で役立てるための参考にしましょう。

> **臨床で役立つコラム**
> **肺水腫**
> 肺水腫は，循環器障害や突発的な事故（感電など）により肺に水がたまる疾患です。肺胞内に水がたまるのではなく，肺胞壁に水がたまり，壁の厚さが増大します。
> 肺水腫では，ガス交換がうまく行われなくなり，血液中の酸素濃度（分圧）が低下しますが，その要因の1つとして，肺胞壁の肥厚によってガスの移動距離が延長することが挙げられます。

■確認問題

CHAPTERの末尾には，確認問題を掲載しています。学習到達度を確かめましょう。

→解答は pp.242〜243 へ

> **CHAPTER 5　呼吸器系**
> **確認問題**
>
> **Q1** つぎの文章の空欄に正しい用語を入れなさい。
> ・鼻腔は鼻甲介によって，（①　　　），（②　　　），（③　　　）にわかれている。
> ・喉頭に存在する（④　　　）は，食物を飲み込むとき，気道にふたをすることで誤飲を防いでいる。
> ・気管は（⑤　　　）により形を保っている。心臓の背側で左右の（⑥　　　）にわかれ，肺内に入り，分岐をして細くなっていく。末端には（⑦　　　）が存在し，毛細血管に網目状に取り囲まれ，ガス交換が行われている。
> ・犬や猫の肺は7つの（⑧　　　）にわかれている。
> ・吸気は（⑨　　　）や外肋間筋などにより胸腔がふくらむことにより，肺が大きく拡張することで起こる。鳥類の肺は大きくならないため，かわりに（⑩　　　）がふくらむことによ

■別冊付録：ぬりえワークブック　※付録は取り外して使用することができます。

本文中の豊富なイラストをもとにした"ぬりえ"がまとめられています。部位ごとに色をぬり，名称（用語）を記入することで，本文で学んだ知識の定着を目指しましょう。

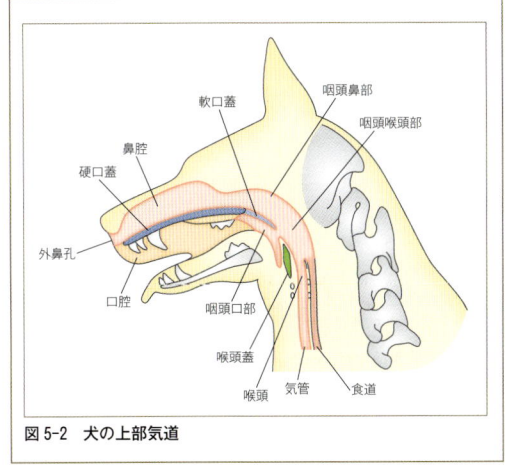

図5-2　犬の上部気道

本文中のイラスト

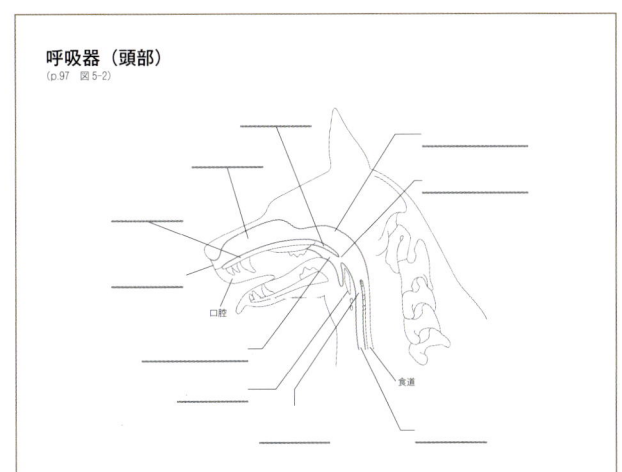

呼吸器（頭部）
(p.97 図5-2)

対応するぬりえ

CHAPTER 1 体の基本構造 basic structure of body

学習の目標
- 動物の体を構成する器官のもととなる組織を学び，理解する。
- 体腔や体液といった動物の体の構造についての基本的な要素を理解する。
- 動物の体の向きを表す用語や，体内で起こる物質の現象を理解する。

> **発生**
> 細胞や器官の細胞数，重量が増えて複雑化する行程です。一般的には受精卵から個体が形成される過程を指します（発生の詳細は p.141 参照）。

動物の体のもっとも小さな生命単位は**細胞**です。細胞は1つの受精卵から分裂を繰り返し，発生が進むにつれて，それぞれの細胞が担う機能にあわせて変化（**分化**）します。その後，同じような形，機能をもった（同じように分化した）細胞が集まって**組織**となります。体のなかではさまざまな組織が規則正しく並ぶことにより，特定の役割をはたす1つの構造単位を形成します。これを**器官**（**臓器**）といいます。器官はさらに共通の目的をもったもの同士が集まり1つの生命活動の基本単位を構成し，**器官系**となります。動物の体のなかにはさまざまな器官系が存在しています。表1-1に主な器官系とそれを構成する要素をまとめました（図1-1）。

表1-1 器官系の分類の例

器官系	主な構成要素	主な機能
骨格系	骨，骨髄	支持，内臓の保護，造血
筋系	骨格筋，腱	運動，熱産生
消化器系	胃，小腸，肝臓，膵臓	消化，吸収
心臓血管系	心臓，血管，血液	物質の運搬
リンパ系	リンパ節，リンパ管	免疫
呼吸器系	気管，肺	ガス交換
泌尿器系	腎臓，膀胱	老廃物の排泄
生殖器系	卵巣，子宮，精巣	生殖
内分泌系	下垂体，甲状腺，副腎	ほかの器官系の調節
神経系	脳，脊髄，末梢神経	刺激に対する反応（反射），ほかの器官系の調節
感覚器系	眼，耳，鼻	外部からの刺激を感知
外皮系	皮膚，毛，爪，汗腺	体表保護，体温調節

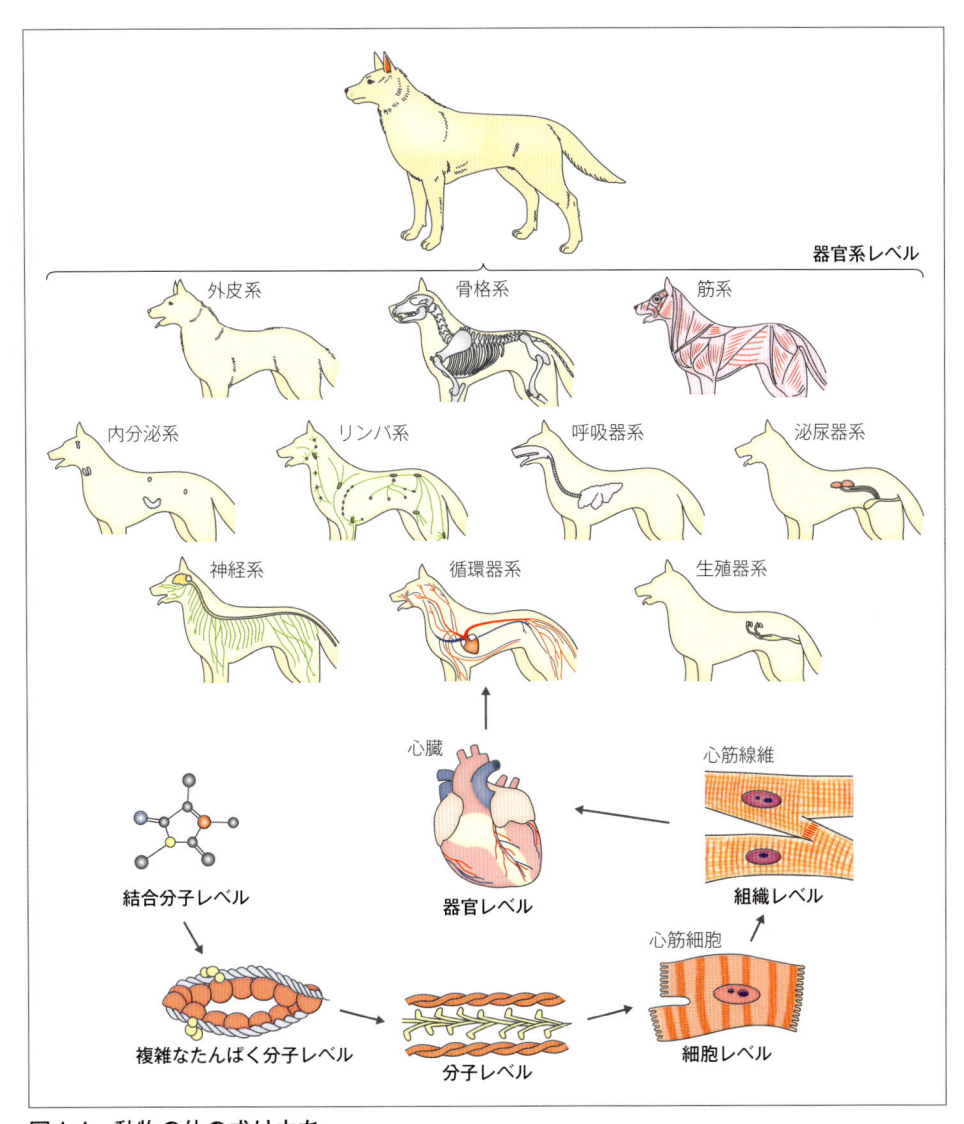

図 1-1　動物の体の成り立ち

A　細胞

[1] 細胞とは

　人の体は60兆個もの細胞からなり，細胞は組織や器官によってさまざまな特徴をもちます。しかし，すべての動物のどんな細胞にも共通している特徴があります。それは，細胞膜で外界から隔てられた空間をもち，そのなかに細胞の構造やはたらきを指示する設計図（DNA，「[3] 遺伝子の本体"DNA"」参照）をもっているということです。細胞はDNAの遺伝情報をもとに必要なたんぱく質を合成して機能を発揮するとともに，DNAを複製して細胞分裂することによって次世代に遺伝情報を伝達します。

[2] 細胞の構造

動物の細胞の大きさは約 20 μm と非常に小さいですが，細胞のなかには活動するために必要なさまざまな構造物（**細胞小器官**）が存在し（図1-2），図1-3のように分類されます。それぞれの細胞小器官のはたらきはつぎの通りです。

①細胞膜

リン脂質の二重層にたんぱく質がモザイク状に散在する構造をもちます。細胞内外を仕切り，物質の出入りの調節，細胞同士の認識などの役割をもちます。

②細胞質基質

細胞小器官が浮かんでいる液体部分です。細胞内を満たし，細胞活動に必要なさまざまな物質が含まれています。

③核

通常1つの細胞に1つ存在し，遺伝情報の保存と伝達を行います。**核膜**，**核小体**，**染色質**（クロマチン）からなります。核膜は二重の膜からなり，核と細胞質基質を隔てていますが，**核膜孔**という孔が開いており，ここを介して核内と細胞質基質は連絡しています。核小体は，rRNAがDNA（後述）から転写され，たんぱく質と結合してリボソームの一部を形成する場所です。染色質は，DNAがたんぱく質（ヒストンたんぱく）に巻き付いて，折りたたまれている部分です。

④リボソーム

rRNAとたんぱく質からなる構造物で，細胞に必要なたんぱく質を合成する場所です。DNAの遺伝情報をもとにたんぱく質を合成します（後述）。

⑤小胞体

一重の膜でできた薄い板状の細胞小器官であり，**粗面小胞体**と**滑面小胞体**があります。

粗面小胞体は膜の外側にリボソームが付着しており，リボソームで合成されたたんぱく質を適切な形に加工（折りたたみや切断）しながら，ほかの細胞小器官にたんぱく質を輸送します。一方，滑面小胞体はリボソームをもたず，細胞により機能は一定しませんが，脂質の合成などを行います。

⑥ゴルジ体

板状の袋が何枚も重なった構造をしており，たんぱく質へ糖や脂質を付加する加工（化学修飾）を行い，たんぱく質を行き先ごとにふりわけます。

⑦ミトコンドリア

二重の膜からなる細胞小器官で，内側の膜には電子伝達系とよばれる酵素群が存在します。電子伝達系は好気呼吸による **ATP** 産生にかかわっているため，ミトコンドリアは細胞のエネルギー産生工場といわれています。

♂ マイクロメートル（μm）
1 μm＝1/1,000 mm

[参考] 受動輸送と能動輸送
膜をはさんだ細胞内外において，濃度が高い方から低い方に物質が輸送されることを受動輸送といいます。細胞の状態により通過速度や優先物質が変化する選択的透過性をもちます。一方，ATPのエネルギーを利用して，濃度差に逆らって物質を輸送することを能動輸送といいます（ATPの詳細は p.233 参照）。

♂ RNA
リボ核酸（ribonucleic acid）。DNAをコピーしてつくられるもので，たんぱく質合成にかかわります。役割によってリボソーム RNA（rRNA），メッセンジャーRNA（mRNA），トランスファーRNA（tRNA）などに分類されます。

♂ 転写
DNAの塩基配列をもとにRNAが合成されること。

☞ ATP p.233

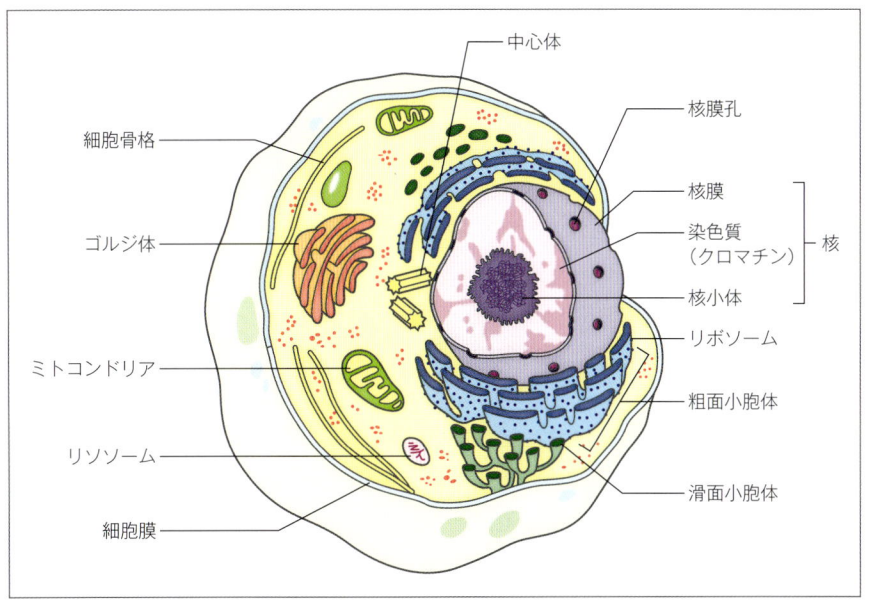

図1-2　細胞の構造

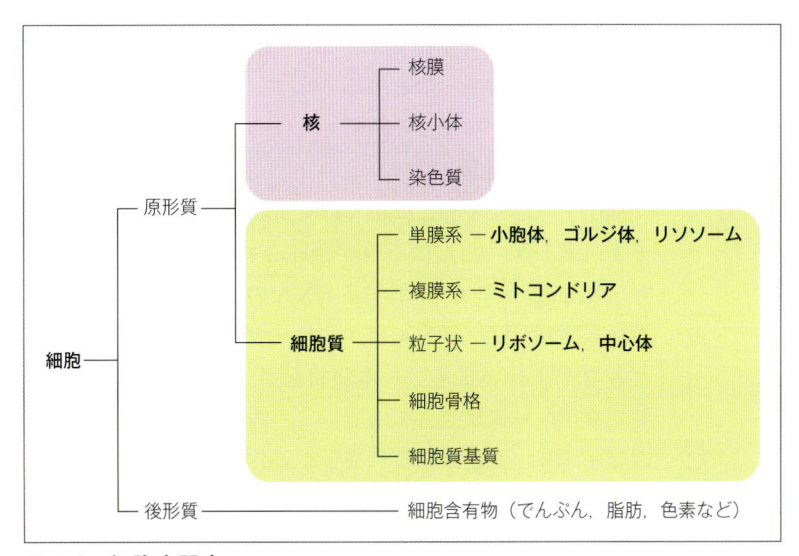

図1-3　細胞小器官
後形質とは原形質によって形成された物質のことをいう。

⑧リソソーム
　一重の膜で囲まれた袋状の小器官で，含まれている加水分解酵素によって細胞内の不必要なものを分解します。

⑨中心体
　3本一組の微小管（たんぱく質でできた直径25 nmほどの細い管）が円筒状に9本並んだ2つの中心小体が，L字型に並んだものです。細胞分裂時

🐾ナノメートル（nm）
1 nm
＝1/1,000 μm
＝1/1,000,000 mm

☛ 染色体 p.131

にDNAを含む染色体を2つに分離する起点となります。

[3] 遺伝子の本体"DNA"

遺伝情報はDNAに保存されています。DNAはDNAをつくるアデニン（A），チミン（T），グアニン（G），シトシン（C）という4種類の塩基とよばれる物質の並び順によって遺伝情報を暗号化しています。暗号化された塩基の鎖はらせん状にねじれ，そこにもう1本の相補的な鎖が結合し，二重らせんとよばれる構造をとります（図1-4）。図1-5はDNAがどのように核内に収納されているのかを示しています。

DNAの遺伝情報にはどのようなたんぱく質をつくるのかという情報が含まれています。1つのたんぱく質の情報が遺伝情報の最小単位となり，それを遺伝子といいます。なかにはほかの遺伝子の発現を調節し，たんぱく質の情報をもたない遺伝子もあります。

たんぱく質はアミノ酸が結合してつくられており，20種類のアミノ酸から合成されます。これらのアミノ酸の情報は遺伝子においてコドンとよばれる塩基3つの組あわせで表されています（CGC＝アルギニン，GGA＝グリシンなど）。コドンは特定のアミノ酸を表すだけでなく，遺伝子上でたんぱく質のはじまりを示す開始コドン（ATGなど）や，遺伝子の終わりを示す終止コドン（TAA）などもあります。

[4] 遺伝子の発現

遺伝子の情報をもとにたんぱく質が合成されることを遺伝子の発現といいます（図1-6）。たんぱく質が合成されるにはまず，必要なたんぱく質の情報（塩基配列）が存在するDNAの領域をmRNAにコピーします（転写）。この転写は，RNAポリメラーゼという酵素がDNAの二重らせんをほどきながら行います。一本鎖に合成されたmRNAは核の外に運び出されて，リボソームに送られます。この場所で，mRNAの塩基情報をもとにたんぱく質の合成が行われます。mRNAのコドンに対応するアミノ酸がtRNAによって運搬され，遺伝情報通りのたんぱく質が合成されます。このようにmRNAの情報から，たんぱく質が合成されることを翻訳といいます。

B 組織

体を構成している組織は，上皮組織，筋組織，神経組織，結合組織の4つに分類することができます。

[1] 上皮組織

上皮組織には上皮と腺があり，上皮は，体の表面をおおっていたり，体の内側にある体腔や管（消化管など）を内張りする組織で，腺は，粘液などの

♦ DNAの長さ
人の体細胞1つに含まれるDNAをすべてつなぐと約2mになります。小さな細胞に長いDNAを収納するため，DNAは小さく折りたたまれています（図1-5）。

☛ RNA p.14

♦ 腺
腺の多くは上皮が特殊化したものなので，上皮組織として扱われます。しかし，精巣の間細胞など内分泌腺の一部には上皮以外のものからできるものも含まれます。

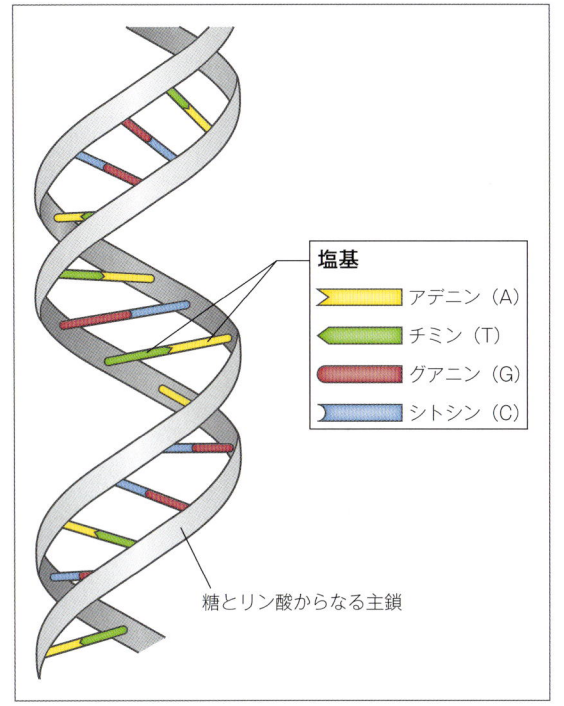

図1-4　DNAの構造
塩基はアデニン(A)～チミン(T)，グアニン(G)～シトシン(C) 間でしか結合しないため，1本の鎖の塩基配列が決まるともう一方も自動的に決まる。これを相補的な結合といいます。

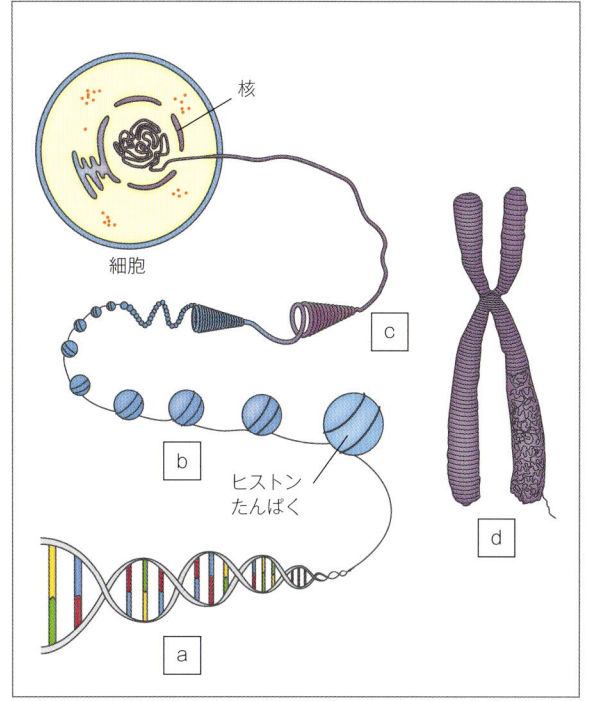

図1-5　核内に存在するDNAの形態
a：二重らせん構造のDNA
b：DNAがヒストンたんぱくに巻き付いたヌクレオソーム
c：150-200塩基間隔でヌクレオソームが並んだ染色質（クロマチン）
d：分裂期にさらに凝集したクロマチンを染色体（クロモソーム）という。染色体は細胞分裂時にDNAを2つの細胞に均等に分割しやすい構造をしている。

分泌機能を有する細胞（腺細胞）からなる組織です。もっとも単純な腺は上皮のなかに単独で存在する上皮内腺とよばれるもので，消化管などに認められる杯細胞があります。一方，腺細胞が集まり機能的に上皮から独立しているものを上皮外腺とよび，<u>外分泌腺</u>と<u>内分泌腺</u>があります。

上皮を構成する細胞と細胞とのあいだには物質がほとんど存在せず，基底膜に密着して並んでいます。血管やリンパ管が分布することはなく，栄養や老廃物は上皮組織の深層にある血管やリンパ管とのあいだを<u>拡散</u>（「D［2］物質の現象」参照）によって移動します。一般的に細胞の更新が速いことも上皮組織の特徴です。

いわゆる器官の上皮（広義の上皮）は外界と接する部分の<u>上皮</u>（狭義の上皮），体腔を裏打ちしている<u>中皮</u>，外界と交通をもたない心臓，血管，リンパ管などの内面をおおう<u>内皮</u>に分類されます。さらに，広義の上皮は，基底膜に並ぶ細胞の並び方（単層，重層，偽重層）や細胞の高さ（扁平，立方，円柱）によっても分類することができます。以下にその代表的なものを示し

🐾 **外分泌腺，内分泌腺** p.150

🔑 **基底膜**
上皮細胞や筋細胞などの底面，もしくは外周を包むシート状のたんぱく質です。細胞膜とは別の構造です。

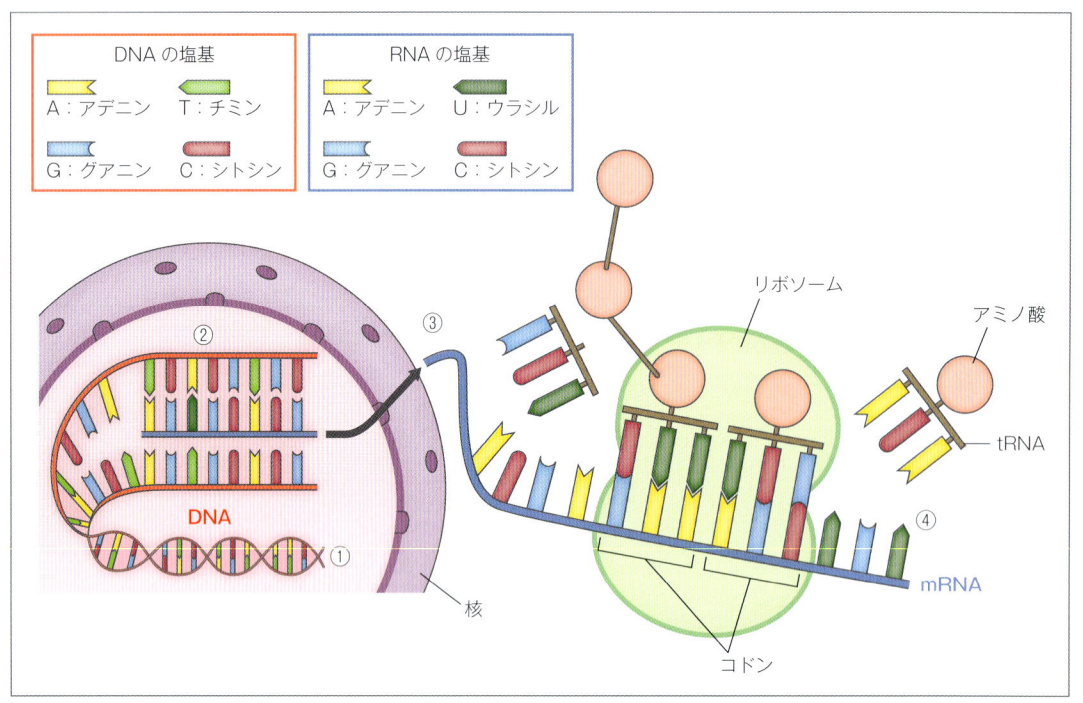

図1-6 遺伝子発現の流れ
① 遺伝情報は核内DNAに保存されている。
② DNAを鋳型としてmRNAが合成される（転写）。
③ mRNAは核を出てリボソームに送られる。
④ mRNAの塩基配列にもとづいて、リボソームでたんぱく質が合成される（翻訳）。合成に必要なアミノ酸はtRNAによってリボソームに運搬される。

> **粘膜**
> 消化管、気道、生殖器、尿路などの外界に通じる管腔の内面をおおっている膜のことで、上皮（粘膜上皮）と結合組織（粘膜固有層）からなります。

> **線毛**
> 細胞の表面に認められる毛のような突起のこと。内部に入っている特殊化した微細管によって活発に動き、異物の除去や物質の運搬などを行います。

ます（図1-7）。

①単層上皮

単層上皮は、基底膜の上に細胞が1層並んでいる上皮です。中皮、血管内皮などの単層扁平上皮（図1-7a）、甲状腺の濾胞上皮などの単層立方上皮（図1-7b）、胃や腸の粘膜上皮などの単層円柱上皮、上皮細胞の表面に線毛をもち、子宮や卵管の上皮である単層円柱線毛上皮（図1-7c）などにわけられます。

②重層上皮

重層上皮は、基底膜の上に細胞が重なって複数の層を形成している上皮です。主要な細胞の形により、表皮、口腔上皮、食道上皮、腟上皮、角膜上皮などの重層扁平上皮（図1-7d）、重層円柱上皮（図1-7e）などにわけられます。

③多列上皮（偽重層上皮）

多列上皮は、一見重層上皮に見えますが、すべての細胞が基底膜につながっている上皮です。上皮細胞の表面に線毛をもち、鼻腔や気管、精管や精巣上体の上皮である多列線毛上皮（偽重層線毛上皮、図1-7f）、尿管、膀胱

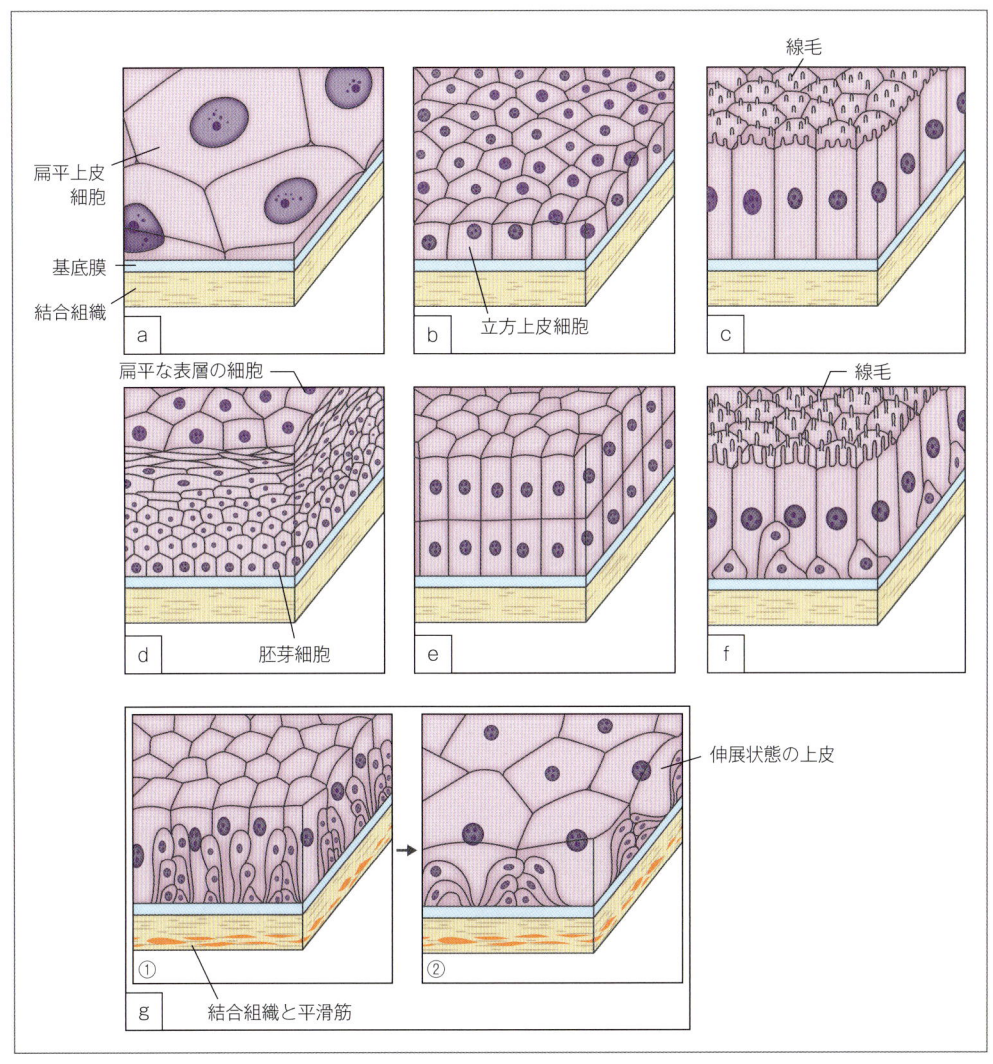

図 1-7　上皮組織
a：単層扁平上皮
b：単層立方上皮
c：単層円柱上皮（図は線毛を有する単層円柱線毛上皮）
d：重層扁平上皮
e：重層円柱上皮
f：偽重層円柱上皮（図は線毛を有する偽重層円柱線毛上皮）
g：移行上皮　①尿が膀胱にないとき。②尿が膀胱にたまっているとき。

などの尿路に認められる上皮で，尿の量によって，上皮細胞の形，細胞層の数が変化する**移行上皮**（図 1-7g）などにわけられます。

[2] 筋組織

　筋組織は収縮する機能をもつ組織であり，筋細胞の収縮と弛緩は**アクチン**と**ミオシン**という 2 種のたんぱく分子の結合と分離によって起こります。こ

れらのたんぱく質は線維状のフィラメントを構成しています。筋組織は，体（骨や皮膚）を動かす骨格筋，内臓や血管を動かす平滑筋，心臓を動かす心筋の3つにわけられます（図1-8）。

①筋の種類

　骨格筋は，迅速で強力な収縮を行うことができますが疲労しやすく，反対に平滑筋は，収縮力は強くないものの，疲労しにくいといえます。一方で心筋は，比較的強い力で収縮を繰り返しても疲労が少ないといえます。骨格筋と心筋の筋細胞は，アクチンフィラメントとミオシンフィラメントが規則正しく平行に並んでおり，顕微鏡で筋線維（筋細胞）を観察すると横紋とよばれる筋線維中の縞模様を確認することができます（図1-8）。骨格筋は意思で動かすことができる随意筋であり，平滑筋と心筋は意志によって動かしたり止めたりすることができない不随意筋です。それぞれの筋細胞の特徴を表1-2にまとめました。

②骨格筋の収縮機序

　心筋と平滑筋が自律神経によって支配されているのに対し，骨格筋の収縮は運動神経（体性運動神経）によって支配されています。軸索終末から分泌される神経伝達物質（アセチルコリン）は筋細胞内の筋小胞体とよばれる袋からカルシウムイオン（Ca^{2+}）の放出を起こします（図1-9①）。Ca^{2+}はア

筋線維
筋細胞は細長い線維状をなすので，筋線維ともよばれます。

運動神経 p.168

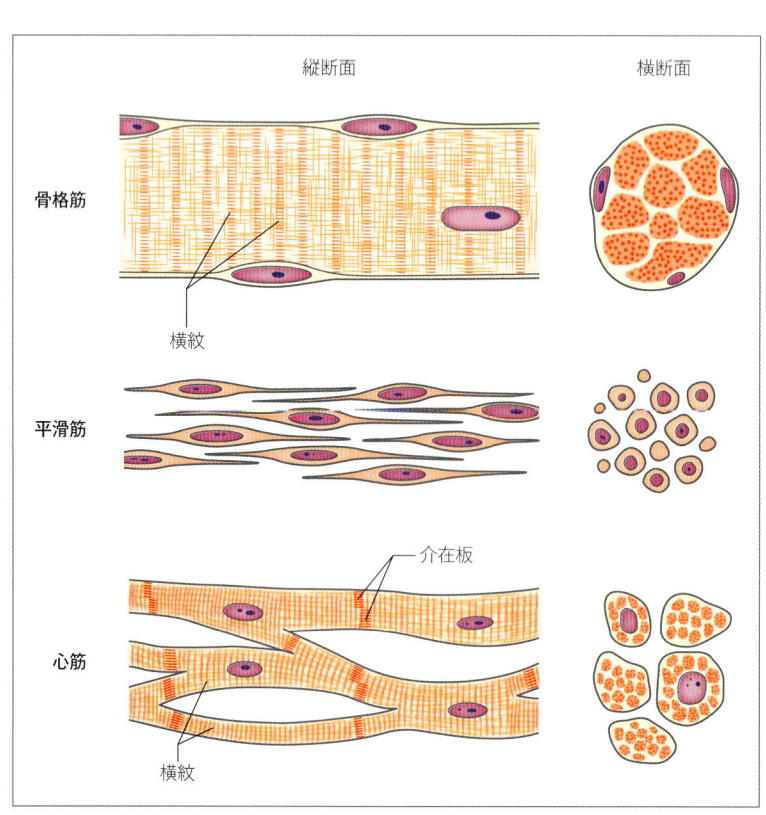

図1-8　筋組織の縦断面と横断面

表 1-2　筋組織の特徴

	骨格筋（横紋筋）	平滑筋	心筋（横紋筋）
横紋	あり	なし	あり
核	多核，辺縁	単核，ほぼ中央	1〜2個，中央
細胞の形	円柱状	紡錘形	類円柱状 （枝わかれをしている）
神経支配	運動神経	自律神経	自律神経
意識による制御	可（随意筋）	不可（不随意筋）	不可（不随意筋）
存在部位	上肢，下肢，体幹，眼，舌，肛門など	血管および心臓以外の内臓 （消化管，呼吸器，泌尿器，生殖器）	心臓
機能	運動	食物，尿などの運搬，血管・気管内径の調節など	血液の循環，血圧の保持

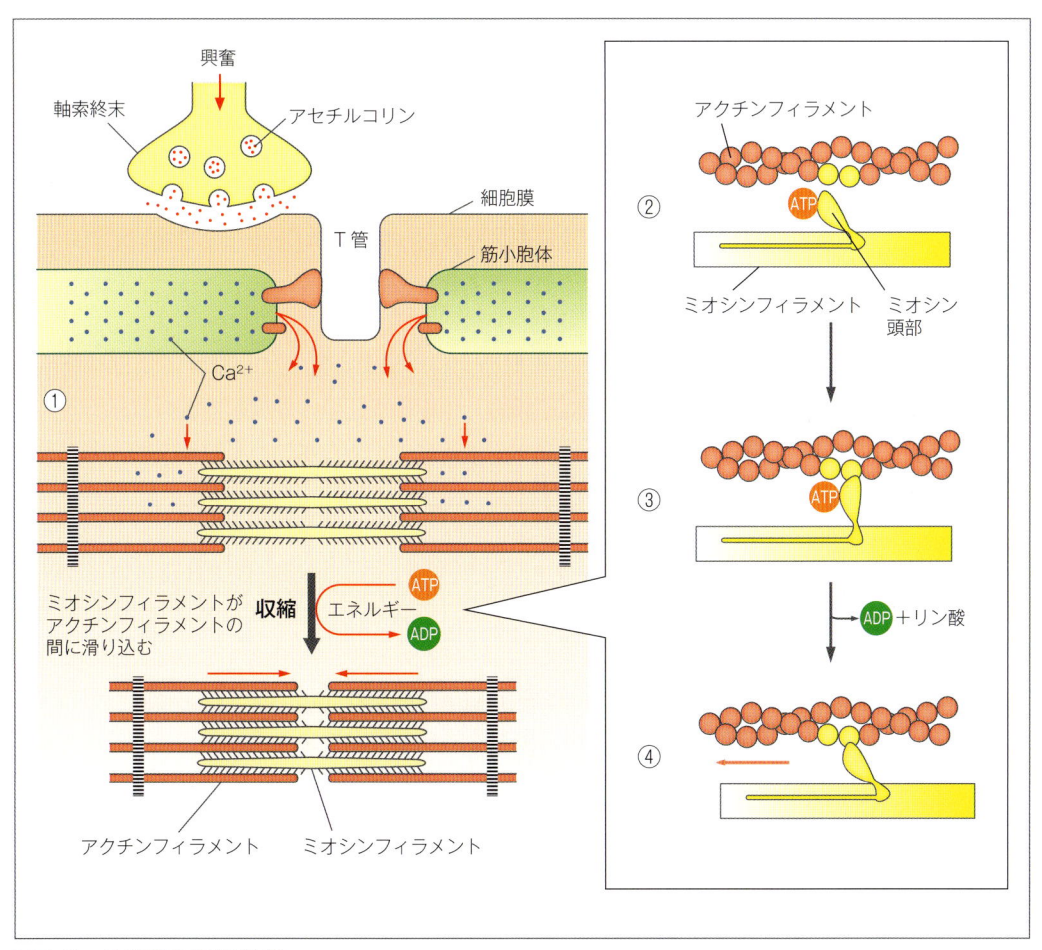

図 1-9　骨格筋の収縮機構
① 小胞体から放出された Ca^{2+} により筋収縮が起こる。
② ミオシン頭部がアクチンフィラメントから離れている状態。
③ ミオシン頭部とアクチンフィラメントが結合。
④ ミオシンフィラメントがアクチンフィラメントをたぐりよせる。

クチンフィラメントに結合することで，アクチンとミオシンが結合できるようになり，さらにはATPが分解（ATP → ADP＋P〔リン酸〕）されるときのエネルギーを使ってミオシンフィラメントがアクチンフィラメントをたぐりよせることにより筋の収縮が起こります（図1-9②〜④）。

[3] 神経組織

神経組織は神経系を構成する基本組織で，**神経細胞（ニューロン）**と**神経膠細胞（グリア細胞）**の2種類の細胞から構成されています。神経細胞のしくみとはたらきはつぎの通りです。

①神経組織の細胞

・神経細胞

神経細胞は情報を伝える細胞です。細胞体と，そこから伸びる2種類の突起からできています（図1-10）。木のように枝わかれした突起を**樹状突起**，細胞体から1本だけ出て，遠くに伸びる突起を**軸索**とよびます。神経細胞は，ほかの細胞からの情報を樹状突起と細胞体で受けとり，受けとった情報を細胞の**興奮**（電気信号）として軸索の先端に向かって伝えます。軸索の先端はふくらんだ形をしており，**軸索終末**とよばれています。軸索終末はつぎに情報を伝える相手細胞（神経細胞や筋細胞など）に接触しており，この接触部をシナプス（後述）とよびます。

・神経膠細胞

神経膠細胞は神経細胞の支持や保護を担っています。中枢神経系には，**星状膠細胞**，**希突起膠細胞**，**小膠細胞**という3種類の神経膠細胞があります（図1-11）。星状膠細胞（アストロサイト）は，あらゆる方向に突起を伸ばして血管と神経細胞に接触しており，血液と神経細胞のあいだの物質交換を担っています。希突起膠細胞（オリゴデンドロサイト）は，その突起で神経細胞の軸索を取り巻き，電気を通さない絶縁物質である円筒形の鞘（**髄鞘〔ミエリン鞘〕**）をつくります。小膠細胞（ミクログリア）は神経組織において感染や傷害が起きたとき，細胞の残骸や病原体などの除去をします。

末梢神経系では，希突起膠細胞のかわりに，**シュワン細胞**（鞘細胞）が神経細胞の軸索を包み，髄鞘を形成しています。

・神経線維

神経細胞の軸索とそれを包む神経膠細胞（希突起膠細胞またはシュワン細胞）の被膜を，あわせて**神経線維**とよびますが，この神経線維には髄鞘をもつ**有髄線維**と，髄鞘をもたない**無髄線維**があります。

②神経細胞の興奮と情報伝達

神経細胞は，ほかの細胞から刺激を受けると興奮する（電気信号を発生する）性質をもちます。この電気信号を**活動電位**とよび，活動電位は軸索に沿って伝わります（活動電位の詳細については後述）。このことを**伝導**といいます。活動電位が軸索終末まで伝わると，神経伝達物質とよばれる化学物

ニューロン
樹状突起と軸索を含めた1つの神経細胞が情報を伝える基本的な機能単位で，これをニューロンとよび，神経細胞と同じ意味でも使われます。

中枢神経系
末梢神経系 p.162

[参考] 星状膠細胞と血液脳関門
星状膠細胞の突起は，中枢神経系内にある毛細血管の壁を囲み血液脳関門を形成します。血液脳関門は，血液中の有害物質が神経細胞の周囲に流入するのを制限しています。

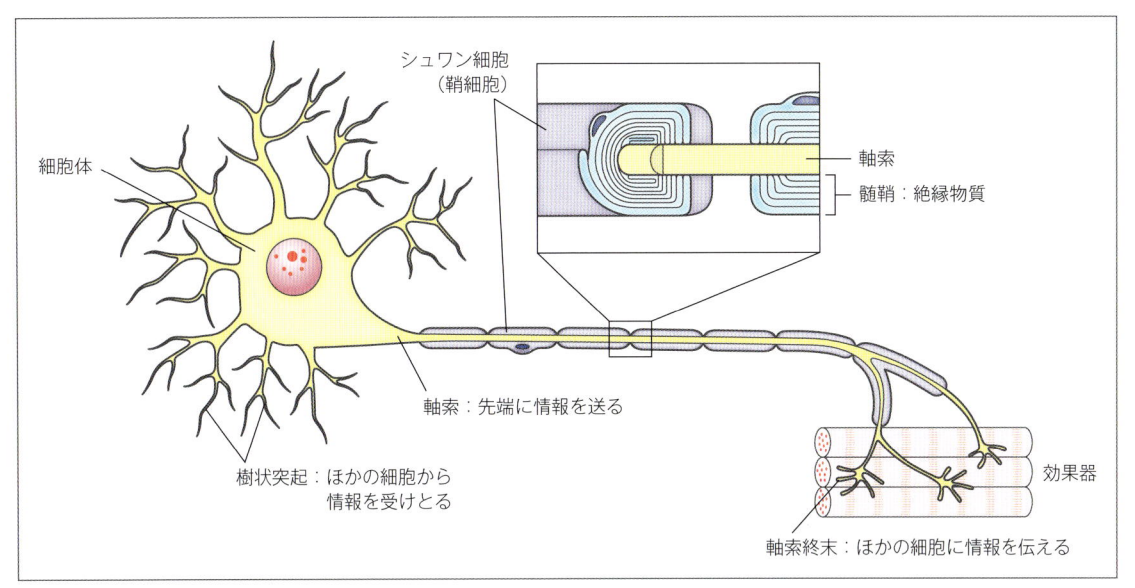

図1-10　神経細胞の構造
髄鞘は，中枢神経系では希突起膠細胞，末梢神経系ではシュワン細胞によって構成される。

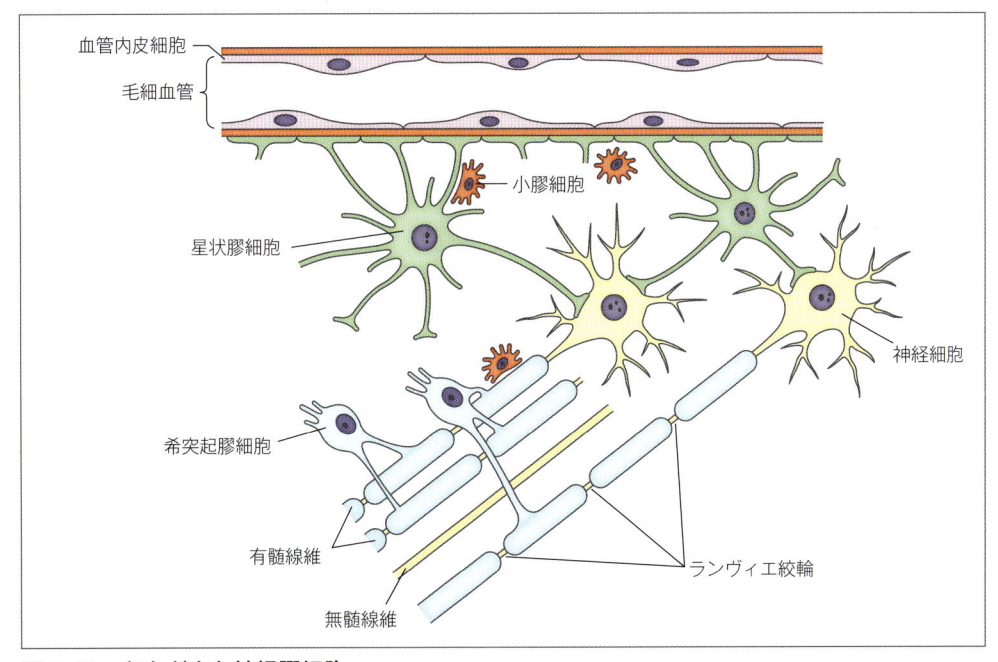

図1-11　さまざまな神経膠細胞

質が終末から放出され，つぎの細胞がそれを受けとることで情報が伝わります。このように，つぎの細胞に情報が伝わることを**伝達**といいます。

・活動電位

　細胞の内側と外側には**膜電位**とよばれる電位の差があり，これは細胞膜内外のイオン分布の違いで生じています。興奮していないときの神経細胞内は，細胞外に比べて負に帯電（約 $-65\,\mathrm{mV}$）しています（図1-12）。このときの膜電位を**静止電位**といいます。神経細胞が刺激を受けると，細胞内外でイオンの流出入が起こり，膜電位は静止電位から正の方向へ減少します（**脱分極**）。脱分極が一定のレベル（**閾値**）を超えると，膜電位に急激な変化が起こります。この大きく変化する電位を**活動電位**とよびます。活動電位の大きさは常に一定で，活動電位が発生するかしないかによって神経細胞の活動が決定します。つまり，活動電位が発生すれば細胞は興奮し，発生しなければ興奮しません。この活動電位の反応における規則性を，**全か無か（all or none）の法則**といいます。

・活動電位の伝導

　活動電位が細胞体から軸索に伝わると，活動電位が生じた軸索の一部と，つぎに興奮が伝わる隣接部との境界に局所電流が発生します。この電流が刺激となって隣接部の活動電位を引き起こすため，興奮は軸索の先端に向かって順番に移動します（図1-13）。無髄線維の場合，興奮はすぐ隣の部分に順に伝わって行きます。有髄線維では，軸索が絶縁物質の髄鞘で包まれているため，活動電位は髄鞘の切れ目と切れ目のあいだ（**ランヴィエ絞輪**，図1-11）で発生します。そのため，有髄線維の興奮は髄鞘で包まれた区間をとばして伝わり，興奮は無髄線維に比べて速く伝わります。有髄線維におけるこの伝導を**跳躍伝導**といいます。

・シナプスにおける伝達

　軸索の先端にある軸索終末は，ほかの神経細胞の樹状突起や細胞体などに接触して**シナプス**を形成します（図1-14）。軸索終末と情報を受けとる細胞（**シナプス後細胞**）のあいだにはせまい隙間があり，**シナプス間隙**とよばれます。軸索終末には**シナプス小胞**という袋があり，このなかに神経伝達物質を貯蔵しています。活動電位が軸索終末に伝わると，軸索終末から神経伝達物質がシナプス間隙に放出されます。この神経伝達物質がシナプス後細胞にある受容体と結合することで，シナプス後細胞に作用します（伝達）。

　シナプスでの伝達は，放出される神経伝達物質の種類により，シナプス後細胞に異なる作用を引き起こします。シナプス後細胞を興奮させるようにはたらくシナプスを**興奮性シナプス**，反対に興奮を抑えるようにはたらくシナプスを**抑制性シナプス**とよびます。

♂神経伝達物質
中枢神経系の主な神経伝達物質には，グルタミン酸とγアミノ酪酸（GABA）があります。グルタミン酸には興奮性作用が，GABAは抑制性作用があります。末梢神経系ではアセチルコリンが骨格筋の収縮などに作用します。

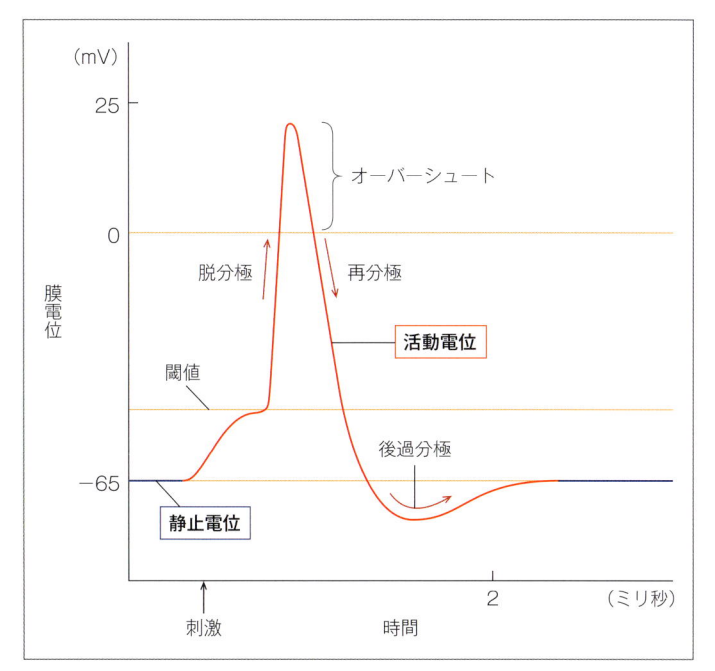

図 1-12　活動電位
神経細胞は負に帯電しているが，刺激を受けると脱分極してスパイク状の活動電位を発生する。

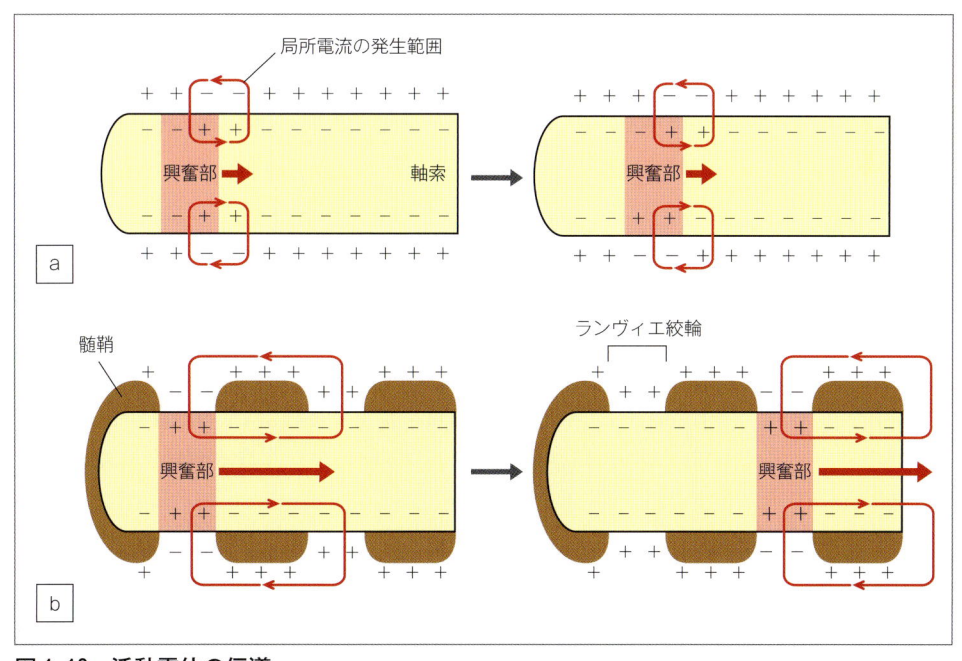

図 1-13　活動電位の伝導
a：無髄線維における伝導
b：有髄線維における伝導
無髄線維では，活動電位は隣接する部分へ順に伝導していく。有髄線維では活動電位は髄鞘の切れ目（ランヴィエ絞輪）で発生し，伝導していくため，伝導速度は無髄線維に比べて速くなる。この伝導のかたちを跳躍伝導という。

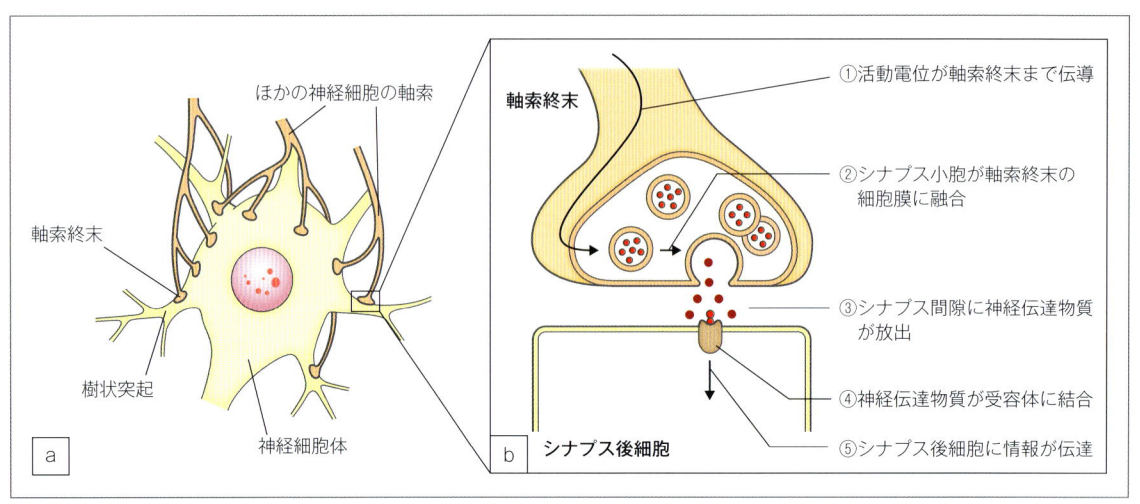

図 1-14　シナプス伝達
a：軸索終末
b：シナプスにおける情報の伝達
軸索終末から放出される神経伝達物質によって，情報がほかの神経細胞（シナプス後細胞）に伝達される。

［4］結合組織

　前述の3つの組織の間隙を満たし，支えている組織を結合組織とよんでいます。結合組織は，線維芽細胞，脂肪細胞などの細胞成分と，これらの細胞がつくり出す膠原線維（コラーゲン），細網線維，弾性線維（エラスチン）などの線維成分，ヒアルロン酸などの基質成分からなります。そしてそれぞれの成分の比率などにより，脂肪組織などの疎性結合組織，腱，靭帯などの密性結合組織などにわけられます。また，血液，リンパといった液性結合組織や，骨，軟骨といった支持性結合組織は特殊化した結合組織です。ここでは，骨組織と軟骨組織について述べます。

①骨組織

　骨組織は，細胞成分，骨基質，線維成分（膠原線維）からなります。細胞成分は約2％と少なく，骨芽細胞，骨細胞，破骨細胞があります。

　骨芽細胞は，新しい骨基質を産生する細胞で，骨髄腔の内面や骨皮質（図1-16）の外面に存在します。骨細胞は，骨芽細胞が分化した細胞であり，も

疎性結合組織
基質成分，もしくは細胞成分が大部分を占める結合組織。

☞ 腱・靭帯　p.45
　　骨　p.36

密性結合組織
線維成分が大部分を占める結合組織のこと。

☞ 血液　p.208

臨床で役立つコラム
てんかんとシナプス伝達

　てんかんは，脳の神経細胞の過剰興奮が原因で，動物がけいれんや体の硬直を起こす疾患です。正常な神経細胞は，ほかの神経細胞から受ける興奮性作用と抑制性作用のバランスに応じて興奮します。てんかんでは，①抑制性作用が減弱，②興奮性作用が過剰，③シナプス後細胞の受容体異常などが起こって，神経細胞が過剰に興奮すると考えられています（図1-15）。

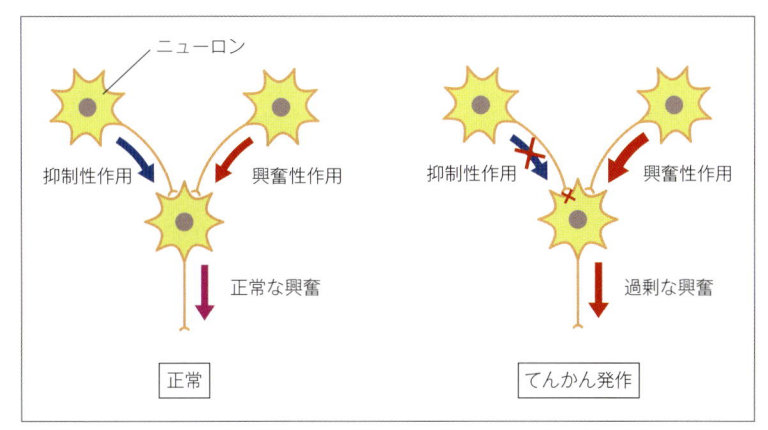

図1-15　てんかん発作の病態

はや新しい骨（基質）をつくる能力はありませんが、骨基質を維持しており、層板のあいだにある骨小腔に入っています。破骨細胞は、骨基質を溶かします（骨吸収）。

細胞のあいだを埋める骨基質の約3分の2は、リン酸カルシウムなどの結晶（ヒドロキシアパタイト）からなり、骨に硬さを与えています。残り約3分の1は膠原線維であり、骨に柔軟性をもたせています。

骨組織では常に骨芽細胞が新しい骨基質をつくり、破骨細胞が骨基質を吸収しています。見た目には変化がなくても、絶えず大規模な再構築が行われています。このため、骨組織は骨折などで骨に損傷が起こった場合でも修復が可能です。

骨組織には緻密骨と海綿骨があります（図1-16）。緻密骨は密度が高くて硬く、海綿骨は多数の薄板状の梁（骨梁）が網目状に配列しています。

緻密骨には円筒状の骨単位（オステオン）とよばれる構造があり、中央にある血管を通す中心管（ハバース管）の周囲を骨層板（オステオン層板）が同心円状に配列しています。骨層板のあいだには骨細胞が入る骨小腔が存在し、個々の骨小腔は骨細管によってつながっているため、骨細胞同士は骨細管を介して連結しています。骨単位のあいだには介在層板があり、さらにそれらの周囲を環状層板が取り囲んでいます。血管を通す管として、中心管と垂直に交わる貫通管（フォルクマン管）が骨の外側と内側（骨髄腔）をつなぎます。

海綿骨は緻密骨と類似した構造をもちますが、骨単位がありません。

②軟骨組織

軟骨組織は、軟骨細胞、膠原線維や弾性線維といった線維成分、コンドロイチン硫酸を含む硬いゼラチン状の物質（プロテオグリカン）である軟骨基質からなります。骨よりも柔らかく弾力性をもちつつ、とくに圧縮力によく耐える特性があります。軟骨には血管がなく、栄養や老廃物の交換はすべて

[参考] 骨とカルシウム
体内の大部分のカルシウムは骨に貯蔵されています。カルシウムは骨や歯の構成成分としてだけでなく、筋肉の収縮や神経伝達、止血、正常な細胞活動の維持などさまざまな役割があります。生体内のカルシウム濃度を維持するためには骨からのカルシウム供給も重要であり、破骨細胞と骨細胞のはたらきにより調整されています（カルシウム濃度の維持については p.158 参照）。

骨基質と線維成分
骨の細胞間質が骨基質のみからできていた場合、骨は硬くなりますが、もろくなってしまいます。一見骨の強度を下げているように見える線維成分は外界からの力に抵抗するために重要な役割をはたしています。

[参考] 骨芽細胞と破骨細胞
骨芽細胞と破骨細胞は活動のバランスが重要であり、破骨細胞の活動が骨芽細胞よりも盛んになると骨はもろくなり、骨粗鬆症（こつそしょうしょう）などを起こします。

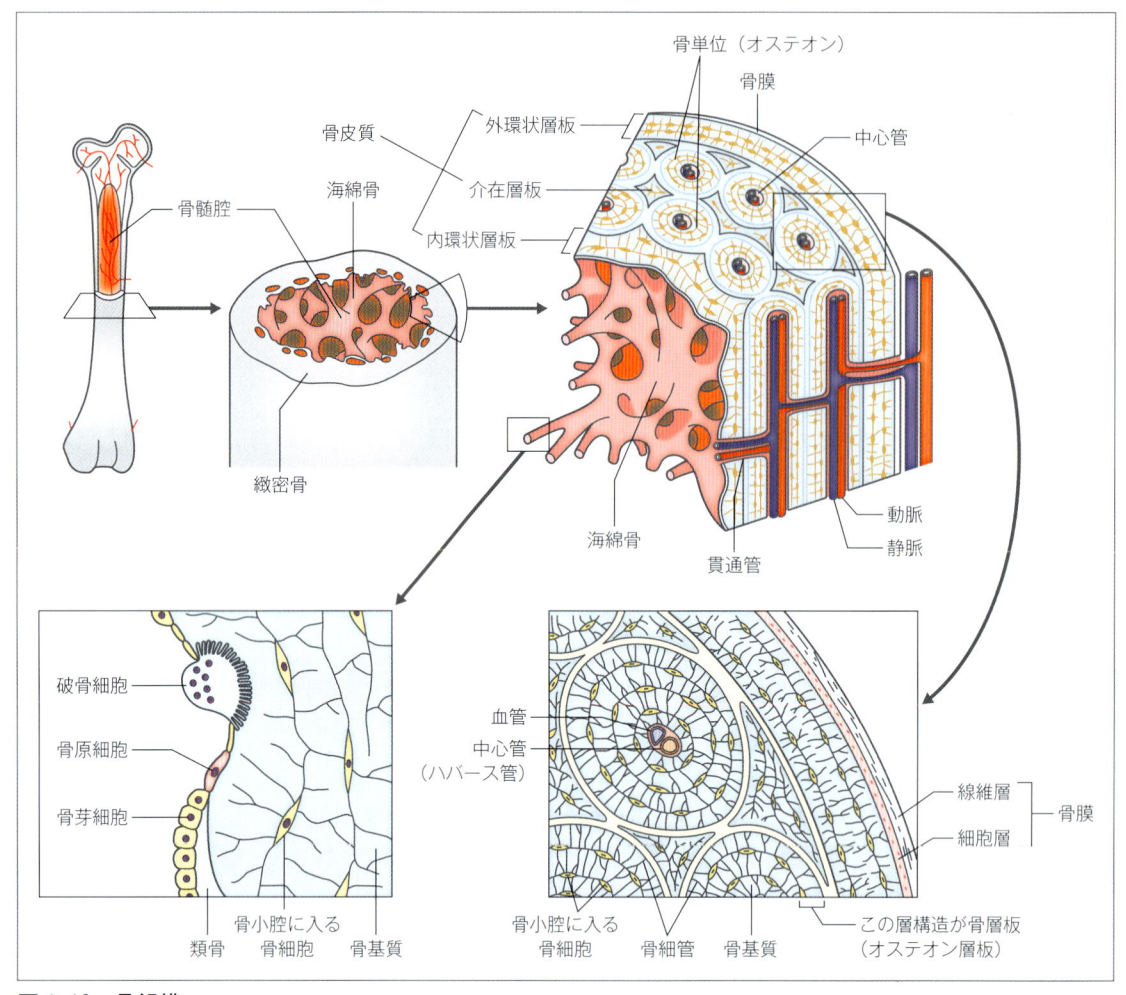

図 1-16　骨組織

基質中を拡散することによって行われ，損傷を受けると修復が困難です。

軟骨は，硝子軟骨，弾性軟骨，線維軟骨にわけられます。

硝子軟骨は，軟骨基質が比較的豊富で，線維成分が少なく，弾力性は乏しいですが耐圧性に優れている軟骨です。肋軟骨，喉頭の軟骨（喉頭蓋を除く），気管軟骨，関節軟骨などがあります。

弾性軟骨は，弾性線維が比較的多く，弾力性が高い軟骨で，耳介や喉頭蓋にみられます。

線維軟骨は，軟骨基質が比較的少なく，膠原線維が豊富で，丈夫で硬い軟骨です。椎間板，関節半月，骨盤結合などにみられます。

C 体腔

体のなかで外界とつながっていない空間は**体腔**とよばれ，胸郭内で横隔膜よりも頭側にある**胸腔**，尾側にある**腹腔**，さらに腹腔からの連続で，より尾側にある骨盤に囲まれた**骨盤腔**にわけられます（図1-17）。それぞれの体腔に存在する臓器を胸腔臓器（肺，心臓など），腹腔臓器（胃，腸，肝臓，腎臓など），骨盤腔臓器（直腸，膀胱，尿道の一部など）とよんでいます。

胸壁，腹壁，骨盤壁といった各体腔の壁の内面や体腔内にある臓器の表面には**漿膜**が存在し，胸腔にあるものを**胸膜**，腹腔と骨盤腔にあるものを**腹膜**とよびます。漿膜は体腔内で存在している部位により，体壁を裏打ちしている**壁側漿膜**，臓器をおおう**臓側漿膜**，さらに臓器と臓器のあいだをつないでいる**中間漿膜**（間膜）にわけられます（図1-18）。おおう場所によって名前

☞ **骨盤** p.42

🔖 **漿膜**
体腔の内面をおおっている膜のことで，中皮（p.17参照）と結合組織からなります。

[参考] **腸間膜**
腸管同士のあいだを結んでいる間膜（中間漿膜）のこと。

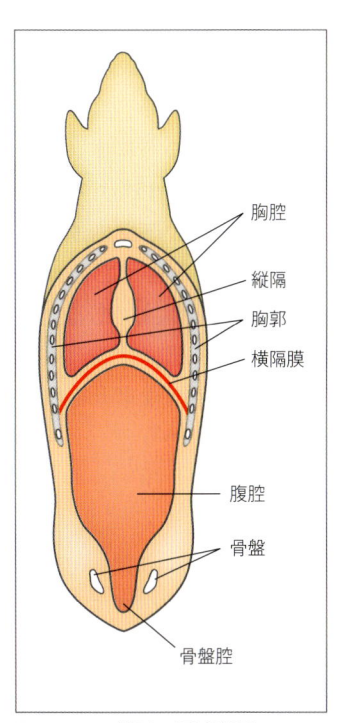

図1-17 体腔（腹側観）

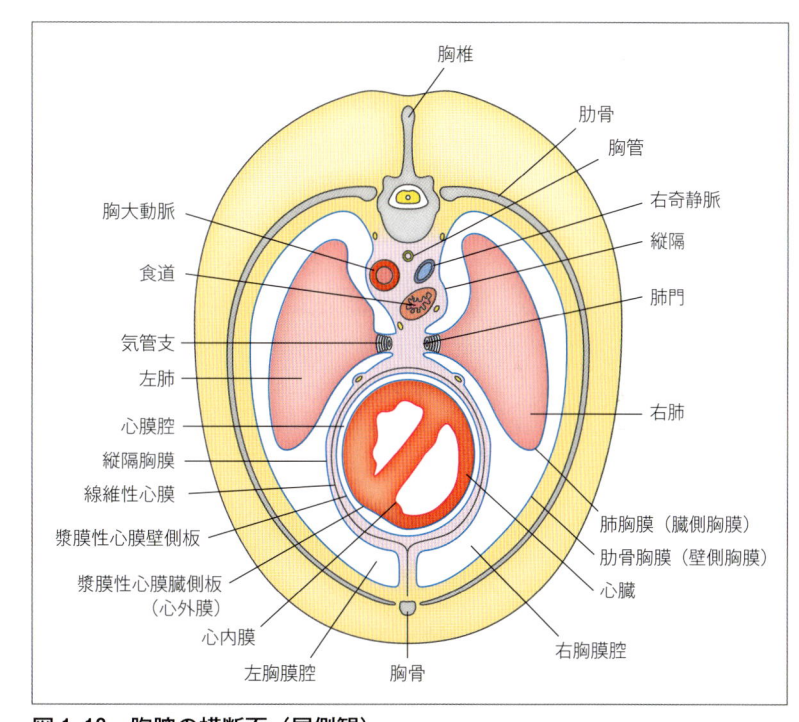

図1-18 胸腔の横断面（尾側観）

臨床で役立つコラム

漿膜腔の拡大

さまざまな原因により胸膜腔や腹膜腔が拡大するときがあります。たとえば気胸は，肺胸膜が破れて空気が胸膜腔に流入し，肺の拡張を抑制している状態です。また，胸水や腹水は，漿液が胸膜腔や腹膜腔に大量に貯留している状態です。もし炎症によって漿液が増えている場合には，胸水，腹水が濁ります。

[参考] 胸郭
胸椎, 肋骨（肋硬骨と肋軟骨), 胸骨によってできる胸の骨のカゴのこと。心臓や肺などの重要な臓器を守ります。

[参考] 胸郭内腹腔
横隔膜は胸郭の内側に張り出しています。そのため, 腹腔が胸郭内に侵入しており, この部分は胸郭内腹腔とよばれます。胸郭内腹腔には肝臓, 胆嚢, 胃, 脾臓, 膵臓などが存在しています。

☞ 心膜腔 p.86

[参考] 頭蓋腔
頭蓋内部にある脳が入っている空間のこと。

☞ 脊柱管 p.40

が変わりますが, これらの漿膜はひと続きの膜であり, 体腔内で折り返すことで袋状の漿膜腔を形成しています。胸膜からつくられる空間を胸膜腔, 腹膜からつくられる空間を腹膜腔とよんでいます。正常では, 壁側漿膜, 臓側漿膜, 中間漿膜は密着しており, 漿膜腔には少量の液体（漿液）が存在しているのみで, 実質的な空間はありません。漿液は漿膜から分泌されるリンパや組織液に近い成分で, 半透明で光沢感のある液体です。この液体は体腔内で動く臓器などの周囲に生じる摩擦を軽減する潤滑液となります。

胸膜腔や腹膜腔以外にも体のなかには閉じた空間として漿膜の一種である心膜によって包まれている心膜腔（漿膜腔の一種), 髄膜によって包まれている頭蓋腔, 脊柱管などがあり, これらが体腔に含まれることもあります。

D 体液

[1] 体液の組成

動物の体の内部に存在する液体を**体液**とよびます。体液は体重の約60％を占め, **細胞内液**（体重の約40％), **細胞外液**（体重の約20％), 経細胞液（ごくわずか, 漿液や尿など）にわけられます。細胞外液はさらに血管内にある**血漿**（体重の約5％）や細胞周囲にある**組織液**（体重の約15％）などにわけられます。各体液の電解質の組成を図1-19に示します。細胞内液はカリウムイオン（K^+), リン酸イオン（HPO_4^{2-}）が主体であり, たんぱく質, マグネシウムイオン（Mg^{2+}）も比較的多いです。細胞外液である血漿は, ナトリウムイオン（Na^+), 塩素イオン（Cl^-), 炭酸水素イオン（重炭酸イオン, HCO_3^-）が主体です。同じく細胞外液の組織液は血漿とほぼ同じ組成ですが, たんぱく質が少ないといえます。

[2] 物質の現象

生体内の物質は体液によって運搬され, さまざまな現象により細胞や組織間で交換がなされています。ここでは, 拡散と浸透について述べます。

①拡散

拡散とは, 水に溶けている物質やガスの移動形式の1つで, 濃度勾配に従った, すなわち物質が高濃度のところから低濃度のところへ移動すること

臨床で役立つコラム

漿膜の回収機能

漿膜は漿液を分泌し, さらに自ら回収することで絶えず新しい潤滑液を臓器のまわりに提供しています。手術中に感染症の予防的処置として抗生物質の液体を腹腔（正確には腹膜腔）にかけることがありますが, 最終的には漿膜から吸収されます。漿膜はまた空気やガスも吸収することができますので, 腹腔鏡検査時に送り込んだ二酸化炭素なども漿膜から回収されます。

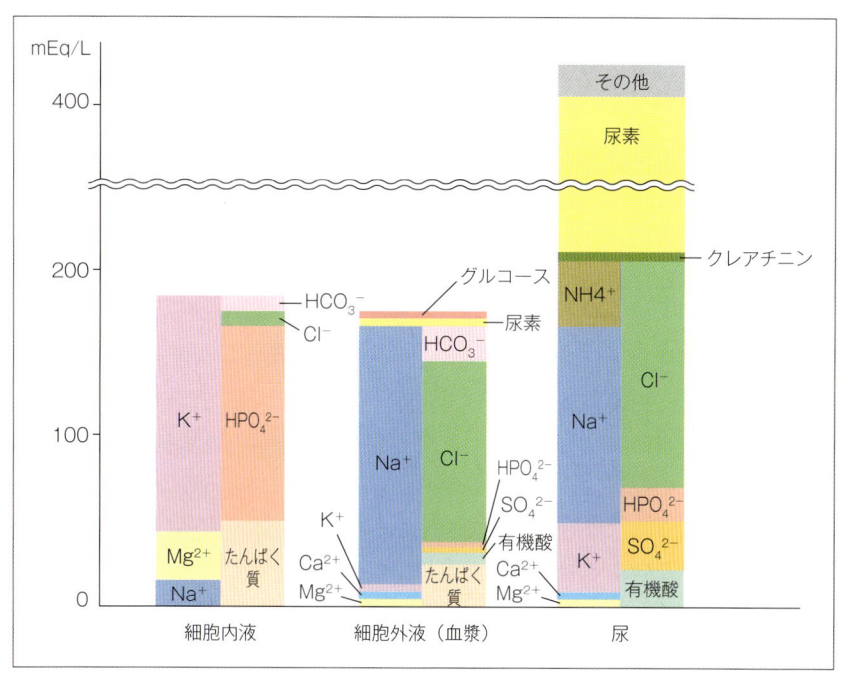

図 1-19　体液の組成
各グラフはそれぞれ細胞内液，細胞外液（血漿），尿に含まれる陽イオン（棒グラフ内左側），陰イオン（棒グラフ内右側），その他の物質の組成を示す．体液の種類によって含まれる物質の割合が異なる．詳細は本文を参照．
（河原克雅．図 11-2 体液 3 区分のイオン組成．小澤瀞司，福田康一郎総編．標準生理学第 7 版．p.715．医学書院．東京．2009．より転載，一部改変）

図 1-20　拡散
コーヒーを例にした拡散の例．コーヒーに加えられたミルクは，低濃度の領域に徐々に広がり，やがてコーヒー内でのミルクの濃度は均等となる．液体（気体）中の物質の粒子（分子または原子）は固有の熱運動をしていて，高濃度の領域から低濃度の領域へのみならず，逆方向にも移動する．しかし，高濃度の領域にはより多くの粒子が存在するので，高濃度の領域から低濃度の領域に出ていく粒子の量は入ってくる量よりも多くなり，見た目上の移動は高濃度から低濃度の領域に向かうことになる．

をいいます（図1-20）。境界がないところ，もしくは境界があっても物質が自由に行き来することができる場合には，拡散によって物質は移動していき，濃度が均等になるまでこの移動は続きます。

②浸透

体のなかで物質が移動する際には，細胞膜や血管壁などのさまざまな障壁を通過する必要があります。しかし，障壁の種類によって通過しやすい物質と，通過しにくい物質が決まっているため，障壁の内外では物質の濃度が異なります。浸透とは，このときに起こる物質の移動現象のことをいいます（図1-21）。

物質の種類によって通過するものが異なる障壁を半透膜とよんでいます。半透膜において，たんぱく質などの溶質となる物質は，溶質の性質と半透膜の性質によって通過することができるかどうかが決まってきますが，溶媒となる水は分子がとても小さいので半透膜を容易に通過することができます。この半透膜の内外の溶質の濃度差によって，溶媒（動物では水）が溶質の濃度が低い方から濃度の高い方へ移動する現象が浸透です。このとき，溶質濃度の高い方への溶媒が移動するのを抑える力を浸透圧とよんでいます。すなわち，溶質濃度が高い液体ほど，溶媒（水）が流入する力を抑えるのに大きな力が必要であり，逆にいえば，溶媒（水）を引き込む力が強いことになります。

♂溶質
溶媒に溶けた物質のこと。塩水の塩がこれにあたります。

♂溶媒
ほかの物質を溶かす液体のこと。塩水の水がこれにあたります。

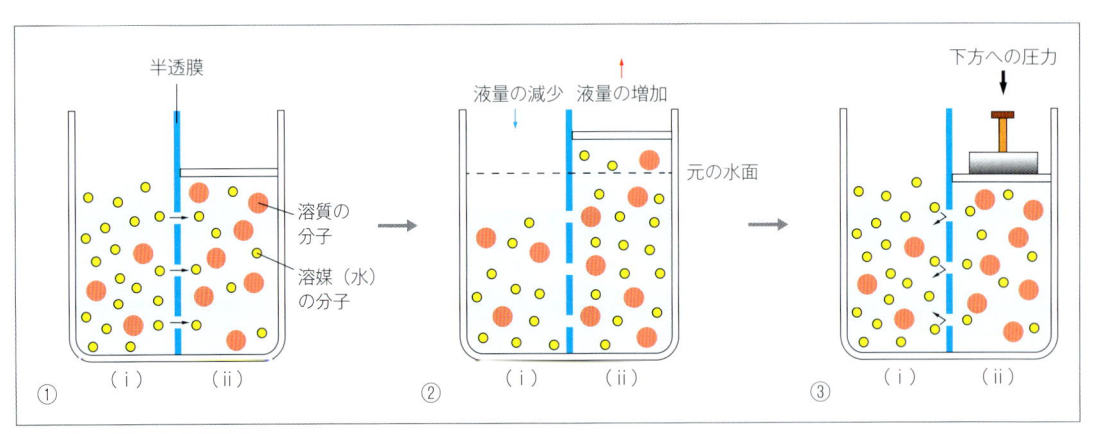

図1-21　浸透と浸透圧
（ⅰ）は溶質濃度が低い溶液，（ⅱ）は溶質濃度の高い溶液を示す。
①溶媒（水）の分子が（ⅰ）から（ⅱ）へ移動。
②（ⅰ）（ⅱ）の濃度が等しくなるまで溶媒の移動は続き，（ⅱ）の液量は増加する。
③このとき溶媒の移動を抑制するような（ⅱ）にかかる液圧を浸透圧とよぶ。

臨床で役立つコラム
血漿浸透圧と胸水，腹水

血液のなかにあるさまざまな溶質の1つとして，血液の浸透圧（血漿浸透圧）の一部を担っているたんぱく質が挙げられます（血漿たんぱくの詳細はCHAPTER 12「A　血液の成分」参照）。

たんぱく質はさまざまな疾患で合成が低下しますが，そうなると血液中のたんぱく質も減少して血漿浸透圧が低下してしまいます。血漿浸透圧低下は水の血管外への流出を引き起こし，胸膜腔や腹膜腔にたまり，胸水や腹水の原因となります。

臨床で役立つコラム
輸液剤の浸透圧

輸液剤は浸透圧をさまざまな程度に調節してあります。溶液の浸透圧と血漿浸透圧が等しい等張液，溶液の浸透圧が血漿浸透圧よりも低い低張液，溶液の浸透圧が血漿浸透圧よりも高い高張液があります。輸液剤は浸透圧だけではなく，同じ浸透圧でも溶質の成分が目的に合わせて調整されています。

E　解剖学用語

　動物の体の構造と機能を理解するためには，体の部位や方向を示す用語などを知っておく必要があります（**表1-3**，**図1-22**）。

　解剖学用語において，漢字の読みは基本的に音読みとなります。そのため「内側」は「うちがわ」ではなく，「ないそく」と読みます。一部の漢字では，解剖学での慣用的な読みをすることもあります。「腹腔」の「腔」は普通「こう」と読みますが，解剖学用語では「くう」という読みになります。

　いくつかの用語は普段聞き慣れないものがありますが，本書でもたびたび出てくる言葉ですので，わからないときはその都度，確認をして覚えてください。

表 1-3　方向を示す用語

用語	よみがな	示す場所
矢状面	しじょうめん	長軸に沿って体を左右にわける面
正中矢状面 （正中面）	せいちゅうしじょうめん （せいちゅうめん）	矢状面のなかでも正中線を通るもの
横断面	おうだんめん	体の長軸に垂直な面
水平断面（冠状面）	すいへいだんめん（かんじょうめん）	長軸に沿って体を背腹にわける面，もしくは矢状面に対して垂直に交わる長軸に沿った面
頭側	とうそく	頭に近い方，体の前方
尾側	びそく	尾に近い方，体の後方
吻側	ふんそく	鼻に近い方，頭部の構造を示すときに使用される
背側	はいそく	上方，背中のある方
腹側	ふくそく	下方
内側	ないそく	正中面に近い方
外側	がいそく	正中面から遠い方
近位	きんい	四肢の体幹側，起始部に近い方
遠位	えんい	四肢の末端側，起始部から遠い方

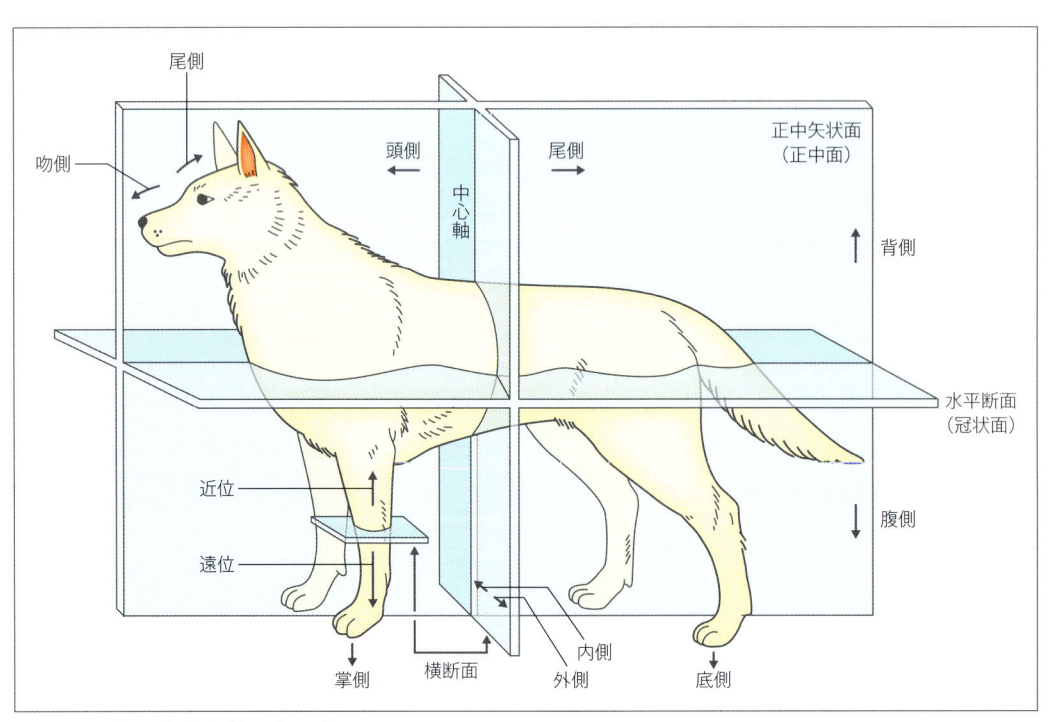

図 1-22　体の方向と断面を示す用語

CHAPTER 1 体の基本構造
確認問題

Q1 つぎの文章の空欄に正しい用語を入れなさい。
- 細胞内に存在する構造物を（①　　　　　　　）という。（②　　　　　　　）は遺伝情報の保存と伝達を行う①である。
- DNAは4種類の（③　　　　　　　）とよばれる物質の並び順によって遺伝情報を暗号化している。たんぱく質情報をもつDNAの特定の領域を（④　　　　　　　）といい，（⑤　　　　　　　）とよばれる③の組みあわせによって対応するアミノ酸が決められている。
- 体を構成する組織には（⑥　　　　　　　），筋組織，（⑦　　　　　　　），結合組織がある。⑥は器官の外表面や臓器の内腔などをおおう組織で，⑦は刺激による興奮の伝達を行う組織である。
- 筋組織には，体を動かす（⑧　　　　　　　），内臓や血管を動かす（⑨　　　　　　　），心臓を動かす（⑩　　　　　　　）がある。
- 中枢神経系を構成する細胞には神経細胞のほかに，物質交換を担う（⑪　　　　　　　）や希突起膠細胞，病原体の除去などを行う（⑫　　　　　　　）とよばれる細胞がある。
- 外界とつながっていない体内の空間を（⑬　　　　　　　）という。⑬は横隔膜によって隔てられ，横隔膜より頭側にある空間を（⑭　　　　　　　），尾側にある空間を（⑮　　　　　　　）という。

Q2 細胞小器官のはたらきについて正しい組みあわせを1つ選びなさい。
① ゴルジ体—たんぱく質の化学修飾
② 粗面小胞体—遺伝情報の保存と伝達
③ 滑面小胞体—エネルギー産生
④ リボソーム—脂質の合成
⑤ ミトコンドリア—細胞内の不要物を分解

Q3 DNAについて間違っている記述を1つ選びなさい。
① アデニン（A）はグアニン（G）と相補的に結合する。
② 核の染色質内では，DNAはヒストンたんぱくに巻き付いて存在している。
③ DNAの塩基配列がmRNAにコピーされることを遺伝子の転写という。
④ DNAの二重らせんはRNAポリメラーゼによってほどかれる。
⑤ mRNAの塩基配列からたんぱく質が合成されることを翻訳という。

Q4 神経組織について正しい記述を1つ選びなさい。
① 神経細胞から1本だけ長く出る突起を軸索という。
② 有髄神経より無髄神経の方が興奮の伝導速度が速い。
③ 神経細胞が興奮する電気信号を静止電位という。
④ 中枢神経系ではシュワン細胞が有髄線維の髄鞘を形成する。
⑤ 軸索終末から放出される神経伝達物質をシナプスという。

Q5 結合組織について間違っている記述を1つ選びなさい。
① 結合組織には脂肪組織や血液などの組織が含まれる。
② 腱，靭帯などは密性結合組織である。
③ 骨組織を構成する細胞は骨芽細胞，骨細胞，破骨細胞である。
④ 海綿骨には骨単位（オステオン）が存在する。
⑤ 軟骨には硝子軟骨，弾性軟骨，線維軟骨がある。

→解答はp.242へ

CHAPTER 2

筋骨格系 musculoskeletal system

> **学習の目標**
> ・骨格を構成する骨と，動物種による骨格の違いを理解する。
> ・基本的な骨の構造と，解剖学用語を理解する。
> ・主要な筋肉のはたらきと位置を理解する。

　筋骨格系は体を支えるための器官系です。運動の支点となる骨と，その骨を動かす筋（骨格筋）からなります。

A　骨の基本構造

☞骨組織　p.26

[1] 骨の構造

　骨は外側の骨皮質の部分と，骨髄が入る内側の骨髄腔からなります（図2-1）。骨皮質はさらに外側の緻密骨（緻密質）と内側の網目状になっている海綿骨（海綿質）にわけられます。骨皮質の主な成分は，水分を除くとほとんどがリン酸カルシウムで，この部分では骨をつくる骨芽細胞や破壊・吸収

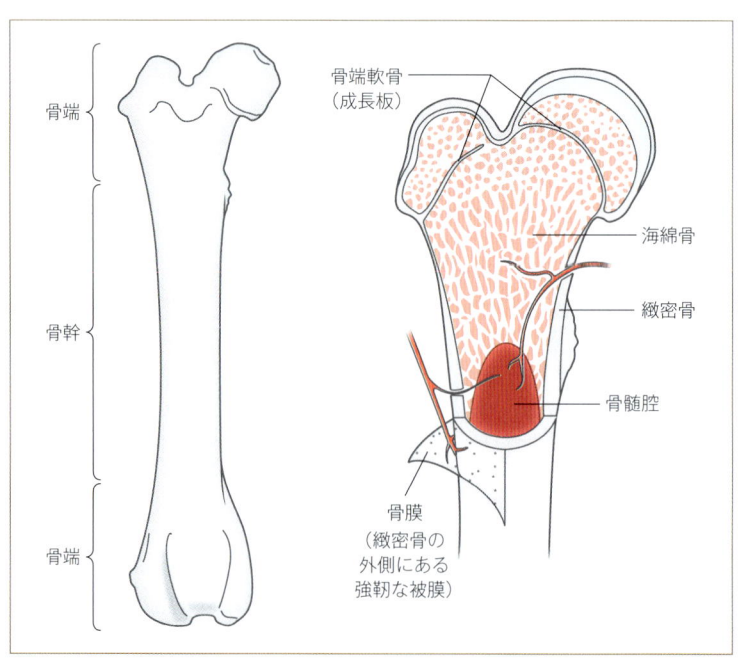

図2-1　長骨（大腿骨）の構造

する破骨細胞がホルモンの調節を受けながら，骨にカルシウムを貯蔵しています。

また，骨髄には造血幹細胞が存在し，新しい血球（白血球や赤血球など）をつくり出しています（造血）。

[2] 骨の分類

骨は形によって，**長骨**（上腕骨，大腿骨など），**短骨**（手根骨，足根骨など），**扁平骨**（肩甲骨など）にわけらます。

長骨は骨の両端にある**骨端**とそのあいだをつなぐ**骨幹**からなり，骨端と骨幹の境界付近には**軟骨**（**骨端軟骨**）が存在しています（図2-1）。この部位は長軸方向の骨の伸長に関係するため，**成長板**（骨端板）ともよばれます。若い動物の四肢をX線で撮影すると，骨端軟骨は骨と比較して黒く抜けて見えますので，骨折線と間違えないよう注意が必要です。成体になると骨端軟骨は骨組織に置きかわり，骨の伸長が止まります（成長板閉鎖。骨端閉鎖ともいう）。この成長板閉鎖の時期は骨によって異なり，さらに同じ骨でも近位端と遠位端の成長板でも異なることがあります。

> カルシウム調節　p.158
>
> ♂造血
> 新しい血球（白血球や赤血球など）をつくり出すことをいいます。
>
> 血球　p.208
>
> ♂長軸
> 骨や臓器の長い方の距離のこと。短い方の距離を短軸といいます。

B　骨格系

骨格系は体の中心（正中）を通る**軸性骨格**と四肢を構成する**付属性骨格**に分類されます。さらに，雄犬の陰茎のなかに存在する陰茎骨のような，臓器内にある**内臓性骨格**があります。付属性骨格は表2-1，表2-2，図2-2〜図2-4に示すような骨から構成されています。

表2-1　前肢の部位と各部位を構成する骨

部位	犬，猫，ウサギ	鳥類
肩	肩甲骨，鎖骨[*1]	肩甲骨，癒合鎖骨，烏口骨
腕（上腕）	上腕骨	上腕骨
前腕	橈骨，尺骨	橈骨，尺骨
手首	手根骨，種子骨[*2]	手根骨
手	中手骨，指骨，種子骨[*3]	手根中手骨[*4]，指骨

*1：一般的に犬に鎖骨は認められない。
*2：犬や猫で長母指外転筋種子骨が認められる。
*3：犬，猫には近位種子骨と背側種子骨が，ウサギには近位種子骨，遠位種子骨が存在する。
*4：鳥類の手根骨の一部は中手骨と癒合する。

表2-2 後肢の部位と各部位を構成する骨

部位	犬, 猫, ウサギ	鳥類
臀部	寛骨（腸骨, 恥骨, 坐骨, 寛骨臼骨）	寛骨（腸骨, 恥骨, 坐骨）
大腿	大腿骨	大腿骨
膝（膝関節）	膝蓋骨, 種子骨[1,2]	膝蓋骨
下腿	脛骨, 腓骨[3]	脛足根骨[5], 腓骨[3]
足首	足根骨	種子骨
足	中足骨, 趾骨, 種子骨[4]	足根中足骨[5], 趾骨

[1]：犬, 猫, ウサギには腓腹筋種子骨が認められる。
[2]：膝窩筋種子骨は猫や大型犬に認められる。
[3]：ウサギや一部の鳥類では腓骨が脛骨と癒合している。
[4]：犬, 猫には近位種子骨と背側種子骨が存在する。ウサギには近位種子骨と遠位種子骨が存在する。
[5]：鳥類の足根骨は脛骨や中足骨と癒合する。

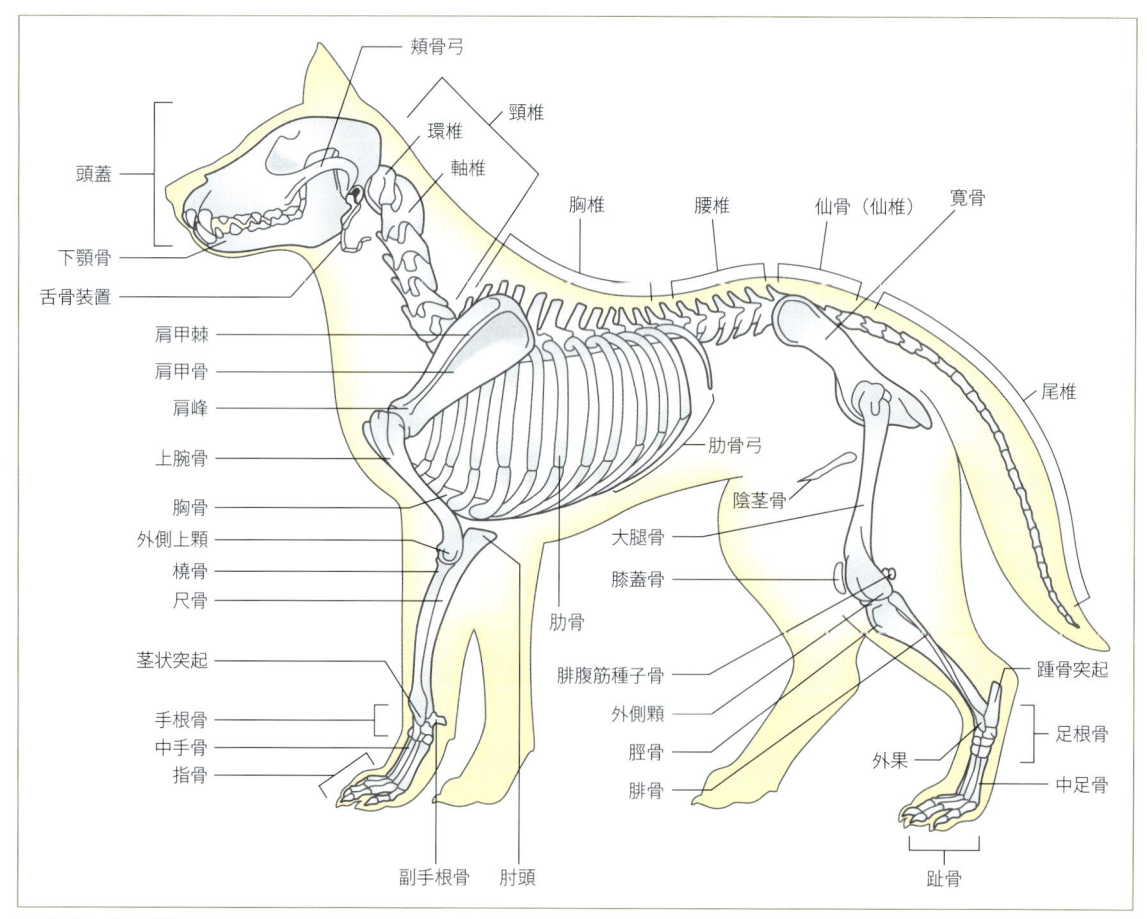

図2-2 犬（雄）の骨格

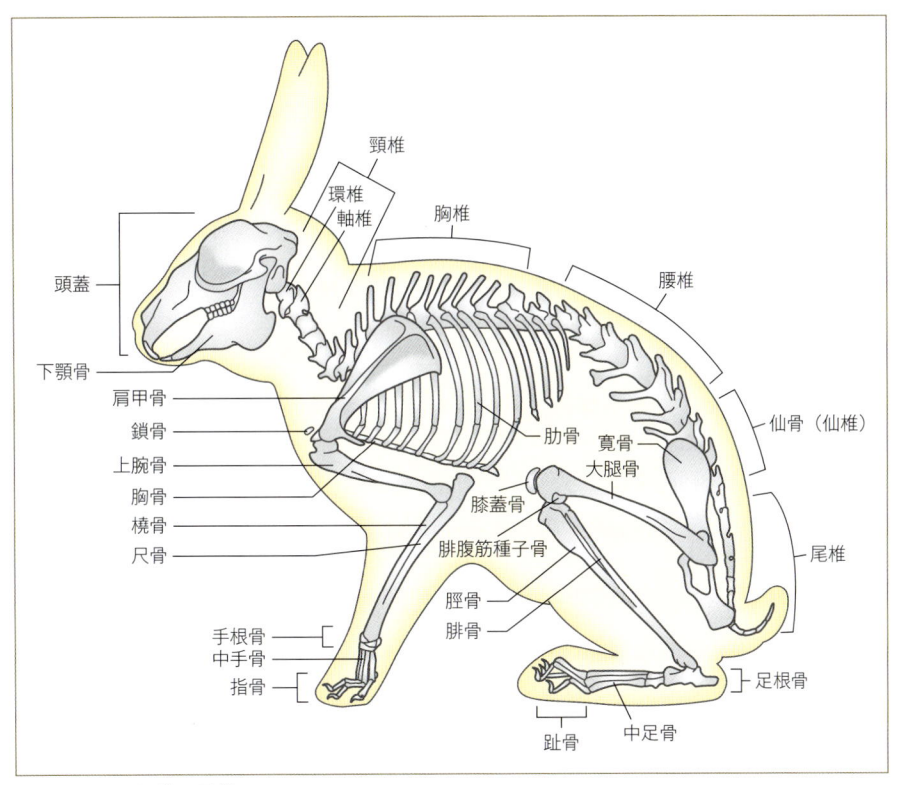

図 2-3　ウサギの骨格

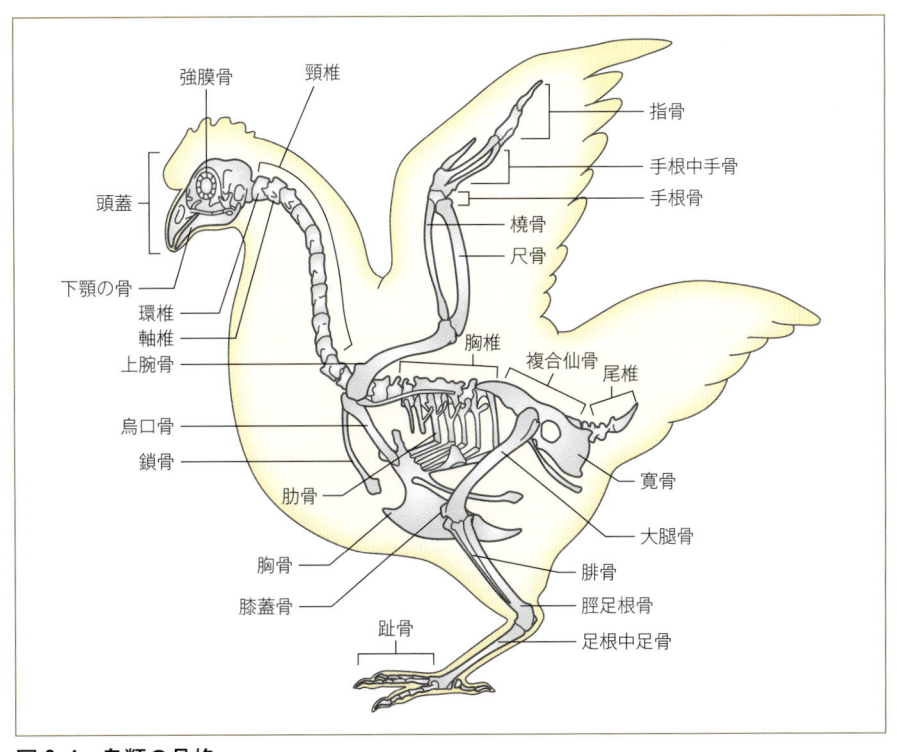

図 2-4　鳥類の骨格

[1] 軸性骨格

軸性骨格とは，体の軸となる骨格のことをいいます。頭の骨である**頭骨**（**頭蓋**，**下顎骨**，**舌骨装置**），背中の骨（**脊椎**），胸の骨（**肋骨**，**胸骨**）からなります。

①頭骨

頭骨は全部で 18 種類の骨から構成されます。脳や脊髄を保護する**神経部**と消化器（口腔）や呼吸器（鼻腔）の入り口を構成する**顔面部**に大きくわけられます（表 2-3）。

②脊椎

脊椎は**椎骨**（図 2-5，図 2-6）とよばれる四角い骨が多数連結したもので，いわゆる背骨とよばれる骨です。椎骨は，土台となる椎体に屋根となる椎弓がかぶさった構造をしており，その内側には**椎孔**とよばれる空間があります。個々の椎骨にある椎孔が連なって 1 本の長い管（**脊柱管**）を形成し，そのなかを脊髄が通っています。椎弓の背側には棘突起とよばれる突出部が伸びています。棘突起の根元には前後左右に 4 つの関節突起があり，前後の椎骨と関節しています。椎骨は関節突起だけでなく，前後の椎体間にある線維軟骨のクッション（**椎間板**という）を介しても関節しています。また，椎

表 2-3　犬，猫，ウサギの頭骨の機能的分類

頭骨	
神経部	前頭骨，側頭骨，頭頂骨，頭頂間骨，後頭骨，蝶形骨，翼状骨，篩骨
顔面部	鼻骨，涙骨，上顎骨，腹鼻甲介骨，切歯骨，口蓋骨，頬骨，下顎骨，舌骨装置，鋤骨*

＊鋤骨は神経部に分類されることもある。

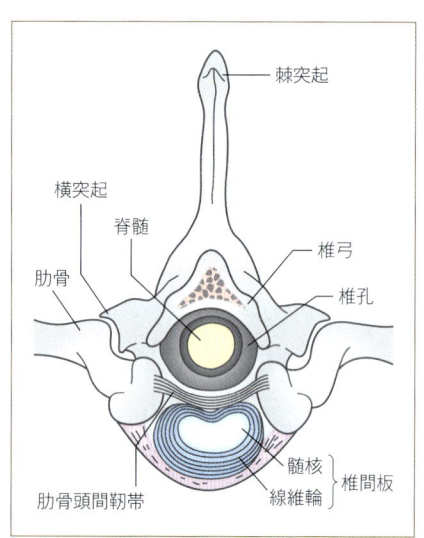

図 2-5　胸椎と肋骨の関節（横断面）

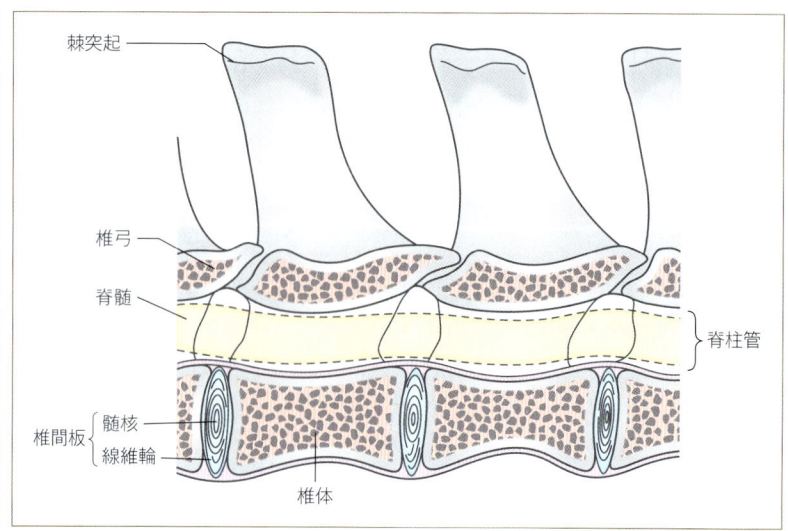

図 2-6　腰椎の縦断面

弓の付け根には左右に横突起が伸びています。

脊椎は部位によって名称が異なり，頭側から頸椎，胸椎，腰椎，仙骨（仙椎），尾椎とよばれ，各部位を構成する椎骨の数は動物種によって異なります（表2-4）。また，形から特別な名前でよばれる椎骨もあり，たとえば，1つ目の頸椎（第1頸椎）は環椎，第2頸椎は軸椎という別名があります。

③肋骨と胸骨

胸椎は左右の肋骨と関節しており，胸椎の数と片側の肋骨の数は同じです。つまり，13個の胸椎をもつ犬には13対の肋骨が存在しています。肋骨は背側の骨からなる肋硬骨と，腹側の軟骨からなる肋軟骨の2つの部分にわかれています。肋骨は前後に動くことによって内側の空間（胸腔）の容積を変化させ，肺への空気の出入り（換気）を助けています。

胸骨は小さな骨（胸骨片）が連なってできた骨で，胸の腹側で前後に伸びています。胸骨には肋軟骨が連結しています。

[2] 前肢の骨格

前肢の骨格は肩，腕，肘，前腕，手首および手を構成しています（表2-1，表2-5）。鎖骨をもたない，もしくは退化傾向にある犬や猫などの動物では，前肢の骨格は軸性骨格と関節しておらず，前肢の骨に付着する筋肉などの軟部組織によって体幹とつながっています。

[参考] 頸椎の数
ナマケモノやジュゴンなどの種を除いて，ほとんどの哺乳類の頸椎は7個です。

♂仙骨（仙椎）
新生子の仙椎は不完全に連結しているが，生後約半年で完全に癒合して仙骨とよばれるようになります。

🔖 換気 p.102

[参考] 肋骨弓
肋骨の尾側縁のカーブのこと。胸壁と腹壁の境界となります（図2-2）。

♂胸骨
胸骨の前端を胸骨柄，胸骨の後端を剣状突起といいます。剣状突起には発達した軟骨（剣状軟骨）があり，開腹手術で腹側正中切開をするときに頭側端の目印となります。

♂体幹
体の軸となる四肢以外の部分をいいます。

表2-4 椎骨式

	頸椎	胸椎	腰椎	仙骨（仙椎）	尾椎
犬	7	13	7	3	16〜23
猫	7	13	7 (6)	3	21
ウサギ	7	12 (13)	7	4	15〜18
ハト	12	7[*1, *2]	複合仙骨[*2]		8

*1：一部の胸椎同士が癒合している。
*2：第7胸椎，腰椎，仙骨が癒合する。

臨床で役立つコラム

椎間板ヘルニアと肋骨頭間靱帯

椎骨同士は前後の関節突起と，前後の椎体を介して連結しています。椎体のあいだには線維輪とその中心に位置する髄核からなる椎間板が存在し，椎間板は運動時に椎体間に発生する衝撃を吸収するクッションの役割をはたしています（図2-5，図2-6）。

しかし，この椎間板が背側の椎孔に飛び出して脊髄を圧迫することがあります（この状態を椎間板ヘルニアといいます）。椎間板は胸椎間にも存在しますが，第2胸椎から第10胸椎のあいだではヘルニアの発生が少ないといわれています。この部位では左右の肋骨をつなぐ肋骨頭間靱帯（図2-5）が椎間板の背側に発達しており，椎間板の背側への逸脱を防いでいると考えられています。

①鎖骨

鎖骨は，人において胸骨と肩甲骨をつなぎ，腕を体幹に連結させていますが，犬では消失し，猫やウサギでは存在するものの，人のようにほかの骨に連結していません（筋肉〔上腕頭筋〕のなかに埋もれています）。そのため，猫の鎖骨はX線写真で骨の陰影から離れて宙に浮いているように見えることがあり，異物などと見間違えることがあるため，注意が必要です。

[参考] **大型犬の鎖骨**
猫と同様に筋肉内に小骨片として認められることがあります。

②肩甲骨

肩甲骨は体の側面に位置し，前肢を体に連結させる筋（前肢帯筋）の多くが付着しています。肩甲骨は平たい形をした骨ですが，外側に向かう尖った部分（肩甲棘という）があり，肩を触ると突起を確認できることがあります。肩甲棘の遠位端はふくらんでおり，肩峰とよばれます。猫やウサギでは肩峰から尾側に向かって鉤上突起が伸びています。

③上腕骨

上腕骨は肩と肘のあいだにあります。犬や猫の上腕骨の遠位端には穴（犬：滑車上孔，猫：顆上孔）が開いており，X線写真で確認できます。

④橈骨と尺骨

前腕は橈骨と尺骨からなり，この2つの骨は並列しています。肘（肘頭）は尺骨の一部です。手首の両端に触れる突出部は，内側（親指側）は橈骨から，外側（小指側）は尺骨からなります。

⑤手の骨

手首は手根骨（副手根骨など）という小さい骨が集まってできていますが，手のひらは中手骨という細長い骨が5本並んでできています。中手骨の先に指の骨（指骨という）が連結しています。指骨は3つの骨からなり，近位から順番に基節骨，中節骨，末節骨といいます。前足の親指は中節骨がなく，基節骨と末節骨の2つの骨からなります。末節骨は爪のなかに侵入しており，爪の芯となります。

🐾 爪 p.200

[3] 後肢の骨格

後肢の骨格は臀部（お尻の部分），大腿（太ももの部分），膝，下腿（すねの部分），足首，足を構成する骨からなります（表2-2）。

①寛骨

寛骨は頭側に伸びる腸骨，尾側に伸びる坐骨，内側にある恥骨の3つの骨が癒合してできた骨であり（図2-7），犬や猫，ウサギでは寛骨臼骨とよばれる骨も加わります。仙骨や尾椎とともに骨盤を構成し，後肢を体幹に連結させています。寛骨の前端を腸骨稜といい，この部分は人の腰にあたります。寛骨の後端を坐骨結節といい，肛門の両側にあります。この部位は体表を触って骨の存在を確認することができます。

寛骨は左右1対存在し，腹側の中心（腹側正中）で癒合しています（骨盤結合という）。寛骨の外側には丸くへこんでいる部分（寛骨臼）があり，大

♂ **骨盤**
左右の寛骨，仙骨，前位尾椎によってできる骨の輪のこと。骨盤の内側の空間を骨盤腔とよびます。

♂ **骨盤結合**
左右の寛骨の結合部。前方の恥骨結合と後方の坐骨結合からなります（図2-7）。

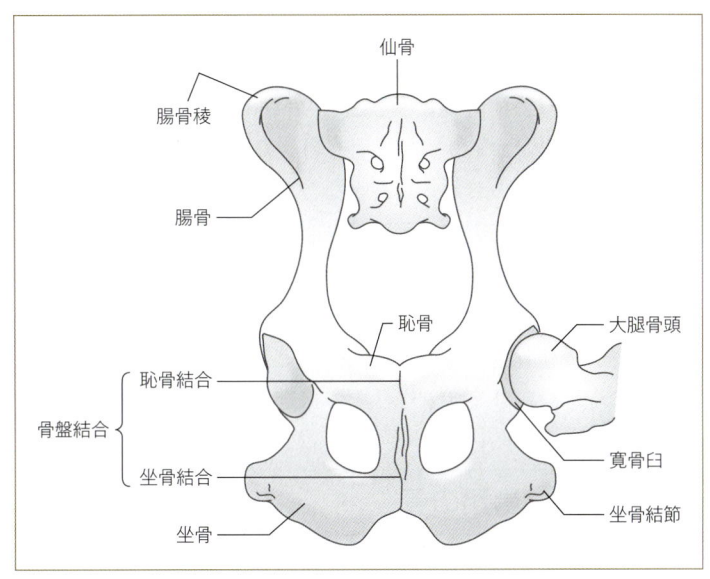

図 2-7　骨盤の構造（腹側観）

腿骨の丸く突き出している部分（大腿骨頭）と股関節を形成します（図2-7）。

②大腿骨

大腿骨は太ももを構成する骨で，近位は寛骨と関節しています。犬と猫では大腿骨の遠位末端に，頭側に1つの膝蓋骨，尾側に小さな2つの腓腹筋種子骨が存在しています（図2-2）。また，大型犬や猫の外側腓腹筋種子骨の下には膝窩筋種子骨が認められます。膝蓋骨や種子骨は，筋肉から伸びる腱がなめらかに動けるよう補助する役割をもちます。

③下腿骨格と足の骨

下腿は外側の細い腓骨と内側の太い脛骨によって構成されており，この2つの骨は平行に並んでいます。足首より遠位の骨格は手と同様に小さな骨が集まった足根骨（踵骨など），細長い中足骨，3種類の趾骨（基節骨，中節骨，末節骨）からなります。後足の親指も退化傾向にあり，犬や猫おいては消失していることが一般的ですが，時々親指が認められることがあります（狼指という）。

趾
足の指のことを趾とも表現します。手の指骨と区別して足の骨を趾骨とすることもありますが，趾骨は解剖学用語であり，臨床的にはあまり使用されていません。

臨床で役立つコラム
狼指
前足の母指や後足の狼指（母趾）は地面に接地しないので，爪がほかの指よりも伸びやすくなっています。巻き爪になって皮膚に食い込まないように定期的な爪切りが必要です。

C ウサギの骨

骨格の構成要素（表2-1〜表2-3，図2-3）は犬や猫と類似していますが，体重に対する相対的な骨量は少なく，犬や猫と比べて骨があまり強くありません。このため，診察台などの高いところから落ちると骨折をしてしまうことが多々あります。さらに，筋は体重の約56％を占め，とくに後肢の筋はウサギが高くジャンプできるようによく発達しています。不自然な姿勢（不適切な保定など）でウサギがキックをすると，背骨（脊椎）に無理な負荷がかかり骨折してしまいます。とくに第6，第7腰椎の骨折が若いウサギで多く認められます。ウサギの保定には十分な注意が必要です。

D 鳥類の骨

鳥類の骨格（図2-4）は飛行しやすいように軽量化されています。さらに，上腕骨などの一部の骨のなかには**気嚢**が入り込んでおり，**含気骨**とよばれることがあります。

[1] 軸性骨格
①頭部の骨

鳥は前肢が翼として特化しているため，物をつかむ能力がありませんが，**嘴**を器用に使って食物などを把握します。そのため鳥は嘴を動かしやすいように，上顎や下顎の骨が哺乳類よりも多くの骨から構成されています。**方形骨**は鳥類の顎を形成する骨で，この骨のおかげで大きく口を開けることができます。さらに，それぞれの骨が関節を形成しているため，顎の可動性が大きいです（哺乳類では，頭蓋骨を構成する骨の1つである**側頭骨**と下顎骨のあいだの顎関節のみ可動性があります）。**頭蓋顔面関節**は多くの鳥類の上嘴の付け根にある関節で，嘴の可動性をさらに大きく増幅させています。

また，鳥類の頭部に特徴的な骨として**強膜骨**があります。これは眼のなかにある骨で，小さな骨片がリング状に集まってできています。

②椎骨

頸椎の数は哺乳類よりも多く，これにより嘴をいろいろな方向に動かすことができるようになっています（表2-4）。頸椎以外の脊椎，肋骨，胸骨は癒合，骨化しています（図2-4）。この部位には飛ぶために発達した筋が強固に付着しています。たとえば，ハトなどは胸椎の一部と腰椎，仙骨，尾椎の一部が癒合して**複合仙骨**を形成しています。さらに，哺乳類における肋骨の軟骨部（肋軟骨）は骨に置きかわっています。

[参考] 体重あたりの骨重量
犬，猫：12〜15％
ウサギ：6〜8％
ハト：5％

気嚢　p.104

♂方形骨
鳥類だけでなく両生類や爬虫類にも存在します。哺乳類では耳のなかの骨（耳小骨）の1つとなっています（耳小骨については p.188 参照）。

[2] 前肢の骨格

前肢は把握能力の消失を反映するように，手根骨や指の骨はほかの骨と癒合していたり，哺乳類よりも骨の数が減少しているなど，退化傾向にあります（図2-4）。一方で翼を動かす支点となる肩関節には哺乳類にはない烏口骨とよばれる骨が発達しています。人では鎖骨が腕を体幹に連結させますが，鳥では烏口骨がその役割をはたします。鳥にも鎖骨は存在しますが，肩関節から伸びた左右の鎖骨は首の付け根で癒合して，V字状の1つの骨のようになります（癒合鎖骨）。

[3] 後肢の骨

寛骨の背側は仙骨（複合仙骨）と強固に連結していますが，左右の寛骨は腹側正中で骨盤結合を形成せず離れています。これは産卵時に卵が通過できる大きな産道を確保するために，このような骨盤を開放性骨盤といいます。

足根骨は手根骨と同様に周囲の骨と癒合する傾向にあり，多くの鳥種では単独で存在せず，脛骨や中足骨の一部となっています。

多くの鳥類では後肢の指の1本，もしくは2本が後ろを向き，前方を向いている指とのあいだで止まり木をしっかりとつかめるようになっています。

E 関節

骨と骨が連結する部分を関節とよびます。一般的な関節（可動関節。滑膜性関節ともいう）には，骨と骨とのあいだに空間（関節腔）があり，可動性があります。しかし一部の関節は，骨と骨のあいだが結合組織などによって埋められており，ほとんど可動性がない関節（不動関節）もあります。

可動関節は関節包によって包まれており，関節包は外側の線維層と内側の滑膜層からなります。関節腔は滑膜層で産生される関節液（滑液ともいう）によって満たされており（図2-8），この液体は関節を曲げる際の潤滑液としてはたらいています。

骨同士が向かいあう部分は軟骨（関節軟骨）でおおわれています。関節軟骨には血管や神経は通っておらず，関節液が関節軟骨に栄養を送り届けています。

また膝関節などの一部の関節包には半月板とよばれる硬い結合組織が骨同士のあいだにあり，クッションの役割をしています。関節の周囲は靭帯や腱によって補強されています。

主要な関節の名称と構成する骨を表2-5にまとめました。

[参考] **烏口突起**
哺乳類の肩甲骨には烏口突起とよばれる小さな突起があり，鳥類の烏口骨に相当します。

[参考] **閉塞性骨盤**
哺乳類では左右の寛骨が腹側正中で結合しています（図2-7）。これを閉塞性骨盤といいます。

[参考] **鳥類の足根骨**
鳥類の足根骨は脛骨や中足骨と一部癒合しており，それぞれ脛足根骨，足根中足骨といいます（図2-4）。

🐾**縫合**
不動関節の1つで，頭蓋を構成する骨の連結にみられる関節。成体になると，頭蓋を構成する骨のあいだの結合組織は骨組織に置きかわり，完全に癒合します。

🐾**腱，靭帯**
腱は筋（筋線維または筋腹）と骨をつなぐ結合組織であり，靭帯は骨と骨をつなぐ結合組織のことをいいます。

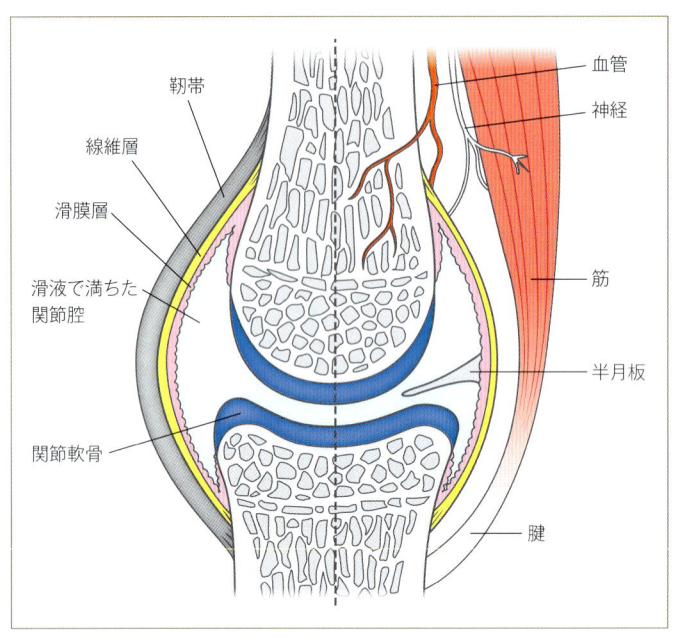

図2-8 関節の基本構造

表2-5 主な関節と構成骨

部位	関節名	関節を構成する骨（特殊な構造）
顎	顎関節	側頭骨－下顎骨
首	環椎後頭関節	後頭骨－環椎
首	環軸関節	環椎－軸椎
肩	肩関節	肩甲骨－上腕骨（－鎖骨－烏口骨）[2]
肘	肘関節[1] 肘関節（腕尺関節） 肘関節（腕橈関節）	上腕骨－尺骨－橈骨 上腕骨－尺骨 上腕骨－橈骨
手首	手根関節（腕節）	橈骨－尺骨－手根骨－中手骨
腰	仙腸関節	腸骨－仙骨
股	股関節	寛骨－大腿骨（大腿骨頭靭帯）
膝	膝関節[1] 膝関節（大腿脛関節） 膝関節（大腿膝蓋関節）	大腿骨－脛骨－腓骨－腓腹筋種子骨 大腿骨－脛骨（十字靭帯，半月板） 大腿骨－膝蓋骨
足首	足根関節（飛節）	脛骨－腓骨－足根骨－中足骨

[1]：肘関節や膝関節は複数の骨が連結した複関節である。それぞれの関節において代表的なものを示した。
[2]：鳥類では肩関節に鎖骨や烏口骨が関係する。

F 筋系

[1] 骨格筋

多くの筋は骨に付着し，関節を動かすことによって体の動きを生み出し，運動をつかさどっています。このような筋を骨格筋といいます。骨格筋は関節に対するはたらきかけにより大きく2つにわけられます。関節を曲げて，骨と骨の角度を小さくする（屈曲させる）筋肉を屈筋，関節を伸ばし，骨と骨の角度を大きくする（伸展させる）筋肉を伸筋といいます（図2-9）。

筋には筋線維（筋細胞）が並んでいる筋腹とよばれる部位があり，筋腹は直接，または腱とよばれる軟部組織を介して骨に付着しています。

①四肢の筋

犬，猫，ウサギの前肢は軟部組織のみ，すなわち筋，神経，血管などで体幹に連結しており，骨は連結していません。前肢を体幹に連結させている筋を前肢帯筋と呼び，断脚術などで前肢を体幹から外す際に切断しなければならない筋です（表2-6）。その他の四肢の主要な筋とその役割および各筋の支配神経を表2-7にまとめました。これらの筋肉は神経疾患の検査に使用されることがあるため，検査に関係する脊髄分節（髄節）と実施される神経学的検査もあわせてまとめます。

また，上記に示しているような筋肉以外にも四肢を動かす筋肉として，前肢には，手首（手根関節）や指（指関節）を動かす尺側手根伸筋，橈側手根屈筋，尺側手根屈筋，総指伸筋，浅指屈筋，深指屈筋などがあります。後肢には，股関節の屈筋として腸腰筋，股関節の伸筋として浅臀筋や中臀筋などの筋肉があります。さらに太ももの尾側にある大腿二頭筋，半腱様筋，半膜様筋は股関節を伸展させると同時に膝関節を屈曲させ，股関節と膝関節を連動させる機能があり，犬や猫が走ったり，ジャンプをするときに重要な役割をはたしています。前肢と同様に後肢にも趾（趾関節）を動かす筋があり，長趾伸筋，浅趾屈筋，深趾屈筋とよばれます。

> 🐾 脊髄分節（髄節） p.172

> **[参考] ハムストリングス**
> 大腿二頭筋，半腱様筋，半膜様筋をまとめてハムストリングスとよびます。

臨床で役立つコラム

膝蓋骨内方脱臼

膝蓋骨は，膝関節の頭側にある小さな骨の種子骨で，大腿骨遠位にある大腿骨滑車という溝に収まっています。膝蓋骨脱臼とは，この溝から膝蓋骨が逸脱してしまう状態です。膝関節の内側に脱臼することが一般的です（膝蓋骨内方脱臼という）。膝蓋骨は，膝関節を伸ばす大腿四頭筋の腱のなかに埋もれています。膝蓋骨の位置が正常であれば，大腿四頭筋は膝関節を伸展させることができ，動物は後肢で体重を支えることができます。

しかし，膝蓋骨が脱臼してしまうと，大腿四頭筋は正常に膝関節を伸展させることができなくなるため，スムーズな歩行が困難となります。さらに，脱臼が重篤化すると大腿四頭筋は膝関節を屈曲させるようにはたらいてしまい，大腿骨や脛骨の変形の原因となります。

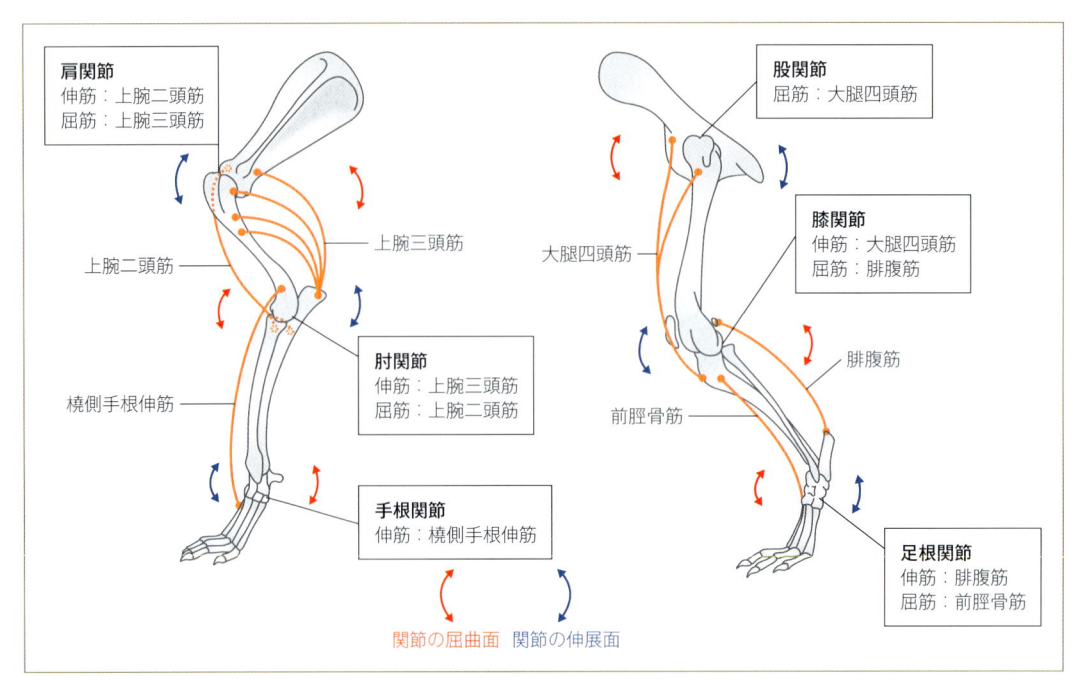

図 2-9 前肢と後肢の主な関節と筋
各関節を動かす主な伸筋と屈筋を図示した。

肩関節
 伸筋：上腕二頭筋
 屈筋：上腕三頭筋

上腕二頭筋
上腕三頭筋
橈側手根伸筋

肘関節
 伸筋：上腕三頭筋
 屈筋：上腕二頭筋

手根関節
 伸筋：橈側手根伸筋

股関節
 屈筋：大腿四頭筋

大腿四頭筋
腓腹筋
前脛骨筋

膝関節
 伸筋：大腿四頭筋
 屈筋：腓腹筋

足根関節
 伸筋：腓腹筋
 屈筋：前脛骨筋

関節の屈曲面　関節の伸展面

表 2-6　前肢帯筋の起始部と停止部

筋の名称	起始	停止
僧帽筋	頸胸部	肩甲骨
肩甲横突筋	頸部	肩甲骨
菱形筋	頭頸胸部	肩甲骨
腹鋸筋	頸胸部	肩甲骨
上腕頭筋	頭部	上腕骨
広背筋	胸部	上腕骨
浅胸筋	胸部	上腕骨
深胸筋	胸部	上腕骨

②体幹の筋

　体幹の筋は主に軸性骨格に付着している筋であり，**脊柱起立筋**や胸壁の筋，腹壁の筋などに分類されます。最長筋や腸肋筋などの脊柱起立筋は脊柱の周囲に存在し，背骨の運動に関与します。

　胸壁の筋は胸郭に付着しており，**外肋間筋**などは呼吸運動に関係します。

　骨などで守られている胸部とは異なり，腹部は背側に腰椎が存在するものの側面から腹側面に骨格はなく，筋などの軟部組織から構成されています。そのおかげで腹壁の切開は，胸壁よりも容易です。腹壁の側面は表層から

胸郭　p.98

表2-7 主要な四肢筋の機能，支配神経，脊髄分節（髄節）および関連する神経学的検査

部位	筋の名称	筋の役割[*1]	支配神経	支配神経の脊髄分節[*2]（犬）	神経学的検査
前肢	上腕二頭筋	肘関節の屈曲	筋皮神経	C6〜C8	二頭筋反射
	上腕三頭筋	肘関節の伸展	橈骨神経	C7〜T1	三頭筋反射
	橈側手根伸筋	手根関節の伸展	橈骨神経	C7〜T1	橈側手根伸筋反射
後肢	大腿四頭筋	膝関節の伸展	大腿神経	L4〜L6	膝蓋腱（大腿四頭筋）反射
	前脛骨筋	足根関節の屈曲	総腓骨神経（坐骨神経の枝）	L6〜L7	前脛骨筋反射
	腓腹筋	足根関節の伸展	脛骨神経（坐骨神経の枝）	L6〜S1	腓腹筋反射

*1：上記の筋はほかの関節もまたいでおり（図2-9参照），ほかの機能もあるが，ここでは重要なものについてのみ記載した。
*2：脊髄分節（髄節）についてはCHAPTER 9「D［2］脊髄神経」参照。

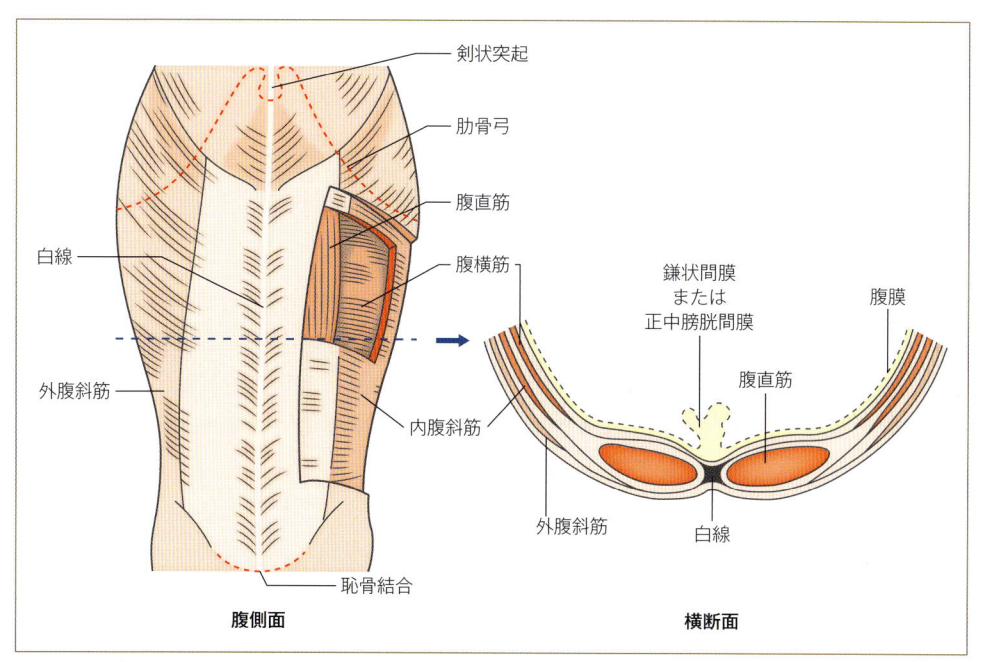

図2-10 犬の腹壁を構成する筋

外腹斜筋，内腹斜筋，腹横筋からなり，腹側には腹直筋が存在しています（図2-10）。

　左右の腹壁の筋の筋線維は腹側正中で交差しておらず，結合組織によってつながっています。この連結部の結合組織には血管が少なく，周囲の組織よりも白色に見えるため，白線とよばれます（図2-10）。白線の頭側端は胸骨の剣状突起，尾側端は寛骨の恥骨結合で，腹部を前後広範囲に伸びており，切開しても出血が少ないため，外科手術などで，腹腔臓器にアプローチするときは腹側正中切開（白線切開）が一般的に選択されます。

表2-8 横隔膜に開口する穴

横隔膜に開く穴	通過する構造
大動脈裂孔	胸大動脈-腹大動脈*，胸管，奇静脈
食道裂孔	食道，迷走神経
大静脈孔	後大静脈

＊横隔膜を境に名称が胸大動脈から腹大動脈に変わる。

[2] 頭部の筋

頭部には顎の運動に関係する筋（咀嚼筋），表情をつくる筋（表情筋），眼の運動に関係する筋，舌の運動に関係する筋などが存在しています。咀嚼筋には顎を閉める筋肉（咬筋，側頭筋，翼突筋）と，顎を開ける筋肉（顎二腹筋）があります。眼のまわりにある眼輪筋や口のまわりにある口輪筋などは表情筋に含まれます。眼の運動に関係する筋には，眼球の外側に付着し，眼球運動に関係する筋（外眼筋）や眼球内部で瞳孔の大きさを調整する筋（瞳孔括約筋，瞳孔散大筋），水晶体の厚さを調節する筋（毛様体筋）があります。

[3] 横隔膜

📖 横隔膜 p.29

横隔膜は胸腔と腹腔の境界となる筋性の構造物で，中心部の腱組織からなる腱中心とその周囲の骨格筋からなる筋部からなります。横隔膜の先端は第6肋骨まで前方に突出しており，心臓と接しています。

横隔膜には胸腔と腹腔を行き来する血管や食道などの管を通すための穴が3つ開いており，背側から大動脈裂孔，食道裂孔，大静脈孔といいます。それぞれの穴を通過する構造物を表2-8にまとめました。

横隔膜の筋線維が収縮すると横隔膜は尾側に移動し，弛緩すると前方に突出します。これによって胸腔と腹腔の容積が変わります。すなわち横隔膜は胸腔の容積を変えることにより呼吸（換気）に重要な役割をはたしています。

G 体表から触知できる構造

動物の体を構成する骨や筋肉の数は数百種類を超えます。しかし，私たちが実際に動物の体を触ってそれらを認識できる場所は限られています。骨は筋肉などと比べて硬く，比較的触知しやすいため，触診やリハビリテーション，マッサージを行う際に目的となる筋肉やリンパ節などの位置を知るための重要な目印（ランドマーク）となります。表2-9に骨の部位とそれを目印として触知することができる構造をまとめました。

📖 リンパ節 p.225

一般的に，四肢を構成する長骨の両端には骨の一部が突出した部分があり，解剖学用語で顆，上顆，果，結節，粗面，突起とよばれます。これらの

表2-9 触知できる骨の部位と関連する構造

体の部位	目印となる部位[*1]	部位の解剖学用語[*2]	関連する構造（筋肉，その他）
頭頸部	顔面の側面	頬骨弓（側頭骨，頬骨）	側頭筋，咬筋，耳下腺リンパ節
	顎	下顎角（下顎骨）	下顎腺，下顎リンパ節
	頭の付け根（外側）	環椎翼（環椎）	
背部	背中の隆起（背側）	棘突起（胸椎，腰椎）	脊柱起立筋（最長筋）
	背中（腰部）の横への隆起	横突起（腰椎）	脊柱起立筋（腸肋筋）
胸部	胸（外側）	肋骨，肋軟骨	胸壁や腹壁の筋
	胸（腹側）	胸骨	浅胸筋，深胸筋
	胸（腹側）（頭側端）	胸骨柄（胸骨）	胸骨頭筋，胸骨舌骨筋
	胸（腹側）（尾側端）	剣状突起（胸骨）	白線
前肢	肩の外側	肩甲棘（肩甲骨）	僧帽筋，肩甲横突筋，棘上筋，棘下筋
	肩関節の外側	肩峰（肩甲棘の遠位端）	三角筋
	肩関節の直下（外側）	大結節（上腕骨）	棘上筋，棘下筋
	肩関節の直下（内側）	小結節（上腕骨）	肩甲下筋
	上腕近位1/3の隆起（外側）	三角筋粗面（上腕骨）	三角筋
	肘関節の外側	外側上顆（上腕骨）	手首や指の伸筋，橈骨神経
	肘関節の内側	内側上顆（上腕骨）	手首や指の屈筋，正中神経，尺骨神経，上腕動脈
	肘関節の尾側	肘頭（尺骨）	上腕三頭筋
	肘関節の直下（外側）	橈骨頭（橈骨）	
	手首の外側（小指側）	茎状突起（尺骨）	
	手首の内側（親指側）	茎状突起（橈骨）	
	手首の尾側	副手根骨	尺側手根屈筋
後肢	腰（頭側端）	腸骨稜（寛骨〔腸骨〕）	中臀筋，最長筋，腸肋筋
	お尻（尾側端）	坐骨結節（寛骨〔坐骨〕）	ハムストリングス（大腿二頭筋，半腱様筋，半膜様筋）
	股関節の外側	大転子（大腿骨）	中臀筋，坐骨神経
	膝の頭側	膝蓋骨	大腿四頭筋，膝蓋腱
	膝関節の直上（外側）	外側顆（大腿骨）	
	膝関節の直上（内側）	内側顆（大腿骨）	
	膝関節の直下（外側）	外側顆（脛骨），腓骨頭（腓骨）	
	膝関節の直下（内側）	内側顆（脛骨）	
	膝関節の直下（頭側）	脛骨粗面（脛骨）	大腿四頭筋，膝蓋腱
	足首の外側	外果（腓骨）	
	足首の内側	内果（脛骨）	
	足首の尾側	踵骨隆起（踵骨）	腓腹筋，浅趾屈筋

[*1]：「目印となる部位」はわかりやすい表現にしているため，正しい名称は「部位の解剖学用語」を参照。
[*2]：「部位の解剖学用語」の（ ）内はその部位がある骨を示す。

部位は触知しやすいため，そこに付着する筋肉や近くを走る神経，血管などの走行を理解するための目印になります。さらに，四肢の骨の両端には隣接する骨との連結部位，すなわち関節が存在しているため，骨端の突出部は関節の位置を理解するうえでも重要な目印となります。たとえば，前肢では肩関節の周囲に肩峰（肩甲骨），大・小結節（上腕骨），肘関節周囲に外側・内側上顆（上腕骨），橈骨頭（橈骨），肘頭（尺骨），手根関節周囲に茎状突起（橈骨・尺骨），副手根骨があります。後肢では股関節の周囲に大転子（大腿骨），膝関節周囲に膝蓋骨，外側・内側顆（大腿骨・脛骨），足根関節周囲に外果（腓骨），内果（脛骨），踵骨隆起があります。

CHAPTER 2　筋骨格系
確認問題

Q1 つぎの文章の空欄に正しい用語を入れなさい。
- 骨は外側の（①　　　　　　）と骨髄が入る内側の（②　　　　　　）からなり，①はさらに（③　　　　　　）と海綿骨にわけられる。
- 前腕は（④　　　　　　）と（⑤　　　　　　）からなり，肘（肘頭）は⑤の一部である。
- 大腿骨は（⑥　　　　　　）の部分で寛骨と関節している。遠位末端には（⑦　　　　　　）があり，この骨は大腿四頭筋の腱のなかに埋もれている。
- 脊椎は頭側から（⑧　　　　　　），（⑨　　　　　　），（⑩　　　　　　），（⑪　　　　　　），尾椎とよばれる。
- 横隔膜には3つの穴が開いており，背側から（⑫　　　　　　），食道裂孔，（⑬　　　　　　）という。

Q2 骨の構造と分類について正しい記述を1つ選びなさい。
① 骨髄腔では骨芽細胞や破骨細胞によってカルシウムを貯蔵している。
② 緻密骨は網目状で，骨皮質の内側を構成している。
③ 幼若な動物では，長骨の骨端と骨幹の間には軟骨が存在している。
④ 肩甲骨は短骨に分類される。
⑤ 大腿骨は扁平骨に分類される。

Q3 動物の骨格について正しい記述を1つ選びなさい。
① 鎖骨は犬でよく発達し，胸骨と肩甲骨を連結している。
② 肩甲骨は胸椎と関節している。
③ 下腿は橈骨と尺骨によって構成されている。
④ 猫の頸椎の個数は8個である。
⑤ 胸椎は左右の肋骨と関節している。

Q4 関節について間違っている記述を1つ選びなさい。
① 関節とは骨と骨が連結する部分をいう。
② 可動関節の間には関節腔がある。
③ 可動関節は関節包によって包まれている。
④ 関節液は半月板で産生される。
⑤ 可動関節内の骨同士が向かいあう場所は関節軟骨でおおわれている。

Q5 動物の筋肉について正しい記述を1つ選びなさい。
① 上腕二頭筋は，肘関節を伸展させる筋肉である。
② 大腿四頭筋は，膝関節を伸展させる筋肉である。
③ 顎二腹筋は，顎を閉じる筋肉である。
④ 外眼筋は表情筋に含まれる。
⑤ 横隔膜は中心部の筋部と周囲の腱中心からなる。

→解答は p.242 へ

CHAPTER 3 消化器系 digestive system

> 学習の目標
> ・消化器系の構造と，解剖学用語を理解する。
> ・動物ごとに特徴的な消化管の構造を学び，理解する。
> ・消化管における消化と吸収のしくみを理解する。

🐾**消化管**
口腔，咽頭，肛門（肛門管）を消化管に含めることもありますが，これらの構造は頭蓋や骨盤などに密着しており，「管」のイメージがしにくいので，本書ではそれぞれ消化管の入り口，出口として個別に扱うことにします。

☞ 咽頭　p.98

消化器系は筋性の管からなる消化管とその出入り口，さらには消化管に消化液などを分泌する消化腺などからなります。これらの器官は食物を消化して栄養素を吸収し，残ったものを排泄する機能をもっています。消化器系を構成する要素（臓器・組織）を図3-1と表3-1に示しました。

A　消化管の入り口

消化管の入り口は，口腔（こうくう）（口唇，歯，舌，唾液腺），咽頭（いんとう）からなります。

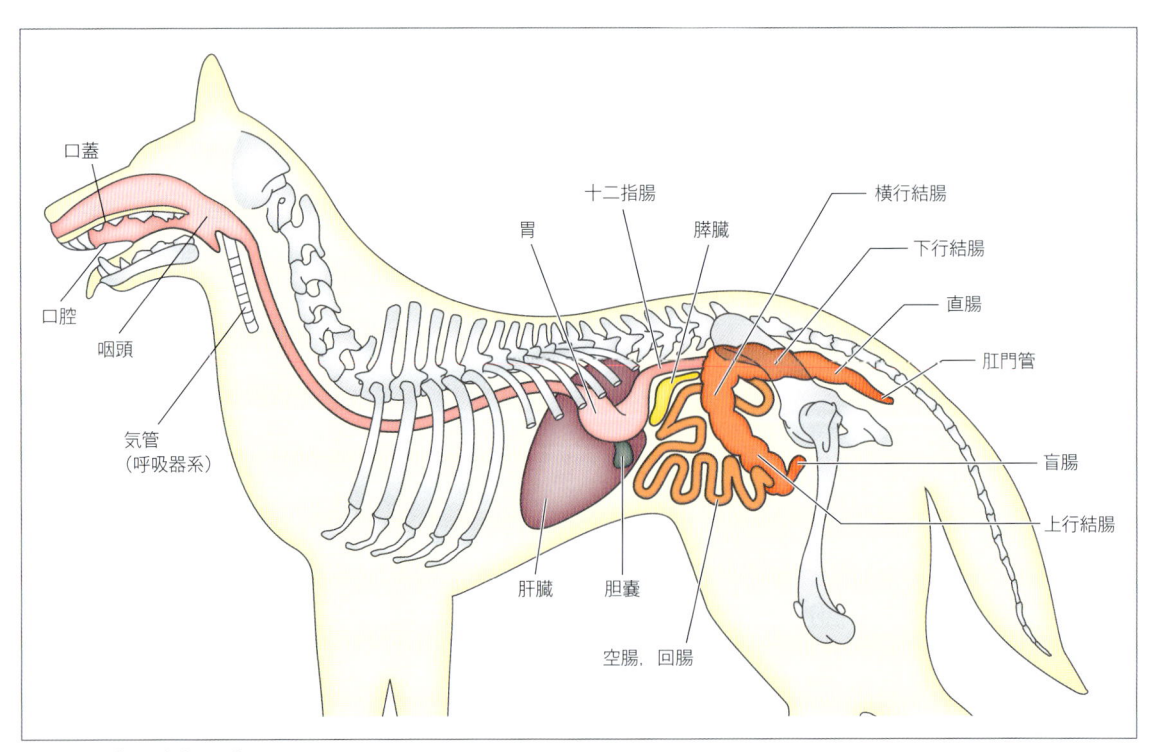

図3-1　犬の消化器系

[1] 口腔

　口腔は，最初に食物を摂取する消化管の入り口であり，味覚を介して食物の簡易的なチェックを行い，歯で咀嚼して食物を細かく砕き（物理的消化という），一部の動物では唾液中の消化酵素によって化学的消化も行います（「G [1] 消化」参照）。さらに，舌や咽頭と連動して食物を飲み込みます（嚥下）。

　口腔は口唇，歯，舌，唾液腺開口部から構成され，頬と歯および歯肉のあいだの口腔前庭と，歯の内側の固有口腔にわかれます。まず，口腔は消化器系の入り口となる口唇からはじまり，咽頭との境界である口峡まで続きます。背側にある鼻腔とは口蓋によって仕切られています（図3-1，図3-2）。口唇は顔面の皮膚の部分から口腔粘膜へと移行しており，犬，猫，ウサギの上口唇の

♂ 嚥下
食物が口腔から咽頭を通過し，食道を介して胃に運ばれる一連の運動のこと。嚥下は随意的にはじまりますが，いったん嚥下がはじまるとその進行は不随意的に口腔，咽頭，食道に存在する骨格筋や平滑筋の反射（中枢は延髄）によって進みます。

[参考] 誤嚥
食物が誤って気道に入ってしまうことをいいます。

♂ 口峡
口蓋と口蓋舌弓，舌根によってできる口腔と咽頭の境界。

表3-1　消化器系の構成要素

消化器系の区分	構成要素
消化管の入り口	口腔，咽頭
消化管	
上部消化管	食道，胃
下部消化管	
小腸	十二指腸，空腸，回腸
大腸	盲腸，結腸，直腸
消化管の出口	肛門管，肛門
消化腺	唾液腺，肝臓，胆嚢，膵臓

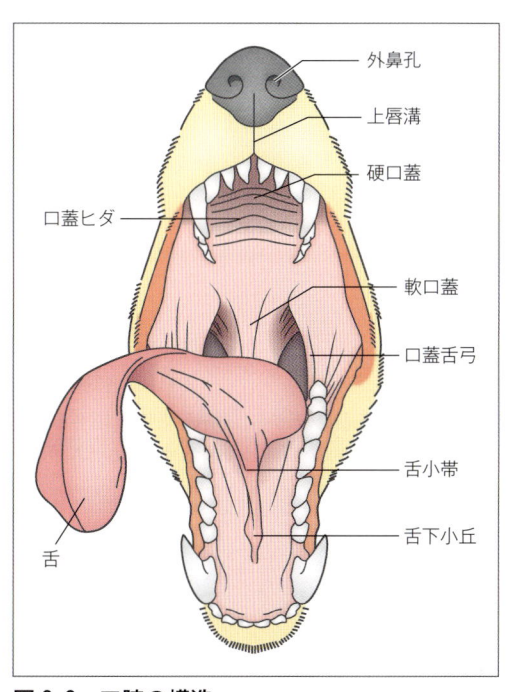

図3-2　口腔の構造

📖 硬口蓋, 軟口蓋　p.97
　図 5-2 参照。

正中には溝（上唇溝）が走っています。口蓋はより前方の部分で骨の土台がある**硬口蓋**と，より後方の部分で骨の土台がない**軟口蓋**にわけられます。硬口蓋の表面には口蓋ヒダが横に走っています。

[2] 歯

　歯は食べ物を細かく切り，つぶし，小さくするための咀嚼装置です。動物の食性によって形状が異なっており，犬や猫などでは肉を食べるのに適した形をしています。また，歯の数も動物種によって異なっています。

①歯の構造

♂**歯槽**
歯を収めるための骨の陥凹。

[参考] 釘植
歯と歯槽との連結のこと。

[参考] エナメル質の厚さ
大型犬で最大 0.8 mm。猫では 0.5 mm 未満。

♂**萌出**
歯が生えること。

[参考] 歯髄腔と歯根管
歯髄腔（広義）を歯根部分に存在し内腔が細くなっている歯根管と，それ以外の歯髄腔（狭義）とにわけることがあります。

　歯は，外から見える**歯冠**と，切歯骨，上顎骨，下顎骨などの**歯槽**に収まり，歯肉の下に隠れている**歯根**，さらには歯冠と歯根の境界である**歯頸**の3つの部分にわけられます。歯冠，歯根の形は歯の種類，動物の種類によって異なります。基本的な歯の構造を**図 3-3** に示します。

　歯は主に**エナメル質，ゾウゲ質，セメント質**とよばれる3種類の無機質の層からなります。エナメル質は歯冠をおおい，体のなかでもっとも硬い組織であり，神経などは分布していません。エナメル質は萌出前に形成が完了し，そのあとは追加されることはないため，エナメル質が欠けると修復されることはありません。セメント質は歯根をおおう組織であり，歯根膜を介して歯槽と連結しています。ゾウゲ質はエナメル質やセメント質の内側にある歯の大部分を占める組織であり，中央には**歯髄腔**が存在し，血管，神経，結合組織からなる**歯髄**を含んでいます。ゾウゲ質は，歯髄腔に面している部分に存在するゾウゲ芽細胞によって形成されます。さらにゾウゲ芽細胞はゾウゲ質にある細い管（ゾウゲ細管）に突起をのばし，ゾウゲ質が損傷を受けると，この突起を介して刺激を受け，歯髄にある神経に刺激を伝えていると考えられています。歯髄に分布する血管や神経は歯根先端に空いている歯根尖孔を介して歯髄に入ります。犬や猫では，数個の歯根尖孔が存在し，**根尖三角**（アピカルデルタ）を形成しています。

　歯頸はエナメル質におおわれた歯冠とセメント質におおわれた歯根の境界

💉 臨床で役立つコラム
歯の加齢変化

　年齢とともに歯肉が退行し，歯頸が露出します。エナメル質は形成が完了すると，その後新たに形成されることはなく，摩耗が進みます。一方，ゾウゲ質は歯髄が機能している限りは形成され続けるので厚みを増し，歯髄腔が徐々にせまくなります。セメント質も加齢とともに厚みを増すため，歯根膜腔もせまくなります。

　さらに，加齢にともなう免疫力の低下は口腔環境の悪化を招きます。食物残渣を放置すれば，歯肉炎を発症することもあり，放置すれば歯が脱落することもあります。また，口腔内で繁殖した細菌が全身循環に入ると心疾患や腎臓疾患の原因になるときもあります。人と同様に，口腔内を清潔に保つことは健康の基本になります。

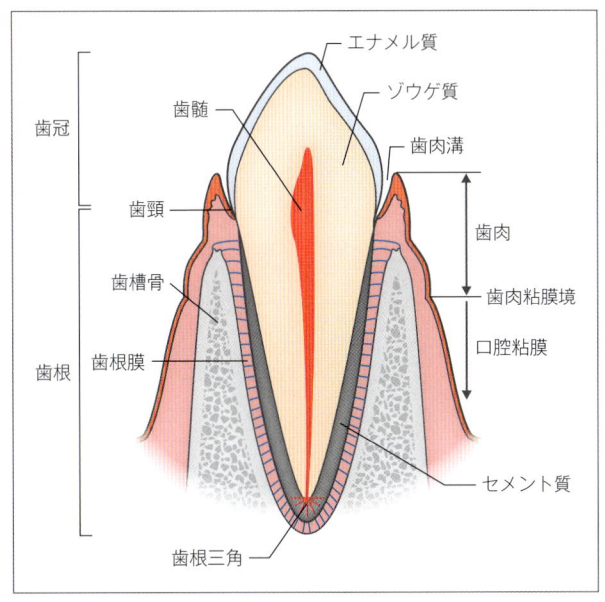

図3-3　歯の基本構造

部ですが，エナメル質がセメント質におおわれている場合，両者が接している場合，もしくは両者が離れていてゾウゲ質が露出している場合があります。**歯根膜**は**歯周靭帯**ともよばれています。セメント質と歯槽の骨を結ぶ強靭な膠原線維の束とそのあいだを埋める結合組織からなり，歯根膜が存在する部位を歯根膜腔とよびます。歯槽骨の縁と歯頸を包む粘膜は口腔粘膜とは質感が異なっており，**歯肉**とよばれます。歯肉と歯とのあいだには**歯肉溝**とよばれる溝があり，ここに歯垢が蓄積すると歯肉炎を発症することがあります。

②歯の種類

犬，猫などの一般的な哺乳類の歯は上顎と下顎に形の異なる**切歯**（I），**犬歯**（C），**臼歯**（頬歯）が並んでおり，臼歯は**前臼歯**（P）と**後臼歯**（M）にわかれます（図3-4）。上顎の歯は，頭を構成する骨のなかの切歯骨と上顎骨に存在しています。切歯骨に埋まっているものを切歯とよび，尾側に向かって犬歯，前臼歯，後臼歯が順に上顎骨に並んでいます。下顎の歯はすべて下顎骨に存在し，上顎の歯と対応するように並んでいます。

[参考] **歯周組織**
セメント質，歯根膜，歯槽骨，歯肉からなる歯を支える組織のこと。歯周病をはじめ多くの病変の場となります。

[参考] **歯肉粘膜境**
歯肉粘膜とそれ以外の口腔粘膜の境界。

[参考] **歯数**
犬の永久歯は42本，乳歯は28本。猫の永久歯は30本，乳歯は26本。

[参考] **裂肉歯**
犬や猫の臼歯は平たい面が少なく，とくに上顎第四前臼歯，下顎第一後臼歯は大きく，かつ鋭く尖っているため裂肉歯ともよばれます。

臨床で役立つコラム
乳歯遺残

乳歯から永久歯への交換は通常切歯からはじまり，犬では6～7ヵ月齢ほどで永久歯に変わります。上顎犬歯を除き，乳歯の舌側に準備されていて，乳歯が脱落してから永久歯が萌出してきます。しかし，乳歯が脱落しないと永久歯は歯列弓を外れて異常な方向に萌出してしまい，口腔粘膜を傷つけてしまうこともあります。場合によっては外科的に乳歯を抜いた方がよいときもあります。

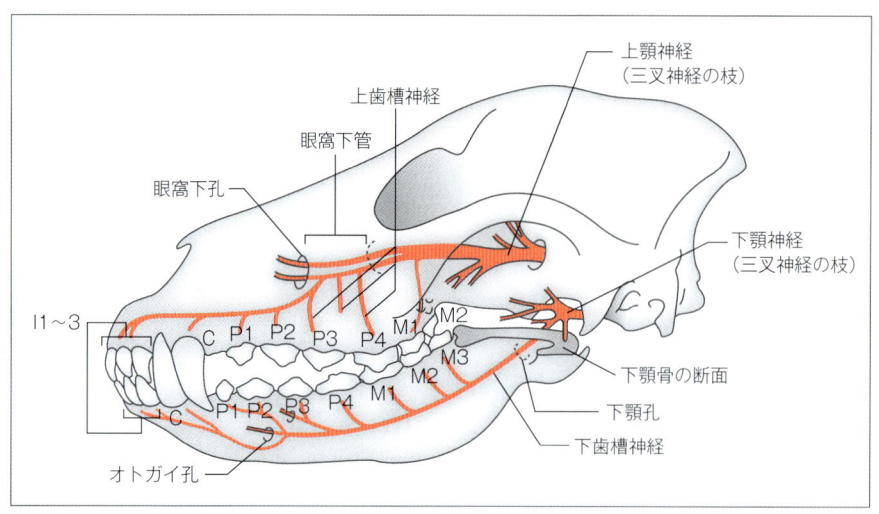

図 3-4 犬の歯と関係する神経
英字はそれぞれ I：切歯，C：犬歯，P：前臼歯，M：後臼歯を表す。

　犬や猫の歯は成長とともに生えかわることから、二生歯性とよばれ、最初に生えるものを**乳歯**、つぎに生えるものを**永久歯**とよびます（萌出時期については**表3-2**，**表3-3**参照）。乳歯には乳切歯、乳犬歯、乳臼歯があり、乳臼歯は前臼歯と後臼歯の区別がなく、すべて前臼歯と考えられています。また、第一前臼歯とすべての後臼歯には乳歯は存在しません。歯は萌出後も歯根とゾウゲ質の形成が続き、犬では生後約1年3ヵ月、猫では生後約1年ほどで歯根が完成します（根尖の閉鎖）。ゾウゲ質は歯髄が失活しないかぎり形成が続きますが、一般的に生後約3年で形成のピークを迎えます。

表 3-2 犬の歯の萌出時期

		乳歯	永久歯
切歯	I1	4〜6 週	3〜5 ヵ月
	I2	4〜6 週	3〜5 ヵ月
	I3	4〜6 週	4〜5 ヵ月
犬歯	C	3〜5 週	5〜7 ヵ月
前臼歯	P1		4〜5 ヵ月
	P2	5〜6 週	5〜6 ヵ月
	P3	5〜6 週	5〜6 ヵ月
	P4	5〜6 週	4〜5 ヵ月
後臼歯	M1		5〜6 ヵ月
	M2		5〜6 ヵ月
	M3		6〜7 ヵ月

(Dyce KM, Sack WO, Wensing CJG. 表11-1 犬の歯の萌出時期. 山内昭二, 杉村誠, 西田隆雄 監訳. 獣医解剖学第2版. p.338. 近代出版. 東京. 1998. より転載, 一部改変)

表 3-3 猫の歯の萌出時期

		乳歯	永久歯
切歯	I1	3〜4 週	3.5〜5.5 ヵ月
	I2	3〜4 週	3.5〜5.5 ヵ月
	I3	3〜4 週	3.5〜5.5 ヵ月
犬歯	C	3〜4 週	5.5〜6.5 ヵ月
前臼歯	P2	5〜6 週	4〜5 ヵ月
	P3	5〜6 週	4〜5 ヵ月
	P4	5〜6 週	4〜5 ヵ月
後臼歯	M1		5〜6 ヵ月

(Dyce KM, Sack WO, Wensing CJG. 表11-2 猫の歯の萌出時期. 山内昭二, 杉村誠, 西田隆雄 監訳. 獣医解剖学第2版. p.339. 近代出版. 東京. 1998. より転載, 一部改変)

③歯の名称と識別法

　図3-5，図3-6にTriadan systemの変法で表示した犬と猫の永久歯の識別法を示します。歯を正面から見たときに，右上顎にある歯が100番台であり，そこから右回りに左上顎が200番台，左下顎が300番台，右下顎が400番台となります。正中から外側に向かって，すなわち切歯から後臼歯に向かって，順番に番号が犬の歯式を基準にふられており，第一切歯から1，2，3，犬歯が4，第一前臼歯から5，6，7，8，第一後臼歯から9，10，11と

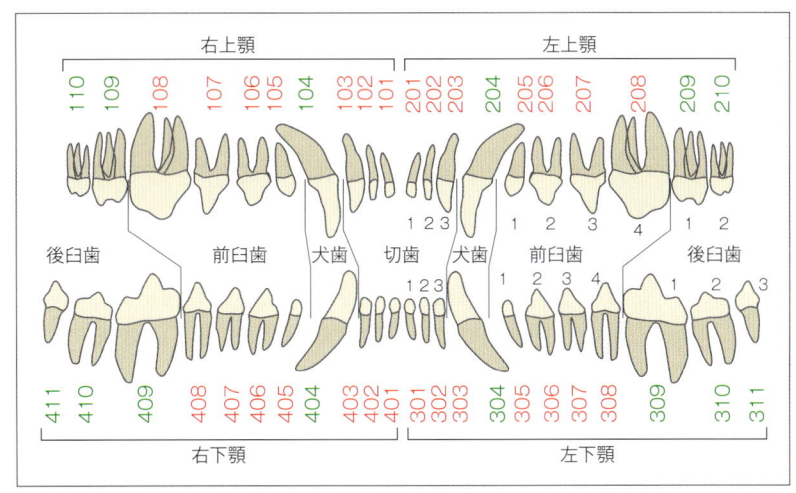

図3-5　犬の歯
それぞれの歯をTriadan systemの変法で示す。
(網本昭輝．図62犬の歯種．動物看護の教科書 第2巻．p.85．緑書房．東京．2013．より転載，一部改変)

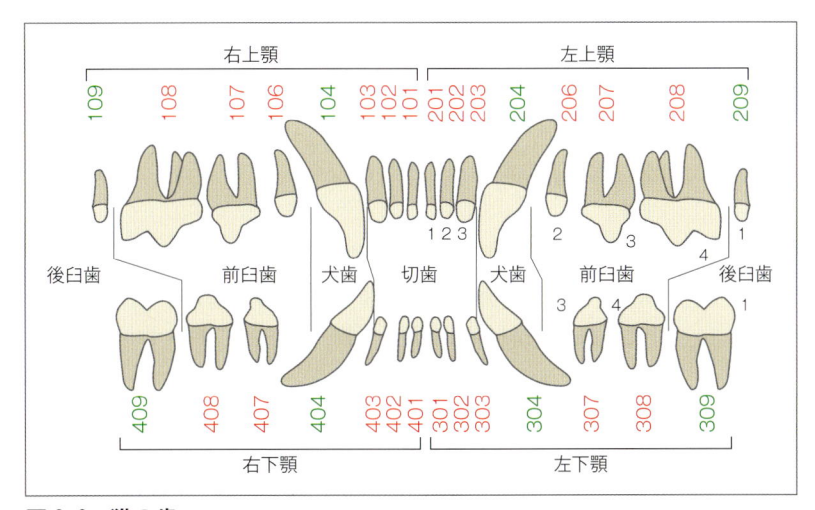

図3-6　猫の歯
それぞれの歯をTriadan systemの変法で示す。
(網本昭輝．図63猫の歯種．動物看護の教科書 第2巻．p.85．緑書房．東京．2013．より転載，一部改変)

なります。猫は犬と比較して前臼歯，後臼歯の数が少ないですが，個々の歯の名称は，乳歯との関係性と，さらに犬を基準にして考えます。すなわち，猫の場合においても，上顎で一番大きな臼歯は第四前臼歯であり8，下顎では第一後臼歯となり9となります。（上顎第一前臼歯と第二後臼歯および下顎第一，第二前臼歯と第二，第三後臼歯が欠損していることになります）。このように猫では番号が飛んでいます。

乳歯の場合は，右上顎から右回りに500番台，600番台，700番台，800番台となり，犬において第一から第三乳臼歯は第二前臼歯から第四前臼歯と相同なものと考えられていますので，6，7，8と番号がつけられています。猫の乳歯も永久歯と同様に，犬の乳歯の数え方を基準にして番号がふられています。

また，上顎と下顎の片側の歯数を種類別に示したものを**歯式**といいます。犬の上顎の永久歯は切歯から順番に3本，1本，4本，2本であり，下顎は3本，1本，4本，3本あり，これを歯式で表すと3142/3143となります。

④歯列弓

上顎と下顎の歯の並びのことを**歯列弓**とよび，歯の相対的な位置関係などを示すときには特別な用語を使用します（図3-7）。歯の外側面を口唇側，もしくは頬側とよび，上顎の歯の内側面を口蓋側，下顎の歯の内側面を舌側，歯と歯が向かいあう面のうち正中側を近心側，尾側を向く方を遠心側とよびます。また，咬合面とは上顎と下顎の歯が接する面を指します。

⑤歯に分布する神経

歯に分布する知覚神経は**三叉神経**の枝であり，歯槽の主に内側から歯髄や歯根膜に分布する**上歯槽神経**および**下歯槽神経**の系統と，歯槽の外側から主に歯肉に分布する系統があります（図3-4）。とくに歯槽神経は歯科治療を行う際の局所麻酔（伝達麻酔）に関係する神経であり，麻酔薬を注入する部位が重要となります。上歯槽神経は三叉神経の枝である上顎神経が眼窩下神経に分岐して眼窩下管に入る手前から，眼窩下管の出口（**眼窩下孔**）に出るまでのあいだに歯槽に向かって分岐します。下歯槽神経は三叉神経の枝である下顎神経が下顎孔から下顎管に侵入した神経であり，**オトガイ孔**（前，中，後の3つがある）から出てくるまでのあいだに歯槽に向かって枝を出します。

上顎歯を処置する際には，上顎の第三前臼歯と第四前臼歯のあいだにある眼窩下孔に，下顎歯の切歯から前臼歯を処置する際には，下顎の第二前臼歯（犬），もしくは第三前臼歯（猫）の位置にあるオトガイ孔に針を刺入します。

[3] 舌

舌は口腔（固有口腔）の底部にあり，粘膜の下には骨格筋が発達しており，その一部は舌骨装置に伸びています。舌は嚥下などの消化運動器，味覚，温熱，痛覚などの感覚器，熱を放散する体温調節器などとしてはたらいています。舌表面の粘膜は角化した重層扁平上皮でおおわれており，採食時

歯式
犬の歯式は，永久歯だと3142/3143，乳歯は313/313で，猫の歯式は，永久歯だと313/312，乳歯は313/312です。

口唇側，頬側
切歯と犬歯の外側面を口唇側，前臼歯と後臼歯の外側面を頬側と使いわける場合もあります。

三叉神経
脳から出る末梢神経の1つ（脳神経についてはp.170参照）。

- 舌骨装置 p.38
- 角化，角質層 p.196
- 重層扁平上皮 p.18

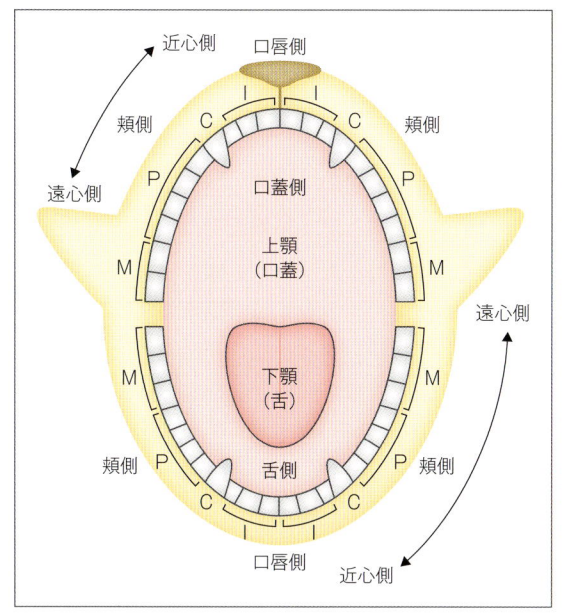

図 3-7 犬の歯列弓とその方向
英字はそれぞれ I：切歯，C：犬歯，P：前臼歯，M：後臼歯を表す。

の刺激から守られています。さらに舌表面には粘膜の小さな隆起部である舌乳頭が発達しており，食物の摂取や移動などのときに機械的に決まった動作を行う機械乳頭（糸状乳頭など）と，味を感じる味蕾乳頭があります。猫の糸状乳頭は角質層が厚く，舌表面がザラザラとしています。

[4] 唾液腺

分泌機能が優れていて太い導管をもつ大唾液腺と，腺組織が小さく導管をもたない小唾液腺にわかれます。大唾液腺には耳の下にある耳下腺，顎（下顎角）にある下顎腺，舌の下にある舌下腺があります。さらに犬や猫には，頬骨（頬骨弓）の頭側の付け根の内側に頬骨腺が発達しています。耳下腺や頬骨腺は上顎第四前臼歯（上顎の臼歯で一番大きな歯）の上方からやや尾側に開口部（耳下腺乳頭と頬骨腺乳頭）があり，下顎腺と単孔舌下腺は舌の付け根にある舌下小丘に開口します。

唾液はアミラーゼとよばれる消化酵素を含み，化学的消化に関与するだけではなく，食物を湿らせることで嚥下を容易にするなど重要な役割をはたしています（化学的消化については「G［1］消化」参照）。しかし，唾液中に含まれる成分が歯の表面や歯肉溝に付着すると，口腔内の細菌がそこで増殖し，歯垢を形成します。このため，唾液腺の開口部に近い上顎第四前臼歯の付近は歯垢がつきやすいといえます。

🐾 舌乳頭，味蕾　p.192

［参考］単孔舌下腺，多孔舌下腺
舌下腺は導管が1本でその開口部も1つである単孔舌下腺と，多数の導管とその開口部が多数存在する多孔舌下腺にわけられます。犬，猫には両方が存在しています。

［参考］アミラーゼ
でんぷんなどの炭水化物を分解する酵素。犬および猫の唾液中アミラーゼは存在していないか，存在していてもかなり活性が低いといえます。

B 上部消化管

　消化管は，食道，胃の上部消化管と小腸（十二指腸，空腸，回腸），大腸（盲腸，結腸，直腸）の下部消化管に大きくわけられます。消化管は内側から粘膜，粘膜下組織，筋層，漿膜（もしくは外膜）からなります（図3-8）。

　粘膜には粘膜上皮，粘膜固有層，粘膜筋板の3つの層があり，食道の粘膜上皮は重層扁平上皮ですが，胃から直腸までは単層円柱上皮が管腔内面を裏打ちしています。さらに，胃から直腸までの粘膜には胃小窩，腸陰窩とよばれる凹みがあり，胃液や腸液を分泌していることから，それぞれの凹みを構成する組織を胃腺，腸腺とよびます。粘膜固有層は血管，リンパ管，神経などを含む結合組織の層であり，粘膜筋板は消化管に認められる平滑筋の層です。

　粘膜下組織は，血管，リンパ管，神経を含む結合組織の層です。この部位には粘膜下神経叢（マイスナー神経叢）が存在し，粘膜筋板や腺を支配しています。さらに，食道腺などの粘膜下腺が認められることがあります。

　筋層は食道の一部，もしくは大部分が横紋筋からなりますが，それ以外は平滑筋が走行しています。基本的には内側で環状に走る内輪走筋と，外側で長軸に沿って走る外縦走筋にわかれます。2層の筋層のあいだには筋間神経叢（アウェルバッハ神経叢）が存在し，筋層を支配し消化管の運動を調節しています。

　消化管の大部分は胸腔，もしくは腹腔にあり，漿膜に包まれていますが，頸部食道は気管や頸部の筋のあいだを走行し，弾性線維に富む結合組織（外膜）によって包まれています。

[1] 食道

　食道は，口から入った食物を胃に送る管で，中型犬では約30 cmの長さがあり，頭側から頸部，胸部，腹部にわけられます。頸部食道は喉頭の背側で咽頭喉頭部の続きとしてはじまり，気管，総頸動脈，迷走交感神経幹などと並走します。頸部食道ははじめは気管の背側を走りますが，途中で気管の左側に移動し，胸腔に入るところでは再び気管の背側を走ります。胸部食道は気管とともに，左右の第1肋骨のあいだ（胸郭前口）を通り胸腔に入ります。胸腔ではほぼ正中のやや背側よりを走行し，気管，心臓などとともに

上部消化管
十二指腸を上部消化管に含めるときもあります。

腸
いわゆる「腸」とは下部消化管，すなわち小腸と大腸を指します。

漿膜　p.29

縦隔　p.29
図1-17，図1-18参照。

臨床で役立つコラム

食道における内容物の通過速度

　動物の状態によって変わりますが，食塊は犬では4～5秒，猫では少し遅く9～12秒ほどで食道を通過するといわれます。液体の通過速度は固形物の5倍以上であり，食道造影を行う際には，造影剤の投与直後に撮影を行うか，透視検査も有効となります。

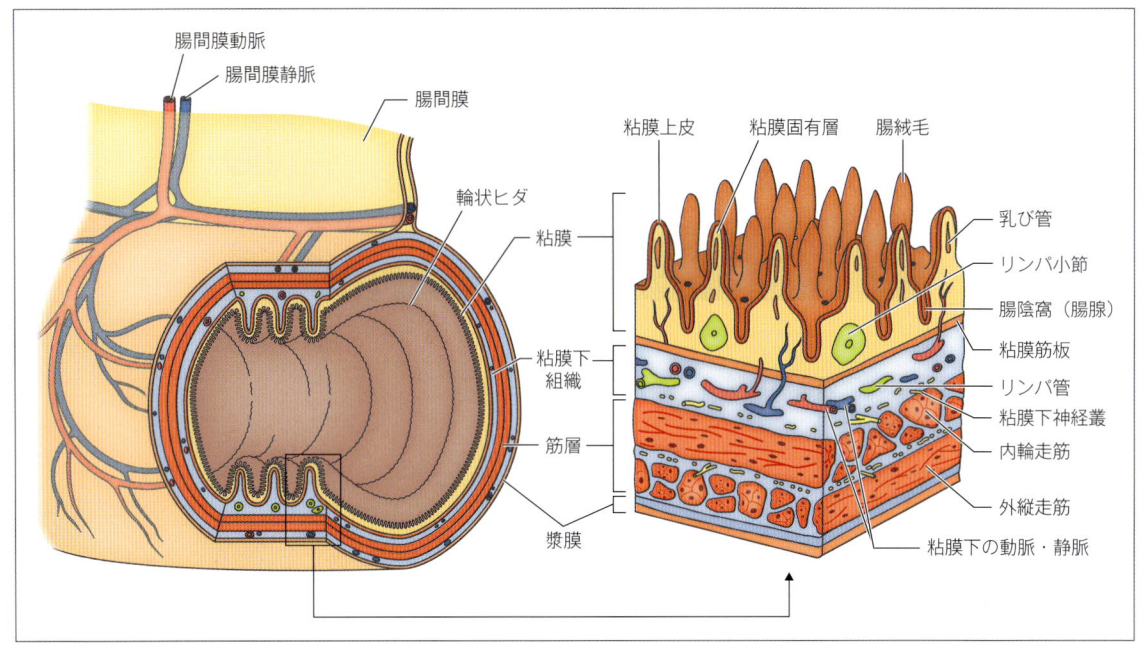

図 3-8　小腸の断面図

縦隔内に存在しています。食道のX線検査において，VD像で撮影された食道はその一部が脊椎と重なるため，食道を検査する場合，ラテラル像で撮影する方がより多くの情報を得ることができます。腹部は横隔膜を通過して胃につながる短い部分です。食道粘膜面は肉眼的に縦走ヒダが発達していますが，猫では心臓よりも後方の粘膜が短い斜走ヒダに変わるため（図3-9），食道造影や内視鏡検査のときに特徴的なパターンが現れます。

VD像
X線を腹側（ventral：V）から背側（dorsal：D）に向けて照射し，撮影した像。犬や猫では仰向けで撮影します。

ラテラル像
X線を外側（lateral）から正中に向けて照射し，撮影した像。

臨床で役立つコラム
食道の生理的狭窄部位

食道は括約筋が存在している部位（噴門）以外にも，周囲の構造に関連して，生理的にせまくなっている部位が3ヵ所あります。これらの部位は食塊や誤食した異物などが詰まりやすくなります。

①胸郭前口
食道は頸の付け根で胸腔に移行するため屈曲しています。さらに，この部位は，第1胸椎，第1肋骨，第1肋軟骨，第1胸骨からなる幅のせまい輪（胸郭前口）のなかを，頸長筋，総頸動脈，気管とともに通り抜けなければなりません。

②心基底部（第5〜第6胸椎付近）
食道は縦隔中部において，腹側には気管もしくは気管支や心臓が位置しており，さらに，大動脈弓と奇静脈によって左右方向から挟まれています。また，右大動脈弓遺残の際には，食道周囲に動脈輪を形成することがあり，狭窄が顕著になり，食べたものを吐き出したり，痩せたりといった臨床徴候を示すようになります。

③食道裂孔（第10胸椎付近）
食道が横隔膜を通過する部位であり，食道の内腔がせまくなっています。

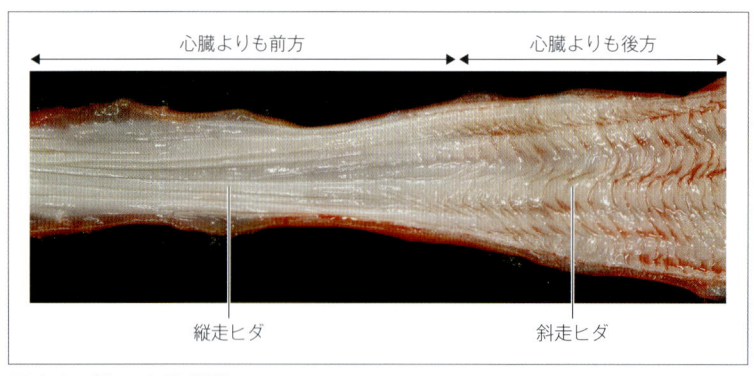

図 3-9　猫の食道粘膜

[2] 胃

胃は食物を貯蔵しながら、胃液中の消化酵素によって化学的消化を行う器官です。胃の入り口（食道との境界）を噴門、胃の出口（十二指腸との境界）を幽門とよびます（図 3-10）。胃はいびつな U 字状の袋であり、内側の短いカーブを小弯、外側の長いカーブを大弯とよびます。犬、猫の小弯はとくに湾曲が強く、角切痕とよばれることもあります。噴門は背側からみて体の正中よりやや左よりに位置しています。噴門からさらに外側にドーム状に張り出した部分を胃底、噴門から腹側に向かって膨らんでいる部分を胃体とよび、胃底は通常、横隔膜の左背側部（左脚）に接しています。幽門は噴門より右側に位置しており、幽門に向かって管状になっている部分を幽門部といいます。幽門部は胃体側で膨らんでいる幽門洞と幽門側で内腔がせまくなり筋層が厚くなっている幽門管にわけられます。噴門と幽門には括約筋が存在しますが、噴門では不明瞭であり、はっきり見わけることができません。

胃の粘膜は噴門腺部、固有胃腺部、幽門腺部の 3 つにわかれます。噴門腺部は噴門を囲むせまい部分で粘液を分泌します。胃底や胃体には粘液や胃酸を分泌する固有胃腺部があります。この部位には粘液を分泌する表層粘液細胞、頸粘液細胞、ペプシノーゲンを分泌する主細胞、胃酸（塩酸）を生成する壁細胞が粘膜上皮に並んでいます（図 3-10）。胃内は胃酸によって pH1.3〜5.0 の酸性に保たれており、食物に付着している細菌などを殺菌します。また、ペプシノーゲンは胃酸のはたらきによってたんぱく分解酵素であるペプシンに変換されます。幽門部の粘膜は、粘液を分泌する幽門腺部となります。

[参考] 犬の胃の容量
平均で約 2.5 L。犬種によって幅があり、小型犬では 0.5 L、大型犬では 6 L になることもあります。

[参考] 大網
胃の大弯から伸びて、膀胱の手前で反転し、腹腔背壁に付着している間膜のこと。脾臓は大網の一部である胃脾間膜によって胃とつながっています。

[参考] 小網
胃の小弯と肝臓を結ぶ間膜のこと。

[参考] ガストリン
幽門腺部にある内分泌細胞（G 細胞）から分泌される消化管ホルモン。胃液（胃酸とペプシノーゲン）の分泌を促進させます。

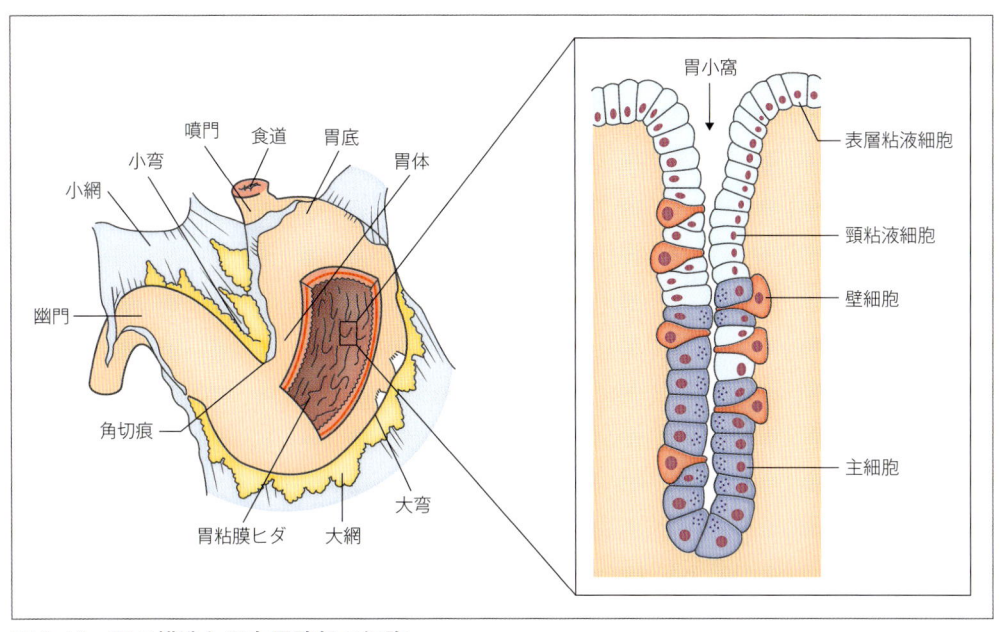

図 3-10　胃の構造と固有胃腺部の細胞

C　下部消化管

下部消化管は，小腸と大腸からなります。

[1] 小腸

小腸は栄養素の消化，吸収を主な機能とする消化管です。十二指腸，空腸，回腸の3つの部分にわけられますが，基本構造は同じであり，表面積を増やすために輪状ヒダ，腸絨毛をもっています（表3-4）。

①十二指腸

十二指腸は比較的短い十二指腸間膜によって腹腔背壁に付着しており，空腸，回腸と比較して位置が定まっています（図3-11，図3-12）。十二指腸は胃（幽門）から離れたあとすぐに尾側に向かって湾曲（前十二指腸曲）しており，十二指腸下行部が背側からみて右腹壁に沿って走ります。そして再び頭側に向かって湾曲（後十二指腸曲）して十二指腸上行部として腸間膜根の左側を走り，頭側端では再び腹側に向かって湾曲（十二指腸空腸曲）して空腸となります。十二指腸上行部は下行結腸（後述）と十二指腸結腸間膜によってつながっています。

②空腸，回腸

空腸，回腸は腹腔背壁から長く伸びた腸間膜の縁を走っている消化管です（図3-11）。この腸間膜は腹大動脈から分岐する前腸間膜動脈の周囲で束になり腸間膜根を形成しています。回腸には腸間膜とは別に回盲腸間膜によって盲腸と連結していることにより空腸と区別されます。犬や猫の回腸は尾側から頭側に向かって回り込むようにして大腸に連結しており，その部位は回腸口とよばれ，回腸の粘膜の一部が大腸側に突出しています（回腸乳頭）。また，回腸粘膜には多数のリンパ小節が集まった集合リンパ小節が認められることも特徴です。

[2] 大腸

大腸は，小腸で吸収しきれなかった水や栄養素（電解質やビタミン）などの吸収や糞の形成を行う器官です。盲腸，結腸，直腸の3つの部分にわけられますが，基本構造は同じであり，小腸とは異なり腸絨毛は存在しません（表3-4）。

①盲腸

盲腸は盲端に終わる大腸の一部です（図3-11，図3-12）。犬や猫の盲腸は小さく，十二指腸下行部と腸間膜根のあいだで，回腸が大腸に連結する部位よりも尾側に伸びています。頭側に向かう結腸と盲腸の境界は盲結口とよばれます。大腸粘膜には孤立リンパ小節が多数認められますが，とくに盲腸で顕著であり，そのなかでも犬では盲腸基部に，猫では盲腸の先端に多く存在します。

♦ リンパ小節
粘膜などにリンパ球が結節性に集合した構造。

[参考] 腸間膜リンパ節
腸間膜のなかに存在するリンパ節。腸間膜が付着する空腸から結腸のリンパ液が流れ込みます。

表 3-4　小腸と大腸の粘膜の特徴

粘膜の構造	小腸 十二指腸	小腸 空腸	小腸 回腸	大腸 盲腸	大腸 結腸，直腸
輪状ヒダ	++	++	+	−	−
腸絨毛	++	++	+	−	−
腸陰窩	+	+	+	++	+++
杯細胞*1	+	+	+	++	+++
十二指腸腺*2	+	−	−	−	−
孤立リンパ小節*3	−/+〜+	−/+〜+	−/+〜+	++	++
集合リンパ小節*4	−	−/+	+	−〜−/+	−〜−/+

＊1：粘膜分泌性の単細胞腺。
＊2：ブルンナー腺ともよばれる，アルカリ性の粘液を分泌する腺。
＊3：粘膜内に結節性にリンパ球が集合したリンパ組織（リンパ小節）。
＊4：粘膜内にリンパ小節が多数認められる。
小腸と大腸における特徴的な構造の有無を示す。たとえば，輪状ヒダは小腸（とくに十二指腸と空腸）でよく認められるが，大腸には認められない。

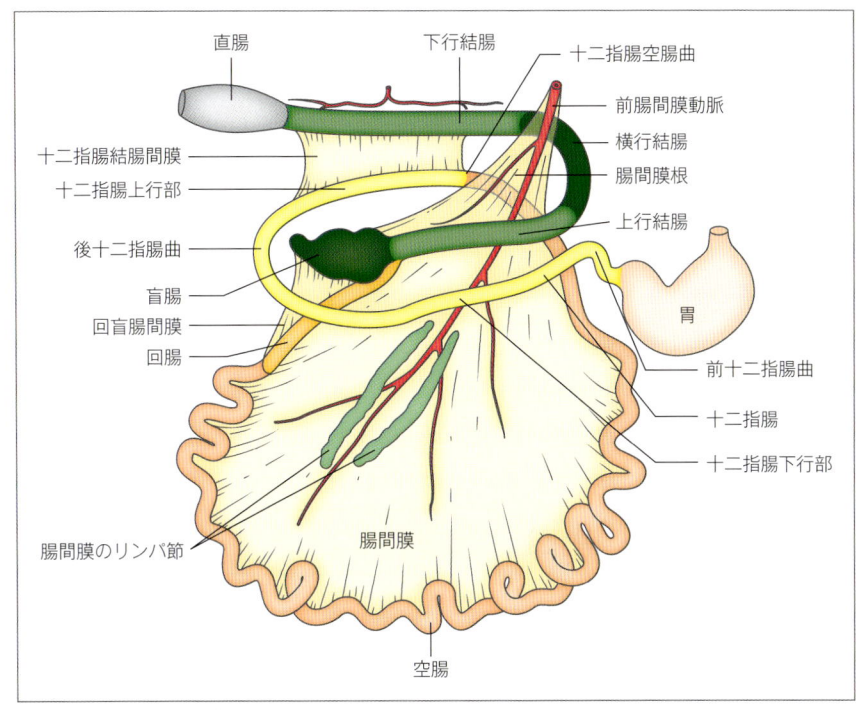

図 3-11　犬の消化管
腹腔から取り出し，広げたところ。
(König HE, Liebich HG. fig7-88: Intestinal tract of the dog. Veterinary Anatomy of Domestic Mammals 6th edition. p.356. Schattauer. Stuttgart. 2014. より転載，一部改変)

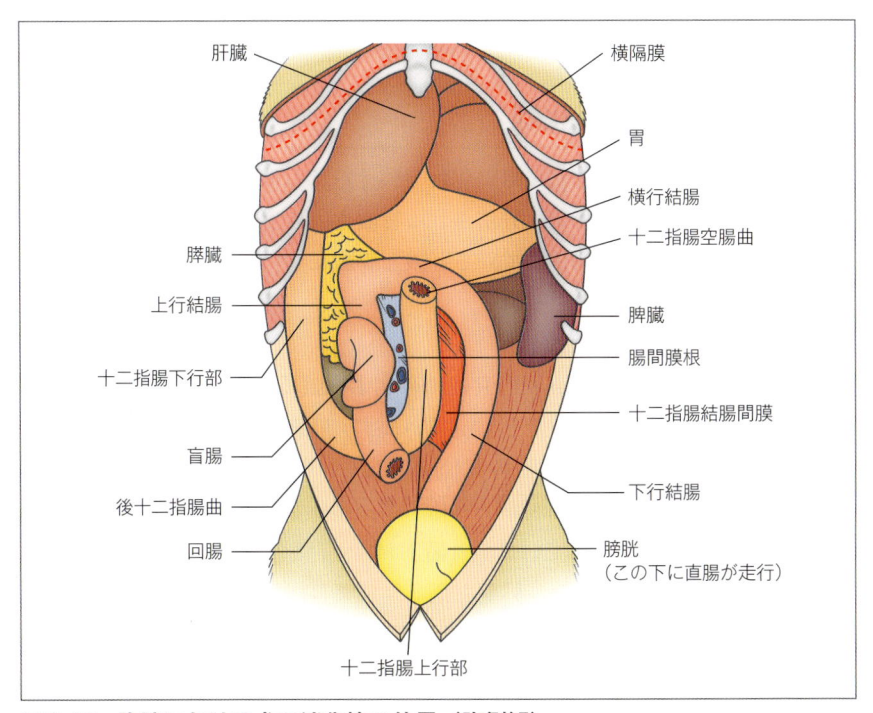

図 3-12　腹腔における犬の消化管の位置（腹側観）
仰臥位，空腸は除去。

②結腸

結腸は盲腸から頭側に向かう上行結腸，胃の手前で腹腔を右側から左側に向かう横行結腸，腹腔の左側を尾側に向かって走る下行結腸にわけられます（図3-11，図3-12）。下行結腸は十二指腸上行部とつながっている十二指腸結腸間膜がなくなったあたりで，左側から正中に移動して骨盤腔にある直腸に連結しています。

③直腸

直腸は，骨盤腔のもっとも背側，すなわち生殖器，膀胱の背側に位置します（図3-11，図3-12）。骨盤腔は腹腔に比べてせまく，大腸が蛇行することなく，直線状に走行するため直腸とよばれます。犬の直腸粘膜には小孔状の陥凹をともなう孤立リンパ小節が認められます。

☞ 骨盤腔 p.29

D 消化管の出口

消化管の出口は肛門管（図3-13）と肛門で構成され，ここから糞が排泄されます。肛門管は腸と外界との境界である肛門をつなぐ短い管であり，直腸までの単層円柱上皮とは異なり，表皮と類似した重層扁平上皮で裏打ちされています。直腸側から，肛門柱帯，肛門中間帯，肛門皮帯の3つの部位にわけられ，犬や猫では肛門皮帯に肛門傍洞（肛門嚢）の開口部が4時と8時の方向に左右一対存在しています。また，犬の肛門周囲には肛門周囲腺が存在しています。肛門管には平滑筋からなる内肛門括約筋と，横紋筋からなる外肛門括約筋が存在しており，肛門傍洞はこれらの括約筋のあいだにあります。

☞ 表皮 p.196

☞ 肛門傍洞 p.204

E 消化腺

食物の消化には消化管でつくられる消化液だけでなく，ほかの臓器でつくられ，消化管に分泌される物質も大きくかかわっています。ここでは，消化と密接に関係している肝臓と膵臓について説明します。

[1] 肝臓と胆嚢

肝臓は横隔膜の直後に存在する臓器であり（図3-12），生命維持に関するさまざまな機能をもっています。肝臓には切れ込みがあり，複数の部位にわかれています。各部位を葉といい，犬や猫では，外側左葉，内側左葉，方形葉，内側右葉，外側右葉，尾状葉（尾状突起と乳頭突起からなる）の6葉にわかれています（図3-14）。肝臓の尾側面には外側左葉から内側右葉にかけて胃圧痕，外側右葉と尾状葉（尾状突起）は腎圧痕とよばれるへこみがあり，それぞれ胃，右腎臓と接しています。また，肝臓の尾側面のほぼ中央には肝門脈，固有肝動脈，肝管などが出入りする肝門とよばれる部位があり，肝門リンパ節も隣接しています（図3-14）。さらに肝臓の背側面は後大

☞ 肝門脈 p.90

68

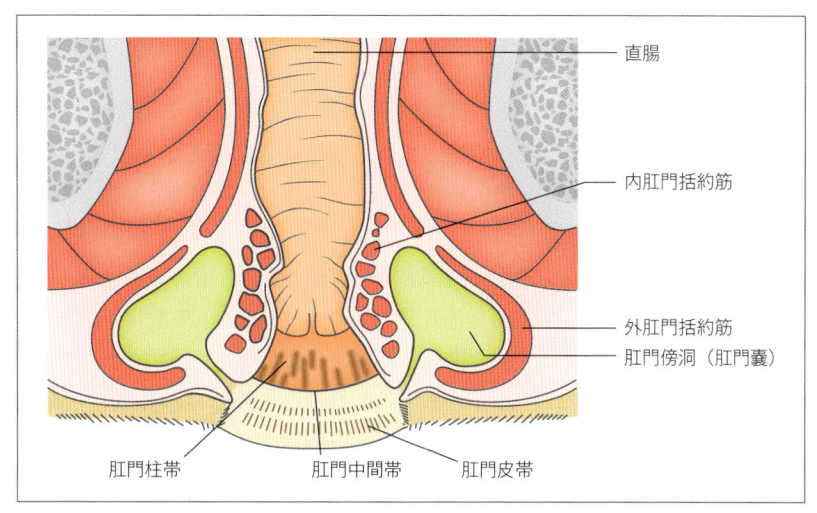

図 3-13 肛門管の水平断面

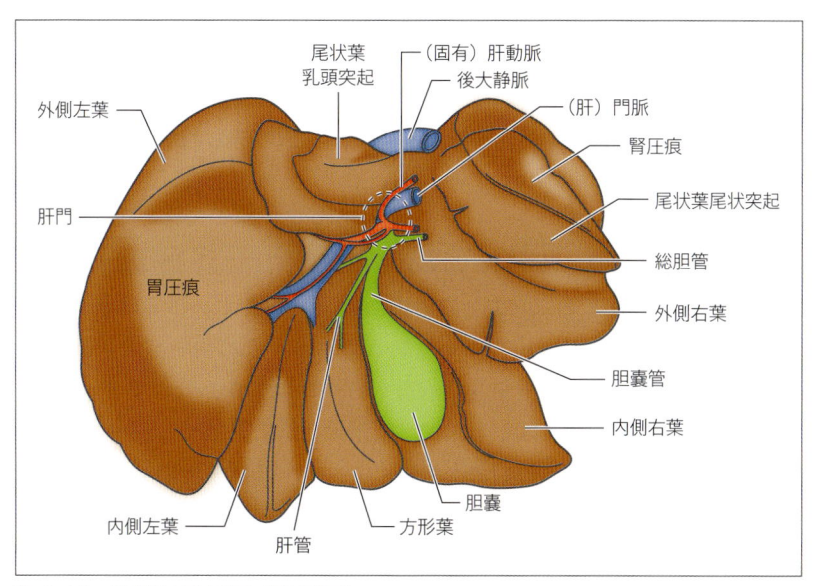

図 3-14 肝臓の尾側面（臓側面）

> 臨床で役立つコラム
>
> **門脈－体循環シャント**
>
> 　門脈－体循環シャントとは，肝門脈と全身の静脈とのあいだにバイパス（迂回路）ができてしまい，肝臓に入って調整や無毒化されるべき物質が全身循環に流れてしまうことで，嘔吐やけいれんなどの症状が認められる疾患です．診断の際に，血中の胆汁酸の濃度を計測する場合があります．胆汁酸は胆汁の主成分であり，通常，十二指腸に分泌されたあとは回腸から吸収され，門脈で肝臓に運ばれて再利用されます（腸肝循環）．しかし，門脈－体循環シャントでは多量の胆汁酸が全身循環に入ってしまい，高値を示します．

[参考] コレシストキニン（CCK） 小腸から分泌される消化管ホルモンで、胆汁や消化酵素に富んだ膵液の分泌を促進させます。 [参考] 胆嚢をもたない動物 ラットや馬には胆嚢はありません。 🐾 肝臓の栄養素の代謝　p.233 [参考] 肝三つ組（かんみつくみ） 小葉間結合組織中にみられる小葉間動脈、小葉間静脈、小葉間胆管の3つの管をあわせた名称。	静脈が密着しており、そこに、肝臓を通過してきた血液を体循環に戻す多数の肝静脈が連結しています。 　消化における肝臓の役割は**胆汁**（たんじゅう）を生産することです。胆汁は肝臓に存在する肝細胞によって産生され、毛細胆管に分泌されます。毛細胆管は**小葉間胆管**を経て、一部は**肝管**、**総胆管**となります。胆汁は、方形葉と内側右葉のあいだにある**胆嚢**（たんのう）とよばれる袋に胆嚢管を介して運ばれ貯蔵され、必要に応じて**胆嚢管**、さらには**総胆管**を通り、十二指腸下行部の胃に近い方にある**大十二指腸乳頭**から消化管に分泌されます（図3-14，図3-15，図3-16）。さらに、肝臓は炭水化物、たんぱく質、脂質などの栄養素の代謝においても重要な役割をはたしています。これらの栄養素は消化管の毛細血管もしくは毛細リンパ管に入ったのち、固有肝動脈、もしくは消化管から出た静脈が集まった肝門脈によって肝臓に運ばれます。肝臓内で固有肝動脈は**小葉間動脈**、肝門脈は**小葉間静脈**となり、両者は**類洞**（るいどう）（**洞様毛細血管**（どうよう））で合流します。肝臓に運ばれた各種栄養素は類洞を通過する際に隣接する肝細胞において代謝をうけ、中心静脈に流れ込み、肝静脈を経て後大静脈から心臓に運ばれます（図3-15）。また、栄養素以外にも薬物や毒素、細菌、老廃物などさまざまな物質が固有肝動脈、肝門脈によって肝臓に運ばれます。肝臓はこれらの物質を代謝、解毒、排除し、血液が心臓に戻る前に調節をしています。
🐾 膵臓の内分泌機能　p.158 [参考] セクレチン 小腸から分泌される消化管ホルモンで、重炭酸イオン（HCO_3^-）に富んだ膵液の分泌を促進させます。 🐾 猫の副膵管 一般的に猫には副膵管がなく、主膵管のみをもつことが多いですが、約20％の猫で副膵管が認められたという報告もあります。	**[2] 膵臓** 　**膵臓**（すいぞう）には**膵液**による外分泌機能（「G [1] 消化」参照）とインスリンなどのホルモンによる内分泌機能があります。膵臓は十二指腸下行部の内側で十二指腸間膜のなかにある膵右葉、胃に沿って大網基部のなかにある膵左葉、両者が連結する膵体の3つの部分からなります（図3-12，図3-16）。膵液は総胆管とともに大十二指腸乳頭に開口する**主膵管**（しゅすいかん）、小十二指腸乳頭に開口する**副膵管**（ふくすいかん）の2本の管によって十二指腸に分泌されます。門脈は肝臓に入る前に膵臓と密着しており、膵臓は門脈を見つけるときの目印になります。

💉 臨床で役立つコラム
黄疸（おうだん）

　皮膚、可視粘膜、血漿などが異常に増加したビリルビンによって黄色く着色した状態のこと。古くなった赤血球中のヘモグロビンは分解されてビリルビンとなり、肝細胞で取り込まれて胆汁中に排泄されます。赤血球が異常に破壊されたり、胆汁の排泄が障害されると血中のビリルビン濃度が上昇し黄疸となります。

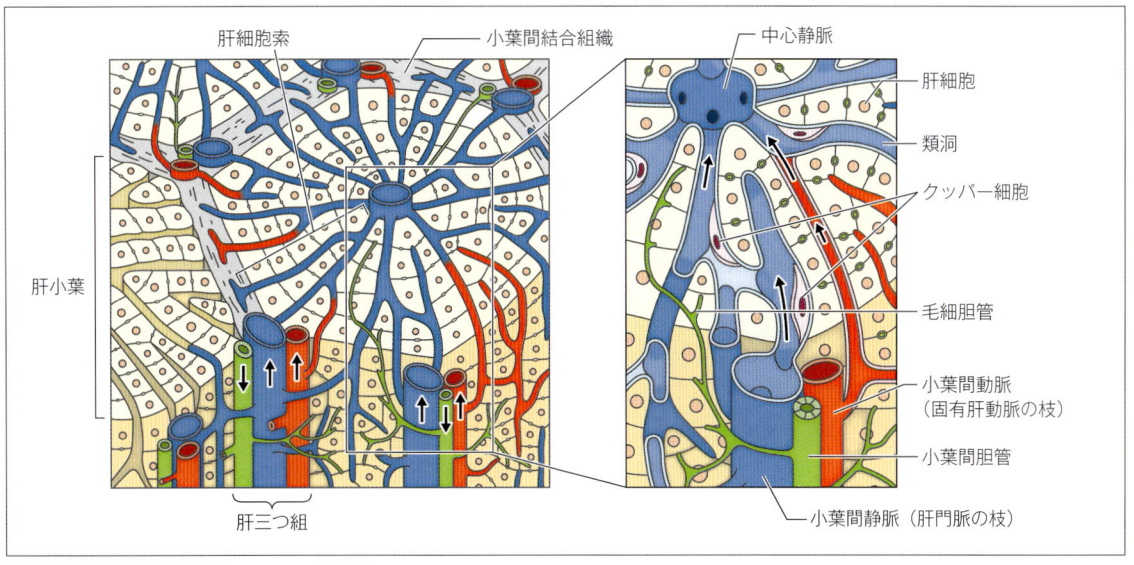

図 3-15　肝臓の組織像
小葉間静脈（肝門脈の枝）と小葉間動脈（固有肝動脈の枝）の血液は一緒になって，縦に並ぶ肝細胞（肝細胞索）のあいだの血管（類洞）に流れ込み，中心静脈に向かう。胆汁を運ぶ毛細胆管は，小葉間胆管に入って肝管となる。クッパー細胞はマクロファージ（大食細胞）の一種で，貪食能の旺盛な細胞である。この細胞は，流れ込んできた血液中の異物や毒素，老廃物などを取り込んで処理する。血液，胆汁の流れる方向を矢印で示す。

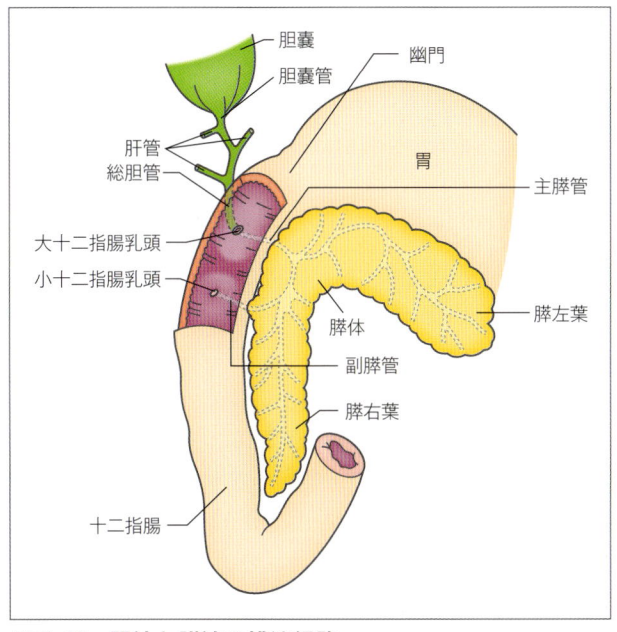

図 3-16　胆汁と膵液の排泄経路

F　消化管運動

　摂取した食物の移送には，蠕動とよばれる消化管の筋肉による運動が欠かせません。小腸では蠕動運動に加えて，食物と消化液の混合，機械的消化のために分節運動や振子運動が行われます。

　蠕動運動は，収縮が波状に伝わって，消化管内容物を送り出す運動です。食塊によって消化管が伸展すると，その刺激によって食塊の後方の消化管が収縮します。その結果，食塊が先に押し出されます。この繰り返しによって内容物が先へと移送されます（図3-17）。分節運動は，一定の間隔で輪状に収縮し，しばらくすると収縮部と弛緩部が入れ替わる運動です。これは消化管内容物は移動せず，内容物と消化液を混合し，吸収のために粘膜との接触を多くさせる運動になります。振子運動は，小腸の縦方向に筋が収縮し，小腸が伸び縮みする運動です。消化管内容物と消化液を混合します。

G　栄養素の消化と吸収

[1] 消化

　動物が摂取した食物が消化管を移送される途中でさまざまな変化を受け，高分子化合物から低分子化合物に分解されます。この過程を消化といい，咀嚼や消化管運動などの機械的消化と，消化管の各所で分泌される消化酵素による化学的消化があります。図3-18に三大栄養素（炭水化物，たんぱく質，脂肪）の消化をまとめました。口腔や胃からも消化酵素は分泌されますが，その多くは膵液や腸粘膜細胞分泌液に含まれ，小腸で分泌されます。最終的にでんぷんなどの高分子炭水化物はグルコースなどの単糖に，脂質の1つであるトリアシルグリセロール（TG）は脂肪酸とモノアシルグリセロールに，たんぱく質はアミノ酸に分解されます。

　TGの分解には肝臓から分泌される胆汁が重要なはたらきをします。胆汁にはコール酸やケノデオキシコール酸といった胆汁酸とよばれる物質が含まれます。胆汁酸は両親媒性分子といって，水になじむ親水基と油になじむ疎水基の両方をもっています（図3-19）。通常，水と油は混じりあいませんが，両親媒性分子である胆汁酸が存在すると，脂肪が微粒子状になって水（腸内容物）のなかに分散することが可能になります。このように分離している2つの液体が安定して混ざりあうことを乳化といい，これによりTGがリパーゼによる分解を受けやすくなります。

[参考] エマルション
本来混ざりあわない2つの液体が乳化により懸濁した状態を指します。マヨネーズは，酢と油が卵黄中のリン脂質によって乳化されたエマルションです。

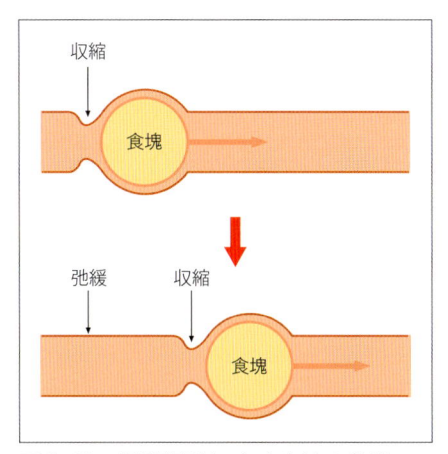

図 3-17　蠕動運動による食塊の移送

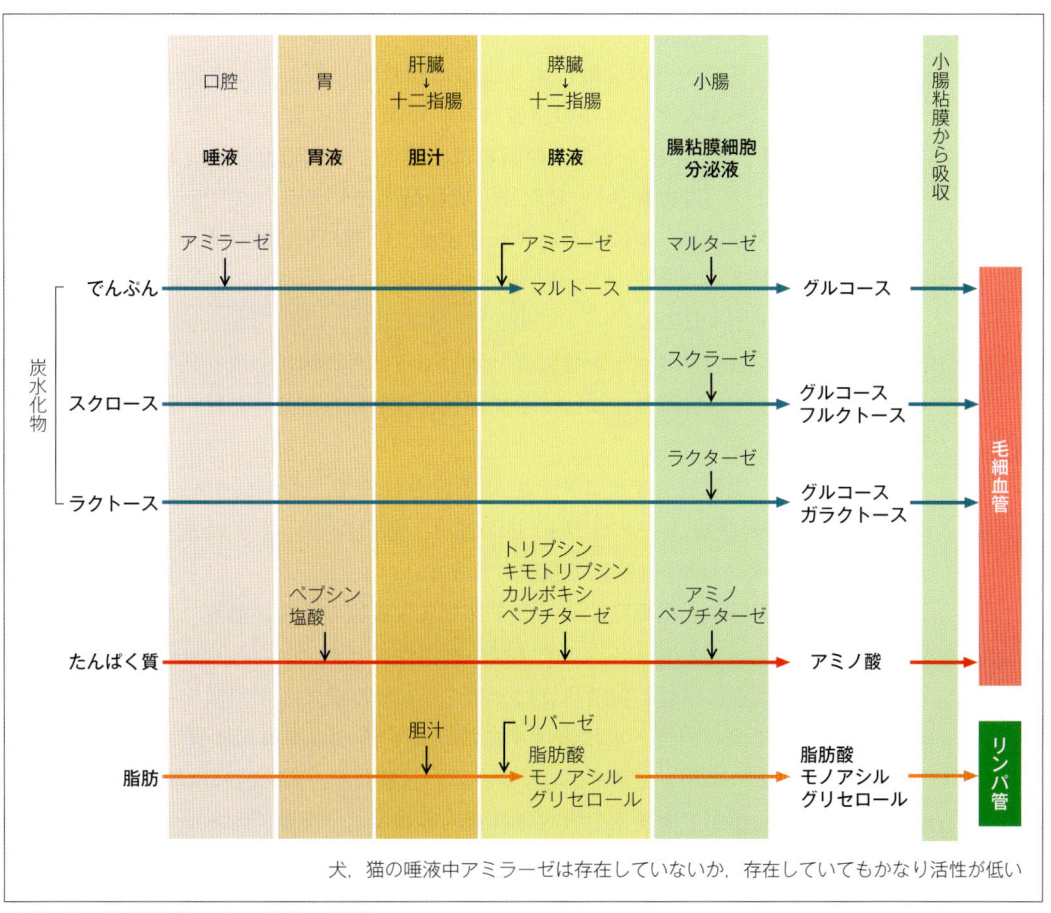

図 3-18　消化酵素による食物の消化

[2] 吸収

　消化によって低分子化合物となった栄養素は，ほとんどが小腸から体内へ吸収されます。小腸の粘膜表面には腸絨毛や微絨毛とよばれる細かい突起が無数に存在します。この突起により表面積が増えることで栄養素との接触機会を増やし，効率よく吸収ができます（図3-20）。分解された各栄養素は絨毛表面の粘膜上皮細胞に吸収され，さらに絨毛内の毛細血管やリンパ管に移行します。この吸収には受動輸送と能動輸送の2つの方法があり，以下の通り栄養素によって異なります。

👉 受動輸送，能動輸送　p.14

・糖質
　多くの単糖は受動輸送ですが，グルコースやガラクトースは能動輸送でも取り込まれます。

・アミノ酸
　主に能動輸送によって取り込まれます。

・脂質
　リパーゼの分解により生じた脂肪酸，およびモノグリセリドやコレステロールなどのほかの脂質は，胆汁酸とともに混合ミセルを形成します（図3-21）。混合ミセル内の脂質は粘膜上皮の細胞膜を濃度勾配に従って移動します（受動輸送）。吸収後，脂肪酸とモノアシルグリセロールはトリアシルグリセロールに再合成されますが，一部の脂肪酸はそのまま毛細血管に移行します。

・ビタミン
　脂溶性ビタミンは脂質と同じように受動輸送で取り込まれます。水溶性ビタミンは種類によって受動輸送と能動輸送が使いわけられています。

・ミネラル
　電解質（イオン）として吸収されます。カルシウム（Ca^{2+}）やナトリウム（Na^+），クロライド（Cl^-），鉄（Fe^{2+}）などは能動輸送，カリウム（K^+）は受動輸送で吸収されます。

　粘膜上皮細胞に取り込まれた各栄養素のうち，血液（水）によく溶ける物質（グルコース，アミノ酸，水溶性のビタミンなど）は小腸の絨毛内の毛細血管に移行し，消化管に分布する血管が集まった門脈を介して肝臓に送られます。一方，水に溶けずに油によく溶ける物質（脂質，脂溶性ビタミンなど）はリンパ管（中心リンパ管）に移行し，最終的には静脈に流れ込みます。

　小腸で栄養素を吸収された内容物は水分を多く含みます。この水分の多くは大腸で吸収され，消化・吸収されなかった残渣が糞として肛門から排出されます。

[参考] 糞の色
正常では糞は黄土色をしていることが多いですが，これは胆汁中のビリルビンが腸内細菌により変換されたウロビリン体（ウロビリノーゲン，ステルコビリンなど）の色が関係しています。

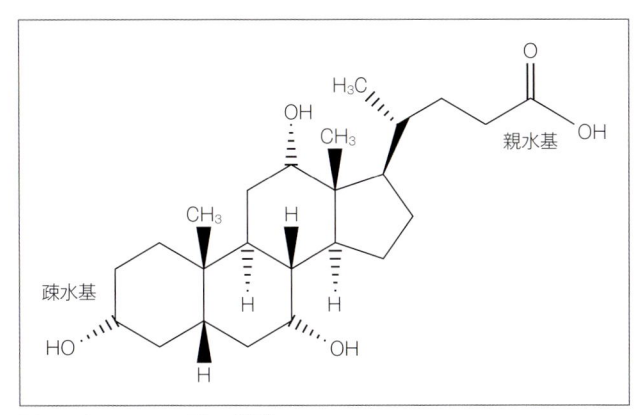

図 3-19　コール酸の構造

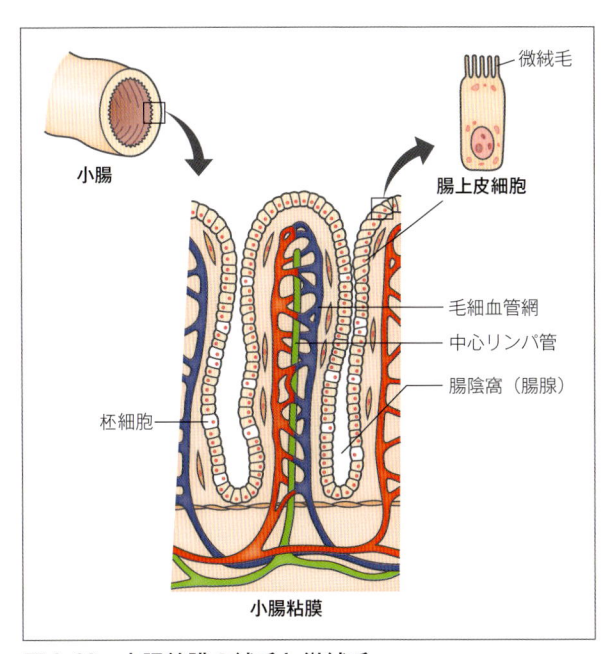

図 3-20　小腸粘膜の絨毛と微絨毛

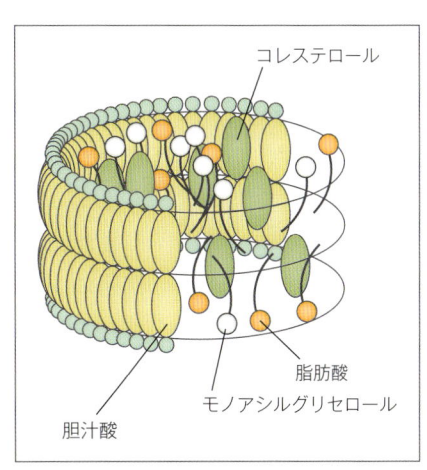

図 3-21　混合ミセルの構造

[3] 動物種による消化と吸収のしくみの違い

①食肉目

犬や猫は分類上，食肉目とよばれ，共通の祖先をもちます。食肉目の名の通り，もともとは肉食でしたが，現在では犬はほぼ雑食，猫は肉食とされています。そのため，猫は高たんぱく質・低炭水化物の食事に対応した消化・吸収，代謝のしくみをもっています。消化酵素に注目すると，唾液中にアミラーゼは存在せず，膵液のアミラーゼも犬の5％程度しか存在しません。小腸粘膜から分泌されるスクラーゼ，ラクターゼは犬の40％程度の活性しかなく，炭水化物を消化する能力が低いことがわかります。また，ほかの動物は食事中の炭水化物量によって炭糖の吸収能力が変化（量が多いと吸収能も高まる）しますが，猫では炭水化物量で吸収能力は変化しません。代謝に関しても，糖類を解糖系で代謝するためのいくつかの酵素で，活性が低かったり，欠乏していたりします。そのかわり，アミノ酸を代謝してATPを得たり，糖新生によってアミノ酸からグルコースを合成したりする能力が高いのが特徴です。一方，犬では唾液にアミラーゼが存在していないか，存在していてもかなり活性が低いなど，消化酵素に肉食動物だったころの名残りがあります。

また，猫は口渇に対する感受性が低く，体重の4％程度の脱水はほとんど問題にならないとされています（人では体重の4％の水分が失われると疲労感，頭痛，めまいなどの症状が現れはじめます）。その理由として，尿を高濃縮することで体内の水分量を保てることが挙げられます。一方で猫の尿の成分は高濃度となるため，溶けきれなくなったミネラル分が結晶化し，石のような塊となるストラバイト結石のような疾病を起こしやすくなります。結石を予防するには，マグネシウムなどのミネラル分の摂取量をコントロールする必要があります。

②反芻動物

反芻動物（牛，羊，山羊など）は，我々人の胃に相当する第四胃の前に，**第一胃（ルーメン）**，第二胃，第三胃の3つの胃をもち，計4つの胃をもつことになります。反芻動物は消化しにくい植物を主食としているため，大きな容量をもつルーメンに食べた植物をため込み，ルーメン内に無数に存在している微生物に分解（発酵）させることで消化を助けています。このように胃を発酵タンクとして発達させた種類を前胃発酵型動物とよびます。また，なかには盲腸や結腸を発酵タンクとして使用している動物もいます。このようなグループを後腸発酵型動物とよび，ウサギや馬が含まれます。

猫の代謝　p.240

反芻動物　p.240

H　ウサギの消化器系

[1] 歯の構造

　ウサギの歯は，犬や猫と同様に二生歯性であり，構造も類似しています（図3-22）。しかし，ウサギの乳切歯は生まれる前に，乳臼歯は生後まもなくに脱落して永久歯に交換されるため，乳歯の存在を確認することは困難です。また，ウサギの歯根部は長く，歯槽に深く入り込み，根尖が大きく開き閉じることがなく常に歯が伸び続けます。犬歯はなく，切歯と臼歯のあいだには隙間があり槽間縁とよばれます。ウサギの切歯は下顎では1対ですが，上顎には2対存在し，上顎も1対の齧歯類とは異なります。ただしウサギの上顎第二切歯は小さく，大きな上顎第一切歯の後ろに隠れており，欠けているときもあります。上顎第一切歯と下顎切歯は前面のみがエナメル質でおおわれています。

[2] 栄養素の消化と吸収

　ウサギは犬や猫とは異なり草食動物です。哺乳類がもっている消化酵素では草の主成分であるセルロースを分解することができません。そのため，ウサギは消化管内にいる微生物の発酵作用によってセルロースを分解してもらい，その分解産物を栄養素として利用しています。ウサギは後腸発酵型動物で，盲腸が大きく発達しており，ここが微生物の発酵タンクとなります（図3-23）。また，ウサギは大腸でも一部の栄養素を吸収していますが，吸収できなかったものは栄養価の高い便（**盲腸便**）として排泄し，これを再摂取（**食糞**）することで小腸に送り，栄養素の消化，吸収を行っています（図3-24）。

[3] 消化管の基本構造

　消化管の基本構造は犬や猫と同じですがいくつか異なるところがあります（図3-23）。
　ウサギの胃は噴門括約筋が発達しており，嘔吐することができません。また，ウサギの胃底はよく発達しており，盲腸便を蓄積して発酵させることに

[参考] **ウサギの歯**
ウサギの歯や齧歯類の切歯のように，根尖が閉鎖することなく伸び続ける歯のことを常生歯（無根歯）といいます。ウサギの切歯の伸長は約1cm/月（4～6歳ぐらいまで），歯式は永久歯だと2033/1023で乳歯だと203/102，歯数は永久歯が28本で乳歯は16本。

臨床で役立つコラム

ウサギと歯

　ウサギの歯は常に伸び続けていますが，主食の草など固いものの咀嚼により歯は摩耗され，適切な長さに維持されています。しかし，不適切な食事やストレスなどでケージを異常に噛むなどすると，適切な歯の長さや形を保つことができず，歯の不正咬合の原因ともなります。そうなると食欲が低下し，飢餓状態となります。ウサギは飢餓に陥ると肝リピドーシスを発症するリスクが大きく，健康維持には歯の管理が大切となります。

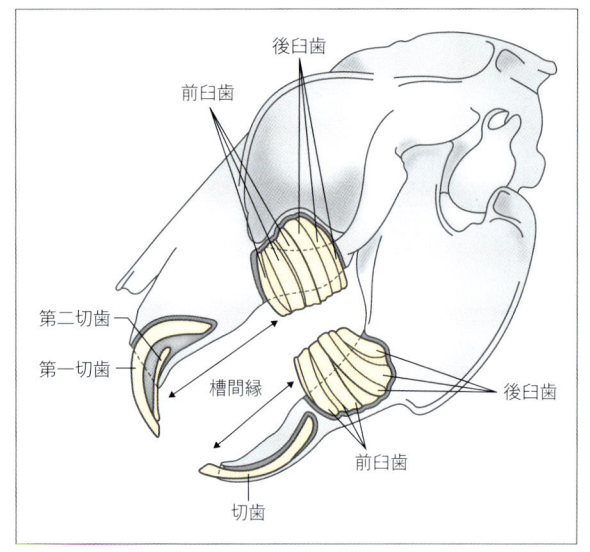

図 3-22　ウサギの頭蓋（歯槽は除去後）と歯
点線は歯槽の縁を表す。

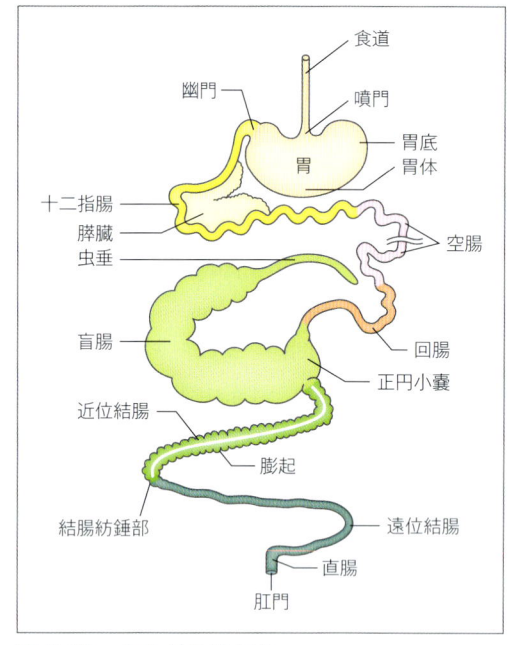

図 3-23　ウサギの消化管

♂**虫垂**
ウサギの盲腸には発達した虫垂がありますが，犬や猫にはありません。

[参考] **繊維質の多い食事**
栄養にはなりづらいですが，歯の正常な摩耗や消化管の運動に重要な役割をはたしています。

より乳酸を産生し，栄養素として利用しています（図 3-24）。

　回腸は盲腸の連結部の直前で丸くふくらんでおり正円小囊（せいえんしょうのう）とよばれます。この部分にはリンパ組織が発達しています。盲腸は前述のように発酵タンクとして大きく，栄養価の高い盲腸便を産生します。また，盲腸の先端は細長く飛び出しており，虫垂とよばれます。この部位にも回腸の正円小囊と同様に発達してリンパ組織を含んでおり，免疫機構の重要な一部を担っています。

　結腸は機能的に近位結腸と遠位結腸にわかれます。近位結腸は腸ヒモとよばれる筋層の束が腸管を縮めており，膨起（ほうき）とよばれる半月状のふくらみを形成します。遠位結腸には腸ヒモはなく，単純な構造をしています。腸の内容物は近位結腸を通る際に，非繊維質の小型の粒子は蠕動運動によって膨起にたまり，大型の不消化性繊維質は腸の中心を肛門に向かって移動していく過程で塊を形成します。この繊維質を多く含んだ糞は丸く，硬便とよばれ，

臨床で役立つコラム

食糞とエリザベスカラー

　ウサギは盲腸便が肛門に達すると，直腸からの刺激と盲腸便特有のにおいによって排泄を感じて，直接，口を肛門につけて食糞を行います。しかし，食糞の際に盲腸便が地面に落ちてしまうと食べないことがあります。手術後などにウサギにエリザベスカラーをつけると口を肛門に運ぶことができないため，盲腸便を直接，肛門から摂取できません。そのためエリザベスカラーをつけるときは盲腸便を人の手で給餌させる必要があります。

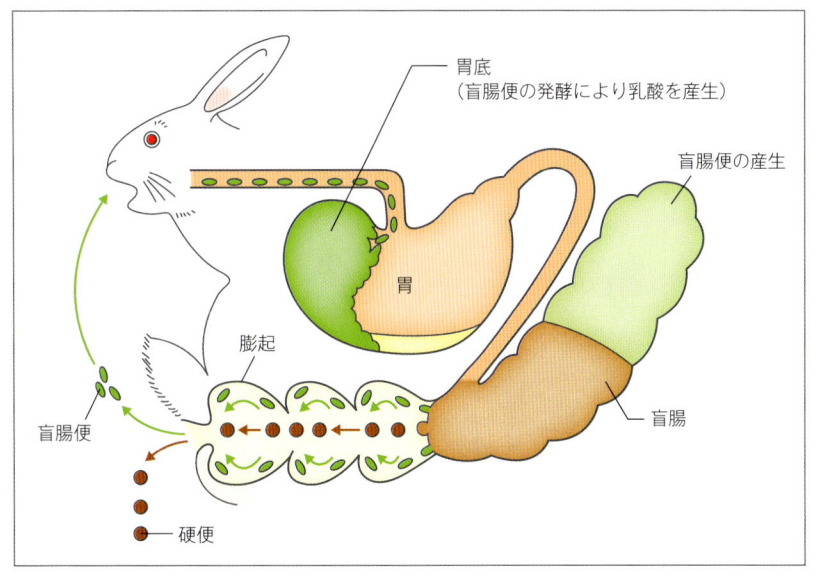

図 3-24　盲腸便の生成と食糞

我々がウサギの糞として観察しているものです。近位結腸と遠位結腸の境界には結腸紡錘部とよばれる盲腸便と硬便の排泄を調節している部位があります。さらに，結腸紡錘部から盲腸の方に逆蠕動運動が発生して膨起の非繊維質の小粒子は盲腸に送られます。そこで発酵を経たのち，一部は吸収され，残りは盲腸便となります。

肛門には肛門腺が開口しており，肛門周囲の汚れの原因となることもあります。

I　鳥類の消化器系

鳥類の消化器系は犬や猫などの哺乳類と同様に，口腔からはじまる消化管と肝臓，膵臓などからなる消化腺をもちます（図 3-25）。しかし，口腔においては，鳥類には歯はなく，かわりに嘴が発達しています。また，唾液腺はあまり発達していません。

食道は胃につながりますが，首の付け根でそ嚢とよばれる食道の一部が拡張した食物の貯蔵部屋をもっていることが一般的です。そ嚢のなかの食物は雛に与えられることもあり，ハトなどの一部の種では，そ嚢の粘膜上皮がホルモン（プロラクチン）の作用により脱落し，たんぱく質と脂質を豊富に含むミルクのような内容物（そ嚢ミルク）となり，孵化後の雛を数日間養うために用いられます。

胃は食道とつながり胃液を分泌する腺胃（前胃ともいう）と，筋が発達し，その強い収縮力によって機械的消化を行う筋胃（砂嚢ともいう）の2つにわかれます。筋胃には機械的消化を助けるために砂が入っていることが多

［参考］鳥類の唾液腺
乾燥したものを食べる鳥種では唾液腺も発達しています。

♂そ嚢ミルク
雌だけではなく，雄も生産可能です。

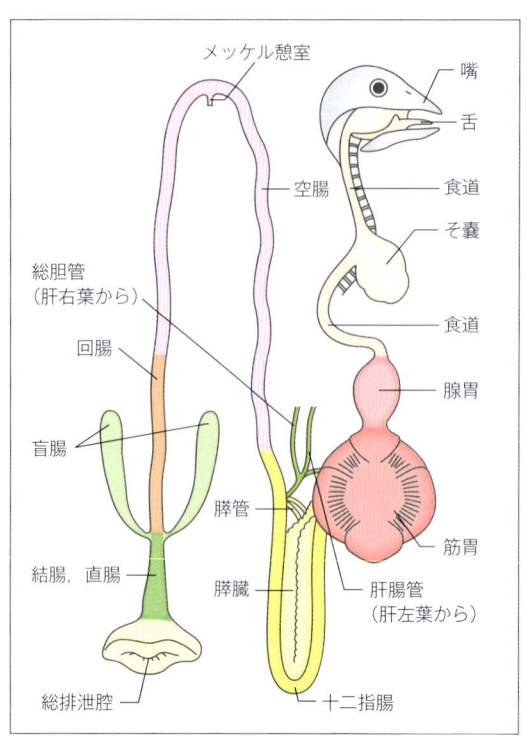

図 3-25　鳥類の消化器系

く，筋胃の粘膜から分泌される物質（ケラチン様物質）が硬い層を形成することによって筋胃の粘膜を砂などから受ける物理的刺激から保護しています。

腸は小腸（十二指腸，空腸，回腸）と大腸（盲腸，結腸，直腸）からなります。盲腸は左右一対存在しており，結腸と直腸はとても短く，開放性骨盤であるため境界が不明瞭です。直腸は尿管と精管もしくは卵管も連結している総排泄腔を介して，総排泄口に開口します。総排泄腔の背側には鳥類に特有のB細胞の一次リンパ器官であるファブリキウス嚢が連結しています。

肝臓は左葉と右葉の2葉にわかれ，胆嚢は右葉に密着しており，右葉で産生された胆汁をため，総胆管を介して十二指腸に分泌させます。左葉で産生された胆汁は肝腸管によって直接，十二指腸に分泌されます。膵臓は十二指腸のループのあいだにあり，多数の膵管によって十二指腸に膵液を分泌します。

[参考] 鳥類の盲腸
猛禽類など肉食を主とする鳥類は盲腸が存在しないか，とても短いことが多いです。

☛ 開放性骨盤　p.45

☛ 総排泄腔　p.118

☛ B細胞　p.220
　一次リンパ器官　p.224

♂ 鳥類の胆嚢
オウム目（セキセイインコなど），ハト目，ダチョウ目では欠如することが一般的です。

CHAPTER 3　消化器系
確認問題

Q1 つぎの文章の空欄に正しい用語を入れなさい。
- 動物の歯は（①　　　　　），ゾウゲ質，（②　　　　　　　）の3種類の無機質層からなる。①は体のなかでもっとも硬く，欠けると修復されることはない。②は歯根をおおう組織で，（③　　　　　　　）を介して歯槽と連結している。
- 胃は袋状の器官で，胃液を分泌する。胃液は（④　　　　　　　）とよばれる粘膜のくぼみから分泌される。胃酸は（⑤　　　　　　　），ペプシノーゲンは（⑥　　　　　　　）からから分泌される。
- 小腸は頭側から（⑦　　　　　　），（⑧　　　　　　），（⑨　　　　　　）にわけられ，内腔の表面積を増やすため，輪状ヒダと（⑩　　　　　　）がある。
- 肝臓は脂肪の消化に重要な役割をはたす（⑪　　　　　　）を生産し，⑪は肝臓の方形葉と右葉のあいだにある（⑫　　　　　　）に貯留される。
- 反芻動物は（⑬　　　　　　）において微生物によるセルロースの発酵を行っている。また，ウサギは（⑭　　　　　　）でセルロースの発酵を行っている。
- 鳥類の胃は化学的消化を行う（⑮　　　　　　）と機械的消化を行う（⑯　　　　　　）にわけられる。

Q2 犬の歯について正しい記述を1つ選びなさい。
① 「P」は前臼歯を意味する。
② 上顎で一番大きい臼歯は第一後臼歯である。
③ 歯式は 3131/3121 である。
④ 犬の犬歯は裂肉歯ともよばれる。
⑤ 歯に分布する知覚神経は外転神経である。

Q3 消化管について間違っている記述を1つ選びなさい。
① 噴門は食道と胃の境界で，括約筋が存在している。
② 小腸では主に水分やビタミンの吸収が行われる。
③ 大腸には腸絨毛が存在しない。
④ ウサギの盲腸は虫垂が発達している。
⑤ 結腸は上行結腸，横行結腸，下行結腸にわけられる。

Q4 肝臓と膵臓について正しい記述を1つ選びなさい。
① 犬の肝臓は5葉にわかれている。
② 胆汁は総胆管を介して小十二指腸乳頭から消化管内に分泌される。
③ 膵臓は膵液を分泌するほか，ホルモンなどを分泌する内分泌機能をもつ。
④ 肝臓に運ばれた栄養素は小葉間動脈を通過する際に肝細胞の代謝を受ける。
⑤ 犬の膵液は主膵管を介して小十二指腸乳頭から消化管内に分泌される。

Q5 栄養の消化吸収について間違っている記述を1つ選びなさい。
① 消化には化学的消化と物理的消化の2つがある。
② 脂質は受動輸送によって消化管から粘膜上皮細胞に吸収される。
③ 膵液に含まれるリパーゼは脂質を分解する。
④ でんぷんなどの炭水化物は消化によってアミノ酸に分解される。
⑤ 水溶性の物質は吸収後，毛細血管に移行し，肝臓に送られる。

→解答は p.242 へ

CHAPTER 4

循環器系 circulatory system

> 学習の目標
> ・循環器を構成する臓器を学び，解剖学用語と位置を理解する。
> ・循環器の役割とその調節機構を理解する。
> ・胎子における血液の流れを理解する。

循環器系にはポンプの役割をはたす**心臓**と，心臓から送り出された血液を全身の組織に輸送する**血管系**があります。さらに細胞のあいだに存在する組織液を回収して血液循環に戻す**リンパ管系**があります。

A 心臓

[1] 心臓の役割

心臓は血液の流れを生み出すポンプです。血流には①心臓を出て全身をめぐり心臓に戻る**体循環**と②心臓を出て肺に入り，再び心臓に戻る**肺循環**の2つの経路があります（図4-1）。心臓には**右心系**と**左心系**が存在し，それぞれ流入路（前・後大静脈，肺静脈）と流出路（大動脈，肺動脈）をもっています（図4-2）。右心系は体循環からの静脈血を前・後大静脈を介して**右心房**で受け止め，**右心室**から肺動脈を介して肺循環に送ります。左心系は肺循環から心臓に戻ってくる動脈血を肺静脈を介して**左心房**で受け止め，**左心室**から大動脈を介して体循環に送ります。

[2] 心臓の解剖
①外観と胸腔内での位置

心臓は頂点が下方を向いた円錐形をしており，胸腔を左右に二分する**縦隔**内に左右非対称，すなわち心臓の先端（**心尖部**）が正中よりやや左側に寄った状態で存在しています。体循環を担う左心系は肺循環を担う右心系よりも強い収縮力が必要なため，右心室の筋肉よりも左心室の筋肉がよく発達しており，心尖部は左心室からなります。

円錐形の底面部にあたる部分を**心基底部**といいます。心基底部は背側に位置し，ここからは大動脈，大静脈および肺動脈，肺静脈が出入りします。

心臓の前縁はほぼ第3肋骨の位置に一致し，後縁は横隔膜の最前部で第6から第7肋骨にほぼ一致し，立位ではおよそ肘の内側に位置します（図4-3）。心臓の長軸は胸骨と約45度の角度をなすといわれていますが，犬種

♂静脈血と動脈血
静脈血は酸素が少なく，二酸化炭素の多い血液。暗赤色をしています。動脈血は酸素が多く，二酸化炭素が少ない血液。鮮やかな赤色をしています。

♂冠状動脈
心臓に栄養を届ける血管（図4-3）。左心室から出る血液の約5%（3〜15%）が心臓自身に供給されます。

[参考] 心臓の相対重量
犬の心臓の相対重量は平均で体重の約0.7%ですが，犬種や個体により変動します。たとえば，日常的に激しい運動をする動物の心臓は相対的に大きくなります。

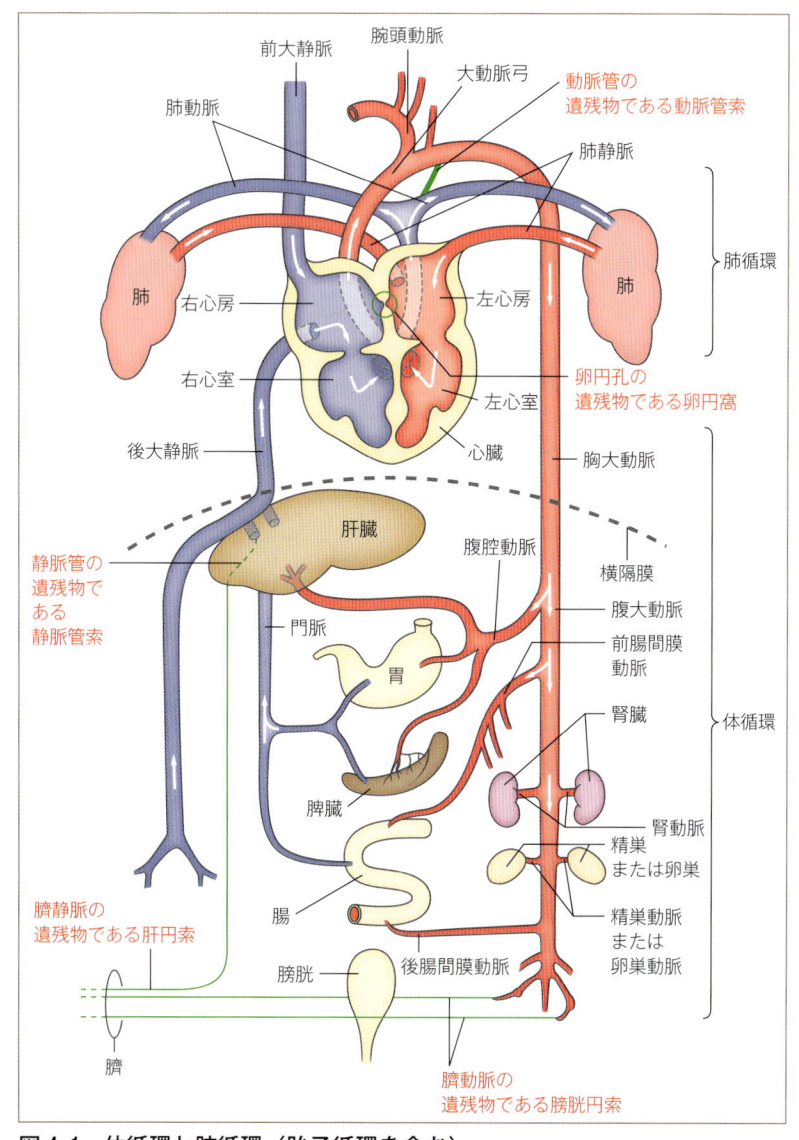

図 4-1 体循環と肺循環（胎子循環を含む）
赤字は胎子期にみられ，生後に名称の変わる胎子循環の遺残構造（表 4-2 も参照）。
動脈血の通路を赤色で，静脈血の通路を青色で示す。

②区画と内部構造

　左右の心房と心室の4部屋からなる心臓は，中隔により大きく左右に，すなわち，左心系（左心房と左心室）と右心系（右心房と右心室）の2つの系に仕切られます（図4-2）。左心房と右心房を仕切る中隔を**心房中隔**，左心室と右心室を仕切る中隔を**心室中隔**といいます。

　さらに心臓を上下に，すなわち心房と心室にわける構造として左右の

[参考] **猫の心臓**
猫の心臓は若干犬よりも小さく（体重の約0.55％），心臓の長軸と胸骨の角度は犬よりも小さい傾向があります。

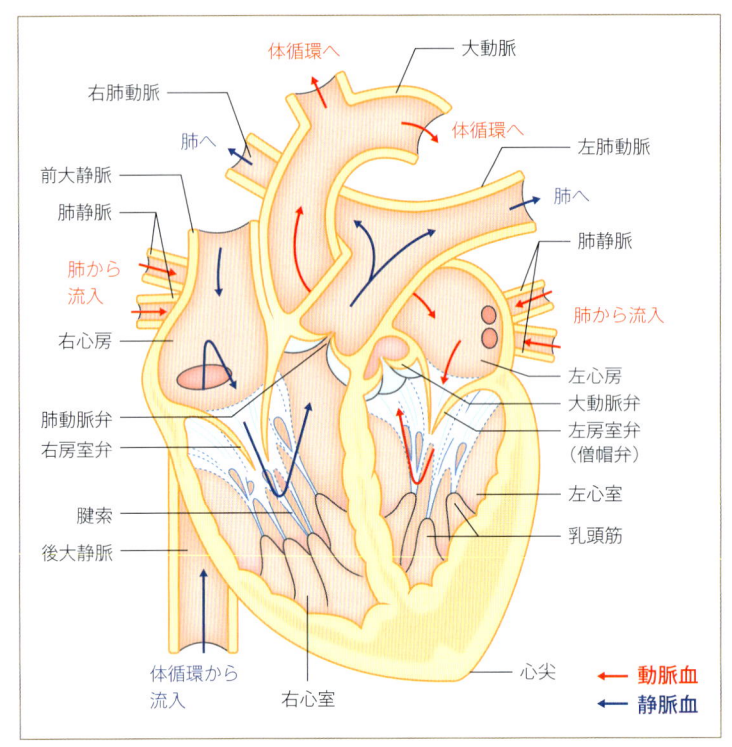

図 4-2 心臓の構造と血流

房室弁が存在しています。右房室弁（三尖弁ともいう）は3枚の弁（角尖，壁側尖，中隔尖）からなり，左房室弁（僧帽弁，二尖弁ともいう）は2枚の弁（壁側尖，中隔尖）からなります。それぞれの房室弁の先端からはヒモ状の腱索が数本伸びており，心室に存在する乳頭筋に連結して弁の心房側への反転を防いでいます（図 4-4）。

また，左右の心室には房室弁以外に動脈弁が存在します。右心系においては，肺動脈弁が右心室と肺動脈の連結部に位置し，左心系においては大動脈弁が左心室と大動脈の連結部に位置しています。この動脈弁は房室弁とは異なり，弁に付随する腱索や乳頭筋は存在せずに，ポケット状の3枚の半月弁からなります（図 4-4）。

これら心臓の弁の役割は血液の逆流を防ぐことです。例として，動脈弁の半月弁は，収縮期において肺動脈や大動脈に向かう血流を妨げることはありませんが，血流が逆になったとき，すなわち拡張期には弁のポケットに血液がたまることにより弁が広がり，3枚の弁の辺縁がぴったりと接触して血液の心室への逆流を防いでいます。

左右の心房には盲嚢部（心耳）が存在し（図 4-3），左右の心耳の内面には櫛状筋が無作為に走行しています。左右の心室においては，横索とよばれるヒモ状の構造が，心室中隔と心室壁を結んでおり，内部に刺激伝導系のプルキンエ線維（「B［1］心周期」参照）が通ることがあります。横索のう

[参考] 心音
房室弁や動脈弁が閉まるときの音。心臓の疾患では，異常な血流が雑音として聞きとれるときもあります。

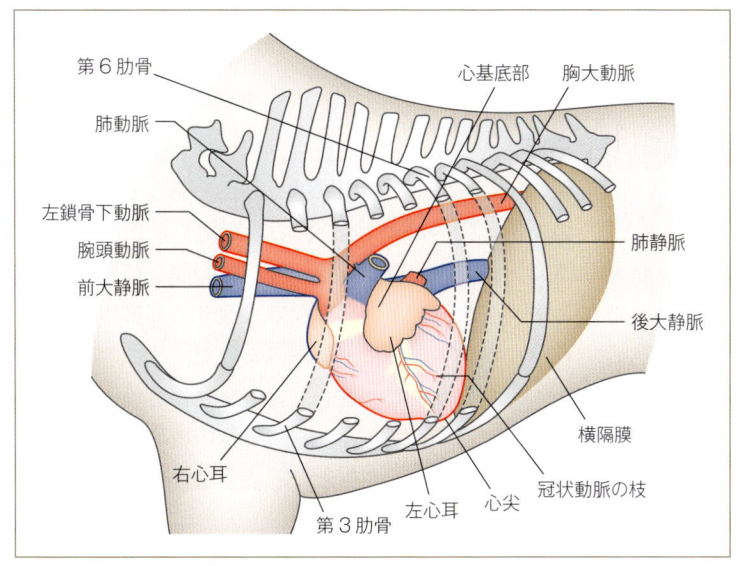

図 4-3　胸腔における心臓の位置
動脈血の通路を赤色で，静脈血の通路を青色で示す。

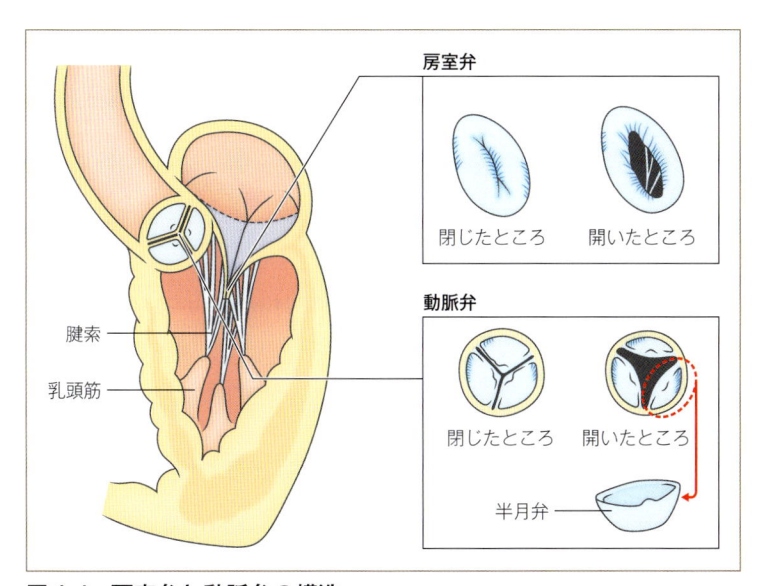

図 4-4　房室弁と動脈弁の構造

臨床で役立つコラム
房室弁の閉鎖不全と循環

　房室弁に異常が起こると，心室から心房への逆流が生じ，心房につながる静脈の血液が停滞して毛細血管から液体成分の漏出（ろうしゅつ）が増加します。右房室弁に異常が起こると，後大静脈の血液が停滞し，腹部組織の毛細血管から液体成分が腹腔にたまり，腹水となります。一方，左房室弁に異常が起こると肺静脈の血液が停滞し，肺の毛細血管から液体成分が漏出し，肺水腫となります。

ち，右心室でとくに太い1本を中隔縁柱とよびます。また，心室の内面には肉柱とよばれる筋の隆起があり，血液の乱流を防いでいます。

[3] 心膜

心臓は見た目には1枚の膜（**心膜**，**心嚢**ともいう）によって包まれています（図4-5）。この心膜は，肉眼で識別することは困難ですが，実際には3層構造で，表層から縦隔胸膜，線維性心膜，漿膜性心膜壁側板が重なってできています。漿膜性心膜壁側板は大血管の基部で反転し，心臓に付着して表面を覆っています。心膜と心臓のあいだ，すなわち外側の膜の漿膜性心膜壁側板と，心臓の表面に付着している漿膜性心膜臓側板の間には，**心膜腔（心嚢腔）**とよばれる空間が存在し，少量の漿液（**心嚢水**，**心膜腔液**ともいう）で満たされています。心嚢水は心臓とまわりの胸腔臓器との摩擦を軽減する潤滑油としてはたらきます。

♂**心嚢水の量**
犬では0.25 mL/kg
（0.3〜5.5 mL/頭）

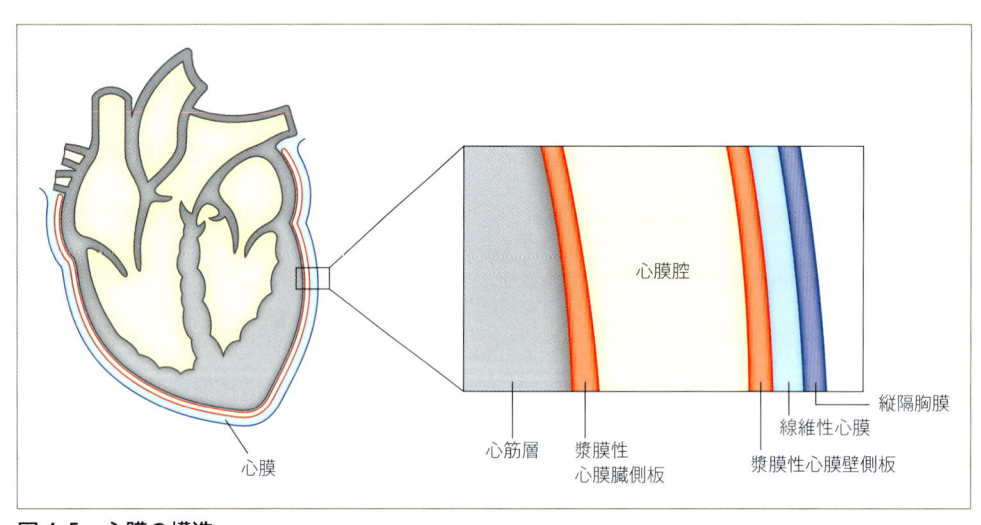

図4-5　心膜の構造

（図中ラベル：心膜／心筋層／漿膜性心膜臓側板／漿膜性心膜壁側板／線維性心膜／縦隔胸膜／心膜腔）

💉 臨床で役立つコラム
心嚢水の性状

心嚢水は，正常では光沢のある淡黄色の液体で，1.7〜3.0 g/dLのたんぱく質を含み，細胞成分はほとんど含まれていません。しかし，心膜腔内に出血した場合（心タンポナーデ）などでは，心嚢水の色は赤色となり，血球成分が多量に認められます。

B 刺激伝導系

[1] 心周期

心臓は規則的に収縮と拡張を繰り返し（心周期），ポンプとしての機能をはたしています。心臓の拍動は，心臓の動きを調節している自律神経を切断しても止まることはありません。これを心臓の自動能とよびます。さらに，心臓は心房と心室を同時に収縮させることもありません。もし同時に収縮すると房室弁が閉じてしまい，心房から心室への血液の流入が起きなくなってしまいます。そのため，心房がまず収縮し，やや遅れて心室が収縮します。

このような心臓の自動能や，心房と心室の収縮と拡張のタイミングを調節しているのが，洞房結節，房室結節，房室束（ヒス束）およびプルキンエ線維からなる刺激伝導系です（図4-6）。これらの構造は特殊に変化した心筋

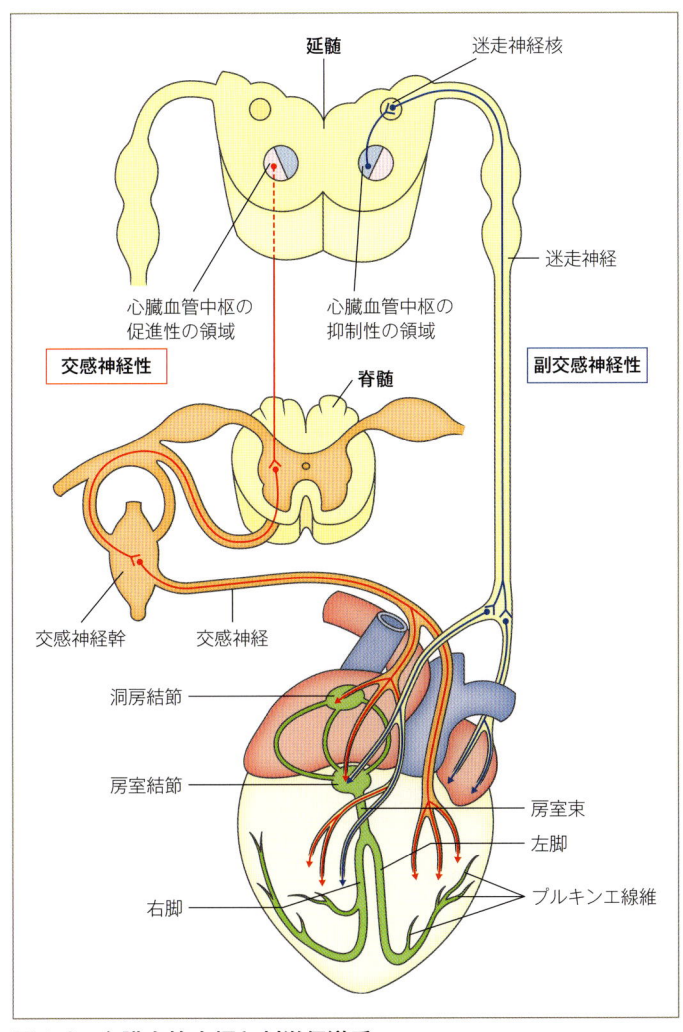

図4-6 心臓血管中枢と刺激伝導系

線維（特殊心筋細胞）であり，血液の排出を役割とする固有心筋（心房筋や心室筋）とは異なり，興奮の自動的発生とその伝導を担っています。

[2] 刺激伝導系のしくみ

洞房結節は心拍動のペースメーカーで，ここで発生した興奮が心房筋に伝わり，左右の心房を順次収縮させます。心房には比較的優先的に興奮する経路がいくつか存在するとされていますが，後述する心室にあるプルキンエ線維とは異なり，特殊な伝導経路の詳細は明らかになっていません。心房を伝わった興奮は，心室とのあいだにある線維性骨格によって遮断されるため，直接心室筋に伝わるのではなく，房室結節や房室束を介して伝達されます。心房筋から房室結節に伝えられた興奮は，続く房室束によって線維性骨格を貫通し，心室中隔に達します。房室束は左脚と右脚にわかれ，それぞれの心室の心内膜下を走行し，多数の枝を出して網目状となり，心室筋に広く分布します。房室束にはじまるこれらの線維はプルキンエ線維とよばれ，一部は中隔縁柱や横索を通って心室腔を横切ることもあります。

[3] 心臓の神経支配

心臓は**交感神経**と**副交感神経**（迷走神経）の自律神経による二重支配を受けています（図4-6）。これらの神経は洞房結節，房室結節に分布し，交感神経は心臓の収縮能力の増強や心拍数を亢進させ，逆に副交感神経は心拍数の減少，房室伝導の遅延，収縮能力の低下などを起こします。

C 血管系

[1] 血管の構造

血管は心臓から送り出された血液を全身の組織に届ける**動脈**，組織のなかに網目状に広がり物質の交換の場となる**毛細血管**，さらに組織から心臓に血液を戻す**静脈**からなる血液の循環回路をつくっています。動脈はポンプである心臓に近いため圧が強く，その圧に抵抗するために血管壁が厚くなっています。逆に静脈は血液の流れに従うと，心臓よりも遠いところにあるので，圧は動脈よりも弱く，血管壁は薄くなっています。また，血圧が低いため，動脈よりも逆流が起きやすくなっており，これを防ぐための弁が太い静脈の所々に存在し，血液の逆流を防いでいます。

[2] 動脈と血流

心臓に近い動脈はポンプの役割もはたします（図4-7）。すなわち，心臓から血液が拍出される収縮期には，血液が末梢に流れると同時に心臓の近くの動脈がふくらみ，血液をためます。その後，大動脈弁や肺動脈弁が閉まり心臓が拡張期に入ると，ふくらんでいた動脈が縮むことにより，たまってい

[参考] **心電図**
心筋と刺激伝導系に発生する活動電位を時系列を追って記録したもの。

心内膜
心内膜，心筋とともに心臓の内壁を構成する膜で，心筋の内側を裏打ちしています。心臓の内腔や心耳腔をおおっており，血管内膜とつながっています。

交感神経，副交感神経 p.174

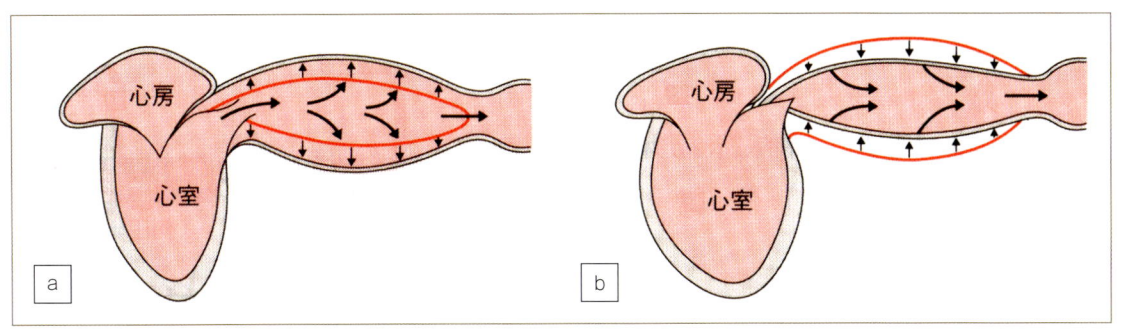

図 4-7　心臓に近い動脈のポンプ機能
a：収縮期
b：拡張期
(小幡邦彦，高田明和，外山敬介ほか．図 14-5 動脈の弾性による血圧・血流の平滑化．新生理学第 3 版．p.371．文光堂．東京．2000．より転載，一部改変)

た血液が末梢に向かって流れます．このように，心臓には血液を排出していない拡張期がありますが，心臓に近い動脈がポンプの役割をはたすことにより，血液の流れが絶えることはありません．

[3] 主要な静脈の位置

　太い動脈は血圧が高く，切れると出血が多量になるため，目につきやすい体の表層にはほとんど存在していません．しかし，静脈は動脈よりも血圧が低く，数本の太い静脈が皮下に存在しています．たとえば，首にある外頸静脈，前腕にある橈側皮静脈，後肢の付け根にある大腿静脈（さらに続く内側伏在静脈とあわせて股静脈，内股静脈ともいう），下腿にある外側伏在静脈（サフェナともいう）などがあります（図 4-8）．

　これらの静脈は太いため注射が行いやすく，採血や投薬の際によく使用されます．鳥類においては，外頸静脈，腕の内側の上腕静脈（翼下静脈），後肢の脚鱗の下にある底側中足静脈が挙げられます．

♂鳥の脚鱗
鳥類の足にある鱗状の構造物．爬虫類の鱗に相当する構造です．

臨床で役立つコラム

大腿動脈

　大腿動脈（股動脈ともいう）は，比較的表層を走っている数少ない太い動脈です．後肢の付け根の内側にあり，触診することにより拍動を感じることができ，脈拍数を数えるときに使用することもできます．また，血圧が低くなると大腿動脈で脈が取れなくなるため，簡易的に血圧を把握するときなどにも使用されます．

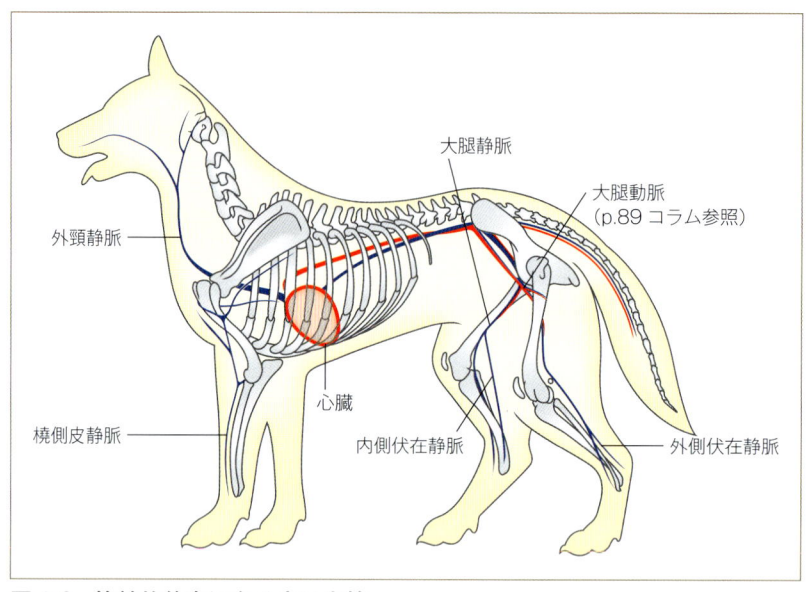

図 4-8　比較的体表にある太い血管

[参考] 鳥類の筋肉内注射
哺乳類では筋肉内注射をするときには臀部の筋に注射をするのが一般的です。鳥類の場合は臀部に注射を行うと薬は腎門脈によって腎臓に運ばれ代謝を受けてしまい，その効果が低下してしまいます。鳥類の場合は胸の筋肉に注射をすることが一般的です。

[4] 特殊な血管系（門脈）

すでに述べたように，通常の血管系は動脈→毛細血管→静脈の順に流れますが，それ以外に毛細血管を2回通過する経路があります。このとき2つの毛細血管をつなぐ血管を門脈（もんみゃく）といいます。すなわち，動脈→毛細血管→門脈→毛細血管→静脈の順に血液が流れます。代表的な門脈系を表 4-1 にまとめました。

表 4-1　門脈の経路

第一の毛細血管 →	門脈 →	第二の毛細血管
消化管（直腸以外） →	肝門脈 →	肝臓
視床下部 →	下垂体門脈 →	下垂体
骨盤腔，後肢 →	腎門脈* →	腎臓

＊腎門脈は鳥類に存在し，犬や猫などの哺乳類には存在しない。

臨床で役立つコラム
肝門脈と薬の代謝

飲み薬（経口投与）の成分は腸管で吸収されるため，肝門脈を介して肝臓に運ばれて代謝を受けます。そのため，一般的には静脈注射よりも効果が小さくなってしまいます。しかし，直腸からの血液は肝門脈だけではなく，直接，後大静脈に流れ込みます。すなわち，肛門に挿入された座薬の成分は，飲み薬のように肝臓で代謝を受ける前に標的組織に到達する可能性が高くなり，経口投与よりも効果的な一面があります。

D 血圧調節機構

[1] 血圧調節のしくみ

　高血圧は心臓に大きな負荷がかかるため，心疾患の原因になります。一方，低血圧では全身の組織へ血液が正常に運搬されなくなり，各臓器の機能が停止してしまいます。たとえば，腎臓で尿をつくるためにはある程度の血圧が必要ですが，低血圧になると老廃物が排泄されずに体内に留まってしまい，尿毒症などを引き起こすことがあります。

　血圧は主に3つの方法によって，正常な範囲内に維持されています。1つ目は心臓の機能（心拍出量，心拍数）の調節，2つ目は血管の大きさを変えることであり，3つ目は血液の量を変えることです。

　例として，血圧が下がったときの反応を図4-9にまとめました。血圧を上げるために，交感神経やアンギオテンシンIIの作用によって心臓の機能が亢進されると同時に，血管の直径を小さくして抵抗を上げます。さらに，アル

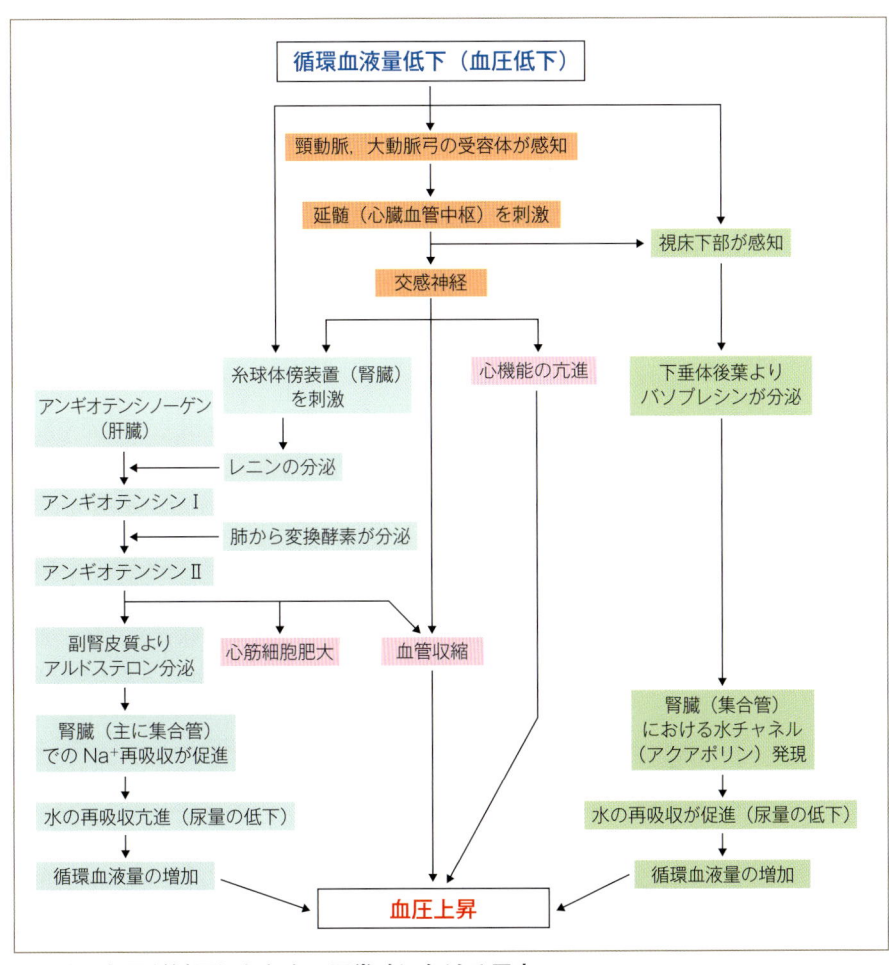

図4-9　血圧が低下したときの正常時における反応

☙ 水の再吸収　p.116

ドステロンやバソプレシンの作用によって腎臓における水の再吸収が促進されます。これらの作用により，血管を流れる血液の量を増やすことで，内側から血管を押す力が強くなり，血圧が上昇します。これらのほかにもさまざまな因子が血圧の調節に関与しており，心房で合成，分泌されるホルモンである心房性ナトリウム利尿ペプチド（ANP）は，血圧を降下させる作用があります。

[2] 血圧調節の中枢

[参考] 麻酔薬と血圧
麻酔薬のなかには心臓血管中枢を抑制するものがあり，術中の血圧のモニターが重要となります。

　以上のようなさまざまな因子は，延髄（脳の一部）にある心臓血管中枢の調整を受けています。この中枢は，頸動脈や大動脈弓にある血圧（循環血液量）の変化を監視している受容体からの情報をもとに，血圧の変化を把握しています。また，心臓，腎臓および視床下部も血圧の変化を直接，あるいは間接的に監視しており，心臓血管中枢の調節を受けながら，個々の臓器が血圧の変化に対応しています。

E　胎子循環

☙ 羊水　p.140

　胎子は羊水のなかにいるため，肺呼吸をすることができません。そのため，胎子の血液循環には肺循環が不要であり，肺をバイパスする構造（**卵円孔**，**動脈管**）が存在しています（図4-1）。

　胎子の心臓における血液の循環は，まず右心房に入った血液が，心房中隔に開いている卵円孔を通って左心房に入り，左心室から体循環へ送り出されます。さらに右心房から右心室に入ってきた血液は肺動脈に流入しますが，肺動脈に存在する動脈管によって，肺動脈から胸大動脈に入り，体循環に送り出されます。

　肺が機能していない胎子は，母体から胎盤を介して栄養や酸素を受け取っており，胎盤と胎子のあいだに血管（**臍動脈**，**臍静脈**，**静脈管**）が存在しています（図4-1）。このような胎子期に認められる，特殊な血液の流れを**胎子循環**とよんでいます。胎子循環に関係する構造を表4-2にまとめました。

　新生子においては胎子循環における特別な構造は閉鎖もしくは消失しますが，そのまま残ってしまうときもあります。動脈管開存症，卵円孔開存症，門脈シャント（肝内）などが残存によって引き起こされる代表的な疾患です。

F　リンパ管系

[1] リンパ管

　リンパ管は毛細血管から細胞周囲に移動した血液成分（**組織液**）を回収し，静脈系に戻す経路です（図4-10）。リンパ管の起始部（毛細リンパ管）は細胞間にあり，多数の穴が開いています。この穴から組織液が回収されま

すが，それ以外にも普通では毛細血管に入らない細胞片などの老廃物や腫瘍細胞，病原体などがリンパ管に回収されます。そのため，リンパ管の途中には**リンパ節**とよばれるフィルターの役割をはたす部分があります。また，リンパ管系は静脈系と同様に圧が低く，逆流が起きやすいため，所々に弁が存在しています。細いリンパ管は合流しながら徐々に太くなり，左前半身と後半身のリンパ管は胸腔を走る**胸管**に合流します。胸管は静脈に連結しており，リンパ液を血液循環に戻します（図4-11）。右前半身のリンパ管は，**右リンパ本幹**となり静脈に連結します。

> **リンパ節** p.225
> とくに体表リンパ節は皮下に存在し，視診，触診において重要なリンパ節です。

表 4-2 胎子循環に認められる特殊な構造の機能と生後の名称

構造名	胎子期における機能	生後の名称
臍動脈	胎子から胎盤へ静脈血を届ける	臍動脈*，膀胱円索
臍静脈	胎盤から胎子へ動脈血を届ける	肝円索
静脈管	臍静脈と肝門脈の一部を後大静脈につなげる（肝臓内）	静脈管索
卵円孔	右心房を左心房につなげる（心房中隔）	卵円窩（右心房）
動脈管	肺動脈を胸大動脈につなげる	動脈管索

＊臍動脈の一部は生後も残る。

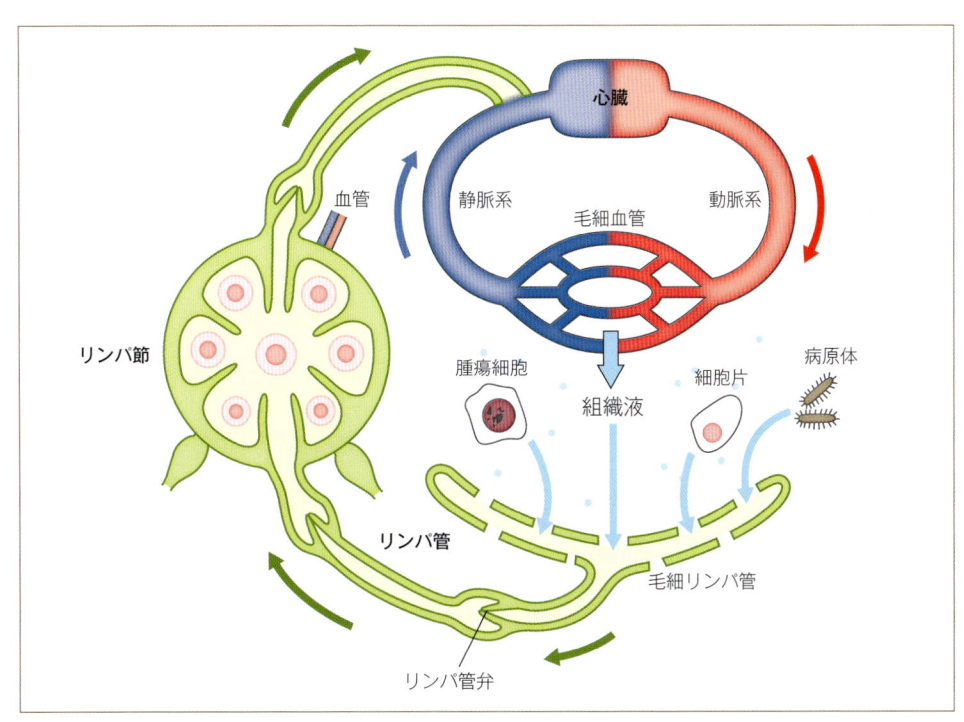

図 4-10 リンパ循環と血液循環

[2] リンパ液

リンパ液とは，リンパ管を流れる液体のことをいいます。毛細血管外に移動しにくいたんぱく質が少ないことを除けば，基本的には血漿成分と類似している無色透明の液体です。しかし，腸において脂質成分の多くはリンパ管によって回収されるため，消化管に分布しているリンパ管内のリンパ液は脂質濃度が高くなり，不透明な乳白色をしています。このため，これらのリンパ液は乳びとよばれています。食事後はとくに脂質の成分が多くなり，消化管からのリンパ管が集まる乳び槽や，それに続く胸管のリンパ液は，ほかの部位のリンパ液よりも脂質が多く含まれます。

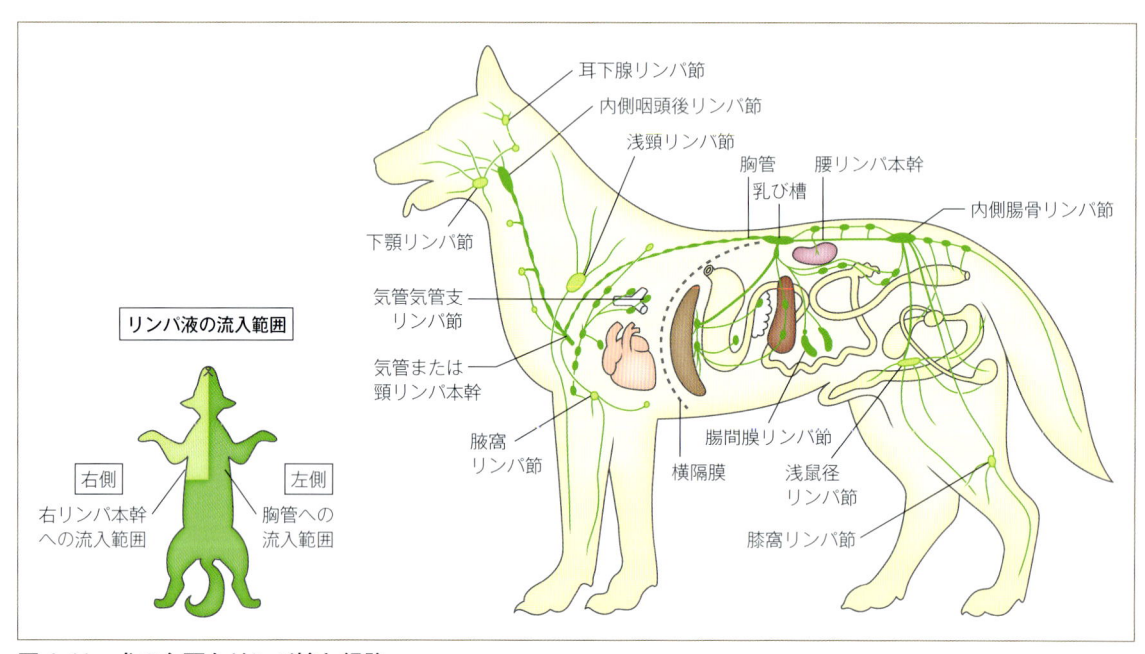

図4-11 犬の主要なリンパ節と経路

臨床で役立つコラム

乳び胸

胸（胸腔）に液体成分が異常にたまること胸水といいますが，その原因によって液体成分の性状が異なります。もし胸に針を刺して乳白色からピンク色の液体が採取でき，さらにそのなかに脂質成分が多く含まれていたのなら胸管から漏れ出たリンパ液（乳び）が胸にたまっていることが考えられます。この状態を乳び胸とよびます。犬や猫では特発性のものが多く，原因はわかっていません。

CHAPTER 4　循環器系
確認問題

Q1 つぎの文章の空欄に正しい用語を入れなさい。
- 右心系は，体循環からの（①　　　　　）を（②　　　　　）で受け止め，右心室から（③　　　　　）を介して肺循環に送る。
- 右房室弁は別名（④　　　　　）ともよばれる。また，左房室弁は，二尖弁や（⑤　　　　　）ともよばれる。これらの房室弁の先端からは（⑥　　　　　）とよばれる構造が伸びており，心室内の（⑦　　　　　）に連結している。
- 大動脈弁は，3枚の（⑧　　　　　）からなる。
- 心臓の拍動は支配している神経を切断しても止まることがなく，これを心臓の（⑨　　　　　）という。これらは（⑩　　　　　）によって調節され，洞房結節，房室結節，（⑪　　　　　），プルキンエ線維からなる。
- 血管には，心臓から送り出された血液を全身に届ける（⑫　　　　　）と全身の組織から血液を心臓に戻す（⑬　　　　　），これらのあいだに網目状に広がる毛細血管がある。毛細血管を2回通過する場合，2つの毛細血管をつなぐ血管を（⑭　　　　　）という。
- 胎子期には肺を迂回するため，右心房と左心房のあいだに（⑮　　　　　）がある。
- リンパ管は組織液を静脈に戻す経路で，左前半身と後半身のリンパ管は（⑯　　　　　）に合流し，右前半身のリンパ管は（⑰　　　　　）となる。

Q2 肺循環における血液の流れについて正しい順番のものを1つ選びなさい。
① 前・後大静脈→左心房→左心室→肺動脈→肺→肺静脈→右心房→右心室→大動脈
② 前・後大静脈→左心室→右心房→肺静脈→肺→肺動脈→右心室→左心房→大動脈
③ 前・後大静脈→右心房→右心室→肺動脈→肺→肺静脈→左心房→左心室→大動脈
④ 前・後大静脈→右心房→右心室→肺静脈→肺→肺動脈→左心室→左心房→大動脈
⑤ 前・後大静脈→右心房→右心室→肺静脈→肺→肺動脈→左心房→左心室→大動脈

Q3 心臓について間違っている記述を1つ選びなさい。
① 房室弁に付着する腱索は，弁が心房側に反転するのを防ぐ役割がある。
② 右心室の筋肉より左心室の筋肉の方がよく発達している。
③ 洞房結節は心拍動のペースメーカーの役割をはたす。
④ 心膜腔のあいだには少量の漿液が存在し，まわりの臓器との摩擦を防いでいる。
⑤ 心臓を支配している神経は迷走神経のみである。

Q4 血管について正しい記述を1つ選びなさい。
① 動脈には血液の逆流を防ぐために弁がついている。
② 動脈よりも静脈の方が圧が高い。
③ 血管の直径を大きくすることで，血圧を上昇させる効果がある。
④ 心臓血管中枢は延髄にある。
⑤ 胎子期に大動脈と肺動脈をバイパスする血管を静脈管という。

→解答は p.242 へ

CHAPTER 5

呼吸器系 respiratory system

> **学習の目標**
> ・呼吸器の構造を学び，解剖学用語と臓器の位置を理解する。
> ・呼吸の方法とガス交換のしくみを理解する。
> ・動物ごとに特徴的な呼吸器の構造としくみについて学び，理解する。

　動物の**呼吸器系**は呼吸運動によりガス交換を行う器官の集まりであり，空気の通り道である**気道**と，ガス交換が行われる**肺**からなります。

A 呼吸器の解剖

[1] 気道

　気道は鼻に開いた**外鼻孔**から**鼻腔**，**咽頭**，**喉頭**，**気管**，**気管支**からなります（図5-1，図5-2）。気道粘膜を構成する細胞の大部分は**線毛**という細い毛をもち，ほこりや細菌などを捕らえて気道の出入口（外鼻孔）の方へ送り出すことによって侵入を防いでいます。また，吸い込んだ外界の空気は体温よりも低く，乾燥していますが，気道を通過する際に加温と加湿がなされ，ガス交換を行うのに適した空気になります。

[2] 外鼻

　顔面に突き出している，いわゆる"鼻"のことを外鼻といいます。鼻には基本的に毛はなく，犬や猫では硬い皮膚でおおわれています。鼻には2つの穴（外鼻孔）が開いており，あいだに上唇から伸びる溝（上唇溝）がみられます。鼻の表面は主に鼻の奥に存在する分泌腺（外側鼻腺）からの粘液により湿っており，熱性疾患などで脱水して分泌量が減ると鼻が乾燥してきます。

[3] 鼻腔

　鼻腔は外鼻孔の奥に広がる空間のことで，**鼻中隔**により左右にわかれています。さらに背壁や外側壁から鼻中隔に向かって伸びる**鼻甲介**によって，**背鼻道**，**中鼻道**，**腹鼻道**，さらに3つの鼻道が鼻中隔に沿って合流している**総鼻道**にわけられます。しかし，実際には鼻甲介が複雑に伸びているので，各鼻道の識別は困難です。鼻腔の背壁の一部にはにおいを感じる**嗅粘膜**が存在します。鼻腔は後方で後鼻孔という開口部を介して咽頭につながっています。鼻腔には盲状に終わる頭蓋骨内の空洞，すなわち**副鼻腔**（図5-3）が連

ノーズパット
鼻の無毛部。鼻平面ともよばれます。

[参考] 短頭種の鼻腔
短頭種の犬や猫は鼻腔や咽頭がせまくなっており，換気時の抵抗が長頭種の犬に比べて大きいため，吸気しにくくなっています。このため麻酔時の呼吸の管理に注意が必要です。

[参考] 嗅細胞
犬の嗅細胞の数は人の約500万個よりもはるかに多い約2億個ともいわれています（嗅覚についてはp.190参照）。

96

CHAPTER 5 呼吸器系

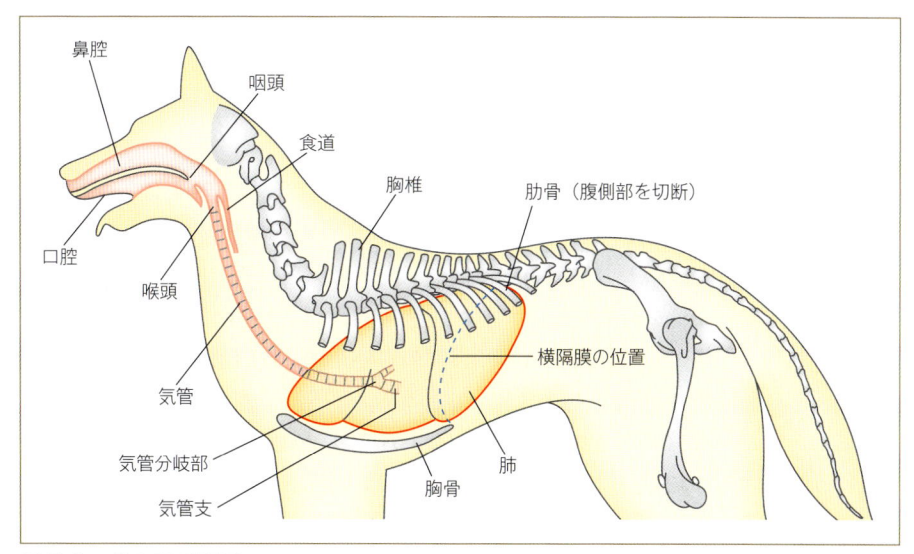

図 5-1 犬の呼吸器系

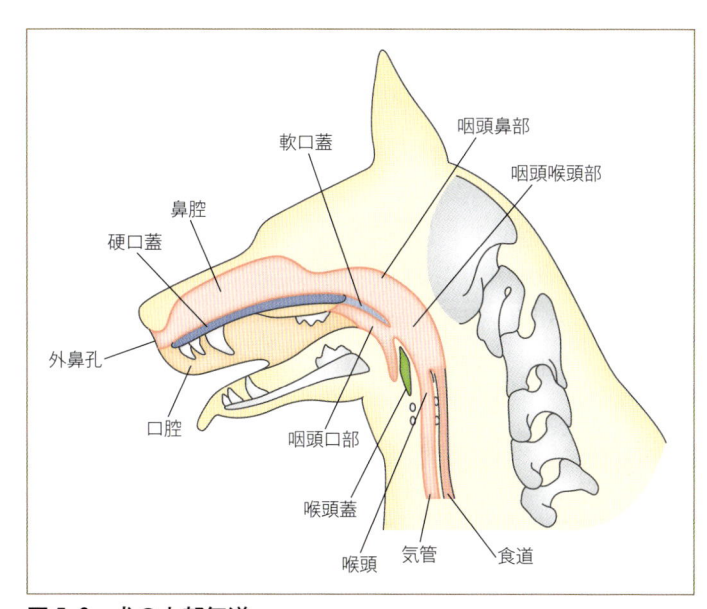

図 5-2 犬の上部気道

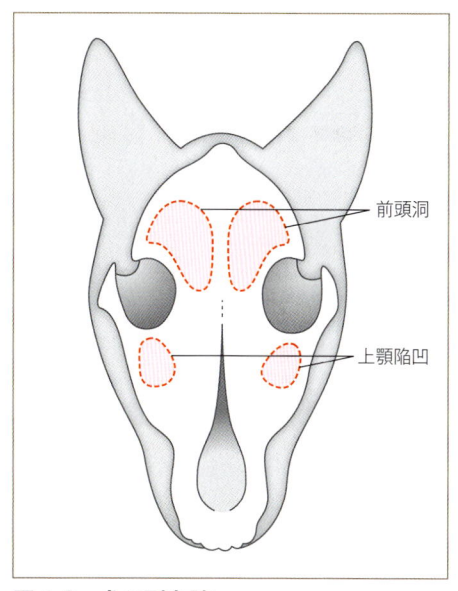

図 5-3 犬の副鼻腔

臨床で役立つコラム

歯の疾患と副鼻腔炎

　上顎陥凹は眼窩前方から腹側，上顎の歯でもっとも大きい第四前臼歯の歯根の背側に位置し，歯根との境界にある骨はとても薄くなっています。そのため，根尖膿瘍（歯の疾患）が上顎陥凹の壁を破り，そこから上顎陥凹に波及して副鼻腔炎となる場合があります。重篤化すると，頬から排膿されることもあります。顔面から排膿している場合，その位置によっては歯のチェックも必要です。

97

結しています．犬，猫においては前頭洞，上顎陥凹などが認められます．

[4] 咽頭

　咽頭はいわゆる"のど"に相当し，空気の通り道と食べ物の通り道が交差する部分です．咽頭は鼻腔からの連続である咽頭鼻部，口腔からの連続である咽頭口部，さらに両者が合流した咽頭喉頭部からなります．すなわち，鼻，鼻腔，咽頭鼻部は口，口腔，咽頭口部の背側にありますが，咽頭喉頭部で両者は交差し，空気は腹側の喉頭へ，食べ物は背側の食道へと送り込まれます．咽頭鼻部と咽頭口部のあいだには軟口蓋が存在し，その背側に咽頭鼻部が位置しています．咽頭鼻部は耳管によって耳（中耳）と連結しており，耳管の咽頭鼻部への開口部を耳管咽頭口といいます．軟口蓋の腹側にある咽頭口部にはリンパ組織である口蓋扁桃（扁桃腺ともいう）が両脇に存在しています．

[5] 喉頭

　喉頭は気管の入り口に位置し，4つの軟骨（喉頭蓋軟骨，甲状軟骨，輪状軟骨，披裂軟骨）とそれに付着する靱帯や筋から構成されています．主な機能は誤嚥防止と発声です．喉頭は舌骨装置を介して舌の運動と連動し，食物を飲み込む（嚥下）ときに前方に移動すると同時に，喉頭蓋が喉頭の入り口に"ふた"をすることで，食物の気道への侵入（誤嚥）を防いでいます．発声の際は，喉頭の内側に存在する声帯に空気が当たることによって音がつくられています．また，声帯は喉頭の入り口を閉じることにより誤嚥防止の役割も担っています．麻酔のために気管挿管を行う時に喉の奥を見ると，舌の奥に下から伸びる喉頭蓋や披裂軟骨の突起などを確認することができます（図5-4）．喉頭蓋は喉頭の入り口を下からふさぐように存在しているため，挿管時には気管チューブで喉頭蓋を押さえつけるように挿入します．

[6] 気管，気管支
①気管

　気管は喉頭に続く部位であり，最初は食道の腹側に位置していますが，頭側から胸側に向かうにつれて食道の右側に移動します．U字をした硬い気管軟骨は気管の形を筒状に維持しており，呼吸時に発生する内圧の変化によって気管が潰れることを防いでいます．また，首の腹側をやさしく握るように触ることで気管を容易に識別することができます．もし気管軟骨に異常が発生すると，息を吸うときに気管が潰れてしまい，ガーガーと音を発することがあります．気管の背側には軟骨がない部位がありますが，この部分には気管筋（平滑筋）からなる膜性壁が発達しており，気管の径を調節しています（図5-5）．気管は胸郭内に入ってからは再び食道の腹側に戻り，心臓の背側で左右の気管支にわかれます．

🐾 嚥下，誤嚥　p.55

[参考] 喉頭と気管挿管
喉頭は舌骨装置と連結しているため，舌を手前に引くと喉頭が前に倒れ気管挿管が容易になります．

[参考] 気管チューブの誤挿
気管チューブを食道に入れてしまった場合には，気管とは別にもう1本の硬い構造が首に触れることになるので注意が必要です．

[参考] コフテスト
気管炎などの際には，軽く気管を触り刺激を与えることで咳が誘発されることがあります．

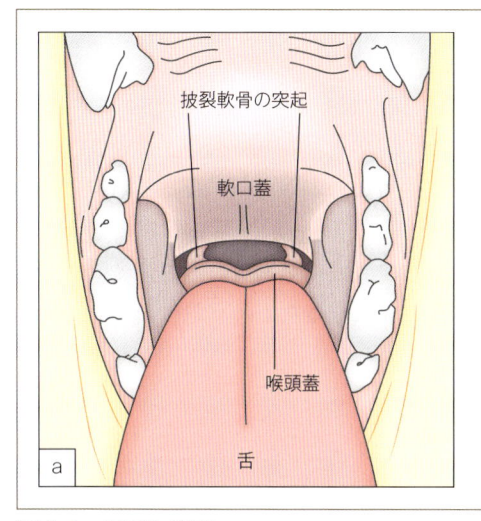

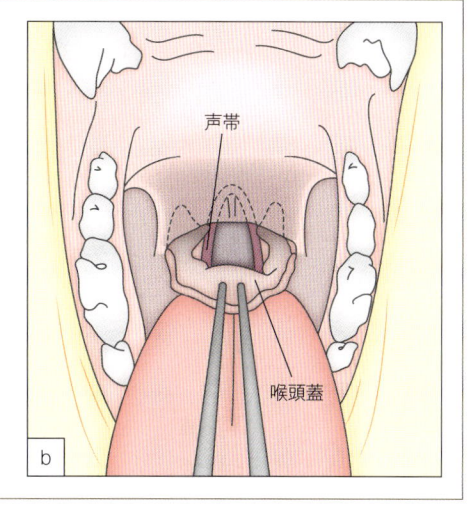

図 5-4　咽頭と喉頭
a：舌を引き出し，口腔から喉頭蓋をのぞいたところ
b：喉頭蓋をピンセットで腹側に押さえたところ

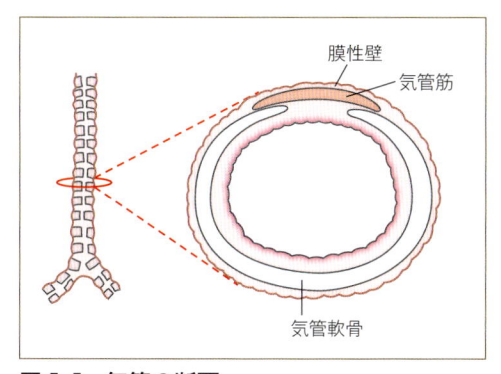

図 5-5　気管の断面

臨床で役立つコラム

短頭種（気道）症候群

短頭種（気道）症候群とは，頭の短い，すなわち鼻の潰れた犬種（パグ，フレンチ・ブルドックなど）に認められる上部気道閉塞疾患です。外鼻孔がせまかったり，咽頭に存在する軟口蓋が相対的に長く喉頭の入り口をふさいでしまったり，喉頭を形成する軟骨に異常があり喉頭の入り口がせまくなったり，気管軟骨の形成が不十分なため気管が潰れてしまったりします。そのため，いびきがひどかったり，安静時に呼吸をしただけで喘鳴音（「ゼーゼー」という異常な呼吸音）を発したり，運動時に十分な空気を吸い込むことができずに血中に酸素が足りない状態（チアノーゼ）になったりします。

②気管支

　気管支は肺動脈・肺静脈とともに肺に侵入し，肺内で分岐を繰り返し，次第に内径が小さくなり細気管支になります。細気管支がさらに分岐し細くなったものを終末細気管支といいます。終末細気管支まではガス交換の場となる肺胞が存在していませんが，これよりも先になると細気管支の脇に肺胞を備えるようになり（呼吸細気管支という），さらに分岐を繰り返しながら最終的には肺胞へとつながります。太い気管支にも気管支軟骨や平滑筋が存在していますが，ガス交換の障壁になるため，肺胞においては軟骨や平滑筋などは消失しています。

[7] 肺

①肺葉

　肺は胸腔内に左右一対存在し，犬，猫およびウサギでは右肺4葉（前葉，中葉，後葉，副葉）と左肺3葉（前葉前部，前葉後部，後葉）の7葉にわかれています（図5-6）。各葉のあいだには葉間裂という深い間隙があり，葉間裂の浅い馬などの動物に比べて，肺葉捻転が起こりやすいといわれています。心臓が胸腔内でやや左に寄っているため，同じ胸腔に存在する肺のうち右肺は左肺よりも大きく，吸引力が比較的強いため，吸い込まれた異物は右気管支に入ることが多いといわれています。気管支，肺動脈および肺静脈が肺に侵入する部位を肺門とよび，近くには肺門リンパ節（気管気管支リンパ節ともいう）が存在しています。

②肺胞

　肺のなかの気管支の先端（呼吸性細気管支）には無数の小さな袋が隣接しており，その袋を肺胞とよびます。人の肺では約3億個の肺胞が存在しているといわれています。肺胞には2種類の肺胞上皮細胞（扁平肺胞上皮細胞と大肺胞上皮細胞）や毛細血管などが存在しています（図5-7，図5-8）。肺胞内表面には乾燥を防ぐ液体が存在しており，その液体と空気とのあいだに強い表面張力が発生します。そのため，大肺胞上皮細胞は界面活性物質を分泌し，肺胞が吸気時に広がりやすいように表面張力を下げています。肺線維症などで肺胞が収縮して広がらなくなると，大肺胞上皮細胞が増加して，界面活性物質の分泌も盛んになる場合があります。また，肺胞表面をおおう液体の層内には肺胞マクロファージ（塵埃細胞ともいう）が存在し，健康な動物の気管支・肺胞洗浄液中にも認められることがあります。この細胞は外気から生体内に侵入する異物を取り込み，生体防御に関係しています。

③肺の血管

　肺の血管系には，ガス交換に関係する機能血管（肺動脈・静脈系）と肺組織の維持に関係する栄養血管（気管支動脈・静脈系）の2系統が存在しています。右心室から出た肺動脈は肺胞周囲にある毛細血管網に酸素の少ない静脈血を送ります。肺毛細血管網は肺胞を取り囲むように網目状に広がり（図

🐾 **肺毛細血管網**
肺毛細血管網の面積はテニスコート1面分ともいわれています。

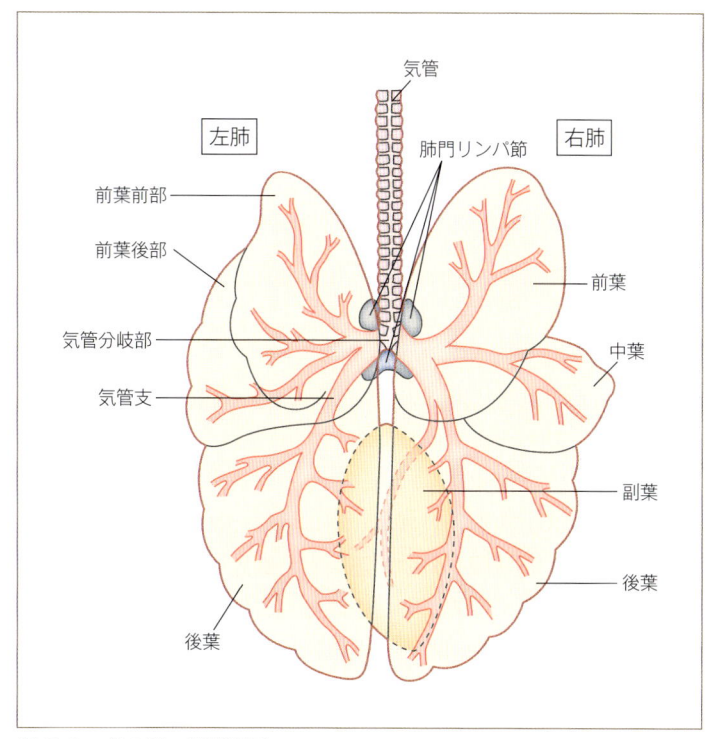

図 5-6　犬の肺（背側観）

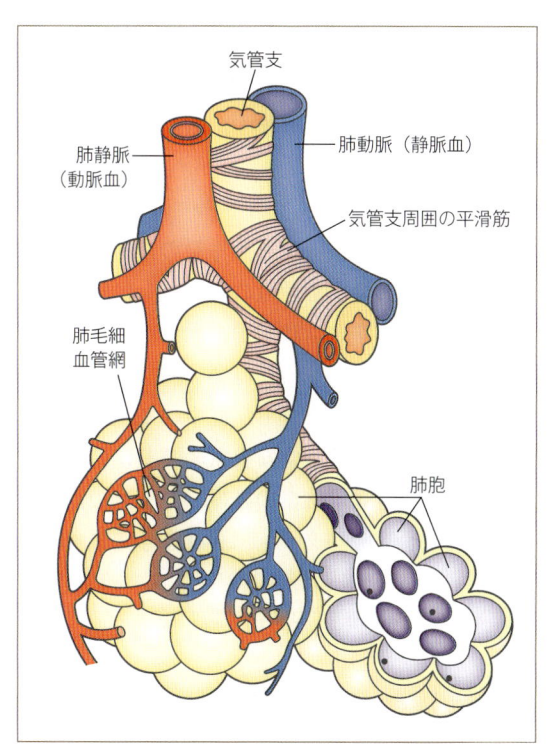

図 5-7　肺胞の構造

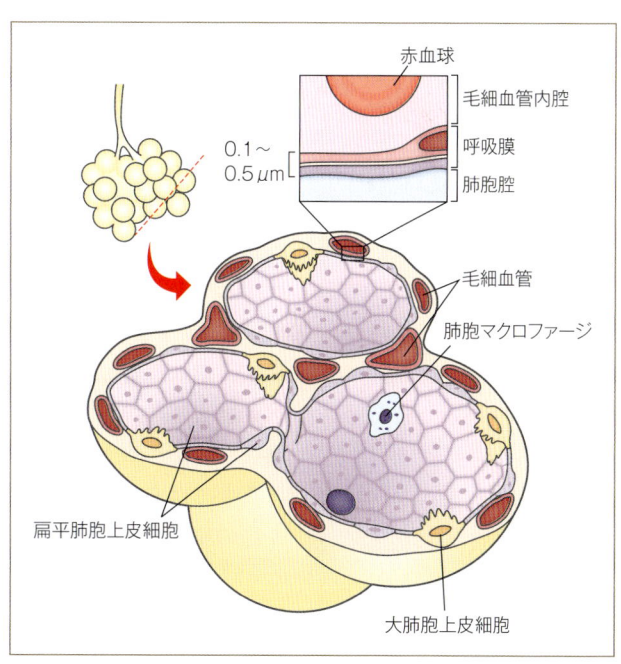

図 5-8　肺胞を構成する細胞

📎 **アンギオテンシンⅠ**
アンギオテンシンⅠは肝臓に存在するアンギオテンシノーゲンから変化した生理活性物質であり，肺の毛細血管でさらにアンギオテンシンⅡに変換され，血圧を上昇させます。

5-7），ガス交換が行われる場所となります。さらに，肺にある毛細血管を構成する細胞（血管内皮細胞）には，アンギオテンシンⅠを血圧上昇作用をもつアンギオテンシンⅡに変える変換酵素を産生し，放出する役割があります。毛細血管からの血液を回収した肺静脈は酸素の豊富な動脈血を左心房に戻します。

B 換気

[1] 換気のしくみ

肺への空気の出し入れ（換気〔広義の呼吸〕）は気道を介して行われます。肺は大きくなったり小さくなったりして肺の容量（肺の内圧）を変化させることで換気を行いますが，肺自身にそのための筋肉があるわけではありません。そのかわりに，肺は骨などの硬い組織とは異なり，柔軟性に富んでおり，横隔膜や外肋間筋などが胸腔（または胸郭）の容量を変化させることにより，間接的に肺のかたち（容量）を変化させています。肺周囲の胸腔は胸壁と横隔膜に囲まれ，閉じた，どこにもつながっていない空間です。一方，肺は気道によって外界（大気）とつながっています。そのため，横隔膜や外肋間筋などが収縮して胸腔が拡張した際に，肺も拡張しようとして肺内の圧が大気圧よりも小さくなり，空気が肺に流入します（吸気，図5-9）。呼気時には，広がった胸郭や肺（肺を構成する弾性線維）の復元力により，それらが収縮する力によって肺内の空気が吐き出されます（呼気，図5-9）。このようにして換気が行われています。また，麻酔時に気管チューブを介して空気を肺に送り込むと容易にふくらませられます。

📎 **呼吸数**
安静時の犬および猫の呼吸数は1分間に20〜30回。

[参考] 肺の拡張性と疾患
肺浮腫や肺線維症の際には肺の拡張性が低下しているので，胸腔が大きくなっても肺は拡張しにくくなります。

☞ 胸腔 p.29

[参考] 気胸
胸や肺に穴があいて胸腔内に空気が流入する病態をいいます。胸が拡張すると穴を介して胸腔内に空気が侵入し，肺が拡張できなくなるため，正常な換気が困難となります。

[2] 呼吸のリズム

換気を調節している中枢（呼吸中枢）は延髄に存在し，呼吸のリズムを生み出しています。また，橋（延髄の前方）の活動も呼吸のパターンに影響を与えるといわれています。これらの呼吸のパターンは延髄や大動脈周囲に存在する血液中の二酸化炭素の濃度（分圧）を感知する受容器（頸動脈小体と大動脈小体）からの刺激によって変化します。すなわち，血中の二酸化炭素濃度（分圧）が上昇すると呼吸が速くなります。正常な換気の調整にはあまり重要ではありませんが，肺疾患などのときには酸素の濃度（分圧）の低下や肺の膨張（膨張伸展反射）などの刺激も呼吸パターンに影響を与えます。

C ガス交換

肺における酸素や二酸化炭素などのガス交換（狭義の呼吸）は，肺胞内の空気と肺動脈が分岐して細くなった肺毛細血管内の血液のあいだで行われます。ガスの移動はエネルギーを使わない拡散とよばれる移動形式をとりま

す。正常時では，肺胞内の酸素濃度（分圧）は肺動脈から流れ込んできた血液（静脈血）内の酸素濃度に比べて高いので，酸素は肺胞内から血液内に移動します。逆に二酸化炭素濃度（分圧）は血液内の方が高いので，肺胞内へと移動します（図 5-10）。血液が毛細血管を出るころにはガス交換が終了し，酸素が多く，二酸化炭素が少ない動脈血となります。血液が肺毛細血管を通過する時間は 1 秒未満ですが，血液の酸素化はそれより短い時間で行われます。このガスの一瞬の移動を容易にするために，肺胞内の空気と血液の境界（壁）は最小限の構造（血液－空気関門）からできています。すなわち，その壁は肺胞上皮，毛細血管の細胞，両者のあいだにある薄い基底膜の 3 層（呼吸膜）のみからなり，厚さはわずか 0.5 μm 以下ときわめて薄くなっています（図 5-8）。血液内の酸素や二酸化炭素の運搬の大部分には赤血球が関与しています。酸素は赤血球内のヘモグロビンと結合して，二酸化炭素は赤血球内で重炭酸イオン（HCO_3^-）に形を変えて運ばれています。肺毛細血管の内径は赤血球直径とほぼ等しいか，より細いため，赤血球と肺胞内の空気の距離は非常に近く，両者間のガスの移動は迅速に行われています。

🐾 赤血球　p.209

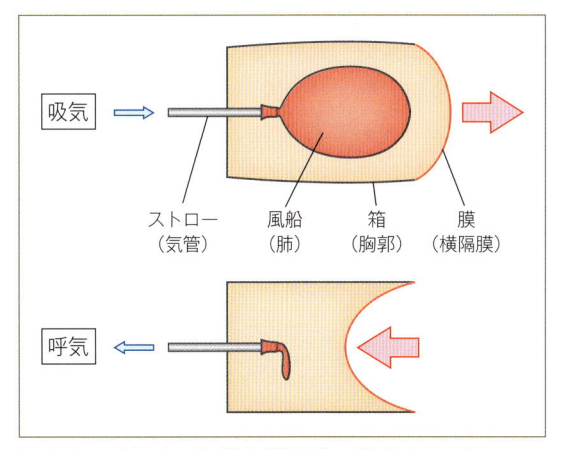

図 5-9　呼吸時の胸郭と横隔膜の動きのモデル

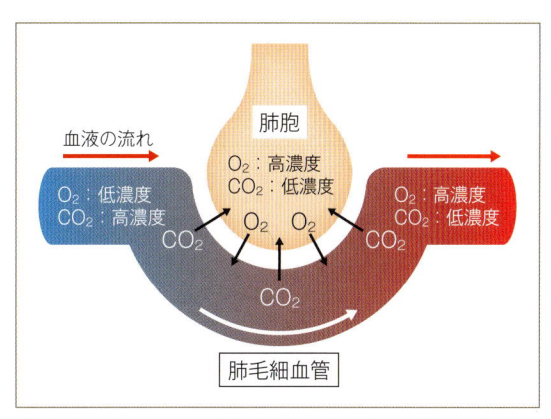

図 5-10　肺胞と肺毛細血管のあいだのガス交換

臨床で役立つコラム

肺水腫

肺水腫は，循環器障害や突発的な事故（感電など）により肺に水がたまる疾患です。肺胞内に水がたまるのではなく，肺胞壁に水がたまり，壁の厚さが増大します。

肺水腫では，ガス交換がうまく行われなくなり，血液中の酸素濃度（分圧）が低下しますが，その要因の 1 つとして，肺胞壁の肥厚によってガスの移動距離が延長することが挙げられます。

D 鳥類の呼吸器系

[1] 解剖

　鳥類の呼吸器系（図5-11）は，同じサイズの哺乳類と比較して約3倍の大きさをもっています。鳥類は前足を翼として特殊化させたため，手の把握能力は消失しています。そのかわりに嘴を操作しやすいように長い首をもっており，首を通る気管も哺乳類のものより長くなっています。鳥類は，比較的ゆっくりとした深い呼吸をすることが一般的ですが，これは気管のなかの空気をできるだけ肺や気嚢に送り届けるためです。また，鳥類の気管は長いため，気管にかかる負荷も大きくなります。そこで，鳥類の気管は潰れてしまわないように，気管軟骨が完全なリング状のO字形をしています。哺乳類では，発声に関係する声帯が気管の入り口である喉頭に存在していましたが，鳥類の発声に関係する鳴管とよばれる部分は，気管の末端，すなわち気管が左右の気管支にわかれる気管分岐部に存在しています。

　哺乳類では肺が大きくなったり，小さくなったりすることによって換気が行われますが，鳥類の肺はガス交換のみを行い，肺自体が広がったり収縮したりすることはありません。鳥類は，肺に連結している気嚢とよばれる薄い膜からできた袋によって換気を行っています。5種類の気嚢が存在し，体の前方に位置する3つの呼気性の気嚢（頸気嚢，鎖骨気嚢，前胸気嚢）と，後方に位置する2つの吸気性の気嚢（後胸気嚢，腹気嚢）にわかれます。鳥類には横隔膜がないため，胸腔と腹腔がわかれておらず，1つの大きな体腔を形成しています。このため，気嚢は胸部だけではなく腹部の方にも広がっています。気嚢は胸（肋骨など）の動きにあわせて形（容積）が変わり，このことで空気の流れが生まれ，換気が行われています。

[2] 呼吸の様式

　鳥類の肺と気嚢における空気の流れは哺乳類の肺と比べると少し複雑で，まず，胸がふくらむと気嚢がふくらみ，このとき前方の呼気性の気嚢へ肺でガス交換が終わった空気が流入し，後方の吸気性の気嚢へは気管を介して外界から新鮮な空気が流入します。胸が縮むと気嚢も収縮し，前方の呼気性の気嚢にたまった古い空気は気管を介して外界に排出され，後方の吸気性の気嚢に溜まっていた新鮮な空気が肺に流入します（図5-12）。哺乳類の肺では肺胞が行き止まりになっており，空気が肺胞でUターンしていましたが，鳥類では空気が肺を通過するので，効率よく空気を利用することができます。

♂ **鳥類の肺の大きさ**
鳥類の肺は哺乳類の肺よりも相対的に小さい。

[参考] **含気骨（がんきこつ）**
気嚢の一部は上腕骨などの太い骨に侵入しています。骨髄が空気に置き換わるので骨が軽くなり，空を飛ぶための体の軽量化を可能にしています。気嚢が入り込んだ骨のように空気を含んだ骨のことを含気骨とよびます。

[参考] **鳥類の腹腔内注射**
犬や猫の腹腔内注射のように，鳥類の腹部に針を刺して注射を行った場合，気嚢に薬液を注入しやすく，液体が肺に流入して呼吸困難になる可能性が高くなります。

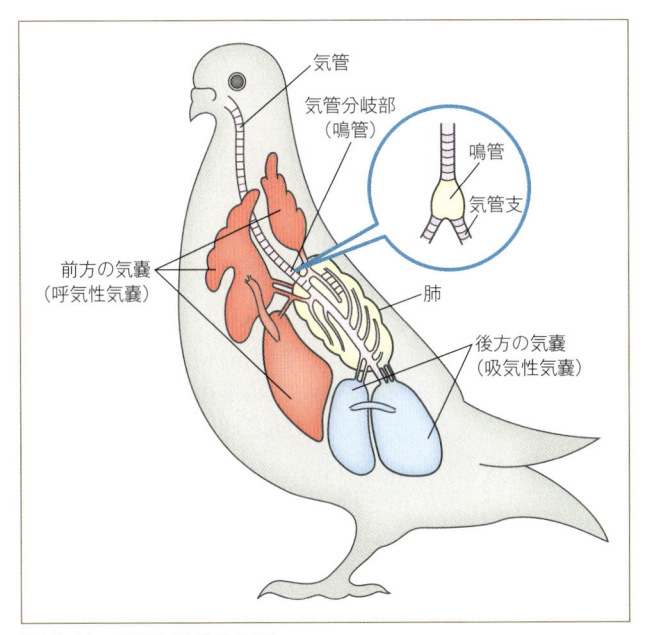

図 5-11　鳥類の呼吸器系

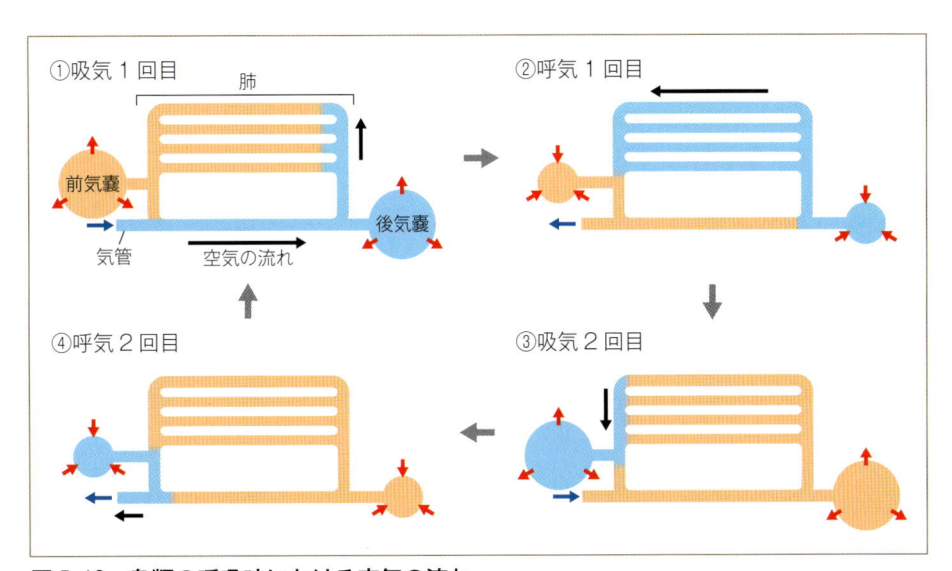

図 5-12　鳥類の呼吸時における空気の流れ
① 外界から吸い込まれた空気は気管を通って後方の気嚢に流入し，気嚢がふくらむ。
② その後，気嚢が縮むと空気は肺に流入する。
③ 2回目の吸気時にはガス交換が終わった空気が肺から前方の気嚢に移動する。
④ その後，再び気嚢が縮むと空気が気管を通って外界へ吐き出される。

CHAPTER 5　呼吸器系
確認問題

Q1 つぎの文章の空欄に正しい用語を入れなさい。

- 鼻腔は鼻甲介によって，（①　　　　　），（②　　　　　），（③　　　　　）にわかれている。
- 喉頭に存在する（④　　　　　）は，食物を飲み込むとき，気道にふたをすることで誤飲を防いでいる。
- 気管は（⑤　　　　　）により形を保っている。心臓の背側で左右の（⑥　　　　　）にわかれ，肺内に入り，分岐をして細くなっていく。末端には（⑦　　　　　）が存在し，毛細血管に網目状に取り囲まれ，ガス交換が行われている。
- 犬や猫の肺は7つの（⑧　　　　　）にわかれている。
- 吸気は（⑨　　　　　）や外肋間筋などにより胸腔がふくらむことにより，肺が大きく拡張することで起こる。鳥類の肺は大きくならないため，かわりに（⑩　　　　　）がふくらむことにより，吸気が起こる。
- 呼吸を調節している中枢は（⑪　　　　　）にある。また，血液中の（⑫　　　　　）の濃度が高くなると大動脈周辺にある受容体が反応し，呼吸が速くなる。

Q2 肺におけるガス交換について正しい記述を1つ選びなさい。
① 肺胞から肺毛細血管に二酸化炭素が移動する。
② 肺毛細血管から肺胞に酸素が移動する。
③ 肺動脈は酸素濃度が高い。
④ 肺静脈は酸素濃度が高い。
⑤ 肺におけるガス交換はエネルギーを必要とする。

Q3 動物の呼吸器について正しい記述を1つ選びなさい。
① 犬の肺は左肺の方が大きい。
② 鳥類の気嚢は横隔膜のはたらきにより容積が変わる。
③ 猫の気管は頭側では食道の背側に位置する。
④ 犬の気管軟骨はO字型をしている。
⑤ 肺門にはリンパ節が存在する。

Q4 気道を構成する器官について正しい順番のものを1つ選びなさい。
① 外鼻孔→鼻腔→喉頭→咽頭→気管→気管支→肺胞→細気管支→呼吸細気管支
② 鼻腔→外鼻孔→咽頭→喉頭→気管支→気管→細気管支→呼吸細気管支→肺胞
③ 外鼻孔→鼻腔→咽頭→喉頭→気管→気管支→呼吸細気管支→細気管支→肺胞
④ 咽頭→鼻腔→喉頭→気管支→外鼻孔→気管→細気管支→呼吸細気管支→肺胞
⑤ 外鼻孔→鼻腔→咽頭→喉頭→気管→気管支→細気管支→呼吸細気管支→肺胞

→解答は p.242 へ

MEMO

CHAPTER 6

泌尿器系 urinary system

学習の目標
- 泌尿器を構成する臓器を学び，解剖学用語と位置を理解する。
- 尿の生成と排尿のしくみを理解する。
- 動物種による泌尿器系の違いを学び，理解する。

哺乳類の**泌尿器系**は，尿をつくる腎臓とそれ以外の尿路にわけられます。尿路は，腎臓と膀胱をつなぐ尿管，尿を一時的にためておく膀胱，膀胱にたまった尿を排泄する尿道からなります。

A　腎臓

[1] 腎臓の位置と形態

🐾 腎臓の内分泌機能　p.156

♂ 腹膜後器官
腎臓のほかに，尿管の一部，副腎，腹大動脈，後大静脈の一部なども腹膜後性の器官です（図6-1）。

腎臓は腹腔背壁に付着している左右一対の臓器です（図6-1）。腹腔臓器を包んでいる腹膜は腎臓の腹側面をおおい，腎臓は腹膜の背側に存在することから，腹膜後器官とよばれます。腎臓は腹膜のほかに脂肪被膜，線維被膜とよばれる膜に包まれています。猫の腎臓の被膜下には被膜静脈が発達しており，手術中にも肉眼で確認することができます（図6-2b）。

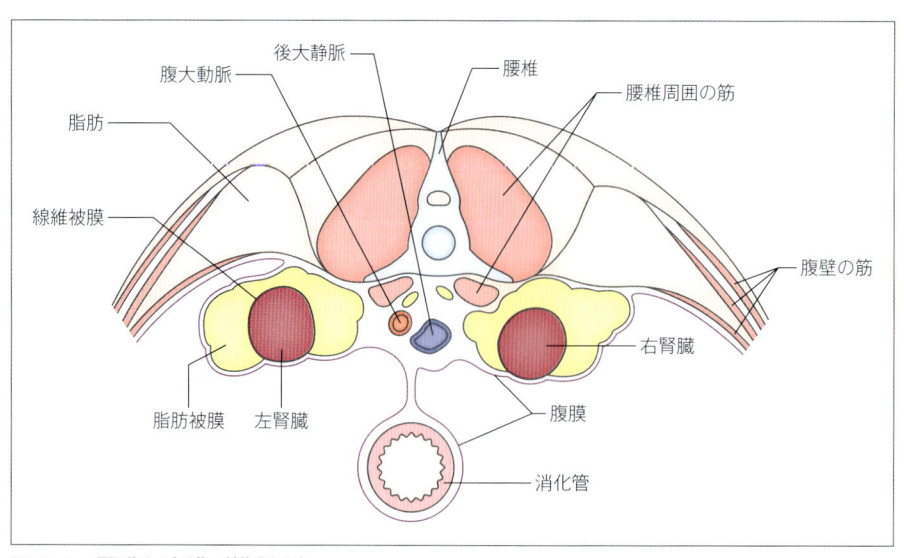

図6-1　腎臓と腹膜（横断面）

背側から見て体の右側に位置する腎臓は左側の腎臓よりも前方にあり（図6-3），背腹方向のX線で腎臓を見たとき，犬では右腎臓はおよそ最後胸椎（第13胸椎）から第3腰椎のあいだに，左腎臓は第1腰椎から第4腰椎のあいだにあります。猫では右腎臓が第1腰椎から第4腰椎のあいだに，左腎臓は第2腰椎から第5腰椎のあいだにあります。犬と猫ともに，右腎臓は肝臓と，左腎臓は胃と頭側で接しています。腎臓の長軸方向の長さは第2腰椎の

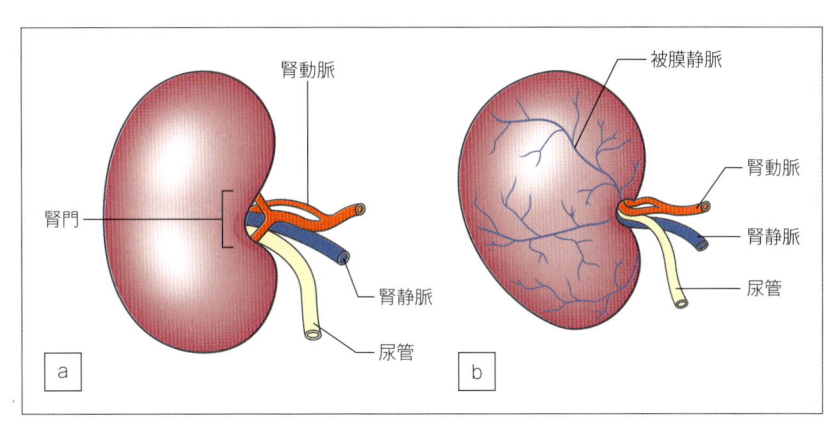

図 6-2　腎臓の外観
a：犬，ウサギ
b：猫

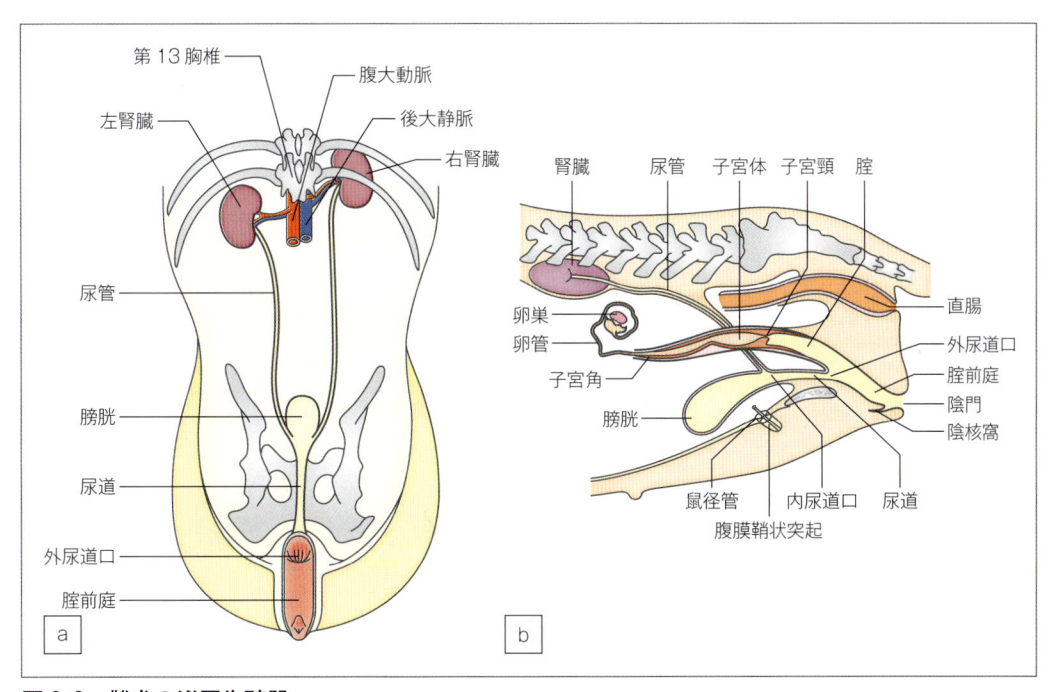

図 6-3　雌犬の泌尿生殖器
a：背側観
b：左側観（左の腎臓，尿管は省略）

約3倍，幅は約1.5倍です。猫の腎臓は，腹圧が低いため，腎臓を外部から触診することができます。

右腎臓の内側には後大静脈が，左腎臓の内側には腹大動脈が位置しています。腎臓内側面には腎動脈，腎静脈，尿管などの管が出入りする部位があり，腎門とよばれます（図6-2）。

[2] 実質とその他の部位

腎臓は，尿を生成する**実質**の部分と，尿管が腎臓に入り込んで広がった部分に大きくわけられます。腎臓の実質は**皮質**と**髄質**からなり，皮質は髄質をおおっています。髄質の先端は尖っており，**総腎乳頭**とよばれます（図6-4）。

犬，猫，ウサギの尿管は腎臓に入ると広がり，**腎盤**を形成します。腎盤は髄質の突出部である総腎乳頭を受け止めるように広がり（図6-4），総腎乳頭の先端から出てくる尿を受けて尿管に送ります。腎盤の一部に，髄質に向かって突出している腎盤陥凹とよばれる部位が存在します（図6-4c，図6-5）。腎盤陥凹は，腎盤から伸びる複数の角のような形をしており，X線で尿路造影をした際には実際に角のような形状を確認することができます。

皮質には腎小体，尿細管，集合管が，髄質には直行する尿細管，集合管が主に存在します（図6-6）。**腎小体**は，血液から原尿を生産する機能的な構造単位であり（「C　尿」参照），**糸球体**と**糸球体包**からなります。糸球体は特殊な毛細血管であり，一般的な組織にある毛細血管とは異なりガス交換は行われませんが，血管の壁に血液の一部の成分を通すことができる穴が開いており，この穴からろ過される成分が原尿（ろ過尿）となります。糸球体に

[参考] 腎稜
総腎乳頭の先端部。

[参考] 腎盂
腎盤の別名。多くの場合，動物では腎盤，人では腎盂とよばれます。

🐾 腎盤陥凹
X線造影検査などで見ると腎盤が髄質に向かって突出しているように見えますが，腎臓を切ってなかを見てみると腎盤が髄質に向かって凹んでいるように見えるので，腎盤陥凹とよびます。

🐾 腎小体
糸球体と糸球体包からなります。マルピーギ小体ともよばれます。

🐾 原尿（ろ過尿）
糸球体から糸球体包にろ過される成分。尿細管を通り，再吸収，分泌を受けて尿となります。

[参考] ボーマン嚢
糸球体包の別名。

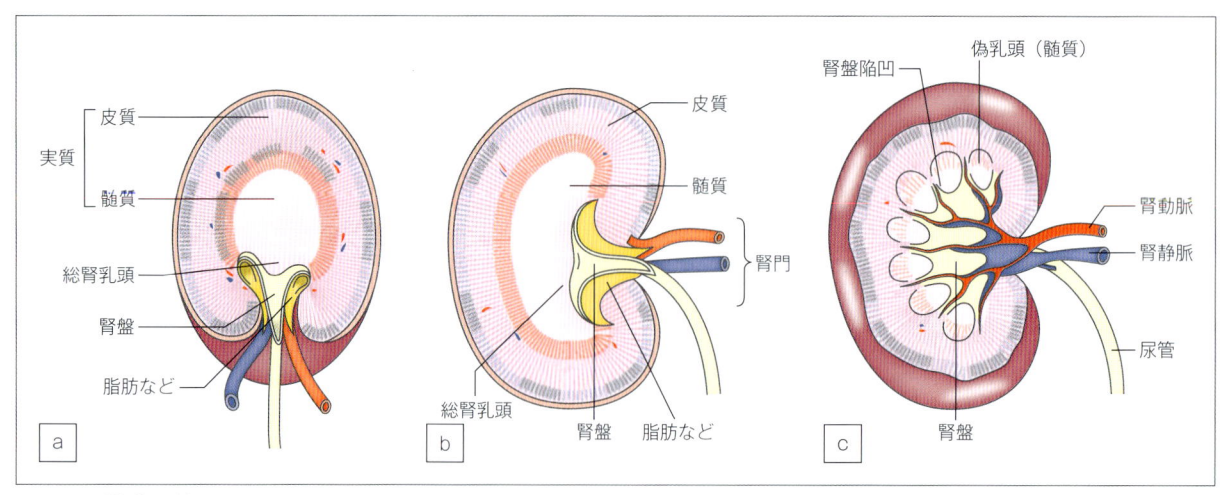

図6-4　腎臓の断面
a：横断面
b：縦断面（正中）
c：縦断面（傍正中）

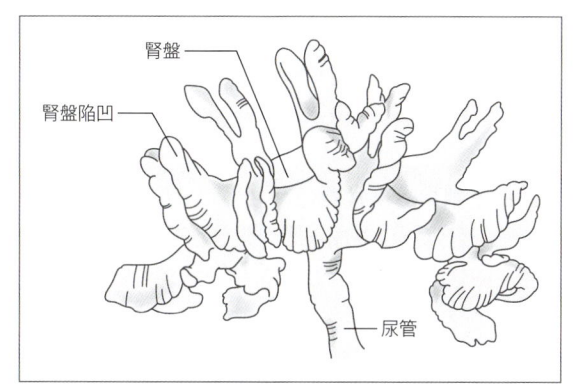

図 6-5 犬の腎盤，腎盤陥凹，尿管の構造（鋳型標本）
腎臓内にはこのような立体的な空間が存在する。

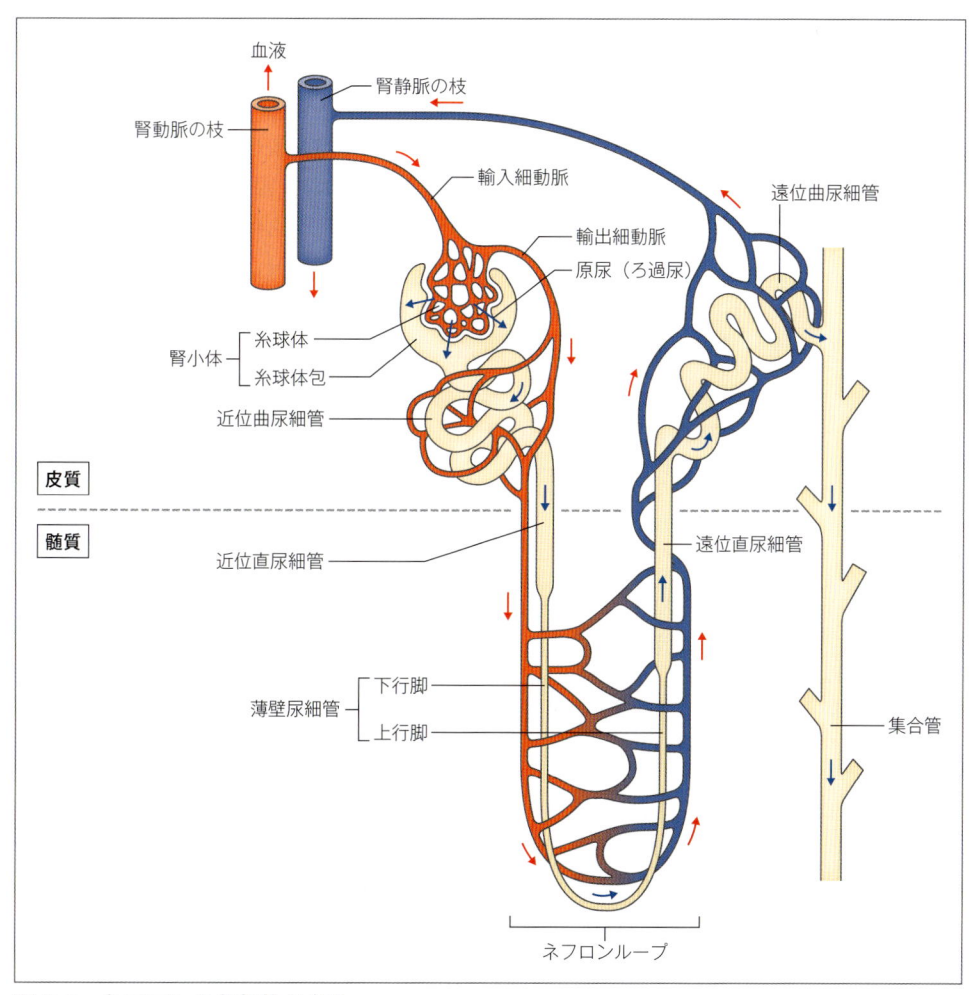

図 6-6 ネフロンの各部位の名称

血液を送り届ける血管を輸入細動脈，糸球体から出て行く血管を輸出細動脈とよびます。糸球体包は糸球体を取り囲んでおり，糸球体からろ過される原尿を受け止めて尿細管に送ります。

[3] 尿細管，集合管

　尿細管は近位曲尿細管，近位直尿細管，薄壁尿細管，遠位直尿細管，遠位曲尿細管からなり，このうち近位直尿細管，薄壁尿細管，遠位直尿細管をあわせてネフロンループとよびます（図6-6）。近位曲尿細管は糸球体包に続く部位であり，糸球体の周囲を曲がりくねりながら，次第に髄質に近づきます。その後，髄質に向かって縦に走る近位直尿細管となります。近位直尿細管は髄質で壁が薄くなった薄壁尿細管となり，Ｕターンして皮質に向かって逆走し，再び壁が厚くなり遠位直尿細管となります。ネフロンループのうち皮質から髄質に向かう部分を下行脚，反対に髄質から皮質に向かう部分を上行脚とよびます。遠位直尿細管は髄質から皮質に戻り，糸球体の周囲で再び曲がりくねり遠位曲尿細管となります。

　この尿細管を通過する過程で原尿中の必要なものが再吸収されたり，新たなものが原尿中に分泌されることにより，原尿は排泄される尿となります（「C［1］尿の生成」参照）。この糸球体から尿細管は尿をつくる機能的な1つの集合体であり，ネフロンとよばれます。1つの腎臓に犬では約40万個，猫では約20万個のネフロンが存在しているといわれています。

　遠位曲尿細管はいくつか集まって1本の管を形成します。これを集合管といいます。そして，それぞれの集合管はさらに合流して太い集合管となり，皮質から髄質に向かいます。その後，太い集合管は乳頭管となり，総腎乳頭の先端に開口します。

B　尿路

[1] 尿管

　尿管は腎門から出たあと，腹膜の背側を尾側に向かって走行し，膀胱に近づくと腹膜の腹側に下りてきて膀胱の背壁に開口します（図6-3）。尿管は膀胱壁内を斜めに走行しているため，尿が膀胱にたまり膀胱壁が薄くなると同時に尿管が閉じ，尿の腎臓への逆流を防いでいます（図6-7）。また，尿の逆流防止には尿管の蠕動性収縮も関与しています。人工的に尿管を膀胱に連結させた場合，尿管を膀胱壁に斜めに挿入することは困難であり，尿が逆流してしまうと腎不全の原因となります。

[2] 膀胱

　膀胱は尿の貯留器であり，尿量に応じて，形，大きさ，位置が変化します。盲端に終わる膀胱尖は頭側を向いており，尿道との連結部である膀胱頸

[参考] ネフロンループの別称
ネフロンループは「ヘンレループ」，「ヘンレのワナ」ともよばれます。また，各部位には以下のような別名がつけられています。
・ネフロンループの太い下行脚
　→近位直尿細管の別名。
・ネフロンループの細い下行脚
　→薄壁尿細管の髄質の表層から深層に向かう部分。
・ネフロンループの細い上行脚
　→薄壁尿細管の髄質の深層から表層に向かう部分。
・ネフロンループの太い上行脚
　→遠位直尿細管の別名。

[参考] 腎単位
ネフロンの別名。腎小体と尿細管からなります。

♂盲端
端がふさがっており，行き止まりのこと。

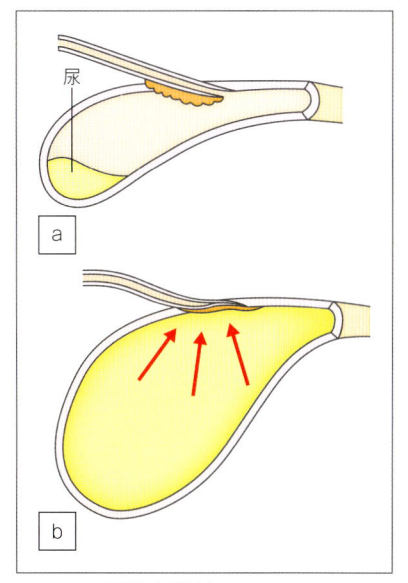

図 6-7　尿管と膀胱
a：尿が少量のとき
b：多量の尿が貯留しているとき

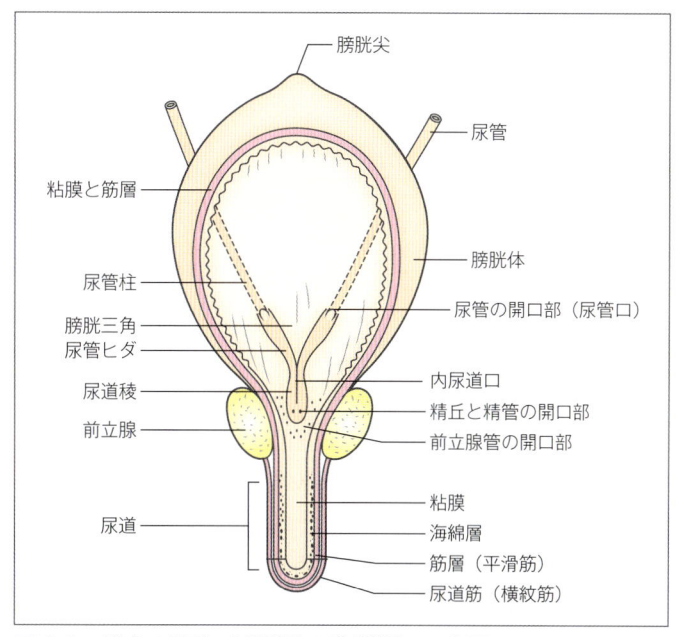

図 6-8　雄犬の膀胱（背側壁の腹側観）の内面

とのあいだに膀胱体が位置します。膀胱尖には胎子期の尿膜管（膀胱と尿膜腔をつなぐ部分）の痕跡が認められます。膀胱内面の背壁には尿管の開口部（尿管口）が2つ存在し、ここからヒダ（尿管ヒダ）が膀胱の出口（内尿道口）に向かって伸びて合流します（図6-8）。すなわち、左右の尿管口を結ぶ線と一対の尿管ヒダにより三角形の領域（膀胱三角）が膀胱内面背壁に形成されます。膀胱の粘膜は移行上皮からなり、膀胱の容量の変化にともない厚さが変化します。膀胱には平滑筋からなる排尿筋が存在しています（「C［3］蓄尿と排尿」参照）。

☞ 移行上皮　p.19

[3] 尿道

尿道は膀胱との連結部である内尿道口からはじまり、雌では腟と腟前庭の境界に（図6-3）、雄では陰茎の先端に外尿道口が開口しており、尿を外界に運びます。雄では尿道の途中に精管や前立腺などの副生殖腺も開口してお

☞ 副生殖腺
p.125, 127, 144

臨床で役立つコラム

尿路の疾患

雄は陰茎をもつため、尿道が雌よりも細長く、膀胱にできた結石が尿道で詰まり、問題となることがあります。反対に雌は尿道が比較的太く短いため、結石は詰まりにくいですが、外尿道口から細菌が逆行して膀胱に到達し、膀胱炎になりやすいといえます。ただし、猫の場合は犬よりも尿比重が高いため細菌が繁殖しにくく、非感染性の膀胱炎が認められることがよくあります。

り精液も運びます。骨盤腔に存在している尿道には平滑筋や横紋筋からなる括約筋が存在しており，蓄尿や排尿に関係しています（「C［3］蓄尿と排尿」参照）。

C 尿

尿は，体内で生成された老廃物を体外に排出するために腎臓で生成される液体です。とくに，窒素廃棄物である尿素の排出は重要です。また，動物は尿の排泄をすることで体内の水分量を調整しています。

[1] 尿の生成
①糸球体

大型犬では，腎臓には1日1,000〜2,000 Lの血液が入り込み，糸球体において不要な老廃物がろ過され，200〜300 Lの原尿がつくられます。そして，原尿が尿細管を通過するあいだにさまざまな物質が再吸収，あるいは分泌され（「②尿細管」参照），最終的には1〜2 Lの尿が産生されます。すなわち，ろ過された原尿の約99%は再吸収によって血管に戻ることになります。

糸球体の毛細血管壁には小さな孔が開いています。血液中の水分や電解質，ブドウ糖などの小さな分子はこのあいだを通過することができますが，血球は正常では通過することができません。糸球体における血液成分のろ過には，成分の大きさや荷電が関係します。成分の大きさにかかわる機構としては，①糸球体毛細血管壁に開いている孔のサイズ，②糸球体毛細血管周囲に存在する足細胞同士が形成する間隙のサイズがあります。つまり，これらの孔や間隙よりも大きな成分は糸球体を通過することができず，ろ過されません。また，成分の荷電については，糸球体壁が負に荷電しているため，陰性に荷電している物質は糸球体を通過しづらくなっています。アルブミンなどの血漿たんぱく質は負に荷電しており，正常ではろ過されません。

原尿をつくるための糸球体ろ過圧は腎血流量，もしくは糸球体毛細血管血圧に依存しており，これらが低下すると尿の生成が悪くなります。反対に腎血流量が増加，糸球体毛細血管血圧が上がると尿細管に流入する単位時間当

> ♂足細胞
> 別名タコ足細胞。タコ足のような突起（偽足）をもち，突起同士でお互いにかたくからみあって網状組織をつくります。

臨床で役立つコラム

血圧低下と腎不全，尿毒症

糸球体で血液から原尿をろ過するためには一定以上の血圧が必要です。血圧が低下して糸球体ろ過圧が低くなりすぎると，原尿の生成が減少してしまいます。原尿が正常に生成されないと腎臓は機能不全（腎不全）に陥り，血中の老廃物が排泄されずに，尿毒症の症状を呈することになります。そのため，腎臓では腎血流量を監視しており，低下するとレニンを分泌して血圧を一定に保とうとします（CHAPTER 4「D　血圧調節機構」参照）。

たりの原尿が増加して，物質の再吸収や排泄が追いつかずに低い濃度の尿が多量に排泄されることになり，脱水を引き起こすことがあります。

②尿細管，集合管

原尿の大部分は糸球体に続く尿細管で再吸収されて血液に戻されます（図6-9）。近位曲尿細管と近位直尿細管でブドウ糖，アミノ酸などの体内に必要

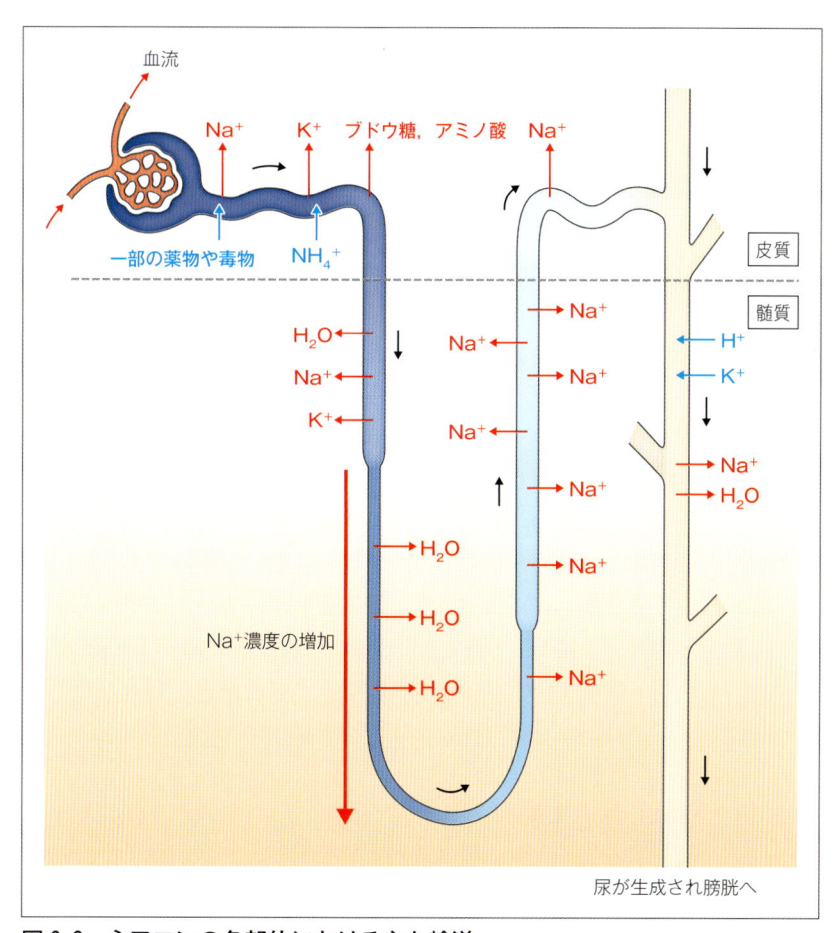

図6-9　ネフロンの各部位における主な輸送
赤字は尿細管から再吸収される物質を，青字は排出（分泌）される物質を示す。

臨床で役立つコラム
フロセミド

利尿薬の1つであるフロセミドは，遠位直尿細管におけるナトリウムイオンの再吸収を阻害することにより利尿作用（尿の排泄を促進）をもたらします。

フロセミドを利用すると尿の量が増加し，再吸収される水が少なくなるため，循環血液量の減少につながります。肺水腫の際にフロセミドを利用すると，循環血液量が減少することにより肺の組織にたまっている過剰な水分が血管のなかに回収され，状態が改善されます。

なものはほぼ100％再吸収され，水やナトリウムイオン（Na⁺）などの電解質も約70％が再吸収されます。

薄壁尿細管の下行部（ネフロンループの細い下行脚）では主に水の再吸収がなされます。この部位は，Na⁺などのイオンの透過性は低いですが，水は自由に移動することができます。尿細管周囲は尿細管内よりも浸透圧が高くなっており，浸透圧を等しくしようとして水は尿細管から外へ流れ出ます。これによりろ過尿が濃縮されます。

続く薄壁尿細管の上行部（ネフロンループの細い上行脚）と遠位直尿細管は水の透過性は低いですが，遠位直尿細管ではNa⁺などのイオンをくみ出すポンプが存在しており，これによってイオンが尿細管外へ移動します。これらのイオンは髄質の組織液におけるイオンなどの溶質濃度（浸透圧）を高く保つことに役立っています。

遠位尿細管では，近位尿細管に比べて物質の再吸収量は少ないですが，尿中のNa⁺などの電解質の調節が行われています。

集合管は尿の量や電解質などの溶質の濃度（浸透圧）を最終的に調節しています。ここでのNa⁺の再吸収は副腎から放出されるアルドステロンによって促進され，同時にカリウムイオンが尿中に分泌されます。さらに，Na⁺の再吸収には下垂体後葉から分泌されるバソプレシン（抗利尿ホルモン：ADH）も関係しています。ADHは集合管の水の透過性を調節するホルモンであり，血中ADHが高いほど，再吸収される水が増えて尿量が減少するとともに溶質の濃度（浸透圧）が高くなります。また，この部位では水素イオン（H⁺）の分泌により，血中の酸塩基平衡の調節に関与しています。すなわち，血液中にH⁺が多くなり酸性に傾く（pHが低くなる）と，H⁺の分泌が促進され，血液のpHが正常に戻ります。

[2] 尿の性状

犬と猫の正常な尿は透明な黄色をしており，極端な色の変化は異常のサインです。たとえば，赤色尿は血尿の可能性があり，膀胱炎などが疑われます。尿量は動物種，体の大きさ，環境などによって変化しますが，一般的に犬では20～40 mL/kg/日，猫では15～30 mL/kg/日といわれています。猫では，尿を顕微鏡で検査したときに**脂肪滴**（液状の脂肪）が認められるのが普通です。これは，近位曲尿細管の細胞内にある脂肪小滴が関係していると考えられています。

ウサギは体外に排泄されるカルシウムのうち約50％が尿からであり，犬などの哺乳類の約2％に比べると極端に多いといえます。このため，尿は白い炭酸カルシウムが沈殿し，白いクリーム状であることが一般的です。ただし，食事の内容によっても色が変化しやすく，血尿でなくても赤色尿となることがあります。尿量は約130 mL/kg/日（20～350 mL/kg/日）といわれています。

透過性
液体や溶質，イオンなどを通過させる性質のこと。

📖 浸透圧　p.32

📖 アルドステロン　p.156

📖 バソプレシン　p.155

[3] 蓄尿と排尿

　蓄尿と排尿は橋（脳幹の一部）にある**排尿中枢**と3種類の神経に支配され，膀胱と尿道の相反する作用によって行われています（図6-10）。

　蓄尿時には膀胱に尿がたまり膀胱壁が次第に伸展すると，この情報が骨盤神経内の内臓知覚神経線維によって仙髄に送られます（図6-11①）。仙髄に入った情報は陰部神経内の運動神経線維を興奮させ，同時に脊髄を上行して腰髄から出る下腹神経内の交感神経線維を興奮させます（図6-11②）。陰部神経は横紋筋性尿道括約筋（アセチルコリン受容体〔ニコチン〕）を収縮させ（図6-11③），下腹神経は平滑筋性尿道括約筋（アドレナリンα受容体）を収縮させると同時に，膀胱の排尿筋（平滑筋，アドレナリンβ受容体）を弛緩させます（図6-11④）。また，下腹神経は骨盤神経内の副交感神経線維がもつ膀胱の排尿筋（平滑筋）を収縮させる作用を抑制します（図6-11⑤）。

　しかし，尿の貯留が一定以上になると，骨盤神経内の内臓知覚神経線維によって仙髄に送られた情報が脊髄を上行して（図6-11⑥）橋にある排尿中枢を刺激します（図6-11⑦）。橋にある排尿中枢は骨盤神経内の副交感神経線維を興奮させて（図6-11⑧），膀胱の排尿筋（平滑筋）（アセチルコリン受容体〔ムスカリン〕）を収縮させます（図6-11⑨）。さらに，陰部神経内の運動神経線維と下腹神経内の交感神経線維を抑制することにより，横紋筋性尿道括約筋と平滑筋性尿道括約筋が弛緩して排尿が起こります（図6-11⑩）。

🐾 上行　p.168

🐾 **アセチルコリン受容体**
神経伝達物質の1つであるアセチルコリンの受容体で，ムスカリン受容体とニコチン受容体があります。ムスカリン受容体は主に副交感神経の軸索終末に存在し，効果器を制御しています。ニコチン受容体は交感神経および副交感神経の節前線維終末と運動神経の軸索終末に存在しています。

🐾 **アドレナリン受容体**
アドレナリン受容体はアドレナリンやノルアドレナリンなどのカテコールアミン類の受容体です。交感神経の軸索終末に存在し，平滑筋や心臓に存在しています。α受容体とβ受容体に大きくわけられ，効果器に及ぼす作用が異なることがあります。

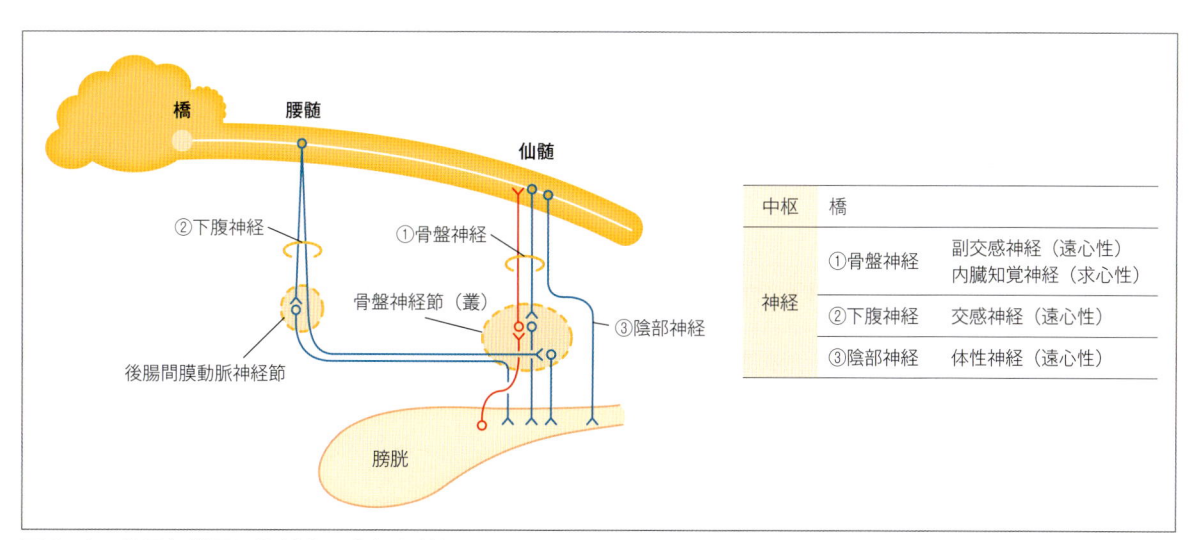

図6-10　蓄尿と排尿に関係する中枢と神経
青色は遠心性の神経，赤色は求心性の神経を示す。

中枢	橋
神経	①骨盤神経　副交感神経（遠心性）／内臓知覚神経（求心性）
	②下腹神経　交感神経（遠心性）
	③陰部神経　体性神経（遠心性）

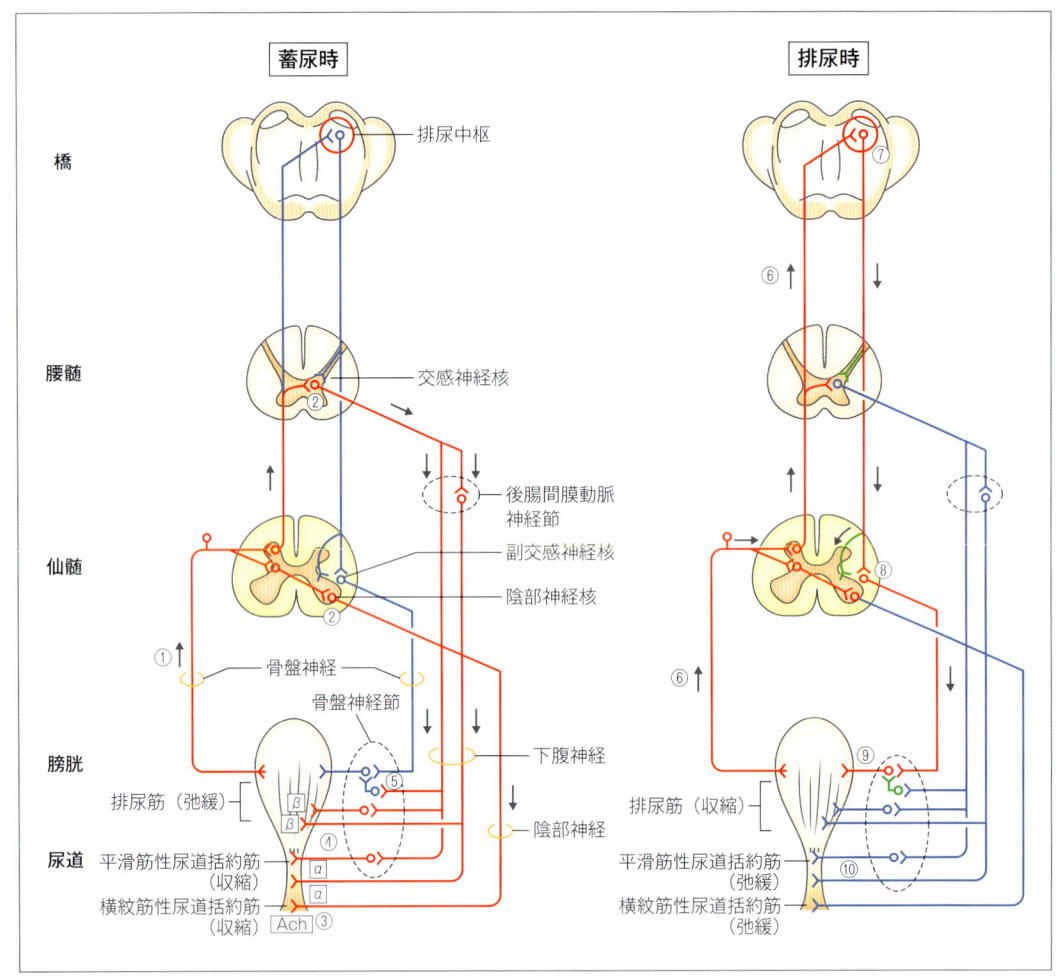

図 6-11 蓄尿と排尿の神経反射経路
赤の経路は蓄尿時および排尿時に活動している促進性経路，青の経路は活動性が弱いか抑制されている経路，緑色の経路は促進性の経路を示す．また，矢印は興奮の伝達経路を示す．また α, β, Ach はそれぞれの神経の筋肉における受容体の種類を示す．

D 鳥類の泌尿器系

[1] 泌尿器系の構造

　鳥類の泌尿器系は哺乳類とは異なり，膀胱や尿道がなく，腎臓から出た尿管が直接，**総排泄腔**(そうはいせつくう)に連結しています（図6-12）．腎臓は腹部の背壁に左右一対存在し，頭側から前部，中部，後部の3つにわかれます．

[2] 尿酸

▶たんぱく質代謝　p.236

　犬などの哺乳類では，たんぱく質代謝で生じた窒素廃棄物は**尿素**(にょうそ)として排泄されますが，鳥類や多くの爬虫類では**尿酸**(にょうさん)（塩）として排泄されます．
　胎子のとき，魚類や両生類の多くは，卵のまわりにある水に，水に溶ける

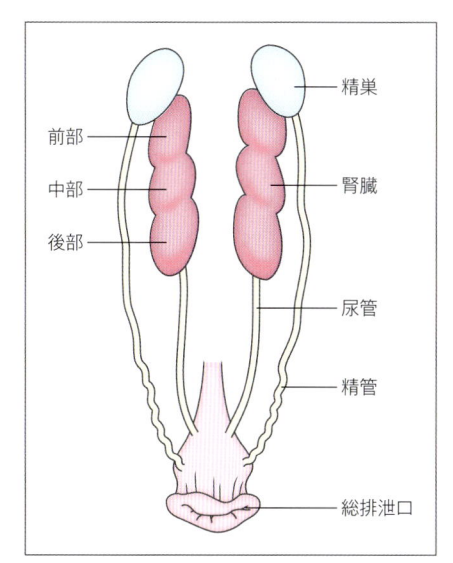

図6-12　雄鳥の泌尿生殖器系

　アンモニアや尿素を拡散させ，哺乳類では，胎盤を通じてそれらをほかの老廃物と一緒に母体へ渡します。しかし，鳥類や爬虫類の卵は硬い殻で被われているので，アンモニアを卵の外に排出することができません。毒性の高いアンモニアは卵内に貯留することはできず，毒性の低い尿素であっても卵内に貯留すれば徐々に濃度（浸透圧）が上昇してしまい，胎子に悪影響を及ぼします。

　そこで，鳥類は多くの爬虫類と同様に窒素老廃物を尿酸として排泄します。尿酸は水に溶けにくいため，浸透圧が上昇せず卵内に貯留しても問題ありません。また，成体では尿酸は容易に結晶化し，白色泥状の尿として総排泄腔に入り糞と混ざります。鳥類の糞は一般的に茶色の便の周囲が白色の成分で囲まれていますが，この白い部分が尿酸です。

CHAPTER 6　泌尿器系
確認問題

Q1 つぎの文章の空欄に正しい用語を入れなさい。

- 腎臓の内側面には，（①　　　　　），腎静脈，尿が通る（②　　　　　）が出入りする部分があり，これを（③　　　　　）という。
- 腎臓の実質は（④　　　　　）と（⑤　　　　　）にわけられ，④には原尿を生成する機能的構造である（⑥　　　　　）がある。また，⑥は特殊な毛細血管である（⑦　　　　　）と⑦を包む（⑧　　　　　）からなる。
- 尿細管は尿が流れる順番に（⑨　　　　　），ネフロンループ，（⑩　　　　　）にわけられる。ネフロンループのうち，皮質から髄質に向かう部位を（⑪　　　　　），髄質から皮質に向かう部位を（⑫　　　　　）という。
- （⑬　　　　　）は尿の貯留器である。鳥類には⑬がなく，生成された尿は（⑭　　　　　）に排出される。

Q2 腎臓について正しい記述を1つ選びなさい。
① 腎臓髄質の先端は突出しており，腎盤陥凹とよばれる。
② 近位曲尿細管は複数集まって集合管をつくる。
③ 腎盤では尿のろ過が行われている。
④ 糸球体は腎臓の毛細血管であり，ガス交換が行われる。
⑤ 糸球体から尿細管までをネフロンとよぶ。

Q3 尿の生成について<u>間違っている記述</u>を1つ選びなさい。
① 糸球体における物質のろ過には，物質の大きさや荷電が関係している。
② 糸球体ろ過圧は腎血流量と糸球体毛細血管血圧に依存している。
③ 遠位尿細管ではほぼ100％のブドウ糖やアミノ酸が再吸収されている。
④ 遠位尿細管ではナトリウムイオン（Na^+）を尿細管外にくみ出している。
⑤ バソプレシンは集合管における水の透過性を調節するホルモンである。

Q4 動物種による泌尿器の特徴について正しい記述を1つ選びなさい。
① 犬の左腎臓は右腎臓より頭側にある。
② 猫の腎臓は被膜下に静脈が発達している。
③ 犬の尿は多量のカルシウムが含まれているため，白色でクリーム状を呈する。
④ 鳥類は窒素性老廃物を尿素として排泄する。
⑤ ウサギは窒素性老廃物を尿酸として排泄する。

→解答は p.242 へ

MEMO

CHAPTER 7 生殖器系 reproductive system

学習の目標
- 雄と雌の生殖器系の構造を学び，解剖学用語とそれぞれのはたらきを理解する．
- 生殖子の産生から受精，妊娠，分娩までの生物発生の基本的な流れを理解する．
- 動物によって異なる生殖器系の構造，繁殖行動を理解する．

📖 ホルモン p.150

生殖器系は，卵子や精子といった生殖子（「C［1］生殖子の産生」参照）やホルモンを産生する生殖腺，精漿（「A［3］雄の副生殖腺」参照）や子宮乳を産生する副生殖腺，生殖子の排出路または進入路，胚（「C［6］着床，妊娠」参照）や胎子の発育および分娩・交尾器となる生殖管，生殖に関連した体表の構造や，交尾器である外性器からなります（表7-1）．

A 雄の生殖器

［1］雄の生殖腺

雄の生殖腺は**精巣**であり，精巣は精子を産生する生殖腺であるとともにホルモンを分泌する内分泌腺です．精子形成は体温よりも低い環境で効率よく行われるため，成体では腹腔の外に左右1対の精巣が**陰嚢**内に収まり，精巣の温度が体温よりも高くならないよう調節しています．犬では両後肢のあいだに被毛の薄い陰嚢が，猫では肛門の直下に被毛の濃い陰嚢が位置しています（図7-1，図7-2）．陰嚢の内部は2つの部屋にわかれており，陰嚢と精巣のあいだの結合組織のなかにある膜（**総鞘膜**）によってそれぞれの精巣が包まれています．去勢手術時には精巣にアプローチする際，この膜を切開することになります．

精巣のなかには精子がつくられる**精細管**といわれる管が張り巡らされてい

♂ **陰嚢**
精巣を入れる皮膚でできた袋．

表7-1 生殖器系の構成要素

	雄	雌
生殖腺	精巣	卵巣
生殖管	精巣上体，精管	卵管，子宮，腟
副生殖腺*	精管膨大部，精嚢腺，前立腺，尿道球腺	子宮腺，前庭腺
外性器	陰茎（包皮），陰嚢	外陰部（陰唇，陰核），腟前庭

＊動物種によりもっている副生殖腺が異なる（本文参照）．

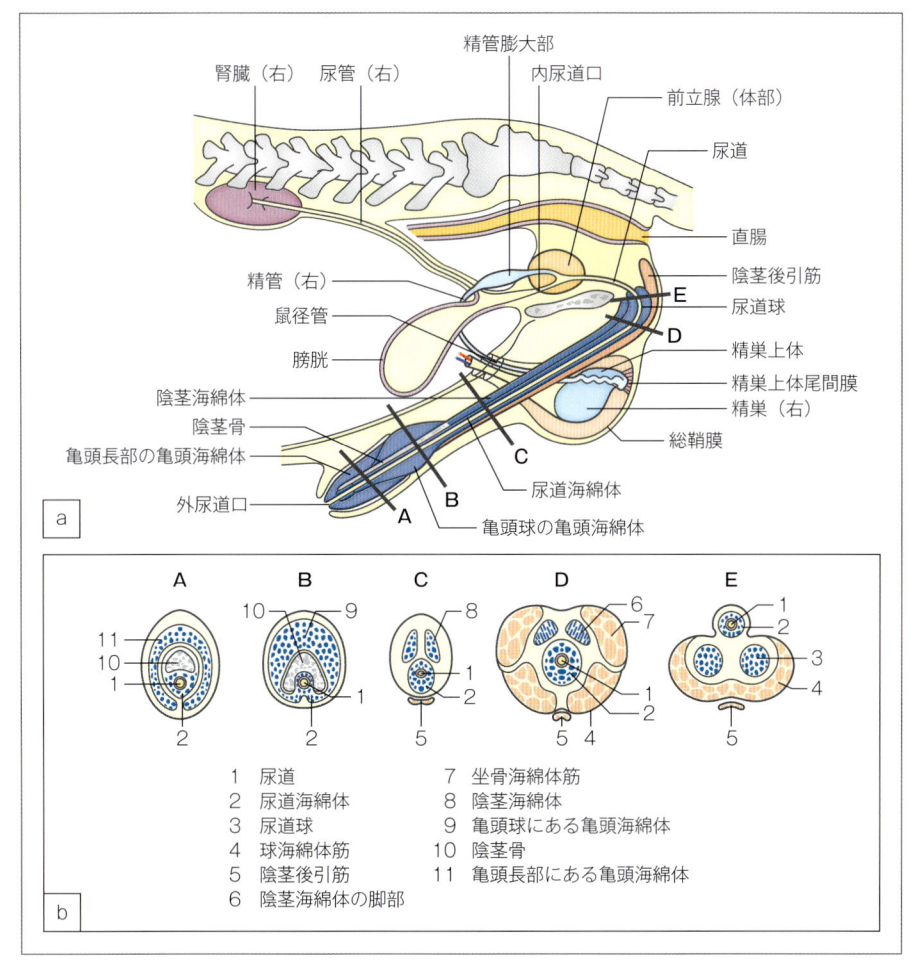

図 7-1　雄犬の泌尿生殖器系
a：雄犬の泌尿生殖器（正中矢状断）
b：陰茎の断面（A～E は部位を示す）

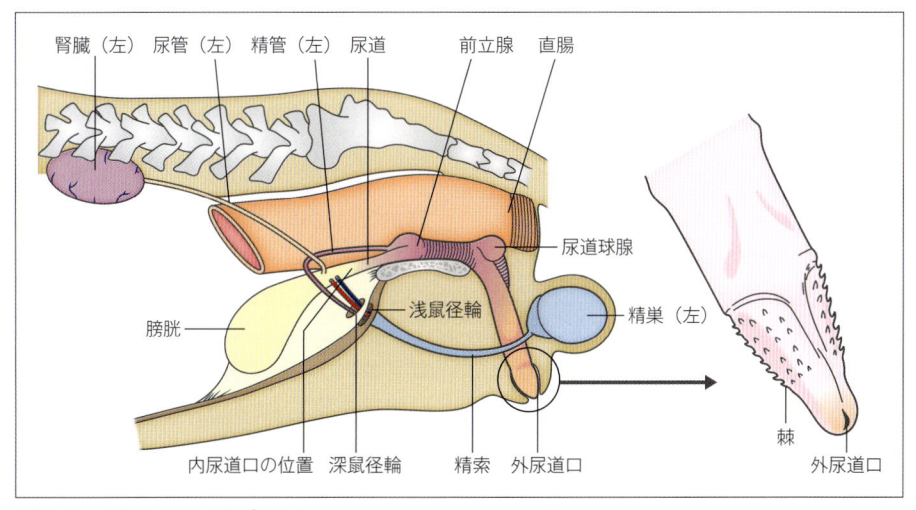

1　尿道
2　尿道海綿体
3　尿道球
4　球海綿体筋
5　陰茎後引筋
6　陰茎海綿体の脚部
7　坐骨海綿体筋
8　陰茎海綿体
9　亀頭球にある亀頭海綿体
10　陰茎骨
11　亀頭長部にある亀頭海綿体

図 7-2　雄猫の泌尿生殖器系

[参考] **テストステロン**
精巣から分泌されるアンドロジェンの代表的なもの。

[参考] **精子の成熟**
精巣上体における精子の成熟には犬では約2週間ほどかかるといわれています。

♂ **受精能**
卵子と受精することができる能力のこと。射精されたばかりの精子は受精能は不完全ですが、腟や子宮、卵管などを通過するときに代謝を受け、受精能を獲得します。

ます（図7-3）。この管の壁は**精上皮**（図7-4）といわれ、精子、精子のもとになる細胞（精祖細胞、精母細胞など）とこれらの細胞に栄養を与える**セルトリ細胞**（支持細胞ともいう）などが存在しています。また、精細管と精細管のあいだを埋める結合組織のなかには**間質細胞**（ライディヒ細胞ともいう）といわれるアンドロジェンを分泌する細胞がみられます。

[2] 雄の生殖管

雄の生殖管は、**精巣上体**と**精管**からなります。精巣上体は精巣の長軸に沿って存在している細長い臓器で、精巣でつくられた精子が流れてくる頭部、中間部である体部、精管と連結する尾部にわかれます（図7-3）。精子は精巣上体を通過する過程で受精能の一部などを発達させて成熟した精子と

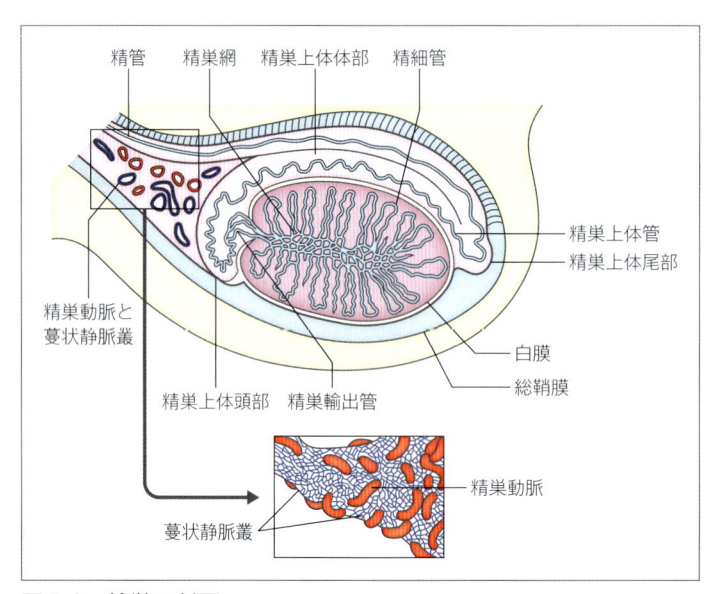

図7-3 精巣の断面

臨床で役立つコラム

精巣下降

精巣は胎子期には腹腔に存在していますが、徐々に陰嚢内に移動してきます。このことを精巣下降とよび、犬、猫では生後1ヵ月ぐらいまでには精巣下降が完了するといわれていますが、この時期には精巣も小さいため確認が容易ではなく、もう少しあとに精巣の存在を確認できることもあります。しかし、精巣が陰嚢内に移動しない潜在精巣となる場合があります。腹腔内では温度が高いため正常な精子が形成されず、もし両側の精巣が潜在精巣の場合は無精子症となります。ただし、ホルモンは精巣で産生されますので発情は誘起されます。潜在精巣は遺伝性疾患であり、さらに精巣の腫瘍（セルトリ細胞腫）になる確率が高いため、潜在精巣となった動物を繁殖に使用することは避けた方がよいとされています。

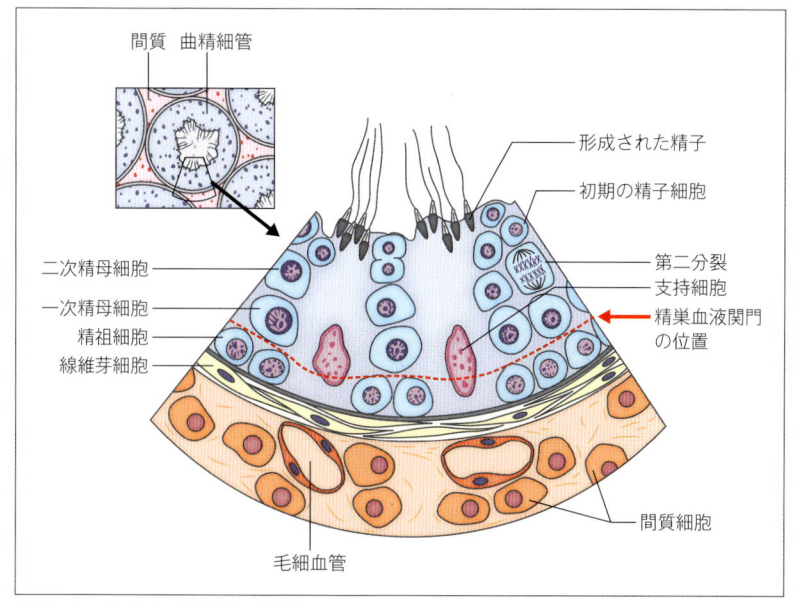

図 7-4　精上皮と間質の構造

なり，尾部で貯蔵されます。射精を連続して行うと精巣上体に貯留している精子が減少するため，射精精子数も徐々に減ります。また，尾部では精巣を包んでいる総鞘膜が精巣上体尾間膜によって固定されています。

精管は精子を尿道に届ける管であり，腹腔外と腹腔内の部分があります。腹腔外の部分は精巣に分布する血管，神経，リンパ管などとともに**精索**とよばれる管を形成し，後肢の付け根を走っています。精管は腹壁に開いている**鼠径管**（浅鼠径輪と深鼠径輪のあいだ）を通って腹腔内に入り，頭側に向かう血管などとは異なり，尾側に向かって反転して前立腺を通り尿道に開口しています（図 7-1）。精索のなかを走っている精巣静脈は精巣に近い部分では，精巣動脈を取り巻くように多数の細い枝を出し，**蔓状静脈叢**とよばれます（図 7-3）。この構造は精巣に向かって流れている精巣動脈内の血液が冷やされることに役立っています。

[参考] **精丘**
尿道にある隆起で，精管の開口部（射精口）が存在します（p.113　図 6-8 参照）。

鼠径輪
鼠径管の出入口のことであり，外側を浅鼠径輪，内側を深鼠径輪とよびます。

[3] 雄の副生殖腺

精漿を産生する副生殖腺には**膨大部腺**，**前立腺**，**精嚢腺（精嚢）**，**尿道球腺**がありますが，動物種によってもっている副生殖腺は異なります。犬では精管膨大部にある膨大部腺と前立腺（図 7-1），猫では膨大部腺（ただし未発達）と前立腺と尿道球腺をもっています（図 7-2）。

精管が尿道に連結する直前で肥大している部分が精管膨大部であり（図 7-1），この部位の粘膜にはほかの副生殖腺と同様に精漿の成分を分泌する膨大部腺が存在しています。猫においても見た目では精管は肥大していませんが，同じ部位の精管の壁には腺組織が存在しています。前立腺は，膀胱の尾

精漿
精液の精子以外の液体成分。

臨床で役立つコラム
前立腺肥大

前立腺は精巣から分泌されるアンドロジェンによって分泌機能が維持されています。犬の前立腺はホルモンに対する感受性が高く，性成熟後も大きさが年齢とともに増加します。増加率は個体によって異なり，正常範囲を超えて肥大すると症状が現れます。肥大した前立腺は背側にある直腸を圧迫することで排便障害を起こします。肛門から指を入れて直腸検査を行ったときに，腹側に硬い組織が触診できた場合には前立腺の肥大が疑われます。また，前立腺の内側にある尿道が圧迫されると排尿障害が生じます。猫はもともと前立腺が小さく，前立腺の加齢変化もあまり認められていないため，肥大が問題になることはほとんどありません。

側で尿道を取り囲むように存在する**体部**と骨盤腔内にある尿道の壁に散在している**伝播部**があります。猫は尿道球腺をもち，骨盤内にある尿道の尾側端の背側に位置しています。

[4] 陰茎

尿道 p.113

陰茎は尿や精子の排導路である**尿道**をそなえる外性器であり，交尾器でもあります。陰茎は陰茎根，陰茎体，陰茎亀頭からなり，尿道以外にも勃起の際に血液を貯留するために特殊化した血管（**海綿体**）や陰茎の保定に関係する筋などが存在しています（図7-1）。

尿道は膀胱から陰茎の先端まで続く管であり，大きく尿道骨盤部と尿道陰茎部にわかれます。精管は尿道に開口していますが，犬や猫における開口部はちょうど前立腺が尿道を取り巻く前立腺体部の位置にあたります。

海綿体は陰茎内の尿道を取り巻いている尿道海綿体とそれ以外の陰茎海綿体に大きくわけられます（図7-1）。尿道海綿体は陰茎根や陰茎亀頭でその一部が尿道から離れて発達した海綿体組織（**尿道球**，**亀頭海綿体**）を形成します。

♂**亀頭海綿体**
陰茎亀頭において尿道海綿体から派生した海綿体組織。

[参考] **陰茎後引筋**
陰茎の尾側で長軸に沿って存在している細長い筋。

陰茎根は陰茎の付け根で陰茎を骨盤（坐骨）に付着させている坐骨海綿体筋やそのあいだにある球海綿体筋，さらにそれらの筋のなかにある海綿体組織などからなります。

陰茎亀頭は**包皮**に包まれている部分で，先端には尿道の出口（**外尿道口**）が存在します。犬の陰茎亀頭は根元のふくらんだ部分である**亀頭球**と先端の

臨床で役立つコラム
尿石が詰まりやすい部位

雄犬においては尿石が詰まりやすい部位は，尿道が骨盤をターンする部分と尿道が陰茎骨を通過する部分です。雄猫は雄犬のように尿道が曲がることがないため，陰茎骨，もしくはそれに類似した硬い組織のある陰茎の先端で尿石が詰まることが多いといえます。

長く伸びた部分である亀頭長部にわかれ，中央には尿道におおい被さるように**陰茎骨**が長軸に沿って存在しています。亀頭球の部分には尿道海綿体の一部が発達しており，交尾時に陰茎が腟内に留まることに重要な役割をはたしています。猫の陰茎は短く，先端が頭側を向く犬とは異なり，安静時には尾側を向いています。陰茎亀頭には棘があり，排卵の誘起に重要な役割をはたしていると考えられています（図7-2）。猫の陰茎骨は非常に小さく，X線画像などでもその存在を確認することが困難なときもあります。

B 雌の生殖器

[1] 雌の生殖腺

卵巣は腹腔内に左右一対存在しており，腹膜（**卵巣嚢**，卵巣間膜と卵管間膜からなる）とそれに付着している脂肪などの結合組織に包まれています。さらに卵巣嚢は頭側へ伸びる**卵巣提索**によって腹壁に，尾側では短い**固有卵巣索**によって子宮の先端に固定されています（図7-5，図7-6）。卵巣には**卵子**（卵母細胞）の発育の場となる**卵胞**や排卵後に卵胞が変化した**黄体**とよばれる組織があります（図7-7）。卵胞は出生時にもっとも多く，年齢とともに減少します。卵胞はその発達の度合いによって原始卵胞，一次卵胞，二次卵胞，三次卵胞（胞状卵胞），成熟卵胞（グラーフ卵胞）と徐々に大きくなり，卵胞内に液体（卵胞液）を貯留するようになります。

▶ 腹膜 p.29

♂ 卵母細胞
卵子になる前の減数分裂の途中にある細胞。

[参考] 閉鎖卵胞
排卵せずに発育の途中で退行していく過程の卵胞。

[2] 雌の生殖管および腟前庭と副生殖腺

雌の生殖管は**卵管**，**子宮**，**腟**から，**腟前庭**へ続きます。卵管は卵巣嚢を構成する膜のなかを走る細い管であり，卵子を子宮に運びます（図7-5）。卵管は卵巣に直接つながるのではなく，卵巣の表面から排卵される卵子（卵母細胞）を受け止めるように卵管の先端が漏斗状に広がっています。この部分を**卵管漏斗部**とよび，そこから**膨大部**，**峡部**と続き子宮に連結しています。

子宮は受精卵が着床し，**胎盤**を形成して分娩するまで胎子の発育の場となります。犬や猫の子宮は卵管側から，左右に1対存在する**子宮角**，左右の子宮角が合流した**子宮体**，子宮体の尾側で子宮壁の筋が厚く発達している

[参考] 子宮（広）間膜
子宮角を腹壁に固定している間膜。

臨床で役立つコラム

雌犬の鼠径ヘルニア

雌犬の腹膜鞘状突起は，雄犬の総鞘膜と同様に，腹膜の一部が鼠径管を通って腹壁の外へ出てきている部分であり，その内腔は腹腔につながっています。この鼠径管を通って腹腔臓器が腹壁外に出てくることを鼠径ヘルニアとよびます。犬の鼠径ヘルニアはまれな疾患ですが，雌犬の鼠径管は比較的太く，特別な構造があるわけではないので，雄よりも高頻度に発生します。猫の鼠径ヘルニアの発生率に雌雄で大きな違いは認められていません。

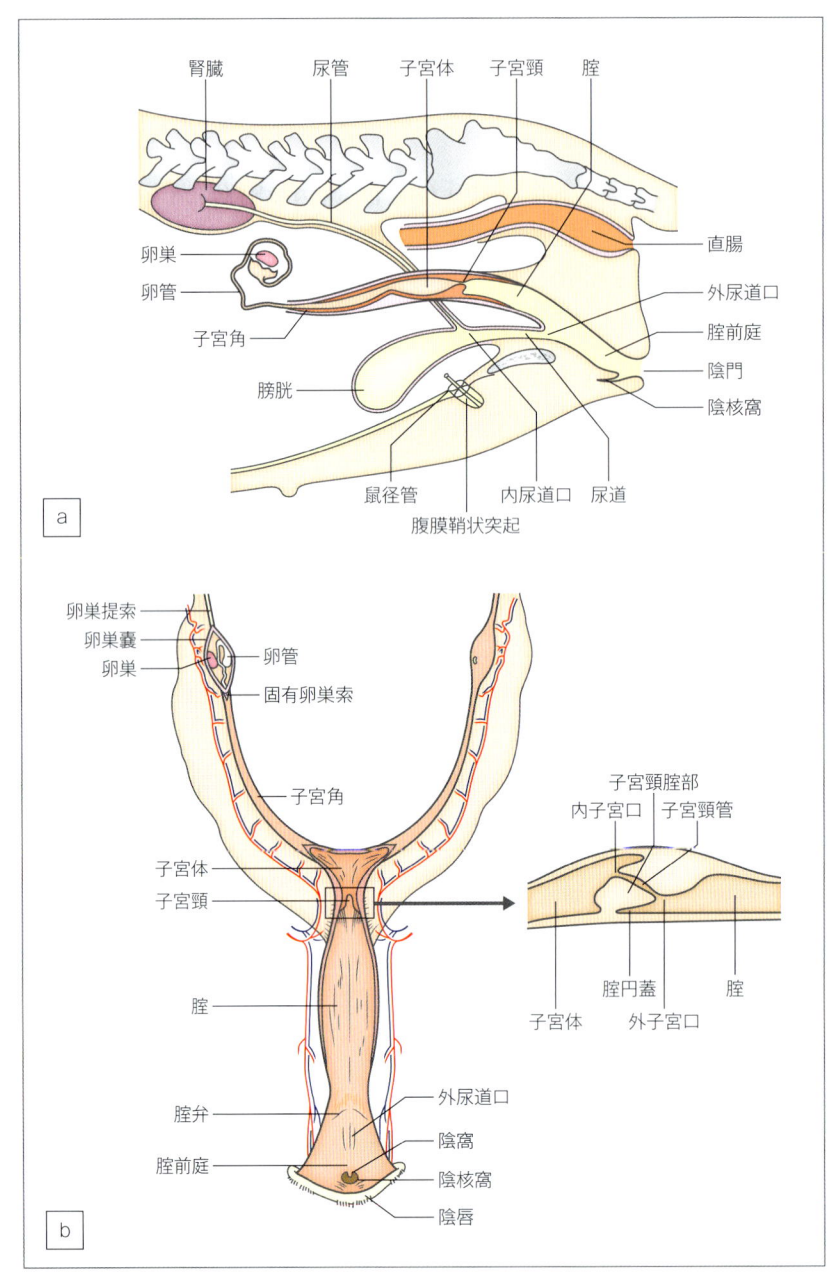

図7-5 雌犬の泌尿生殖器系
a：雌犬の泌尿生殖器系
b：子宮頸から外陰部の背側と，左側の卵巣嚢を切開したところ（背側観）

子宮頸からなり，その形から双角子宮とよばれます（図7-5b）。子宮の内面は子宮内膜によって裏打ちされており，子宮乳を産生する子宮腺が存在しています。子宮頸部の内腔はほかの部位よりも細くなっており，子宮頸管とよばれます。この管は発情期の精子の侵入時や分娩時以外は，正常だと硬く閉じています。子宮頸部の発達した粘膜は腟側に飛び出しており，子宮頸腟部

[参考] 腟円蓋
子宮頸腟部の周囲の陥凹部。

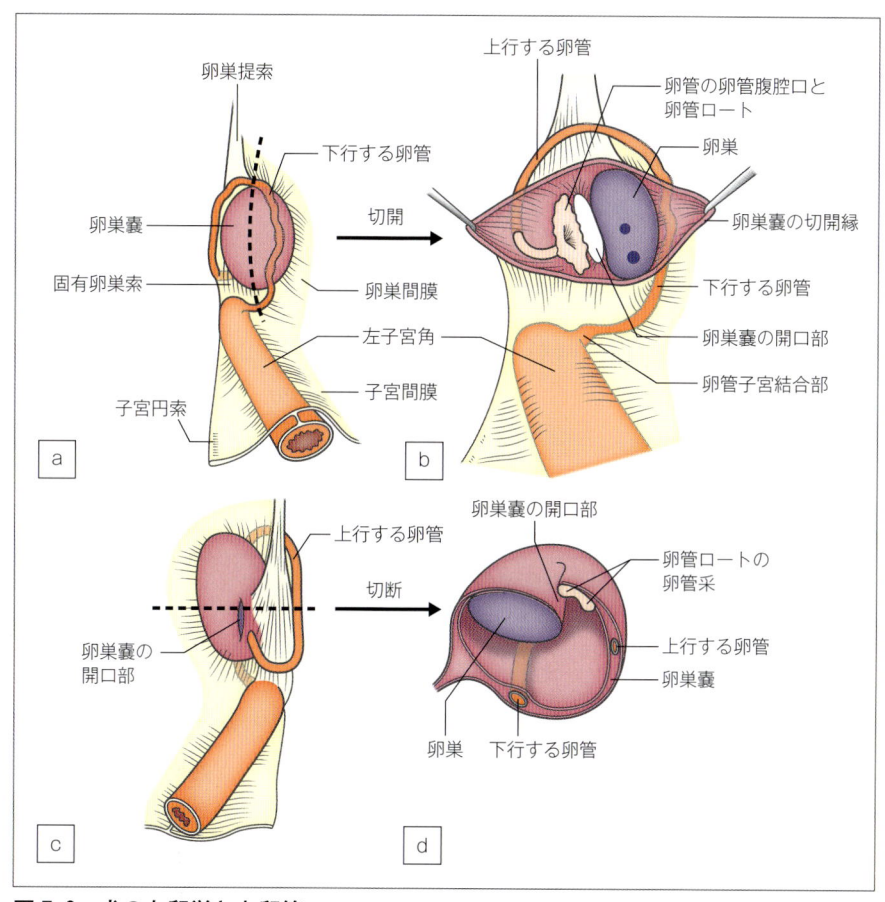

図 7-6　犬の左卵巣と左卵管
a：外側観
b：外側観（卵巣嚢を開いたところ）
c：内側観
d：卵巣と卵巣嚢の横断面

とよばれ，その中央には子宮の出口である**外子宮口**が開いています。

　子宮に続く腟は円筒状の器官であり，雄の陰茎を受け止める交尾器であり，産道でもあります。腟は尿道が開口する外尿道口の直前で横に走る粘膜ヒダ（腟弁）によって腟前庭とわかれています。子宮の一部や腟などは骨盤腔に存在しており，背側の直腸と腹側にある尿道のあいだに位置しています。腟前庭は腟と外陰部（陰門）のあいだにある空間で，生殖器（腟）と泌尿器（尿道）が合流する部位です。この部位には副生殖腺である前庭腺が存在しています。

　胎子期の発生過程において，雌雄の生殖器は途中までは同じようにつくられていますが，ある時期から，雌においては雄の生殖器に関係する部分が退行し，逆に雄においては雌の生殖器に関係する部分が退行します。雌には総鞘膜（「A［1］雄の生殖腺」参照）はありませんが，総鞘膜に相当する部分

骨盤腔　p.29

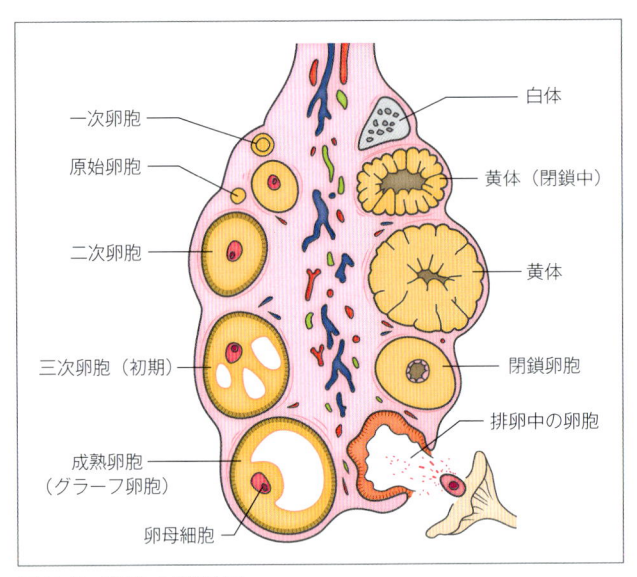

図7-7 卵巣の縦断面
各ステージの卵胞と黄体を示す。

が雌の成体にも残っており，腹膜鞘状突起（図7-5）とよばれます。雄では総鞘膜には精巣，精管などが含まれますが，雌にはそのような構造はなく，鼠径部にある鼠径管を通って子宮広間膜に続く細い結合組織の束（子宮円索）や脂肪などが入っているだけです。そのため，雌では皮膚の上から触っても鼠径管の位置を確認することができません。

[3] 外陰部

外陰部は**陰唇**と**陰核**からなります。陰唇は体外に面している部分であり，発情中の雌犬では腫れますが，雌猫では大きな変化を確認することはできません。陰唇に囲まれた縦に長い部分は雌の泌尿生殖器の出口であり，**陰門**とよばれます。左右の陰唇が腹側正中で結合した部位の奥にあるくぼみを陰核窩とよび，このなかに陰核が位置します（図7-5b）。陰核窩やさらに奥にある外尿道口は腹側に開いているため，腟粘膜を採取するために綿棒などを挿

♂陰核
雄の陰茎に相当します。

臨床で役立つコラム

交配の時期

雌犬の場合，排卵の時期と卵子の受精能獲得に必要な時間などを考慮すると，雄の許容開始，すなわち発情期に入ってから約7日間は受胎可能な交配期間とされていますが，このなかでも発情期に入ってから5～7日目がもっとも交配に適した時期となります。雌猫の場合は，交尾排卵なので排卵日を考慮する必要はありませんが，発情期初期だと交尾をしても排卵されない可能性があるので，発情が強くなる発情期に入ってから3～5日目が交配に適した時期となります。

入する際には背側に沿って入れると陰核窩や外尿道口に誤って入れてしまうことはありません。

[4] 乳腺

妊娠すると，エストロジェンやプロジェステロンの作用により乳腺が発達します。妊娠後期になると下垂体前葉から分泌されるプロラクチンの作用により乳汁が産生されるようになり，分娩後，新生子の吸引刺激により下垂体後葉から分泌されるオキシトシンの作用により乳汁が分泌されます。

📖 乳腺　p.202
📖 下垂体前葉　p.154
　　下垂体後葉　p.155

C 繁殖生理

[1] 生殖子の産生

①染色体

多くの動物の体細胞は基本的には相同な（同じ形をした）の染色体を1組もつ二倍体です。二倍体の染色体は2nで表され，各種動物の染色体数は表7-2の通りです。生殖子が体細胞と同じ2nであった場合，精子と卵子が合体（受精）すると染色体が四倍体になってしまうため，生殖子は一倍体（n）である必要があります。そこで，生殖細胞は体細胞が増殖するときに行う体細胞分裂とは異なり，減数分裂によって一倍体の染色体のセットをつくっています。減数分裂によって一倍体となった精子と卵子は，受精することで二倍体の受精卵となり，体細胞分裂を繰り返して胎子となります。すなわち，体細胞は父系，母系のそれぞれの染色体を受け継いでいることになります。

♂体細胞
動物の体を構成する細胞のうち，生殖細胞（生殖子）以外の細胞のこと。

📖 染色体　p.17
図1-5参照。

♂二倍体
基本的に動物の染色体は相同な1組の染色体をもっており，2nと表されます。人の場合，染色体の種類が46あるため，染色体の数を2n＝46と表します。

♂紡錘体
細胞分裂の際に染色体を分裂後の細胞（娘細胞）に分離させる構造物。

②体細胞分裂と減数分裂

体細胞分裂，生殖子の減数分裂ともに染色体が紡錘体によって引き裂かれる有糸分裂が起こります。有糸分裂は，その分裂過程により間期（G1期，S期，G2期）と分裂期（前期，中期，後期，終期）にわけられます。間期にDNAの複製が行われ，分裂前期では核膜が消失し，染色体が明瞭になります（図7-8）。このときの染色体にはDNAが複製されているため，1つの染色体には2本の染色分体が存在しています。続く中期では染色体が赤道面にならび，後期において紡錘体によって染色体がそれぞれの染色分体にわか

♂有糸分裂
体細胞有糸分裂と減数有糸分裂があります。

📖 核膜　p.14

♂染色分体
複製された染色体の1本ずつのこと。

♂赤道面
細胞分裂の際に染色体が集まる平面領域のこと。

表7-2　各種動物の染色体数

動物種	2n
犬	78
猫	38
ウサギ	44
鳩	16

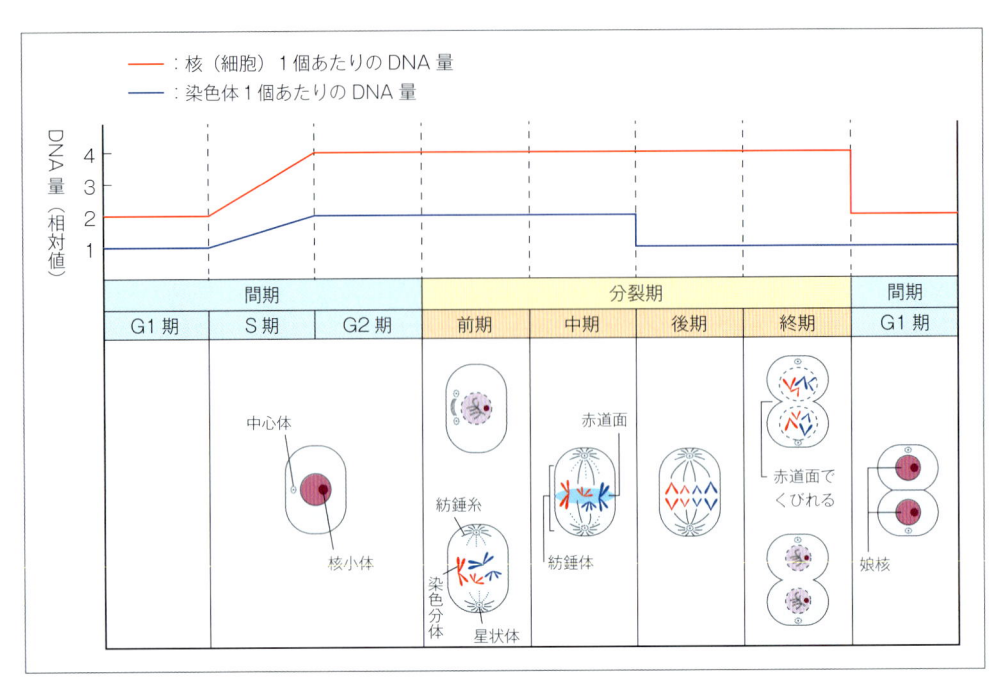

図7-8 体細胞分裂

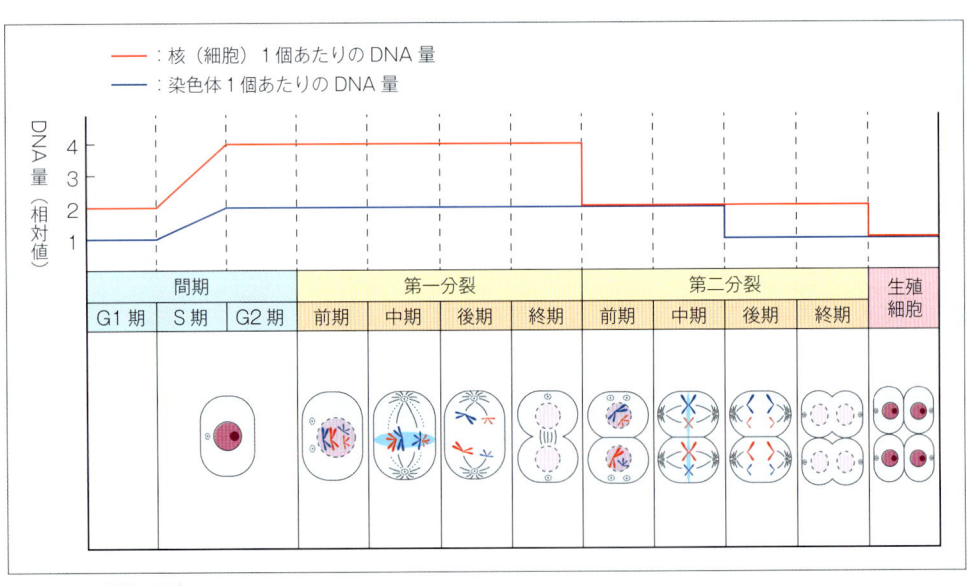

図7-9 減数分裂

♂**相同染色体**
二倍体の体細胞中に存在する同じ形を示す染色体。片方は父由来であり、もう片方は母由来です。

れます。終期においては核膜が出現するとともに細胞質が分裂します。体細胞分裂では1回、減数分裂では2回起こります（図7-8, 図7-9）。また、減数分裂における1回目の有糸分裂（第一分裂）の前期において複製された相同染色体が対合することにより二価染色体（4本の染色分体）となり、第一分裂後期には相同染色体同士が対合面で分断され、第二分裂後期において、

染色分体が引き裂かれます（図 7-9）。

③精子と卵子の形成

　精上皮でつくられる精子と卵胞内で発育する卵子の形成過程を図 7-10 に示します。精子のもとになる精祖細胞は胎生期に形成されますが，性成熟に近づくまで休眠しており，性成熟に近づくと分裂を開始して，生殖能力があるあいだは分裂を持続します。卵子のもとになる卵祖細胞も胎生期に形成され，原始卵胞内で一次卵母細胞となって減数分裂の第一分裂前期で休眠に入ります。性成熟に達すると卵胞の発育とともに一次卵母細胞の減数分裂が再開され，減数分裂の第一分裂を終えて二次卵母細胞となります。一般的には，減数分裂の第二分裂中期にある二次卵母細胞として排卵されますが，犬では，ほかの動物よりも未熟な状態（一次卵母細胞）で排卵されます。減数分裂途中の排卵された卵（卵母細胞）は卵管内で分裂が進みますが，最終的な減数分裂の終了は精子の進入の刺激によってもたらされます。理論的には減数分裂によって1つの細胞から4つの生殖子がつくられます。精子の形成過程においては減数分裂によってできる細胞がすべて精子となります。しかし，卵子の形成過程における減数分裂では，細胞質が均等にわかれるわけではなく，機能的な生殖子（卵子）は1つしかつくられません。細胞質がほとんどなく，余分な染色体を入れるだけのものを極体とよびます。このよう

[参考] 犬の卵子
犬の卵子は排卵後，受精能を有するまでに約 60 時間ほどかかるといわれています。

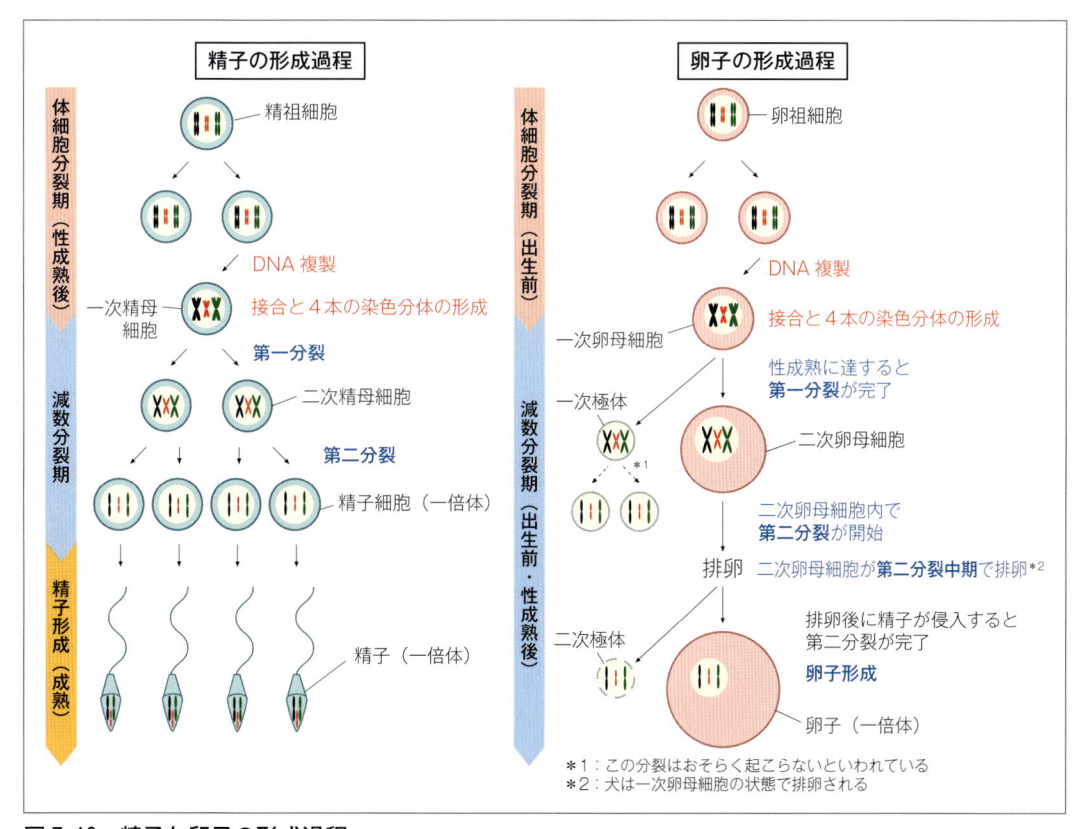

図 7-10　精子と卵子の形成過程

表 7-3　生殖器系に関係する主なホルモン

分泌部位		ホルモン	作用
視床下部		性腺刺激ホルモン放出ホルモン（GnRH）	下垂体の LH と FSH の分泌を刺激
下垂体	前葉	プロラクチン（乳腺刺激ホルモン）	乳汁生産促進，母性行動を刺激，動物種によっては黄体維持作用
		黄体形成ホルモン（LH）	雌：排卵の誘起と卵胞の黄体化 雄：精巣の間質細胞の発達，アンドロジェンの分泌を刺激
		卵胞刺激ホルモン（FSH）	雌：卵胞の発育を刺激 雄：精子形成を刺激
	後葉	オキシトシン	雌：子宮筋の収縮（陣痛の誘発），乳汁射出 雄：精管や前立腺の平滑筋の収縮
精巣	間質細胞	アンドロジェン（テストステロン）	雄性二次性徴，性行動を促進，精子形成促進
卵巣	卵胞	エストロジェン（卵胞ホルモン）（エストラジオール）	卵胞の発育，子宮内膜の増殖，乳腺胞の発育，雌性二次性徴
	黄体	プロジェステロン（黄体ホルモン）	妊娠の成立・維持，乳腺細胞の発育

な精子や卵子の産生には多くのホルモンが関係しています（表 7-3）。

[2] 卵巣周期

　性成熟に達した雌の卵巣では卵胞が発育して，排卵が起きて，そのあとに黄体が形成されます。そして黄体が退行すると再び卵胞が発育します。このように卵胞の発育から排卵までの卵胞期，排卵後に黄体が形成されて退行していく黄体期が周期的に繰り返され，これを卵巣周期とよびます。卵胞周期にはホルモンの作用が大きな役割をはたしています（図 7-11）。

　卵胞期には，視床下部から分泌される性腺刺激ホルモン放出ホルモン（GnRH）が下垂体前葉からの卵胞刺激ホルモン（FSH）の分泌を促進させます。そして，FSH は卵巣内の卵胞を発達させ，卵胞から分泌される卵胞ホルモン（エストロジェン）が増加します。エストロジェンは発情行動を誘発させます。排卵前にはエストロジェンが視床下部に対して正のフィードバック作用を及ぼし，GnRH の分泌を増加させます。GnRH およびエストロジェンの正のフィードバック作用により，下垂体前葉から黄体形成ホルモン（LH）の急激な一過性の分泌放出（LH サージ）が引き起こされます。この LH サージは排卵を誘起します。排卵後の卵胞には黄体細胞が増殖し，黄体が形成されます。黄体期には黄体の成長とともに黄体から黄体ホルモン（プロジェステロン）が分泌されます。

　猫の LH サージはエストロジェンの正のフィードバックではなく，交尾刺激によってもたらされ，排卵が起こります（交尾排卵）。もし猫のような交尾排卵動物において交尾刺激がなければ，卵胞は排卵されずに退行することになります。卵胞期は後述する発情周期の発情前期と発情期に，黄体期は発情休止期に対応しています。

◀ 視床下部　p.152
　下垂体前葉　p.154

◀ エストロジェン，
　プロジェステロン　p.158

◀ 正のフィードバック
　p.152

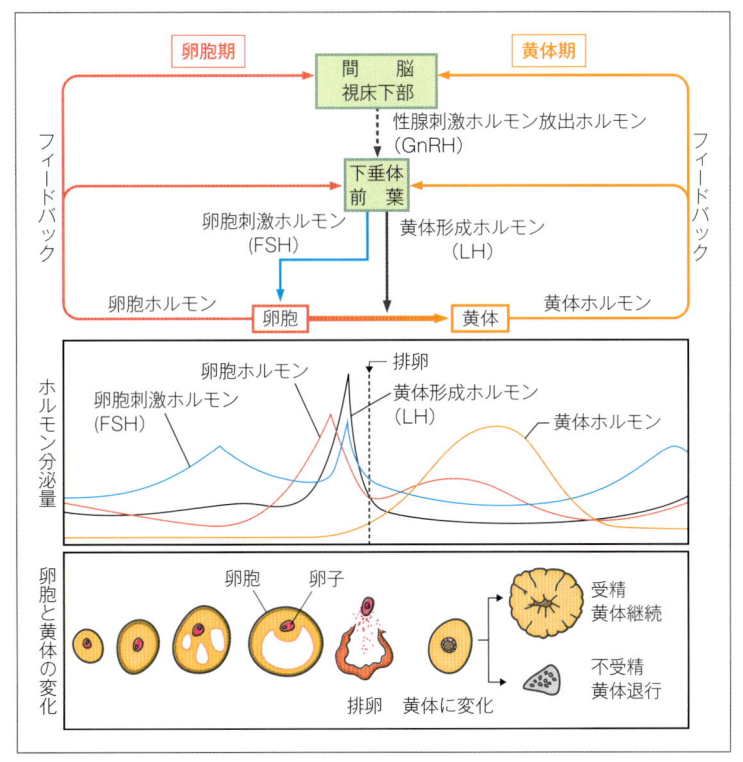

図 7-11　卵巣周期とホルモンの変動

[3] 発情周期

　雌の性成熟は小型犬や猫では早く，大型犬では遅い傾向にありますが，犬や猫はおよそ8〜10ヵ月齢で性成熟を迎えます。性成熟に達した動物ではホルモンの作用によって一定の間隔で卵巣内の卵胞が発育し，発情を迎え，交尾が行われなかった場合，もしくは交尾が行われても妊娠しなかった場合には一定の周期で発情を繰り返します。この周期のことを**発情周期**とよんでいます。

①犬の発情周期

　雌犬の発情は通常，季節性はないですが，発情周期が平均7ヵ月（約4〜12ヵ月）と長いので，年に1回もしくは2回の発情が認められます。発情

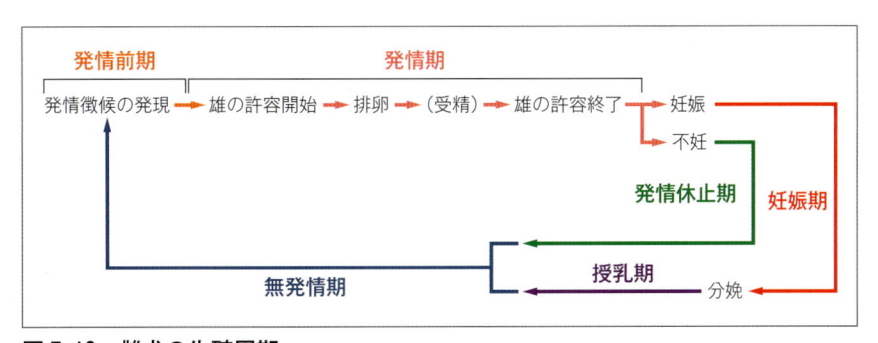

図 7-12　雌犬の生殖周期

周期は発情前期，発情期，発情休止期，無発情期の4つにわけられます（図7-12）。

発情前期と発情期はあわせて発情とよばれることが多く，卵胞が活性化している時期です。発情休止期は発達した黄体が認められ，無発情期では卵巣の機能が停止しています。発情前期は外陰部の腫大や陰門からの血様粘液の漏出によってはじまり，平均8日間（約3〜17日）続きます。発情期は雄に交尾を許容する時期であり，平均9日間（約3〜21日）持続します。外陰部の腫大はそのままであり，陰門からの排泄物は褐色になり量も減りますが，持続します。排卵は発情期開始から約2日後，発情前期開始から約10日後に起こりますが，外観からはわかりません。犬は自然排卵であり個体差も大きいため，排卵（交配のタイミング）の判断にはホルモン検査や腟細胞の検査などを併用した方が正確です。発情休止期は雄を許容しなくなってから約2〜3ヵ月です。犬においては，妊娠していなくても妊娠期と同じようなプロジェステロンの分泌を示すために，発情休止期の後半に乳腺の発達や泌乳などが認められる偽妊娠が起こることがあります。無発情期は発情休止期に続く長い期間（約4〜8ヵ月）で卵巣には機能的な卵胞や黄体は存在していません。このように犬は，1回の発情を逃すとつぎの発情までの間隔が長いため単発情型といわれます。

② 猫の発情周期

雌猫は季節性多発情動物であり，日の出ている時間が長い季節に繁殖を行います。日本では1月から8月が繁殖季節であり，この繁殖期には犬とは異なり発情が数回繰り返されます（図7-13）。雌猫の発情周期はさまざまな名称で表すことができますが，本書では犬の発情周期に合わせて，発情前期，発情期，発情休止期もしくは無発情期，発情停止期にわけます。

発情前期，発情期には犬で認められるような外陰部の腫大や陰門からの血様粘液は確認できませんが，特徴的な行動によって発情の開始を知ることができます。たとえば，発情前期には雄猫を避けますが，遠吠えのような鳴き声をあげたり，頭や頸を身近なものに擦りつけたりします。この期間は気づかれないほど短いときもありますが，通常は1〜2日で終わります。発情期には鳴き声が増加し，腹這いになって尾を片側に曲げるなどして交尾を許します。約4〜14日間続くこの期間に交尾が行われると，1.5日後に排卵が起こります。交尾は行われても妊娠しなかった場合（発情休止期），卵巣には黄体が形成され，卵胞の発育を抑制するプロジェステロンが分泌されます。しかし，犬とは異なり，分泌期間は妊娠期のものよりも短く，約35〜40日で黄体は退行してしまうため，偽妊娠の徴候は犬ほど顕著ではありません。もし光の量が十分であれば，再び発情周期が再開します。発情期に交尾が行われなかった場合（無発情期），卵子は排卵されずに卵胞とともに消失してしまいます。この時期には活発な卵胞も少なく黄体がないため，卵巣は無機能な状態になることがありますが，発情休止期と同様に，光量が十分であれ

[参考] 完全生殖周期と不完全生殖周期
発情→妊娠→分娩の過程を経る生殖周期を完全生殖周期，妊娠・分娩をせずに発情を繰り返す生殖周期を不完全生殖周期といいます。

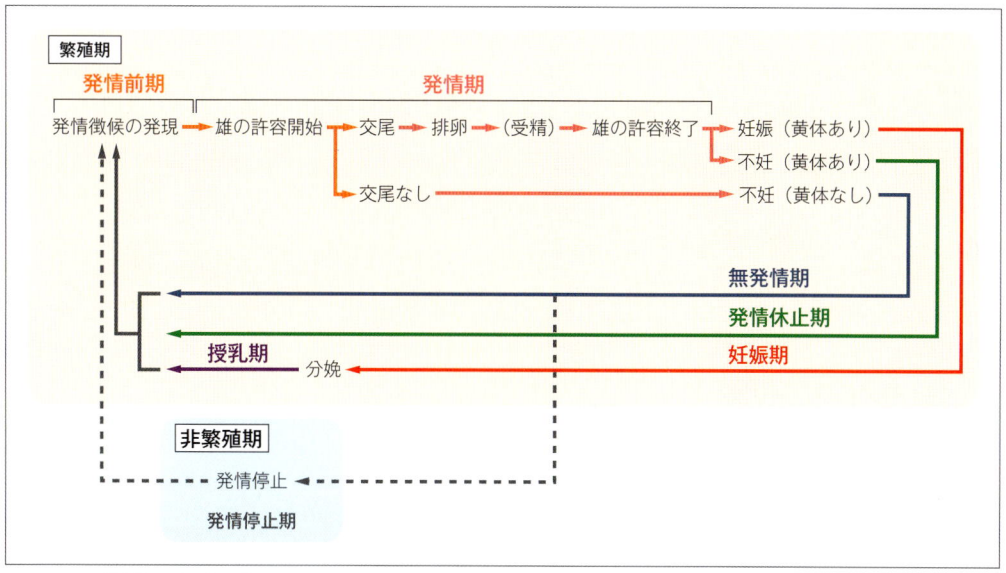

図 7-13　雌猫の生殖周期

ば約 2 週間後に再び発情を繰り返します。さらに，妊娠，分娩を行った雌でも，繁殖期であれば授乳終了後約 1 週間ほどでつぎの発情が現れます。発情停止期は非繁殖期，すなわち日が短い季節（9 月〜1 月）のあいだに起こり，卵巣は無機能状態となります。日照時間が長くなると，再び卵胞が発達しはじめて繁殖期がはじまります。しかし，雌猫の発情周期は不規則であり，ここに示している日数通りに一定しているわけではありません。とくに，家のなかで飼育されている雌猫は人工光の影響で 1 年中発情周期を示すこともあり，さらに犬と同様に自然排卵をする猫もいることがわかっています。

[4] 腟細胞診

　子宮粘膜，腟粘膜は発情周期（卵巣周期）にともなうホルモン，とくにエストロジェンの影響を受けて変化します。動物種によって，この変化は腟上皮から採取される剥離細胞（**腟スメア**）の観察（腟細胞診）により知ることができ，発情周期を判別するのに有効な手段となります。

　犬においては，発情前期が開始されるとエストロジェンの影響で子宮内膜の血管が発達し，赤血球が血管から漏出，すなわち出血します。さらに，エストロジェンは腟上皮の増殖と角化を亢進させます。すなわち発情前期の初期には角化が進んでいないので，腟スメアには核をもつ**腟上皮細胞**が主体で，子宮から流れてきた**赤血球**が認められるようになります（図 7-14a）。また**好中球**も認められます。発情が進むにつれてエストロジェンの作用，すなわち腟上皮の角化が亢進して，発情前期の末期から発情期になると観察される，無核で大型の多角形をした腟上皮細胞が主体となります（図

☞ 角化　p.196

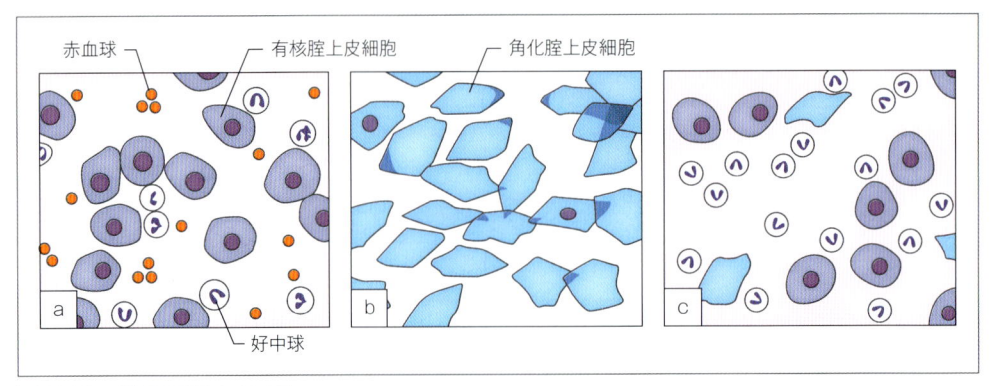

図7-14 雌犬の腟スメア像
a：発情前期の初期
b：発情期
c：発情休止期

赤血球 p.209
白血球 p.211

7-14b）。有核腟上皮細胞，赤血球，白血球は減少します。排卵後の発情期の後期においてはエストロジェンが減少するため，徐々に無核の角化腟上皮細胞が減少して，有核腟上皮細胞が増加します。発情休止期においては有核腟上皮細胞が主体となり，程度はさまざまですが，赤血球や白血球も再出現します（図7-14c）。無発情期になると有核腟上皮細胞も減少して，少量の有核腟上皮細胞，角化腟上皮細胞，白血球が認められるようになります。発情前期の開始，すなわち陰門からの血様粘液の排出の約1.5ヵ月前ほどから腟スメアに赤血球の出現がはじまり，約1週間前にはその量が増加します。

[5] 交尾

小型犬や猫では早く，大型犬では遅い傾向にありますが，雄の犬や猫は雌と同様におよそ8〜10ヵ月齢のころに性成熟を迎え，排尿によるマーキングや乗駕(じょうが)行動を見せるようになります。雄は雌が許せば背後から乗駕し，陰茎を腟に挿入します。犬と猫の交尾の違いは以下の通りです。

①犬の交尾

犬が陰茎を腟に挿入した時点では，雄犬の陰茎は完全に勃起していませんが，陰茎骨が陰茎の硬さを維持します。挿入後，雄犬は腰を素早く動かしピストン様運動を数秒から数分間続けます。このあいだに陰茎，とくに亀頭球が大きくふくらみ，腟にロック（コイタルロック：coital-lock）され，2回の射精を行います。1回目は前立腺からの分泌物が主体であり，2回目は精子を多く含んでいます。その後，雌雄の性器が結合した状態で雄犬は雌犬から降り，雄と雌がお尻をあわせた状態で互いに逆方向を向きます（図7-15）。この結合のあいだに，主に前立腺の分泌液からなる3回目の射精が行われます。この際，前2回とは異なり，大量の精液が放出されるため射精に時間がかかり，結合が約15分程度続きます。短いと結合時間は数分で終

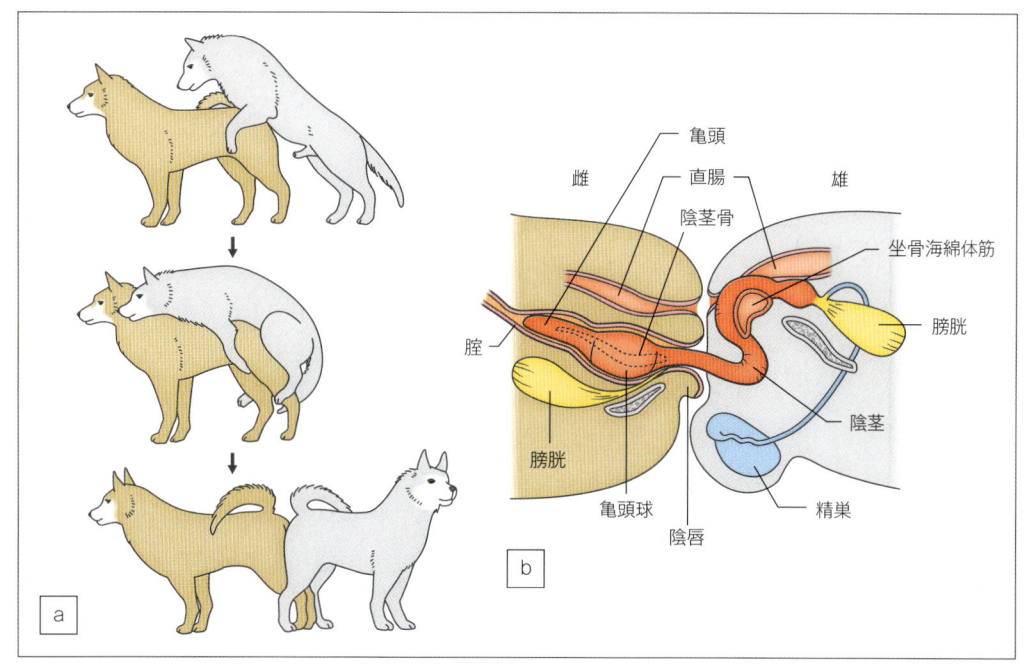

図7-15　犬の交尾行動
a：交尾時の雄犬と雌犬の行動
b：雄犬と雌犬が逆向きになったときの交尾器の様子

わるときもありますが，長いときには40分ほどかかるときもあります。ただし，1時間を超えるようなときは何らかの異常が起こっている可能性がありますので，注意が必要です。

挿入前に陰茎が勃起していると，亀頭長部は腟に入りますが，亀頭球が入らないためロックが形成されず，すぐに雌雄が離れることになります。

②猫の交尾

雄猫の陰茎は尾側を向いていますが，挿入前に勃起して頭側を向くため，交配の姿勢は犬と同様に背後から乗駕します。雄猫は，陰茎を挿入後1分も経たないうちに射精を行い雌から離れます。猫の陰茎には棘があり，陰茎を引き抜くときに痛みをともなうため雄猫は雌猫を背後からしっかりと抑え，時には頸を咬むことによって雌の反撃を抑制します。しかし，この棘による刺激は雌猫の排卵の誘起に重要な役割をはたしています。交尾後の雌猫は激しく転がったり，雄猫に対して攻撃的になりますが，数分後にはもとに戻り，再び交尾を繰り返します。雌猫はこのように数回の陰茎の刺激を受けることにより排卵を確実なものにしています（「C［2］卵巣周期」参照）。

[6] 着床，妊娠

①着床

犬や猫では受精は卵管内で起こり，数時間後には細胞分裂が開始されま

[参考] **卵割**
受精卵，すなわち胚発生の初期における細胞分裂を卵割とよびます。

♂ **羊水**
羊膜上皮から分泌されて羊膜腔を満たす水。胎子はこの羊水に浮かんで発育します。

♂ **血管内皮**
血管を裏打ちする薄い細胞の層。毛細血管壁はほとんどが血管内皮からなります。

す。受精卵は発育（細胞分裂）しながら成熟して子宮に入り，子宮内膜に接着します（**着床**）。1回目の体細胞分裂が終わると受精卵は**胚**とよばれるようになり，さらに細胞分裂を繰り返しながら，それぞれの細胞は各器官へと変化していきます（器官発生）。

犬や猫は一度に2匹以上の新生子を産む**多胎動物**です。すなわち，左右の卵巣から数個の卵子が排卵され，それぞれの卵管で受精して子宮に移動します。左右で受精卵の数が異なっている場合であっても，左右の子宮角で着床する数が同じになるように胚（受精卵）は子宮のなかを移動します。また，互いの胚同士が干渉しないように等間隔で着床します。

胚がある程度発育してくると，胚を囲むように**胎膜**が形成されます。胎膜は外側から**絨毛膜**，**尿膜**，**羊膜**が存在します（図7-16b）。尿膜は尿膜管によって胎子の膀胱とつながっており，胎子の排泄物である尿膜水がたまっています。羊膜は胚（胎子）を囲み，内側には羊水が貯留しています。胎膜の表面には絨毛膜と尿膜からなる絨毛とよばれる突起が発達し，子宮粘膜に入り込むことにより**胎盤**が形成されます。犬や猫においては子宮内膜上皮が消失し，上皮下にあった毛細血管の血管内皮と絨毛が密着しているので**内皮絨毛膜胎盤**とよばれます。また，犬や猫において絨毛は胎膜の中央を帯状に取り囲んでおり，この形態から**帯状胎盤**ともよばれます（図7-16a）。さらにこの帯状に発達した絨毛の辺縁には血腫（**周縁血腫**）が存在します。これは破壊された子宮内膜の血管から漏れ出た血液がたまっている部分であり，犬では緑色，猫では茶色をしています。分娩時にはこの血腫が破れるため排泄物がそれぞれの色を呈することがあります。胎盤には血管が豊富に分布しており，母体と胎子（もしくは胚）のあいだで栄養素や老廃物，酸素や二酸化炭素のやりとりが行われます。胎子側の血管は尿膜に発達している血管を介して**臍帯**を通り，胎子に連結しています。このとき臍帯を通り，胎盤から胎

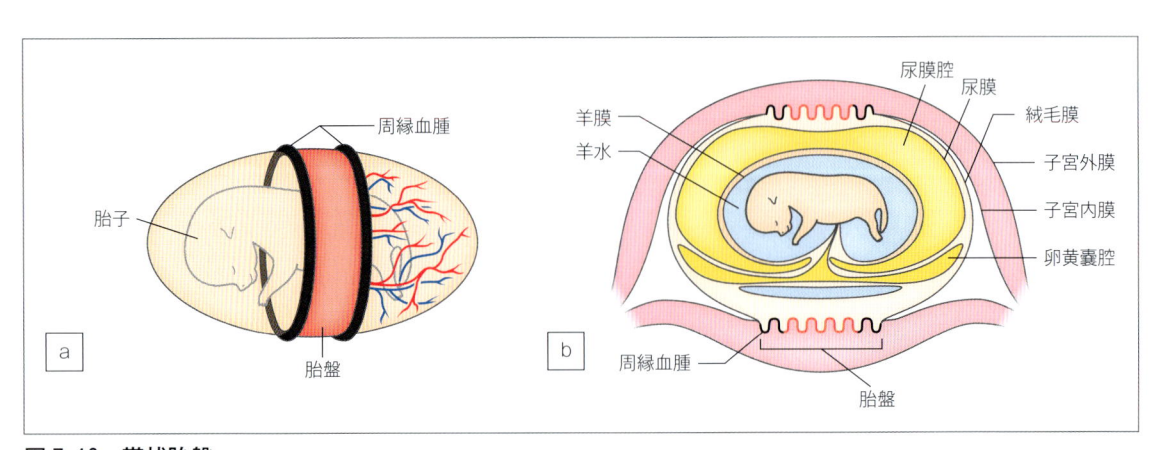

図7-16 帯状胎盤
a：帯状胎盤の外見
b：犬の胎子と子宮（断面）

140

子に動脈血を運ぶ血管を臍静脈，胎子から胎盤に静脈血を運ぶ血管を臍動脈とよびます。

発生過程で，胚は外胚葉，中胚葉，内胚葉の3つにわかれ，それぞれの胚葉から組織，もしくは器官がつくり出されていきます（表7-4，図7-17）。器官発生が終わると胚は胎子とよばれるようになります。犬の胚，もしくは胎子の妊娠期間と発育過程を表7-5にまとめます。猫の発生は犬よりやや進行が速いと考えられています。

②妊娠

妊娠期間（交配から分娩まで）は犬では約63±7日，猫では約67±2日といわれていますが，品種，年齢，季節，胎子数などいろいろな要因によって変動します。妊娠がどのように維持され，妊娠の終わりである分娩がどのように誘起されるかについての詳細は不明な部分も多いといえます。しかし，犬，猫において黄体から分泌されるプロジェステロンが妊娠を成立させるた

☞ 動脈血，静脈血　p.82

[参考] 動物種別の繁殖形態
発情パターンや妊娠期間などの繁殖形態は動物種によって大きく異なります（表7-6参照）。

表7-4　胚葉と関連する組織と器官

胚葉	組織と器官
外胚葉	神経，感覚器，表皮，毛などの表皮の付属物
中胚葉	骨，軟骨，筋，血液，心臓，血管，リンパ節　生殖器，泌尿器（膀胱と尿道の上皮以外）
内胚葉	消化管，呼吸器，肝臓，膵臓，甲状腺，上皮小体

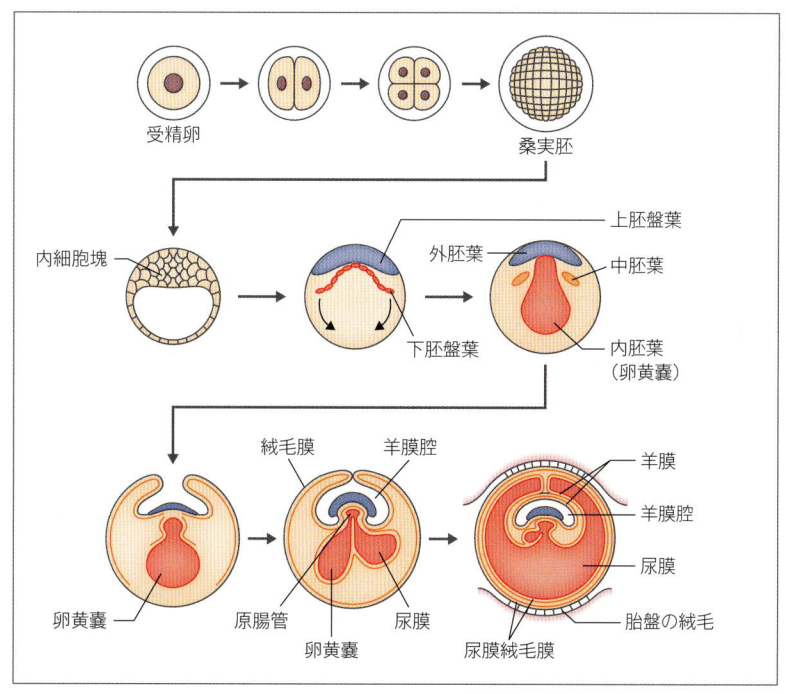

図7-17　胚の発生過程（初期）

表7-5 犬の交配後の日数と発生段階

胎齢（日）	胚，胎子の大きさ	発育過程
1～3		減数分裂の完了，受精
8		子宮に到着
15		着床
17	1.3～2.0 mm	胎盤の形成開始
18	2.3～5.0 mm	尿膜の形成開始
21		羊膜の完成
22		四肢の形成開始
25	9～15 mm	外耳道の形成開始
30～33	13～25 mm	耳介が明らかになる，唇に触毛ができる
35	21～24 mm	内部臓器の形成（器官形成）が完了，外性器が確認できる
36～38	29～38 mm	毛包が体表にできる
40	38～42 mm	眼瞼が閉じる
43	53～57 mm	指，爪ができる
44～46	96～121 mm	体毛と体色が発達する，骨の骨化がはじまる
52～54	124～158 mm	毛の形成完了，肉球が発生
63	160 mm 以上	出生

表7-6 動物種別の繁殖データ

動物種	発情パターン	発情期の長さ（日）	排卵形式	妊娠期間（日）	平均産子数	子宮形態	性成熟年齢
犬	単発情	9（3～21）	自然排卵 発情出血の約10日後	63±7	4～10	双角子宮	8～10ヵ月齢
猫	季節性多発情 (1～8月)	4～14	交尾排卵 交尾の約36時間後	67±2	2～5	双角子宮	8～10ヵ月齢
フェレット	季節性多発情 (3～8月)	交尾がないと繁殖期間中発情	交尾排卵 交尾の30～40時間後	42	8	双角子宮	12ヵ月齢
ウサギ	発情周期なし	4	交尾排卵 交尾の約10時間後	28～32	2～7	重複子宮[*1]	4～12ヵ月齢
チンチラ	季節性多発情 (11～3月)	30～35	自然排卵	111	2～3	重複子宮	8ヵ月齢
モルモット	多発情	15～16	自然排卵	63	2～6	双角子宮（両分子宮，分裂子宮）[*2]	6～10週齢
ゴールデンハムスター	多発情	4	自然排卵	15～18	3～12	重複子宮	6～10週齢
ジャンガリアンハムスター	多発情	4	自然排卵	19	3～8	重複子宮	6～10週齢
チャイニーズハムスター	多発情	4	自然排卵	20	3～8	重複子宮	6～10週齢

＊1：「D［2］雌の生殖器」参照．
＊2：モルモットは見た目では左右の子宮角が合流した部位（見た目のうえでの子宮体）であっても内側の壁によって左右にわかれており，本来の子宮体は非常に短い．このような双角子宮を両分子宮，もしくは分裂子宮とよぶことがあり，牛も同じような子宮をもつ．

めに必須であり，乳腺組織を刺激するプロラクチンは黄体を維持する役割があることが知られています。

▶プロラクチン p.155

[7] 分娩

外界でも生存できる状態まで発育した胎子とその付属物（胎盤など）が母体（子宮）から出てくることを分娩といいます。犬や猫において分娩は3つの段階（ステージⅠ～Ⅲ）にわかれ，各胎子の誕生ごとにステージⅡとⅢが繰り返されます。

①ステージⅠ

子宮の収縮（**陣痛**）と産道の拡張が起きます。この時期には分娩徴候として，落ち着かなくなり，巣作り行動，食欲不振，頻尿，直腸温の低下が認められ，経産（けいさん）の動物では乳汁が分泌されることもあります。通常6～12時間持続しますが，初産の場合では24時間を超えることもあります。

②ステージⅡ

胎子が産み出される期間です。陣痛が強くなり，明らかな腹部の収縮として確認できるようになります。直腸温は正常に戻ります。通常は胎子が産道に入ったところで，尿膜が破裂して尿膜水の排出が起こります（**一次破水**）。その後，羊膜をかぶった状態の胎子（**胎胞**（たいほう））が出現して羊膜が破れて（**二次破水**），羊水とともに新生子が誕生します。しばしば，羊膜も破れた状態で出現することもあります。母親は胎膜を舐め取りながら臍帯を切断し，新生子を強く舐めて呼吸を促します。分娩は，通常3～6時間で終了しますが，まれに猫では24時間を超えることもあります。犬や猫では**頭位**（頭から娩出）か，**尾位**（後肢から娩出）で産まれます（図7-18）。

③ステージⅢ

胎盤や胎膜などの胎子の付属物が排出される，すなわち後産の期間です。犬や猫ではこれらの胎子の付属物は通常，胎子と同時か，分娩後15分以内には出てきます。ただし，犬の場合は胎盤の一部が子宮内に残るため，産褥（さんじょく）期（後述）に**悪露**（おろ）として排出されます。

♀**経産**
出産を経験したことのある，すなわち初産ではないことを意味します。

♀**産道**
分娩時に胎子が通過する経路。子宮頸（管），腟，腟前庭，外陰部，さらにはそれを収める骨盤などが含まれます。

> 臨床で役立つコラム
>
> **犬の分娩と直腸温**
>
> 分娩のタイミングがわかれば，出産の準備などをスムーズに行うことができます。多くの雌犬の場合，分娩の約20時間前から直腸温の低下がはじまり，基準値の1～2℃低下して分娩のステージⅠを迎えます。そして，分娩の約10時間前から再び直腸温が上昇して，ステージⅡに入ります。
>
> このように，雌犬においては直腸温を測定することで分娩のタイミングの予測が可能となります。分娩日が近づいてきたら，定期的に直腸温を計測して，それぞれの基準となる直腸温を明らかにしておくと余裕をもって分娩に望むことができるかもしれません。ただし，残念ながら猫では直腸温の低下は分娩の徴候としては信頼性が低いといわれています。

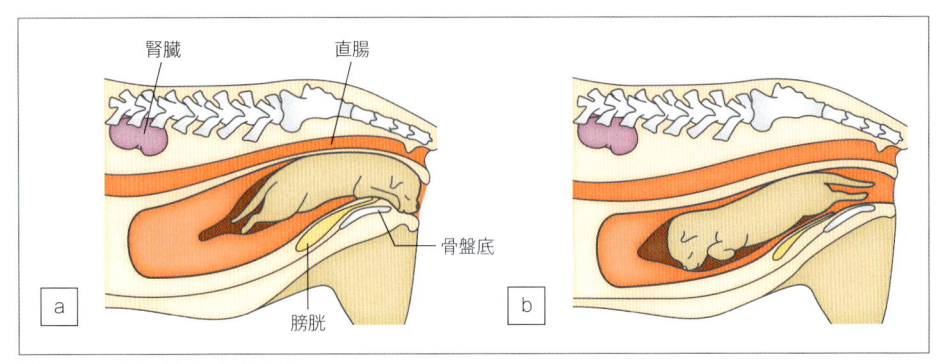

図7-18　正常分娩時の胎位
a：頭位
b：尾位

ステージⅢが終了後，再びつぎの陣痛がはじまりステージⅡに戻ります。分娩の間隔は通常1時間以内ですが，猫などではまれに24時間ほどあいだが空くこともあります。

[8] 産褥

産褥とは，妊娠，分娩によって生じた体の変化がもとの状態に回復するまでの分娩直後に認められる期間です。犬では，拡張していた子宮は分娩後ある程度までは急速に小さくなりますが，もとの状態に戻るまでには約3週間はどかかります。このとき，子宮に残っていた胎盤の一部などが排出され，これを悪露とよびます。最初は赤褐色から暗緑色をしていますが，徐々に薄くなり，約1週間ほどでなくなります。発達した乳腺は5〜6週間の授乳期間を終了すると退行していきます。猫では子宮がもとに戻るのに約1週間ほどかかりますが，犬とは異なり，子宮内に胎盤が残ることは通常はありませんので，悪露はほとんど認められません。子猫は約4週間ほどで離乳を迎えます。

D　ウサギの生殖器系と繁殖生理

[1] 雄の生殖器

ウサギの生殖器系の基本構造は犬や猫と同じですが，異なっているところもあります。

ウサギの雄の副生殖腺は，膨大部腺，前立腺，傍前立腺，精嚢，精嚢腺（凝固腺），尿道球腺が認められ，犬や猫では陰茎は陰嚢の前方にありますが，ウサギの陰茎は陰嚢の後方に位置しています（図7-19）。精巣は約12週齢ごろまでに陰嚢に下降（精巣下降）しますが，鼠径管が開いたままですので，触診中に腹壁側に引っ込んでしまうこともあります。雄は約7〜8ヵ月齢で性成熟をむかえ，その後5〜6年は繁殖が可能と考えられています。交

♂精嚢腺
ウサギの精嚢と精嚢腺をあわせて，犬や猫の精嚢腺に相当する。

♂精巣下降
胎子期に腹腔内にある精巣が陰嚢内に移動すること（p.124 コラム「精巣下降」参照）。

[参考] **ウサギの雄の乳頭**
ウサギの雄には乳頭がありません。

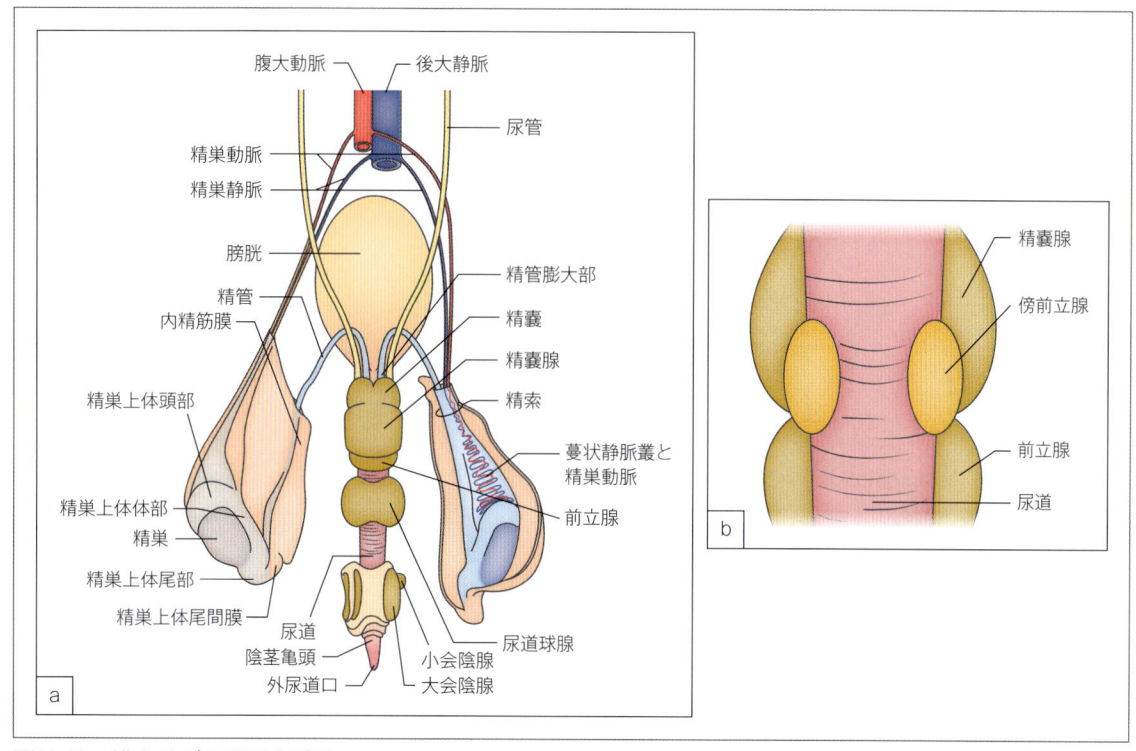

図 7-19　雄ウサギの泌尿生殖器
a：背側観
b：ウサギの傍前立腺（腹側観）

尾はとても短く，数分で終わります。

[2] 雌の生殖器

　ウサギの雌は，子宮が完全に左右にわかれており，重複子宮とよばれます（図7-20）。すなわち，子宮角だけではなく，子宮頸まで左右がわかれており，子宮体は存在せずに，腟で子宮が1本にまとまります。そのため，ウサギの帝王切開を行うときには左右の子宮を別々に切開する必要があります。雌のウサギは約4〜12ヵ月齢で性成熟に達しますが，小型種では大型種よりも早い傾向にあります。発情は外陰部の腫大と雄の交尾の許容が認められ，約4日間続きます。

[3] 排卵，妊娠，分娩

　ウサギは猫と同様に交尾排卵動物であり，交尾後の約10時間で排卵が起こります。さらに，輸送や背中をなでたりすることが刺激となって，排卵することがあり，卵巣に黄体が形成されます。この黄体期には乳腺の発達や巣づくり行動が観察され，偽妊娠の徴候が認められることがあり，約16日間持続します。妊娠期間は約28〜30日であり，分娩は多くの場合，約30分ほ

[参考] ウサギの新生子
ウサギの新生子は無毛で産まれ，2〜3日齢で被毛が生えはじめます。

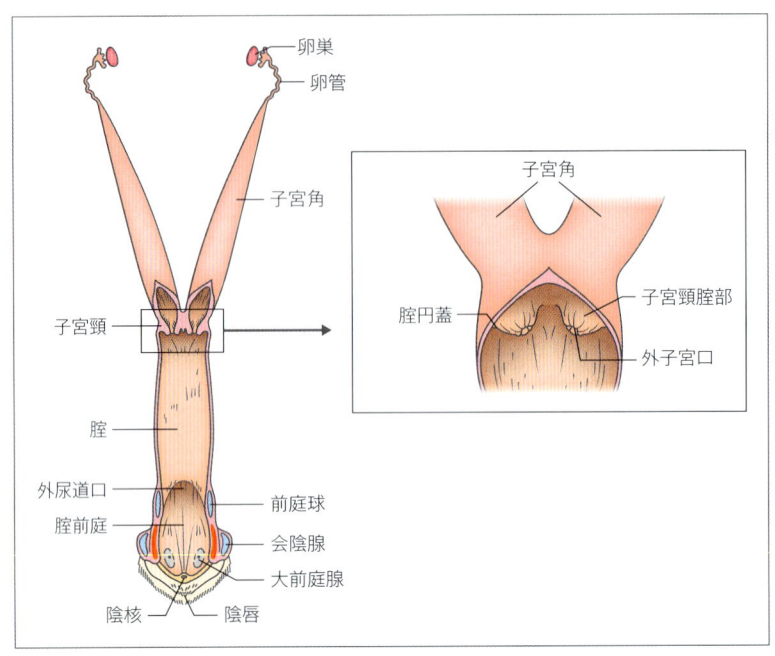

図7-20　雌ウサギの生殖器系（背側を切開）

どで終わります。出産直後にも発情して交尾も可能です。

E　鳥類の生殖器系と繁殖生理

[1] 雄の生殖器

　鳥類の雄には精巣，精管は存在しますが，副生殖腺，陰嚢はありません（図7-21）。精巣は哺乳類のように精巣下降せずに腹腔内に認められますが，鳥類において精子は正常に産生されます。一般的に精巣は繁殖期に大きくなり，繁殖期でないときには退縮しています。精管は総排泄腔に開口します。哺乳類の陰茎のように精子を通す管（尿道）はありませんが，総排泄腔に分泌された精子を雌の総排泄腔に誘導する生殖茎とよばれる構造が雄の総排泄腔には存在します。

[2] 雌の生殖器

　鳥類の雌には卵巣，卵管（輸卵管）は存在しますが，子宮，腟，副生殖腺はありません（図7-22）。また，哺乳類では左右の卵巣，卵管が存在しますが，鳥類においては右側が退化し，左側のみが発達して機能しています。鳥類の卵管は，精管と同様に総排泄腔に開口しています。卵管は漏斗部，膨大部（卵白分泌部），峡部，子宮部（卵殻腺部），腟部にわけられます。卵巣では卵胞の発達にともない卵黄の量も増加し，卵子は卵胞の辺縁に押しやられます。

♂生殖茎
カモ，ガチョウ，ダチョウなどでは生殖茎が発達しており，精子を通す溝をもっています。生殖突起ともよびます。

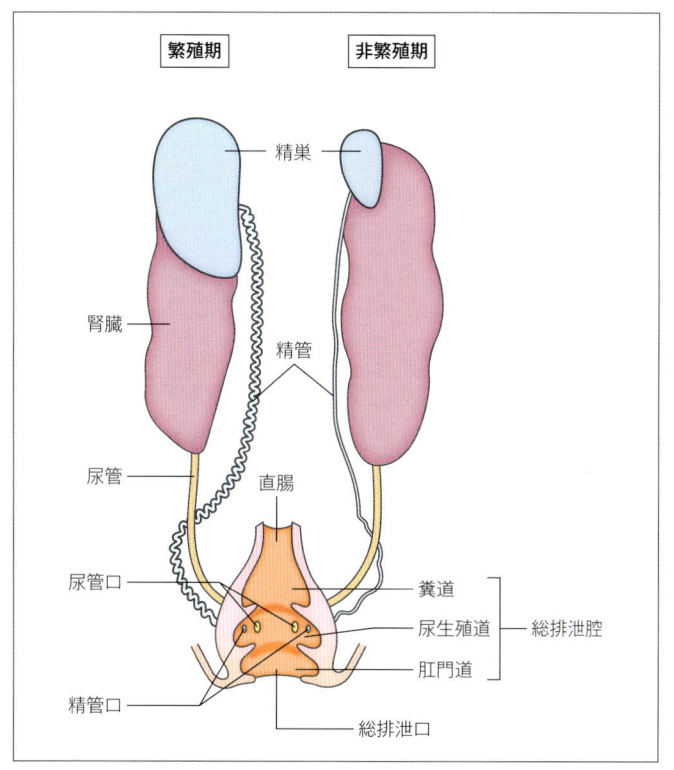

図7-21　雄鳥の泌尿生殖器系（腹側観）

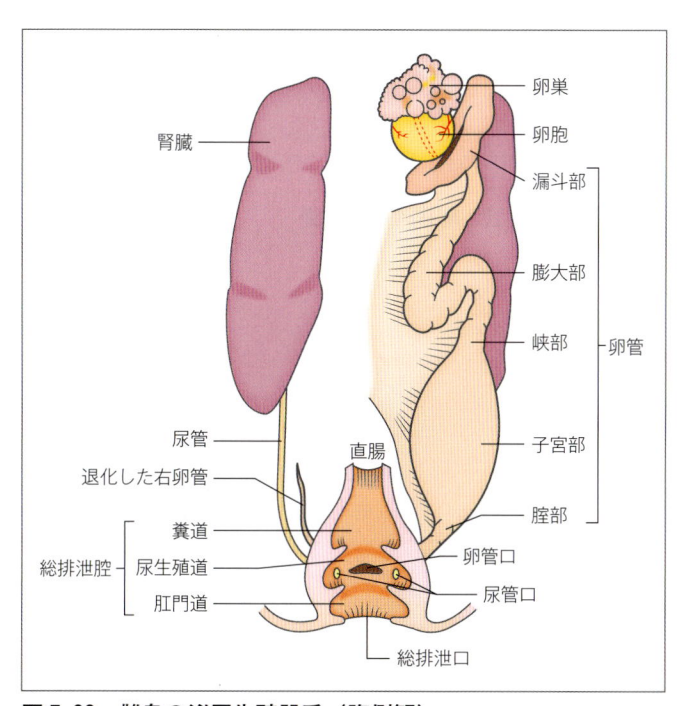

図7-22　雌鳥の泌尿生殖器系（腹側観）

[参考] **鳥類におけるプロジェステロンの分泌**
鳥類は排卵後，黄体が形成されませんが，プロジェステロン（黄体ホルモン）は卵胞にある顆粒膜細胞から分泌されます。

☞ **FSH** p.134, 153, 155
LH サージ p.134

♂**バソトシン**
鳥類や爬虫類，両生類，魚類の下垂体後葉から分泌されるバソプレシン類似ペプチドホルモン。バソプレシン，オキシトシンと似たはたらきをもちます（バソプレシンについては p.155 参照）。

[3] 排卵，産卵

排卵後，卵黄をともなった卵子は漏斗部に入り，卵白，卵殻膜，卵殻のそれぞれが主に膨大部，峡部，子宮部の卵管の各部位で受精卵に付加されます。受精は卵白が付加される前，すなわち卵管漏斗部で起こります。哺乳類とは異なり，鳥類は妊娠期間がありませんので排卵後の卵巣には黄体は形成されません。卵胞の発育は FSH によって刺激され，エストロジェンの正のフィードバックが LH サージを引き起こして排卵に至ります。エストロジェンはまた卵殻形成に必要なカルシウムを得るために骨からのカルシウムの動員を促進させます。

産卵はプロスタグランジンとバソトシンやオキシトシンなどのホルモンによってコントロールされています。産卵時には卵管の末端，すなわち卵管腟部が総排泄腔に突出し，総排泄腔の壁に沿って反転します。このことにより卵は卵管子宮部から直接外へ出てきます（図 7-23）。

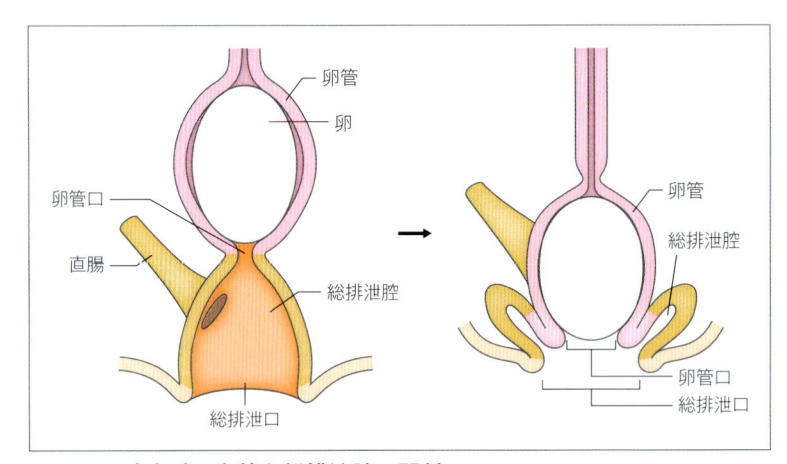

図 7-23　産卵時の卵管と総排泄腔の関係

CHAPTER 7　生殖器系
確認問題

Q1 つぎの文章の空欄に正しい用語を入れなさい。
- 雄の生殖腺は（①　　　　　　）で，哺乳類では（②　　　　　　）内に収まっている。
- 精子は（③　　　　　　）でつくられる。③の壁は（④　　　　　　）といわれ，精祖細胞や，これらの細胞に栄養を与える（⑤　　　　　　）などがある。
- 雄の副生殖腺は（⑥　　　　　　），（⑦　　　　　　），（⑧　　　　　　），（⑨　　　　　　）がある。犬は⑥と⑦を，猫は⑦と⑨をもつ。
- 雌の生殖腺は（⑩　　　　　　）であり，卵子の発育の場所である（⑪　　　　　　）や，排卵後に残された組織が変化した（⑫　　　　　　）がある。
- 雌の生殖管は頭側より（⑬　　　　　　），（⑭　　　　　　），腟からなる。
- 胎子を包む胎膜は外側から（⑮　　　　　　），（⑯　　　　　　），（⑰　　　　　　）が存在する。

Q2 安静時の雄の生殖器について正しい記述を1つ選びなさい。
① 猫の陰茎は頭側を向いている。
② 犬は陰茎骨をもたない。
③ 精管は鼠径管を通り腹腔内に入る。
④ 猫の陰茎亀頭の根元には亀頭球がある。
⑤ 鳥類は副生殖腺として前立腺をもつ。

Q3 雌の生殖器について間違っている記述を1つ選びなさい。
① 卵管の先端は漏斗状に広がっている。
② 犬の子宮は双角子宮とよばれる。
③ 子宮頸管の内腔は細く，発情期や分娩時以外は閉じている。
④ ウサギの子宮は重複子宮とよばれる。
⑤ 鳥類では右側の卵巣と卵管が発達し，機能している。

Q4 動物の繁殖生理について正しい記述を1つ選びなさい。
① 排卵はプロジェステロンの一過性で急激な分泌放出によって起こる。
② 猫は単発情型の動物である。
③ 犬は交尾排卵動物である。
④ 犬の交尾時間は短く，挿入後1分程度で射精を行う。
⑤ 猫の胎盤は帯状胎盤とよばれる。

Q5 動物の妊娠と分娩について間違っている記述を1つ選びなさい。
① 犬の妊娠維持には黄体から分泌されるエストロジェンが必須である。
② 分娩時，尿膜が破裂して尿膜水が排出されることを一次破水という。
③ 分娩時，羊膜が破裂して羊水が排出されることを二次破水という。
④ 犬では産褥期に，胎盤の一部が悪露として排出される。
⑤ ウサギは黄体期に偽妊娠の徴候が認められることがある。

→解答は p.243 へ

CHAPTER 8

内分泌系　endocrine system

学習の目標
- 内分泌腺と外分泌腺の違いを理解する。
- 内分泌器官の名称と分泌されるホルモンを理解する。
- 視床下部 - 下垂体 - 末梢系の支配とフィードバックを理解する。

内分泌系は，神経系と並ぶ生体コントロールシステムで，全身の組織や器官が調和してはたらくように調整しています。神経が刺激に対して瞬時に反応するのに対し，内分泌系はホルモンを分泌することでゆるやかに作用します。本章では，内分泌系の基本的な構造と分泌されるホルモンの特徴について説明します。

A 内分泌とは

[1] 内分泌とホルモン

上皮が組織の内部に落ち込んで形成される分泌器官を腺組織といい，**内分泌腺**と**外分泌腺**にわけられます（図8-1）。内分泌腺は外分泌腺と異なり導管系が欠如しているため，分泌物は毛細血管に入り，血液を介して離れた組織や器官に作用します。

内分泌腺から分泌される生理活性物質を総称して**ホルモン**といい，特定の

> **♂ 外分泌腺**
> 外分泌腺では，分泌物を産生する腺房と産生した物質を体外に排出するための経路として，導管が存在します（図8-1）。

図8-1　外分泌腺と内分泌腺

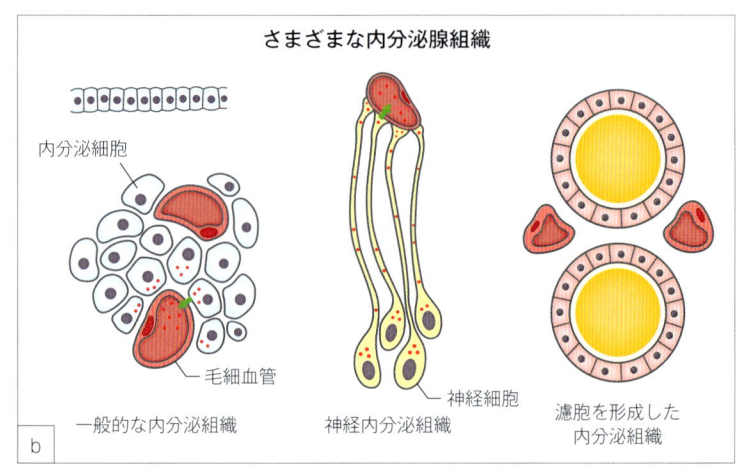

a：外分泌腺組織（導管，腺房，毛細血管）
b：さまざまな内分泌腺組織
　一般的な内分泌組織（内分泌細胞，毛細血管）
　神経内分泌組織（神経細胞）
　濾胞を形成した内分泌組織

組織（標的組織）や器官（標的器官）のみに作用します。

ホルモンは，その成分によって大きくアミノ酸系ホルモン，ステロイドホルモン，ペプチドホルモンの3種類にわけられます。アミノ酸ホルモンはアミノ酸からつくられ，主なものには甲状腺ホルモンやカテコールアミン（アドレナリンなど）があります。ステロイドホルモンはコレステロールからつくられるホルモンで，性ホルモンや副腎皮質ホルモンなどがあります。多くのホルモンはペプチドホルモンであり，たんぱく質のように複数のアミノ酸が組みあわされてできています。

これらは，それぞれ作用する細胞の細胞膜に存在する受容体と結合することで生理反応を引き起こしますが，ステロイドホルモンの受容体は核に存在します。

[2] 主要な内分泌器官

一般に内分泌腺として扱われる器官には，**下垂体**，**甲状腺**，**上皮小体**（**副甲状腺**），**膵臓**（**ランゲルハンス島**），**副腎**，**精巣**および**卵巣**（性腺），**松果体**があります（図8-2，表8-1）。

♂標的組織，標的器官
ホルモンが作用する組織や器官のことをいいます。たとえば，成長ホルモンであれば，脳を除くすべての器官（組織）が標的器官になります。

♂受容体
細胞に存在し，特定の物質と結合することで外界や体内からの刺激を受けとる構造です。受けとった刺激を細胞が情報として利用できるように変換するしくみをもちます。

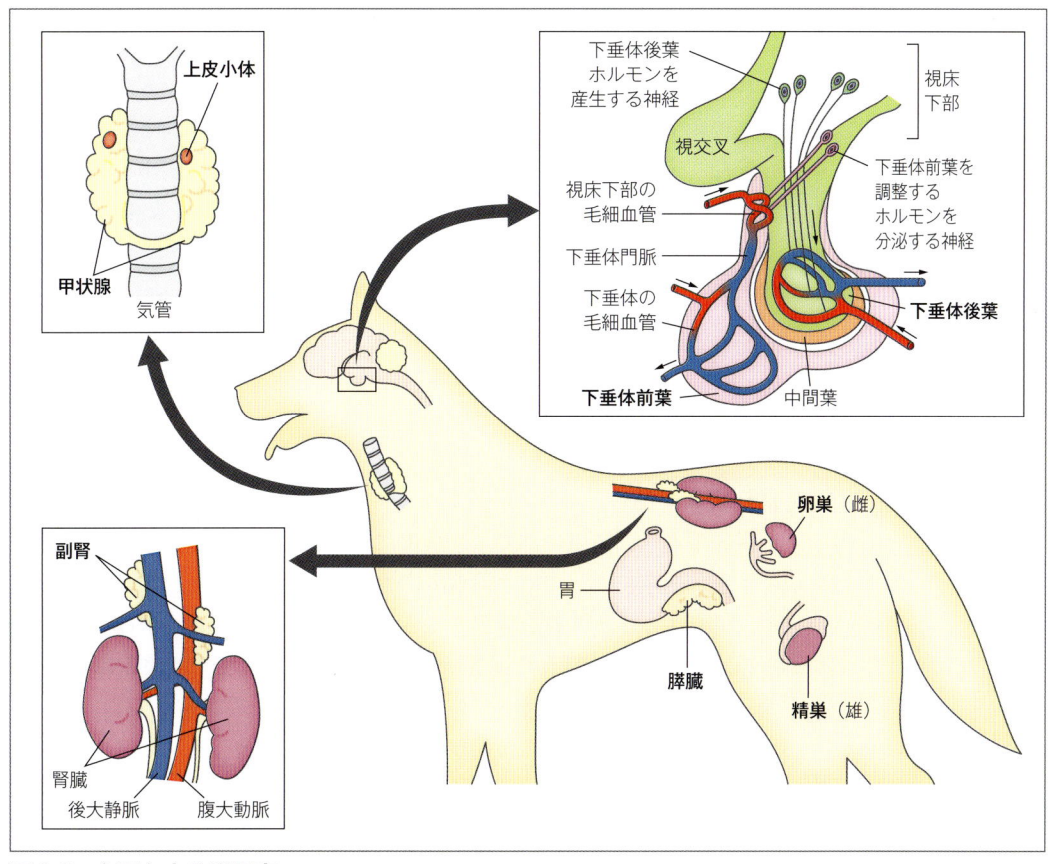

図8-2 主要な内分泌器官

また，消化管中には独立した腺構造をつくらずにホルモンを分泌するものもあります。そのほかに，腎臓などもホルモンを分泌しますが，通常は内分泌器官には含めません（「C［6］その他のホルモン」参照）。

［3］内分泌と伝達経路

ホルモンの伝達経路は，血液による輸送，神経分泌（図 8-1b），傍分泌，自己分泌があります。多くのホルモンの伝達経路は，血液による輸送であり，細胞から分泌されて毛細血管に入ったホルモンは，血流を介して標的器官に運搬されます。神経細胞でつくられるホルモンは神経分泌により伝達されます（「B［1］視床下部」参照）。たとえば，オキシトシンは視床下部の神経細胞でつくられ，神経細胞の軸索内を輸送されて，下垂体後葉の毛細血管中に分泌されます。性ホルモンなどは傍分泌であり，分泌後，細胞間質液中に拡散して近接する細胞に作用します。

B 視床下部−下垂体−末梢内分泌系

脳の下垂体ではたくさんのホルモンが合成・分泌され，これらのホルモンは末梢にある一部の内分泌腺におけるホルモン分泌を調整しています。さらに，下垂体からのホルモン分泌は下垂体の上部に存在する視床下部から分泌されるホルモンによって調節されています。このように一部のホルモン分泌は，視床下部−下垂体−末梢内分泌系の連動によって調節されています。

また，末梢から分泌されたホルモンは，視床下部からのホルモン分泌を抑制し，これによって末梢からのホルモン分泌が停止します。これを**負のフィードバック**といい（図 8-3），ホルモンの分泌が過剰にならないよう生体内のホルモンバランスを調節する機構の 1 つです。

ここでは，視床下部−下垂体−末梢内分泌系にかかわる器官と主要なホルモンについて説明します。表 8-1 にこれらのホルモンの作用もあわせてまとめました。参考にしてください。

［1］視床下部

視床下部は間脳の一部で，下垂体におけるホルモン分泌を調節します。

下垂体前葉に対しては，前葉で産生されるホルモンを放出させるホルモンや，抑制するホルモンを分泌することで，ホルモン分泌を調節します。これらのホルモンは下垂体門脈を介して前葉に到達します（図 8-3）。下垂体後葉はホルモンの産生を行っていませんが，視床下部で産生され，軸索を介して後葉に運搬されたホルモンが下垂体後葉から全身へと分泌されています。

［参考］**正のフィードバック**
ある変化が起きたときに，それをさらに強めようとはたらくことを正のフィードバックといいます。たとえば，分娩時のオキシトシン分泌には正のフィードバックが作用します。オキシトシンが分泌され，子宮が収縮し，産道が刺激されるとさらにオキシトシンが分泌され子宮は強く収縮し，分娩を促します。

表 8-1 主要な内分泌腺とホルモン

内分泌腺	ホルモン	主な作用
視床下部	成長ホルモン放出ホルモン	成長ホルモンの分泌促進
	成長ホルモン放出抑制ホルモン	成長ホルモンの分泌抑制
	プロラクチン放出因子	プロラクチンの分泌促進
	プロラクチン放出抑制ホルモン	プロラクチンの分泌抑制
	副腎皮質刺激ホルモン放出ホルモン	副腎皮質刺激ホルモンの分泌促進
	性腺刺激ホルモン放出ホルモン	性腺刺激ホルモン（FSH, LH）の分泌促進
	甲状腺刺激ホルモン放出ホルモン	甲状腺刺激ホルモンの分泌促進
下垂体前葉	成長ホルモン（GH）	体の成長促進
	プロラクチン（PRL）	乳汁生産促進，母性行動を刺激，動物種によっては黄体維持作用
	副腎皮質刺激ホルモン（ACTH）	副腎皮質ホルモンの合成・分泌の促進
	黄体形成ホルモン（LH）	雌：排卵の誘起と卵胞の黄体化 雄：アンドロジェンの分泌を刺激
	卵胞刺激ホルモン（FSH）	雌：卵胞の発育を刺激 雄：精子形成を刺激
	甲状腺刺激ホルモン（TSH）	甲状腺ホルモンの合成・分泌促進
下垂体後葉	バソプレシン（抗利尿ホルモン）	腎臓における水の再吸収促進
	オキシトシン	雌：子宮筋の収縮（陣痛の誘発），乳汁射出 雄：精管や前立腺の平滑筋の収縮
甲状腺	甲状腺ホルモン	基礎代謝の亢進，心拍数の増加，脂肪分解の促進
	カルシトニン（CT）	血漿 Ca^{2+} 濃度の低下
上皮小体	パラトルモン（PTH）	血漿 Ca^{2+} 濃度の上昇
副腎皮質	電解質コルチコイド（アルドステロン）	腎尿細管における Na^+ 再吸収促進
	糖質コルチコイド	血糖値の増加，抗炎症作用
	性ホルモン	少量のアンドロジェンが分泌される
副腎髄質	アドレナリン ノルアドレナリン	恐怖などの急性ストレスに対する闘争や逃走
性腺	エストロジェン（卵胞ホルモン）	卵胞の発育，子宮内膜の増殖，乳腺腺胞の発育，雌性二次性徴
	プロジェステロン（黄体ホルモン）	妊娠の成立・維持，乳腺細胞の発育
	アンドロジェン	雄性二次性徴，性行動を促進，精子形成促進
膵臓 （ランゲルハンス島）	インスリン	血糖値の低下
	グルカゴン	血糖値の上昇
	ソマトスタチン	インスリンとグルカゴンの分泌調整
松果体	メラトニン	性腺の発育と発情の抑制*

*長日繁殖動物の場合。短日繁殖動物の場合は促進される。

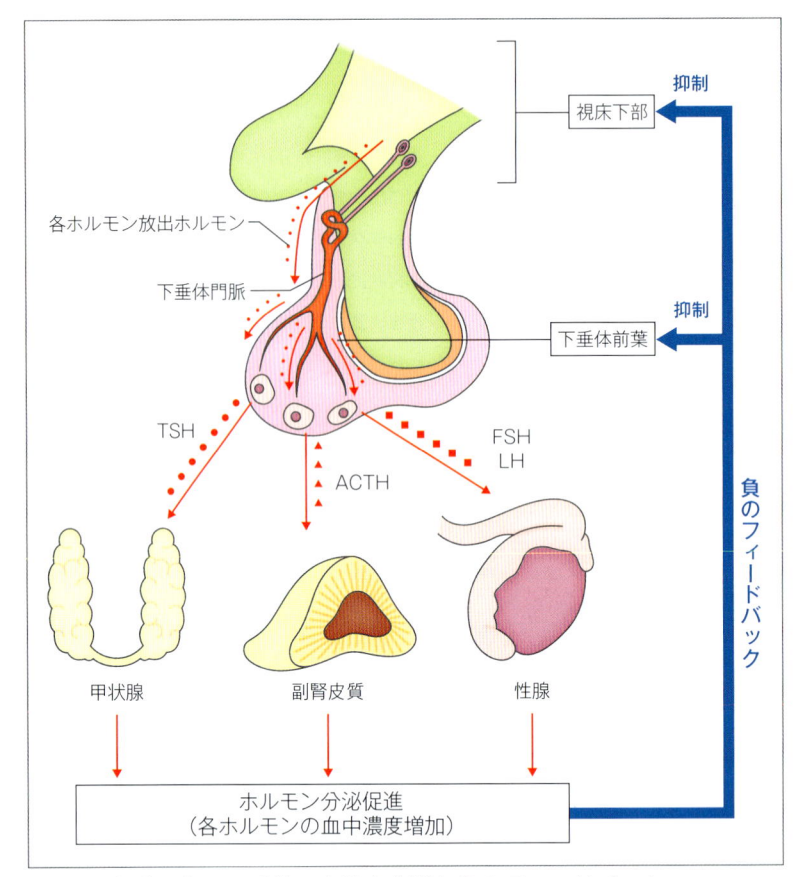

図8-3　視床下部－下垂体－末梢内分泌と負のフィードバック

[2] 下垂体

下垂体は間脳の下方にぶら下がる形で存在し，頭蓋骨の1つである蝶形骨にできたくぼみ（トルコ鞍）に収まっています。構造的に前葉と後葉にわかれますが，動物種によって位置が異なり，犬では前葉が後葉を包むような形をしています。

①下垂体前葉

下垂体前葉はホルモンを産生，分泌する腺性下垂体の大部分を占めます。

トルコ鞍
頭蓋骨の1つである蝶形骨にみられるくぼみで，乗馬の鞍のような形をしています。蝶形骨は頭蓋腔（脳が入っている空洞）の底面にあり，脳の下面と接する頭蓋底を構成しています。

臨床で役立つコラム

下垂体腫瘍

下垂体からは多くのホルモンが分泌されるため，腫瘍化した細胞がどのホルモンを分泌するかによって，症状が変わってきます。また，下垂体後葉が腫瘍細胞で圧迫されて機能不全になれば，バソプレシンが不足して中枢性の尿崩症になることもあります。下垂体は解剖学的に視神経の交差部位に接しているため，腫瘍化して下垂体が大きくなることで，視神経を圧迫して視野狭窄が起こることもあります。

主に以下の6種類のホルモンがそれぞれ異なる細胞で産生，分泌されます。
- 成長ホルモン（GH）

体細胞の分裂，分化を促進することで，体の成長を促進します。脳以外のすべての組織にはたらきます。
- プロラクチン（乳腺刺激ホルモン〔PRL〕）

乳腺細胞に作用して，乳汁の産生を促進します。
- 副腎皮質刺激ホルモン（ACTH）

副腎皮質の細胞に作用して，ホルモンの合成，分泌を促進します。とくに副腎皮質束状帯（「[4] 副腎」参照）の細胞に作用して糖質コルチコイドの分泌を促します。
- 性腺刺激ホルモン

卵胞刺激ホルモン（FSH）と黄体形成ホルモン（LH）の2種類があり，卵胞刺激ホルモンは，雌では卵巣の卵胞の発育を，雄では精巣の精細管の発達を促します。黄体形成ホルモンは，雌では，卵巣において卵胞の成熟，排卵，黄体形成を促します。雄では卵胞刺激ホルモンと共同して，精巣にある間質細胞の発達とアンドロジェンの分泌を促します。
- 甲状腺刺激ホルモン（TSH）

甲状腺の濾胞上皮細胞（「[3] 甲状腺」参照）に作用して，甲状腺ホルモンの合成と分泌を促進します。

②中間葉

腺性下垂体の一部で，動物種によって発達の程度が異なります。両生類や爬虫類では発達していますが，鳥類では欠き，哺乳類ではあまり発達していません。中間葉からはメラニン細胞刺激ホルモンが分泌されます。このホルモンは，メラニン産生細胞にはたらきかけ，体を黒くするメラニンを分泌させる作用がありますが，哺乳類では中間葉からだけでなく体中で合成・分泌されています。

③下垂体後葉

神経性下垂体ともよばれています。2種類のホルモンが分泌されますが，ホルモンの産生は前述のとおり視床下部が行っています。
- バソプレシン（抗利尿ホルモン）

腎臓の集合管に作用して，原尿中の水の再吸収を促進します。
- オキシトシン

乳腺組織を刺激して，射乳を促進します。また，子宮平滑筋を収縮させて分娩を促進します。

[3] 甲状腺

甲状腺は気管上方の腹外側に左右1対存在する赤褐色の器官です。内部にはコロイドとよばれるゼリー状の物質を満たした大小多数の濾胞が存在し，甲状腺ホルモンとカルシトニンという2種類のホルモンが分泌されます（図

☞ 卵胞，黄体　p.127

☞ 間質細胞　p.124

🔑 メラニン細胞刺激ホルモン
爬虫類や両生類では，環境にあわせて体の色を変化させる際に下垂体中間葉から分泌されます。

8-4)。ここでは，下垂体によるホルモン分泌調節を受ける甲状腺ホルモンについて解説します（カルシトニンについては「C［2］甲状腺の傍濾胞細胞（C細胞）」参照）。

甲状腺ホルモンは，濾胞上皮細胞から分泌されます。ほとんどすべての組織に作用して，基礎代謝の亢進や心拍数の増加，脂肪分解の促進などを起こさせます。下垂体からの甲状腺刺激ホルモンによって，分泌が促進されます。また，甲状腺ホルモンは，ヨードの結合する数が異なるサイロキシン（チロキシン：T4）とトリヨードサイロニン（T3）の2つがあります。このうちT3の方が強い生理活性をもっています。

> 基礎代謝 p.232

［4］副腎

副腎は腎臓の前方にみられる暗赤色あるいは黄褐色（犬）の構造です。左右1対あり，右の副腎は後大静脈，左の副腎は腹大動脈に接しています。また，副腎は後大静脈から分岐した静脈によって固定されています。これらの副腎と動脈の位置関係は，超音波検査で副腎を探すときに重要となります。

副腎は皮質と髄質にわかれています（図8-5）。皮質から分泌されるホルモンは視床下部－下垂体－末梢内分泌系によって調節されていますが，髄質から分泌されるホルモンは下垂体による調節を受けていません。ここでは，皮質について説明します（髄質については「C［4］副腎髄質」参照）。

皮質は，球状帯，束状帯，網状帯の3層にわけられ，それぞれでホルモンを分泌しています。

①球状帯

もっとも外層に存在し，**電解質コルチコイド**（主として**アルドステロン**）を分泌します。分泌は副腎皮質刺激ホルモンだけでなく，血中の電解質濃度やレニン－アンギオテンシン系によっても調節され，主に集合管におけるNa⁺再吸収を促進します。

②束状帯

球状帯に続く厚い層で，**糖質コルチコイド**（主として**コルチゾール**）を分泌します。糖質コルチコイドは抗ストレスホルモンで，血糖値の増加や抗炎症作用などさまざまな作用があります。

③網状帯

もっとも髄質よりに存在し，少量の性ホルモンを分泌します。

［5］性腺

卵巣や精巣といった性腺は雌雄でまったく構造が異なる器官です。したがって，分泌されるホルモンも異なりますが，雌雄ともに下垂体からの性腺刺激ホルモンによって調節されます。

レニン-アンギオテンシン系
血圧調節システムの1つで，血圧の低下を感知した腎臓からレニンが分泌されます。レニンはアンギオテンシンを産生し，血管収縮とアルドステロン分泌を促進します（血圧調整についてはp.91参照）。

抗炎症作用
炎症に関係する細胞の活性を抑制し，腫れや痛みを取る作用を抗炎症作用といいます。糖質コルチコイドはこの作用をもつため，治療薬（ステロイド薬）として使用されることがあります。

> 卵巣 p.127
> 精巣 p.122

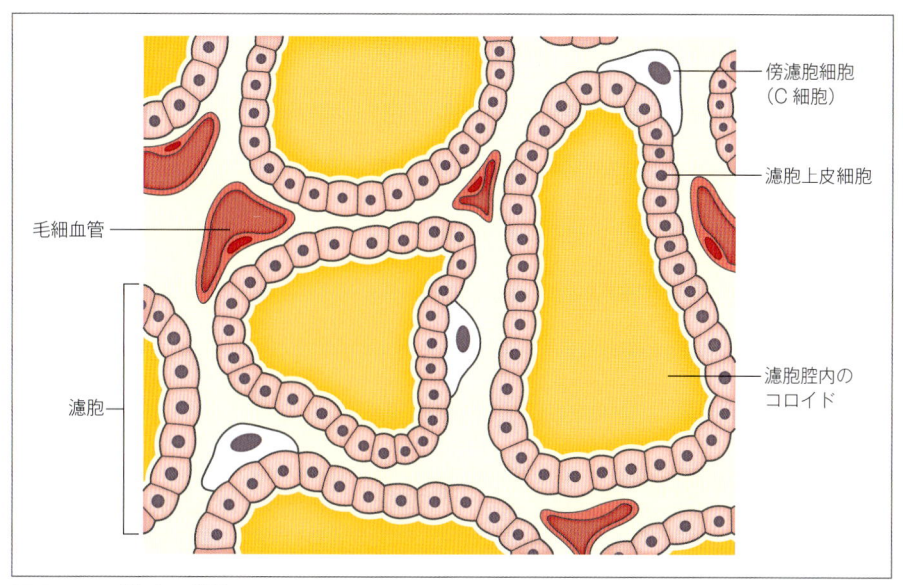

図 8-4　甲状腺の構造

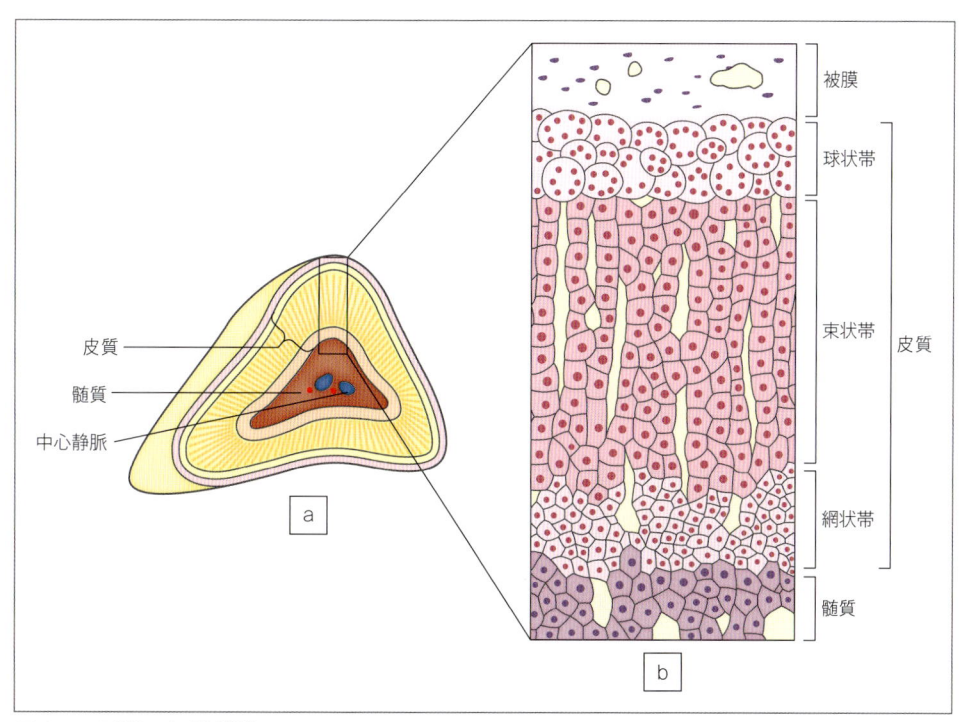

図 8-5　副腎の組織構造
a：副腎の縦断面
b：副腎の組織像

①卵巣

・エストロジェン

卵胞ホルモンともよばれます。雌に二次性徴と発情を起こさせます。

・プロジェステロン

黄体ホルモンともよばれます。子宮粘膜を肥厚させ，妊娠の維持と発情の抑制をします。

②精巣

・アンドロジェン

主として精巣から分泌されるテストステロンがあり，たんぱく質の同化，成長と精子産生を促進させます。一部は副腎皮質からも分泌されます。

C 視床下部－下垂体－末梢内分泌系以外の内分泌系

視床下部－下垂体－末梢内分泌系のほかにも，ホルモン分泌は自律神経や血中の物質濃度（カルシウムイオン〔Ca^{2+}〕，ブドウ糖）などによって調整されています。ここでは，下垂体によって分泌調整がされていないホルモンと分泌器官について説明します。

[1] 膵臓（ランゲルハンス島）

ランゲルハンス島は，膵臓内に点在する内分泌腺です。すなわち，膵臓はほかの内分泌腺と異なり，リパーゼなどを分泌する外分泌腺と内分泌腺が混在している臓器です。ランゲルハンス島からは主に血糖値の調整を行うホルモンが分泌され，これらの分泌は血糖値によって調節されるほか，自律神経によっても調節されます（図8-6）。

・インスリン

B細胞から分泌されます。血糖値の上昇で分泌が促進し，血糖値を下げます。

・グルカゴン

A細胞から分泌されます。血糖値の低下で分泌が促進され，血糖値を上げます。

・ソマトスタチン

D細胞から分泌され，インスリンとグルカゴンの分泌を抑制します。また消化管に作用して栄養吸収や運動を抑制します。

[2] 甲状腺の傍濾胞細胞（C細胞）

甲状腺の濾胞の周囲に存在する傍濾胞細胞（C細胞，図8-4）はカルシトニン（CT）を分泌します。このホルモンは，血漿Ca^{2+}の濃度を低下させます。下垂体からの調節は受けず，血漿Ca^{2+}濃度の変化で分泌が調節されます。

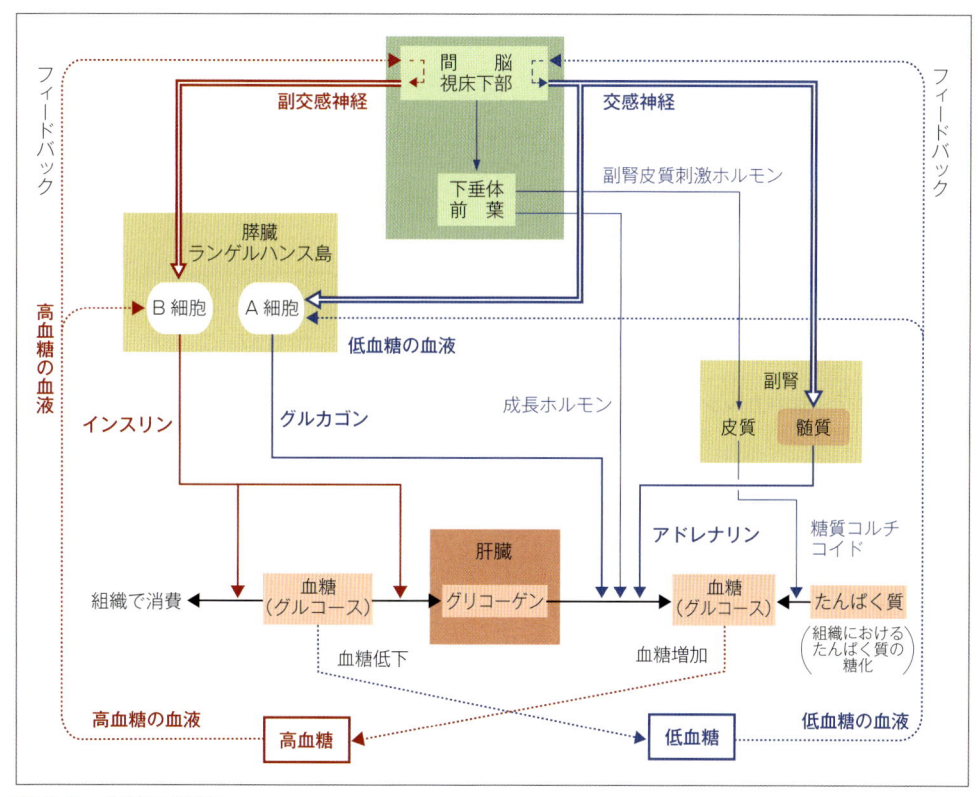

図 8-6　血糖の調節
⇢は低血糖時に作用する神経，⇢は高血糖時に作用する神経，→は低血糖時に作用するホルモン，→は高血糖時に作用するホルモン，⇢は低血糖の血液，⇢は高血糖の血液を示す。

[3] 上皮小体（副甲状腺）

上皮小体は，甲状腺の背側面に通常左右 2 対存在し，Ca^{2+} 濃度を調整する副甲状腺ホルモン（パラトルモン：PTH）を分泌します。副甲状腺ホルモンは破骨細胞の活性化と，腎臓での Ca^{2+} 再吸収を促進するほか，活性型ビタミン D の生成を促進して腸管での Ca^{2+} の吸収を促進することで，血漿中の Ca^{2+} 濃度を上昇させます（図 8-7）。血漿中の Ca^{2+} 濃度の低下によって分泌が促進されます。

☛ 破骨細胞　p.26

臨床で役立つコラム

クッシング症候群

犬で多くみられる内分泌疾患の 1 つに，クッシング症候群があります。これは副腎皮質機能亢進症のことで，①下垂体性（下垂体から副腎皮質刺激ホルモン分泌亢進），②副腎性（副腎腫瘍など），③医原性（糖質コルチコイドの長期投与）にわけられます。症状はいずれも同じで，多飲多尿，かゆみをともなわない対称性脱毛，血糖値の軽度上昇がみられます。確定診断のためには，ACTH 刺激試験などを行います。

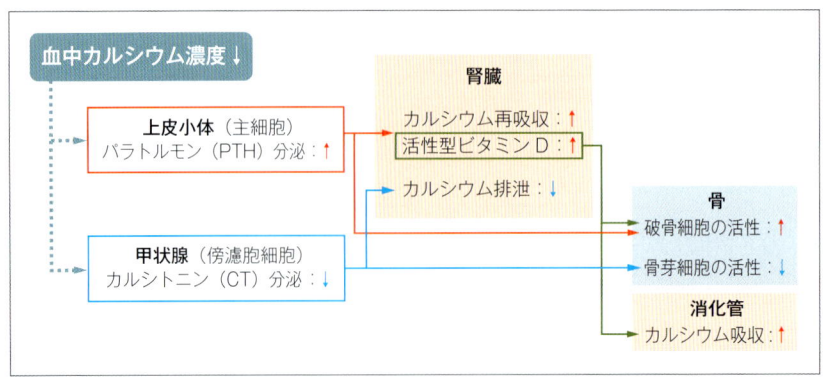

図8-7 血中カルシウム濃度の調節（血中カルシウム濃度が低下したとき）

[4] 副腎髄質

副腎髄質は，アドレナリン，ノルアドレナリンを分泌します。これらの分泌は交感神経によって調節されています。

[5] 松果体

松果体は間脳の後方背側に突出した構造で，メラトニンを分泌します。メラトニンは性腺発育や発情を抑制し，夜間（暗期）に分泌が促進します。しかし，短日繁殖動物（山羊，羊）においては，反対に性腺の発達と発情を促進させます。

[6] その他のホルモン

その他の重要なホルモンとしては以下のものがあります。

・エリスロポエチン

腎臓から分泌され，赤血球の産生を促進します。

・活性型ビタミンD

消化管でのCa^{2+}吸収を亢進させる作用があります。腎臓でその前駆体が活性化されます（図8-7）。

・消化管ホルモン

胃の細胞から分泌されるガストリンや，小腸から分泌されるコレシストキニンなどは消化管の運動や消化に関係しています。

・プロスタグランジン

プロスタグランジン（PG）はほとんどすべての組織で産生され，胃酸分泌，炎症などさまざまな生理活性をもちます。また，PGF$_{2α}$は牛などでは黄体退行に関係します。通常，傍分泌で作用します。

♂短日繁殖動物
暗期が長くなる時期（秋期）に繁殖を行う動物で，羊や山羊などが該当します。暗期が短くなる時期（春期）に繁殖する場合は，長日繁殖動物といいます。

[参考] 腎臓疾患と内分泌
腎臓は尿を生成する泌尿器系の臓器ですが，重要なホルモンの分泌にかかわっています。そのため，腎不全などの腎疾患でそれぞれのホルモンが正常に分泌されなくなると，貧血（赤血球の減少）や血中Ca^{2+}濃度の低下を招くことがあります。

CHAPTER 8　内分泌系
確認問題

Q1 つぎの文章の空欄に入る正しい用語を a〜h から選びなさい。
- 腺組織には，外分泌腺と内分泌腺があるが，内分泌腺では（①　　　　　　）が存在しない。内分泌腺から分泌される物質を総称して（②　　　　　　）という。
- 内分泌器官には，下垂体，（③　　　　　　），上皮小体，副腎，膵臓，性腺，松果体などがあり，下垂体は（④　　　　　　）によって調節を受ける。
- 下垂体から分泌するホルモンは，甲状腺や（⑤　　　　　　）のホルモン分泌を調節する。
- 副腎は皮質と髄質にわかれるが，下垂体の調節を受けるのは（⑥　　　　　　）である。
- 性腺は，生殖器系であると同時に内分泌系でもあり，精巣からは（⑦　　　　　　）が，卵巣からは（⑧　　　　　　）やプロジェステロンが分泌される。

> a. 皮質（束状帯）　b. アンドロジェン（テストステロン）　c. 導管　d. 副腎
> e. ホルモン　f. エストロジェン（卵胞ホルモン）　g. 視床下部（間脳）　h. 甲状腺

Q2 下垂体前葉から分泌されるホルモンを 2 つ選びなさい。
① インスリン
② プロラクチン
③ 成長ホルモン
④ オキシトシン
⑤ 糖質コルチコイド

Q3 ホルモンについて正しい記述を 1 つ選びなさい。
① インスリンは血糖値を低下させる。
② プロラクチンは子宮を収縮させる。
③ 甲状腺ホルモンは抗利尿作用がある。
④ カルシトニンは上皮小体から分泌される。
⑤ パラトルモンは血中カルシウム濃度を下げる。

Q4 ホルモンとその分泌組織について正しい組みあわせを 1 つ選びなさい。
① 膵臓—グルカゴン
② 甲状腺—メラトニン
③ 松果体—アンドロジェン
④ 副腎髄質—エストロジェン
⑤ 下垂体後葉—アルドステロン

→解答は p.243 へ

CHAPTER 9

神経系 nervous system

学習の目標
- 中枢神経系と末梢神経系の構成を理解する。
- 脳と脊髄の構造と機能を理解する。
- 脳神経と脊髄神経の構成と機能を理解する。
- 末梢神経系にある体性神経系と内臓性神経系の区分を学び，機能の違いを理解する。
- 皮膚感覚，とくに痛覚の受容を理解する。

　動物は眼で見たり，耳で聞いたり，皮膚で感じたりした情報にもとづいて，脳で考えたり，記憶することができます。また，それらの情報に応じて体を動かすこともできます。**神経系**とは，感覚器や皮膚などに存在する受容器で受けとった外界（外部環境）や生体内部（内部環境）の情報を脳や脊髄に集め，そこで情報を処理・統合したのち，骨格筋や内臓の平滑筋といった効果器を制御することによってさまざまな器官の調節・連絡を行っている器官系のことをいいます。

A　神経系の区分

　神経系は**中枢神経系**（「B　中枢神経系——脳」「C　中枢神経系——脊髄・その他」参照）と**末梢神経系**（「D　末梢神経系」参照）に大きくわけられます（図9-1）。
　中枢神経系は**脳**と**脊髄**からなり，頭蓋骨におおわれた部分を脳，椎骨が連結してできた脊柱におおわれた部分を脊髄とよびます。末梢神経系は中枢神経系と体の各器官とを連絡する神経線維の束であり，脳から出るものを**脳神経**，脊髄から出るものを**脊髄神経**とよびます。
　末梢神経系に含まれる神経線維は情報の伝わる方向により，**求心性**（感覚性）と**遠心性**（運動性）にわけられます（図9-2）。求心性の神経線維は受容器から受けとった情報を中枢神経系に伝え，遠心性の神経線維は中枢神経系からの運動指令を効果器に伝えます。
　末梢神経系はその機能面により，外界からの情報を受けとって対応する**体性神経系**と，生体内部の情報を受けとって内臓機能を調節する**内臓性神経系**（「E　内臓性神経系」参照）にわけられます。体性神経系には，皮膚，筋，関節からの感覚を伝える求心性（体性感覚性）のものと，骨格筋の収縮を制御する遠心性（体性運動性）のものが含まれます。一方，内臓性神経系

🐾 神経線維　p.22

♂ **受容器**
細胞外環境の情報を受けとって，感覚神経細胞の活動を変化させる特殊な細胞や器官のことです。神経細胞自身の突起（樹状突起や軸索）が受容器となっていることもあります。

♂ **効果器**
遠心性神経からの刺激に反応して，特定の効果（筋細胞の収縮など）を生み出す細胞や器官のことです。骨格筋，平滑筋，心筋，腺などが含まれます。

162

CHAPTER 9 神経系

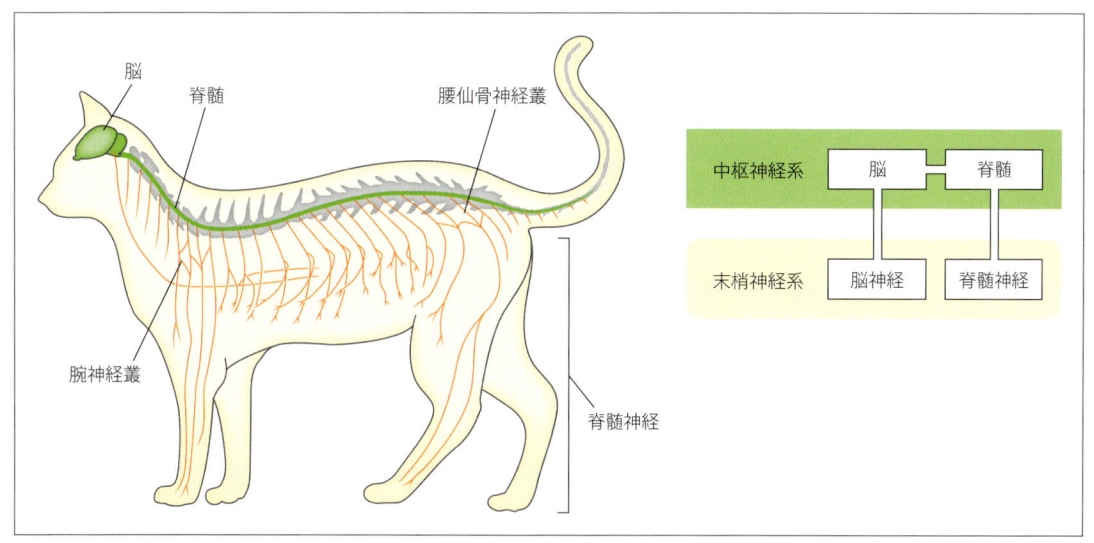

図 9-1 猫の神経系概略図
緑色は中枢神経系を，オレンジ色は末梢神経系を示す。

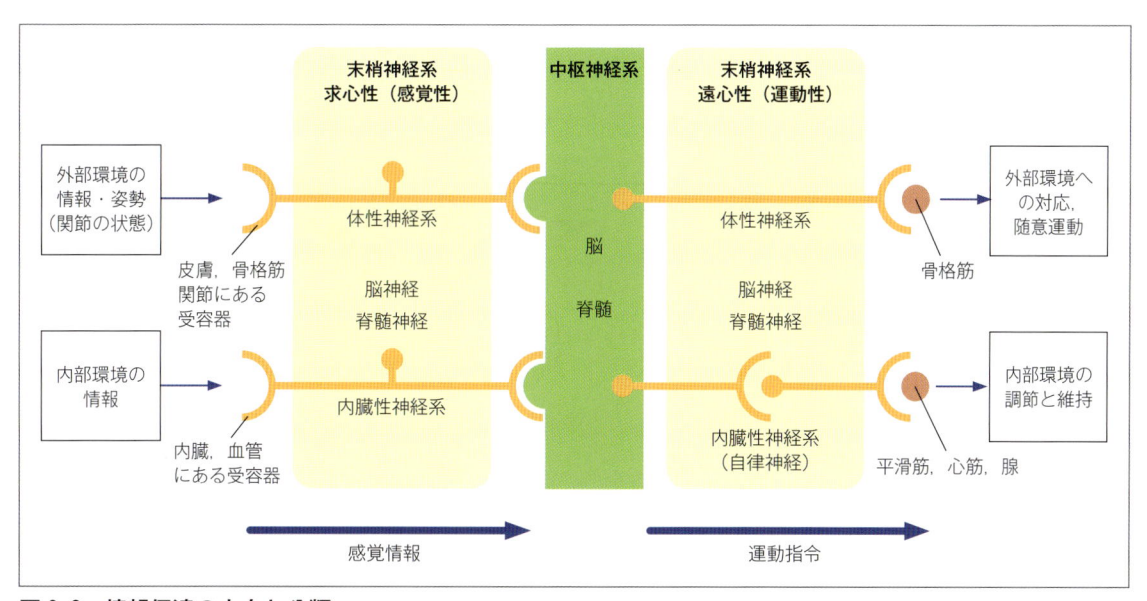

図 9-2 情報伝達の方向と分類
末梢神経系の神経線維には，中枢神経系に情報を伝える求心性（感覚性）のものと，中枢神経系からの運動指令を末梢の効果器に伝える遠心性（運動性）のものが含まれている。

には内臓や血管からの感覚を伝える求心性（内臓感覚性）のものと，内臓の平滑筋・心筋・腺を制御する遠心性（内臓運動性）のものが含まれます。遠心性の内臓性神経系は，自律神経系ともよばれています。

163

B 中枢神経系 ── 脳

中枢神経系は脳と脊髄から構成されます。脳と脊髄は**髄膜**とよばれる膜（「C［2］髄膜，脳室系と脳脊髄液」参照）に包まれており，髄膜内部の空間にある脳脊髄液に浮かんだ状態で存在します。中枢神経系の組織には，神経細胞（ニューロン）の細胞体が多く集まる**灰白質**と，有髄神経線維が多く集まる**白質**があります。脳の内部では，白質内に島のように存在する灰白質の塊があり，これを**核（神経核）**といいます。

脳は**大脳（終脳）**，**間脳**，**小脳**，**脳幹**から構成されます。脳幹はさらに吻側から中脳，橋，延髄にわけられ，尾側で脊髄につながります（図9-3）。

[1] 大脳（終脳）

大脳は，脳でもっとも大きく発達している部分です。大脳の正中には**大脳縦裂**という深い溝があり，大脳を左右の**大脳半球**にわけています。大脳縦裂の深部には2つの大脳半球を連絡する神経線維の大きな束があり，これを**脳梁**とよびます。

中枢神経系の組織 p.22

ニューロン
樹状突起と軸索を含めた1つの神経細胞は，情報を伝える基本的な機能単位であり，これをニューロンとよびます。ニューロンは神経細胞と同じ意味でも使われます。本章では神経系の経路を説明するときに，ニューロンという用語を主に使用しています。

脳幹
脳全体を樹木にたとえたときに，大脳を支える幹のように見えることから脳幹とよばれます。中脳・橋・延髄のほかに，間脳もあわせて脳幹とよぶこともあります。

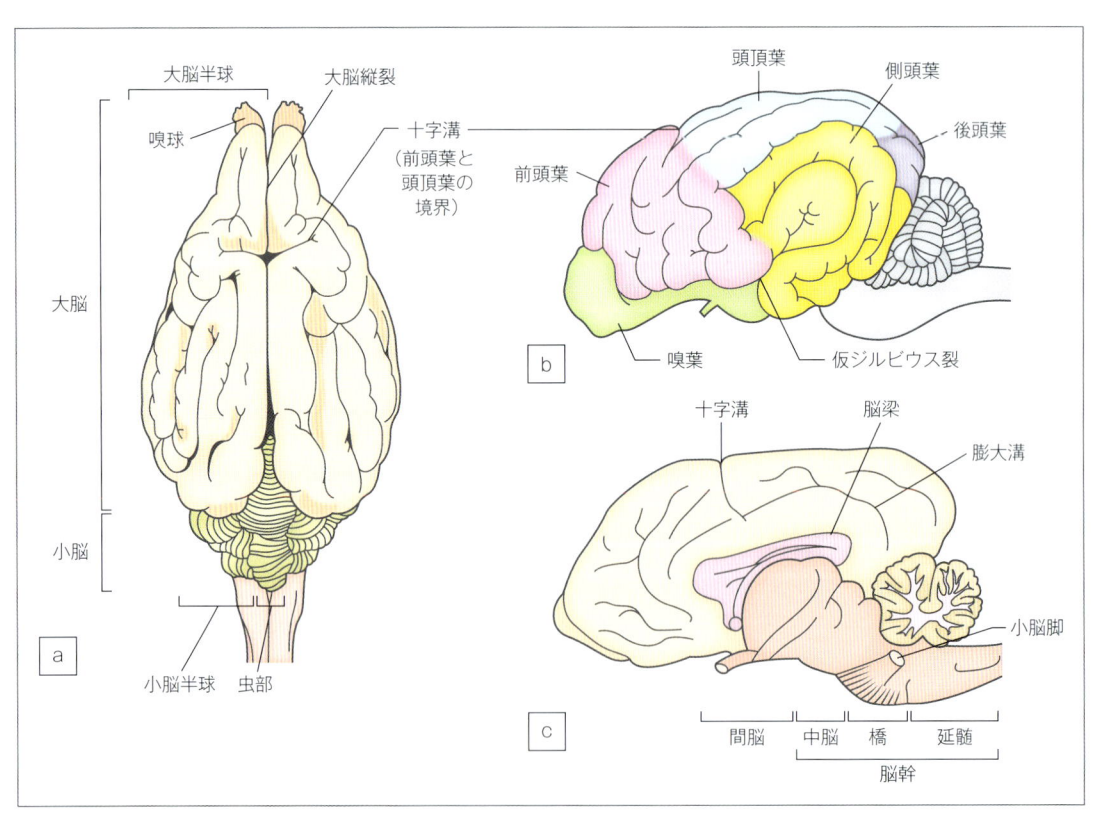

図 9-3　犬の脳の外観
a：背側面
b：外側面（大脳の各脳葉）
c：内側面

ウサギの大脳の表面はほぼ平滑ですが，犬や猫では多くの溝や隆起があり，いわゆる「脳のしわ」をつくっています（図9-4）。大脳の表面を走る溝を**大脳溝**，溝と溝のあいだの隆起を**大脳回**とよびます。これらの構造によって脳の面積が大きくなり，より多くの神経細胞をもつことができます。

大脳半球は，解剖学的に複数の脳葉にわけられています（図9-3b）。各脳葉は近接する頭蓋骨の名称に対応して**前頭葉**，**頭頂葉**，**後頭葉**，**側頭葉**と名づけられています。これらの脳葉は大脳溝によって脳の外観からほぼ区分することができます。犬の主な脳溝として，背側面の前方で大脳縦裂と直交する**十字溝**，外側面の仮ジルビウス裂，内側面の後方で脳梁と平行に走る**膨大溝**などがあります（図9-3）。これらの脳溝は脳葉を区別するために重要な脳溝です。

大脳は，**大脳皮質**，**大脳髄質**，**線条体（大脳基底核）**にわけられます。大脳皮質は大脳の表層を薄くおおう灰白質です。その深部にある大脳髄質は神経線維が集まった白質で，皮質と連絡しています。線条体は大脳髄質のなかにある神経核です（図9-5）。

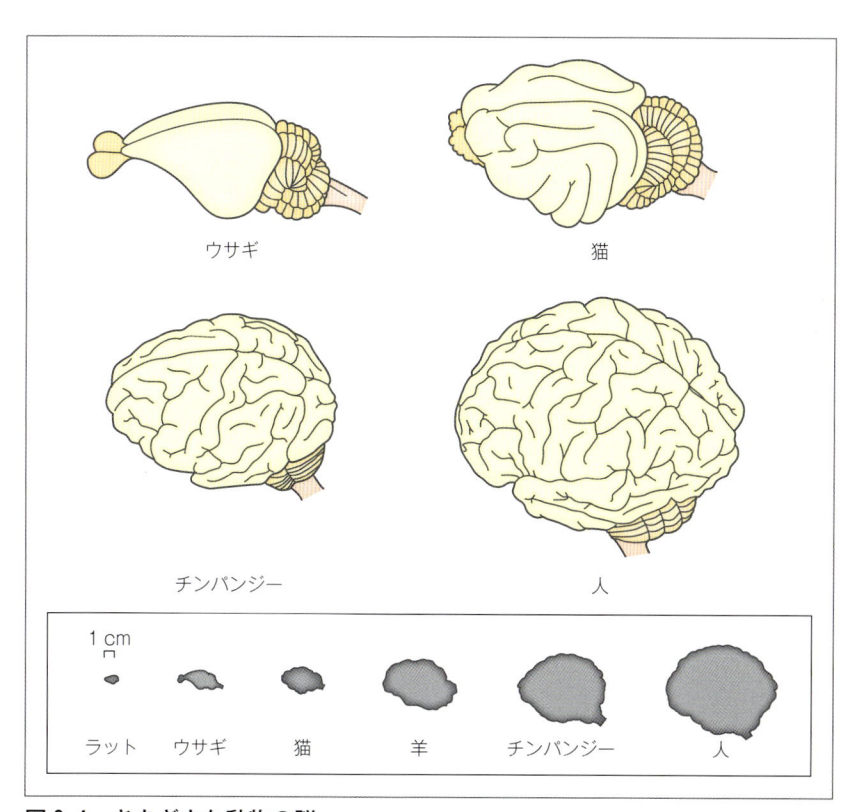

図9-4 さまざまな動物の脳
チンパンジーや人の大脳半球はとても発達しており，表面にある大脳回もさらに複雑になる。

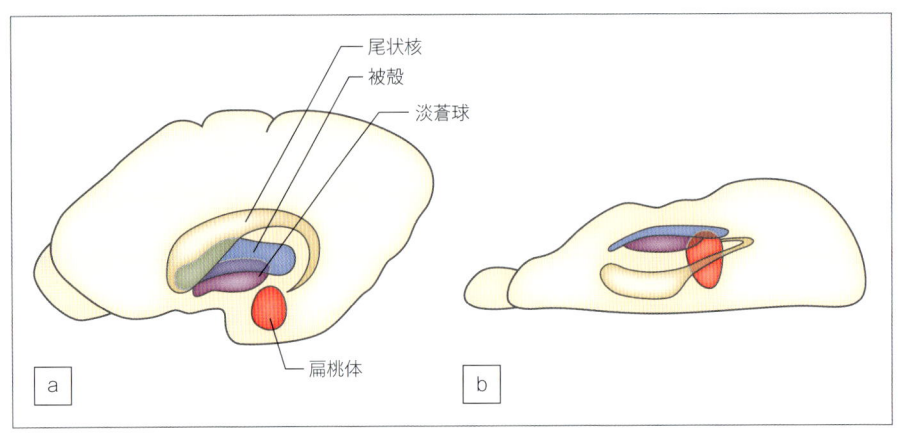

図9-5 犬の線条体
a：大脳半球の内側面に位置を投影
b：大脳半球の背側面に位置を投影
大脳の深部には灰白質の塊があり，線条体（大脳基底核）とよばれる。

①大脳皮質

　右側の大脳半球の皮質は，体の左側からの感覚情報を受けとり，左側の運動を制御します。同様にして左側の大脳半球の皮質は，体の右側を支配しています。

　大脳皮質には，運動やそれぞれの感覚に対応する領域があり，それらは運動野や一次感覚野（体性感覚野，聴覚野，視覚野）とよばれています。運動野は十字溝のすぐ尾側の領域にあり，骨格筋に随意運動の指令を送る中枢です（図9-6）。体性感覚野は運動野の尾側に隣接してあり，皮膚感覚と固有感覚の中枢です。感覚情報が体性感覚野に伝わると，動物はその感覚を意識することができます。聴覚野は側頭葉の尾側領域に，視覚野は後頭葉の内側領域に，それぞれあります。

②線条体（大脳基底核）

　線条体には，尾状核，被殻，淡蒼球，扁桃体などが含まれます。尾状核，被殻，淡蒼球は運動出力を適切に抑制することで，運動の大きさなどを調節します。一方，扁桃体は受けとった感覚情報を身の危険と結びつけて，ほかの動物に対する情動（恐怖や攻撃性）の発現に関係します。

[2] 間脳

　間脳は左右の大脳半球にはさまれており，尾側は中脳につながります（図9-3c）。間脳は背側から，視床上部，視床，視床下部の3つに区分されます。

①視床上部

　内分泌腺の松果体があり，松果体はメラトニンを合成・分泌します。

②視床

　間脳でもっとも大きい部分で，多くの神経核から構成されています。視床

固有感覚
筋や腱，関節には感覚受容器があり，筋の長さや張力，関節の曲がり具合などを検出します。この感覚を固有感覚（深部感覚）とよびます。固有感覚には，動物が意識するものと意識されないものがあります。

線条体（大脳基底核）
尾状核と被殻は似た性質をもつことから，2つをあわせて線条体（新線条体）とよぶこともあります。また，被殻と淡蒼球はあわせてレンズ核とよばれます。扁桃体はほかの神経核と異なる機能をもつため，線条体（大脳基底核）から除かれることがあります。

メラトニン p.160

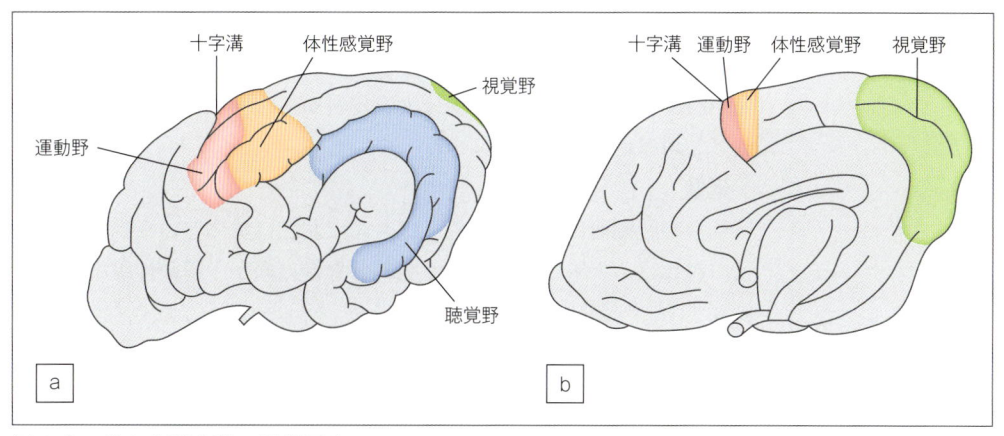

図 9-6　犬の大脳皮質の機能局在
a：外側面
b：内側面
大脳皮質には運動野や一次感覚野（体性感覚野，聴覚野，視覚野）など，特定の機能に関係する領域がある。

は感覚情報の中継と統合を行っており，嗅覚以外の感覚はすべて視床のニューロンに連絡してから，大脳皮質に送られます。

③視床下部

漏斗によって内分泌器官である下垂体とつながっており，下垂体からのホルモン分泌を制御します。また，視床下部は体温・摂食と飲水・睡眠・性行動などの調節を行っており，自律神経系（「E　内臓性神経系」参照）の中枢です。

🐾 ホルモン　p.150

[3] 小脳

小脳は橋と延髄の背側に位置し，小脳脚で脳幹と連絡しています（図9-3）。小脳の表面では，多数の細かい溝がほぼ平行に走っています。小脳は正中にある虫部と，その左右にある小脳半球にわけられます。鳥類では小脳半球が発達しておらず，大部分が虫部となっています。

小脳内部は，表層にある小脳皮質と深部にある小脳髄質から構成されています。小脳は固有感覚や平衡感覚を受けとり，小脳皮質で処理することで，体の平衡の保持や運動の協調・調節を行っています。

[4] 脳幹

脳幹は間脳と脊髄のあいだにあり，中脳，橋，延髄にわけられます（図9-3c）。

①中脳

視覚と聴覚に関係する構造（前丘と後丘）があります。鳥類のように視覚が発達した動物では，中脳がとくに発達しており，視葉とよばれています。中脳は運動や姿勢の調節も行っています。

② 橋

脳幹を腹側から見たときに大きくふくらんでいる部分で、背側にある小脳と小脳脚でつながります。橋は大脳皮質からの情報を小脳皮質に中継しており、この連絡は運動の調節を行っています。

③ 延髄

延髄の腹側面には、正中線をはさんで左右に錐体という長い隆起があります。錐体は、大脳皮質から出て脳幹と脊髄に向かう運動性線維の束からつくられます。

ほとんどの脳神経（「D［1］脳神経」参照）は脳幹から伸びているので、脳幹内部には脳神経の機能に関係するニューロンの集団（脳神経核）があります。また、脳幹には脳と脊髄を連絡する上行性・下行性の神経線維束がたくさん通ります。脳幹の中心部には、神経線維が網のように走るなかに灰白質が散在する網様体があります。網様体は循環・呼吸などの調節や大脳皮質の覚醒などをつかさどる、生命維持に必要な中枢です。

♂ **上行性，下行性**
上行性の神経線維は、末梢神経系または脊髄など下位中枢からの情報（感覚情報など）を、大脳皮質など上位中枢に伝えます。一方、下行性のものは上位中枢からの指令（運動指令など）を下位に伝えます。

📖 脊柱管 p.40

[参考] **脊髄と脊柱管の長さの違い**
発生の途中では、脊髄と脊柱管は同じ長さになっています。その後、脊柱の成長は脊髄が完成したあとも続き、脊髄の下端は椎骨に対して前方に移動します。小型犬の脊髄が大型犬よりも後方で終わるのも、脊柱の成長が関係するからです。

C 中枢神経系 —— 脊髄，その他

[1] 脊髄

脊髄は椎骨でできた脊柱管のなかにあり、背腹方向にやや扁平な柱状の器官です（図9-7）。脊髄は頸部と腰部に太くなった部分があり、それぞれ頸膨大と腰膨大とよばれ、前肢と後肢に連絡する神経線維が出ています。その内部にはほかの部分よりも多くの神経細胞が集まっています。犬や猫の脊髄は椎骨の長さに比べて短く、通常腰椎と仙骨の境界で終わります。そのため、脊髄の尾側部から出る脊髄神経は、出口となる椎間孔に向かって後方に向かい、馬の尾のような束をつくります。これを馬尾とよびます。

脊髄を横断面でみると、内部にH字型をした灰白質があり、その周囲は白質で囲まれています（図9-7b）。灰白質の中心には中心管という細い管があり、その内部を脳脊髄液（「［2］髄膜、脳室系と脳脊髄液」参照）が流れます。灰白質の腹方に突出した部分を腹角、背方に突出した部分を背角とよびます（図9-7c）。H字の横棒にあたる部分を中間帯といい、胸椎の部分では、側方に少し突出しています。この部分を側角といいます。

腹角には骨格筋を支配する運動神経細胞（運動ニューロン）があり、その軸索は腹根を通って脊髄から出ます（「D［2］脊髄神経」参照）。背角には感覚を中継する神経細胞（感覚神経細胞〔感覚ニューロン〕）があり、感覚情報は背根を通って脊髄に入ります。また側角には、内臓平滑筋を支配する自律神経系の神経細胞（交感神経系の節前ニューロン）があります（「E［2］自律神経系の構造」参照）。

白質は灰白質との位置関係により、背索、側索、腹索の3つにわけられます。白質には吻尾方向に走る多数の神経線維が通っており、脳と脊髄のあい

CHAPTER 9 神経系

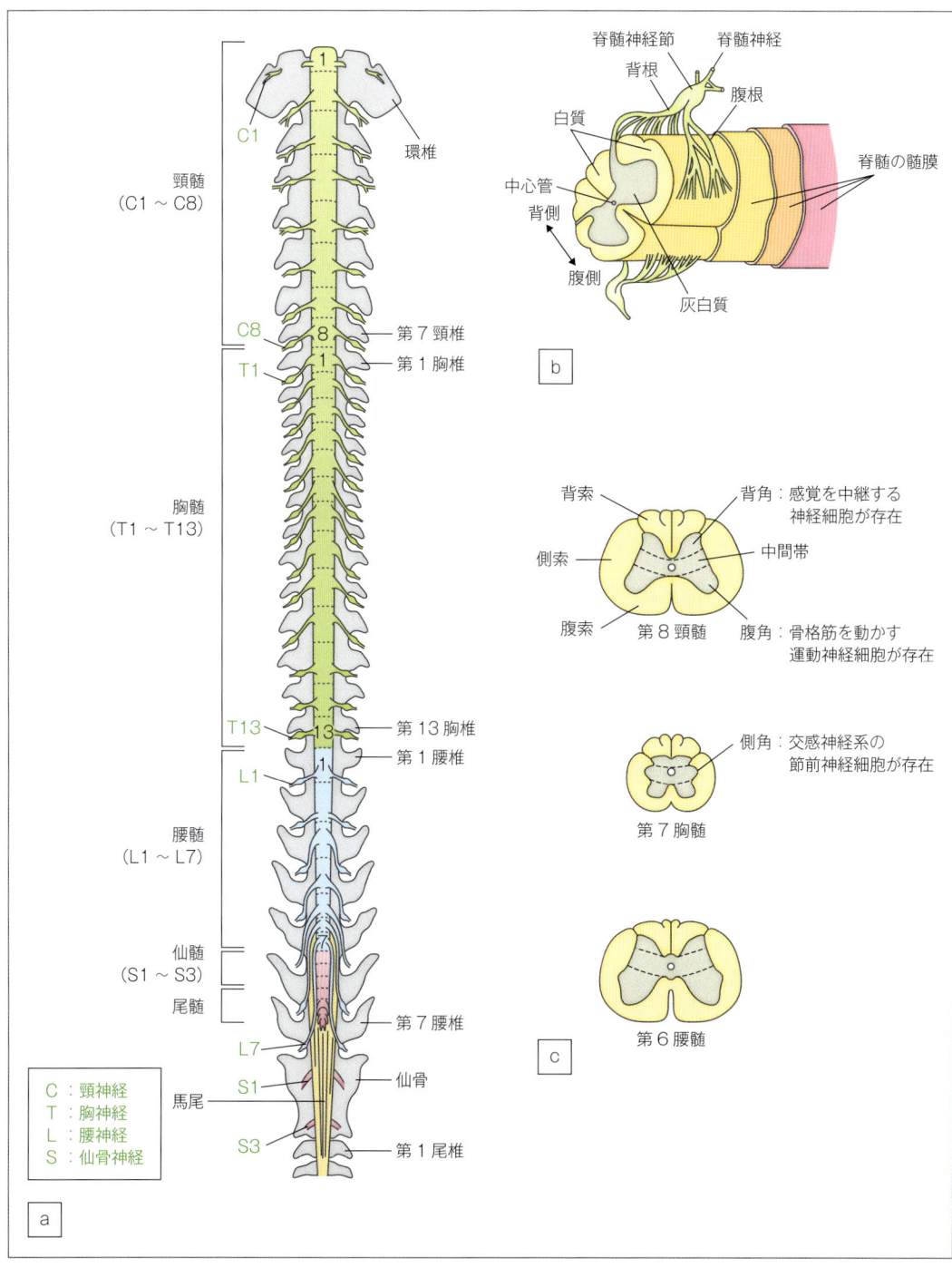

図 9-7 犬の脊髄
a：脊髄の全体像
b：脊髄と脊髄神経
c：脊髄の断面

だを連絡します。

[2] 髄膜，脳室系と脳脊髄液

髄膜は脳と脊髄をおおう膜で，外側から**硬膜**，**クモ膜**，**軟膜**という3つの結合組織の膜からできています（図9-8a）。最外層の硬膜は厚く丈夫な膜で，左右の大脳半球のあいだに大脳鎌，大脳と小脳のあいだに小脳テントをつくります。クモ膜は半透明の柔らかい膜で，クモ膜と軟膜のあいだの**クモ膜下腔**という空間に脳脊髄液を満たしています。軟膜は薄い膜で，脳と脊髄の表面に密着しています。

脳脊髄液（髄液） は透明な液体で，その成分はたんぱく質が少ない点を除くと，血清によく似ています。脳の内部には**脳室**とよばれる空間があり，脳脊髄液は脳室にある特殊な毛細血管組織（**脈絡叢**）で産生されます。脳室には，**側脳室**，**第三脳室**，**第四脳室**があり（図9-8b），側脳室は左右の大脳半球の内部，第三脳室は間脳の正中部，第四脳室は橋，延髄と小脳のあいだにあります。第三脳室と第四脳室は**中脳水道**によって連絡しています。脳脊髄液は第四脳室にある孔（**外側口・正中口〔肉食動物でのみ存在〕**）を通って，脳の内部からクモ膜下腔に流れ出します。

D　末梢神経系

末梢神経系は，脳から出る脳神経と脊髄から出る脊髄神経で構成されます。

[1] 脳神経

脳神経は頭蓋にある孔を通って，脳に出入りする末梢神経です。脳神経は12対あり，脳を出る部位により吻側から順に番号（ローマ数字で表すことが多い）がつけられています（図9-9）。一部の脳神経は，頭部だけにある特殊な感覚器（嗅粘膜，網膜，内耳）で受けとった情報（嗅覚，視覚，聴覚と平衡覚）を伝える神経線維を含んでいます。これらの神経は**特殊感覚性神経**とよばれます。いくつかの脳神経（動眼神経〔Ⅲ〕，顔面神経〔Ⅶ〕，舌咽神経〔Ⅸ〕，迷走神経〔Ⅹ〕）は，副交感神経系に区分される内臓性運動性線維

♪**小脳テント**
脳疾患を考えるとき，小脳テントが脳を大きく2つにわける目印となります。小脳テント前部障害は大脳から中脳吻側部での機能障害を，小脳テント後部障害は中脳尾側部から延髄・小脳での機能障害を意味します。

📖 血清　p.208

[参考] 脳脊髄液の産生量
脳脊髄液は持続的に産生されており，1日あたり犬では約70 mL，猫では約30 mLがつくられます。

[参考] 脳神経の覚え方
12対の脳神経は，その番号と一緒に覚える必要があります。古くからある覚え方として，「嗅いで視て動く車の三の外，顔聞く舌の迷う副舌」という語呂あわせがあります。嗅＝嗅神経，視＝視神経，動＝動眼神経，車＝滑車神経，三＝三叉神経，外＝外転神経，顔＝顔面神経，聞く＝内耳神経，舌＝舌咽神経，迷＝迷走神経，副＝副神経，舌＝舌下神経。

臨床で役立つコラム
脳脊髄液の採取

脳脊髄液を採取・検査することで，脳・髄膜の細菌感染などを診断できます。脳脊髄液はクモ膜下腔にありますが，どこから採取したら脳・脊髄を傷つけずにすむでしょうか。安全な採取場所の1つは小脳の後方にある大槽，もう1つは腰椎尾側部のクモ膜下腔です。大槽はクモ膜下腔が広くなった空間で，後頭骨と環椎（第1頸椎）のあいだに針を刺すことで採取できます。一方，腰椎尾側部は脊髄が馬尾をつくる領域であり，針を刺しても神経束がよけるため，採取が可能です。

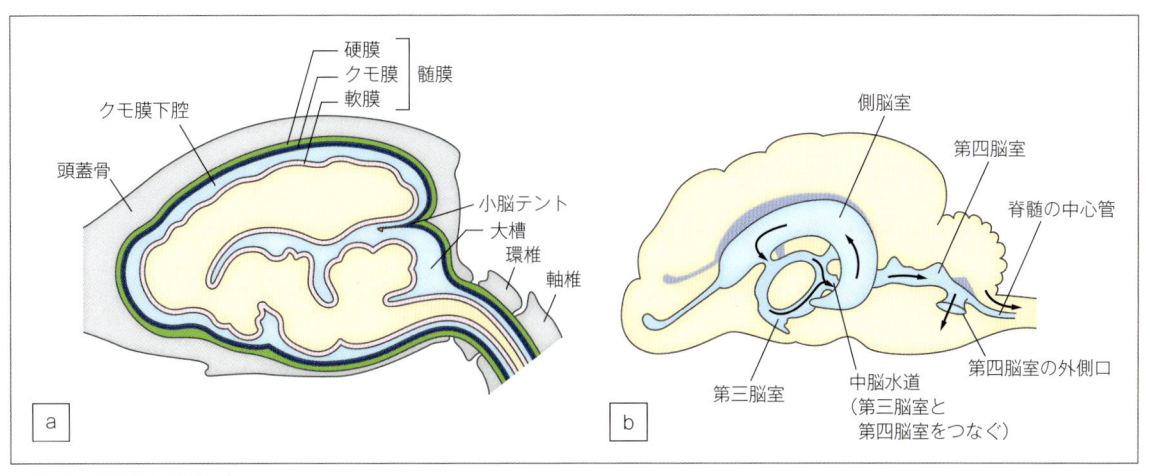

図 9-8　髄膜と脳室系

a：髄膜
b：脳室系
脈絡叢で産生された脳脊髄液は脳室系を出たあと，第四脳室にある孔から流れ出て，クモ膜下腔を満たす（矢印は脳脊髄液の流れを示す）。

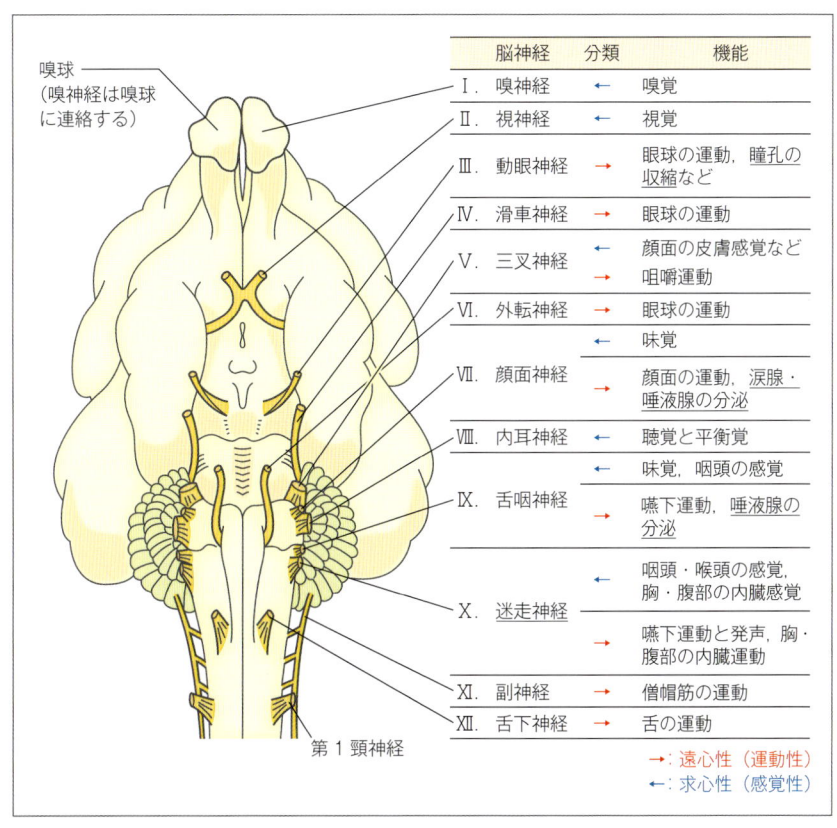

脳神経	分類	機能
Ⅰ．嗅神経	←	嗅覚
Ⅱ．視神経	←	視覚
Ⅲ．動眼神経	→	眼球の運動，瞳孔の収縮など
Ⅳ．滑車神経	→	眼球の運動
Ⅴ．三叉神経	←	顔面の皮膚感覚など
	→	咀嚼運動
Ⅵ．外転神経	→	眼球の運動
	←	味覚
Ⅶ．顔面神経	→	顔面の運動，涙腺・唾液腺の分泌
Ⅷ．内耳神経	←	聴覚と平衡覚
	←	味覚，咽頭の感覚
Ⅸ．舌咽神経	→	嚥下運動，唾液腺の分泌
Ⅹ．迷走神経	←	咽頭・喉頭の感覚，胸・腹部の内臓感覚
	→	嚥下運動と発声，胸・腹部の内臓運動
Ⅺ．副神経	→	僧帽筋の運動
Ⅻ．舌下神経	→	舌の運動

→：遠心性（運動性）
←：求心性（感覚性）

図 9-9　脳神経とその機能
下線は副交感神経性ニューロンか，それによる機能を示す。

を含みます（「E［4］副交感神経系」参照）。それぞれの脳神経の機能は，図9-9の通りです。

[2] 脊髄神経

脊髄神経は，脊髄と体の各器官とを連絡する末梢神経で，犬では約36対あります。脊髄神経は椎間孔を通って脊柱管の外へ出ており，椎間孔をつくる椎骨に対応した名称がついています（図9-7a）。犬では吻側から，**頸神経**（8対），**胸神経**（13対），**腰神経**（7対），**仙骨神経**（3対），**尾骨神経**（5対）があります。動物の種類によって椎骨の数は違うため，脊髄神経の数もそれぞれ異なります。脊髄は，脊髄から出る脊髄神経の名称に対応して，**頸髄**，**胸髄**，**腰髄**，**仙髄**，**尾髄**の5つの領域に区分されます。つまり，頸神経が出る脊髄の領域を頸髄，胸神経が出る領域を胸髄とよびます。さらに，これらの区分はそれぞれの脊髄神経が出る部位によって**髄節**としてわけられます。

脊髄神経は腹根および背根として脊髄に連絡します（図9-7b）。腹根には骨格筋や平滑筋などを支配する運動性線維が，背根には皮膚や内臓などの感覚を支配する感覚性線維が，それぞれ通ります。背根は**脊髄神経節**というふくらみをもち，そこには**一次感覚ニューロン**が含まれます。腹根と背根が合流して脊髄神経となり，椎間孔から出ます。前肢と後肢に分布する脊髄神経は，いくつかの神経が吻合・連絡する神経叢をつくってから，支配する筋や皮膚に向かいます（図9-10）。

E 内臓性神経系

内臓性神経系は平滑筋や心筋といった不随意筋や腺分泌を支配して，無意識下で生体内部の環境（循環，呼吸，消化など）を調節します。ここでは内臓性神経系のうち，効果器（平滑筋，心筋，腺）を支配する運動性の成分（**自律神経系**）について説明します。

[1] 自律神経系とは

自律神経系は，**交感神経系**と**副交感神経系**にわけられます。多くの内臓器官は，この2つの神経系の両方に支配（二重支配）されています（図9-11）。交感神経系と副交感神経系は効果器に対して逆の作用をもっており，一方の神経活動が亢進されると，もう一方の神経活動は抑制されます（拮抗支配）。この拮抗支配のバランスによって，体内環境の恒常性（ホメオスタシス）は維持されます。

[2] 自律神経系の構造

自律神経系では，中枢神経系と内臓にある効果器とのあいだに2つの

♂ 頸神経
犬の頸椎は7個なのに，頸神経はなぜ8対あるのでしょうか。答えは，後頭骨と第1頸椎のあいだから出るものが第1頸神経に，第1頸椎と第2頸椎のあいだから出るものが第2頸神経になるからです。

♂ 髄節
髄節は脊髄の位置を表すときに使用される区分けです。たとえば，第7頸神経の出る脊髄領域を第7頸髄（C7）とよびます。椎骨，脊髄の髄節および脊髄神経の位置を表すとき，C（頸椎），T（胸椎），L（腰椎），S（仙骨），Co（尾骨）という略号が使われます。すべて同じ略号で表されるため，注意する必要があります。

♂ 内臓性神経系（自律神経系）
自律神経系という用語は，本来，内臓の効果器を支配する遠心性（運動性）の神経系を意味します。実際には，内臓感覚を伝える求心性（感覚性）の神経線維も含めて自律神経系とよぶことも多く，内臓性神経系と同じ意味で使われます。

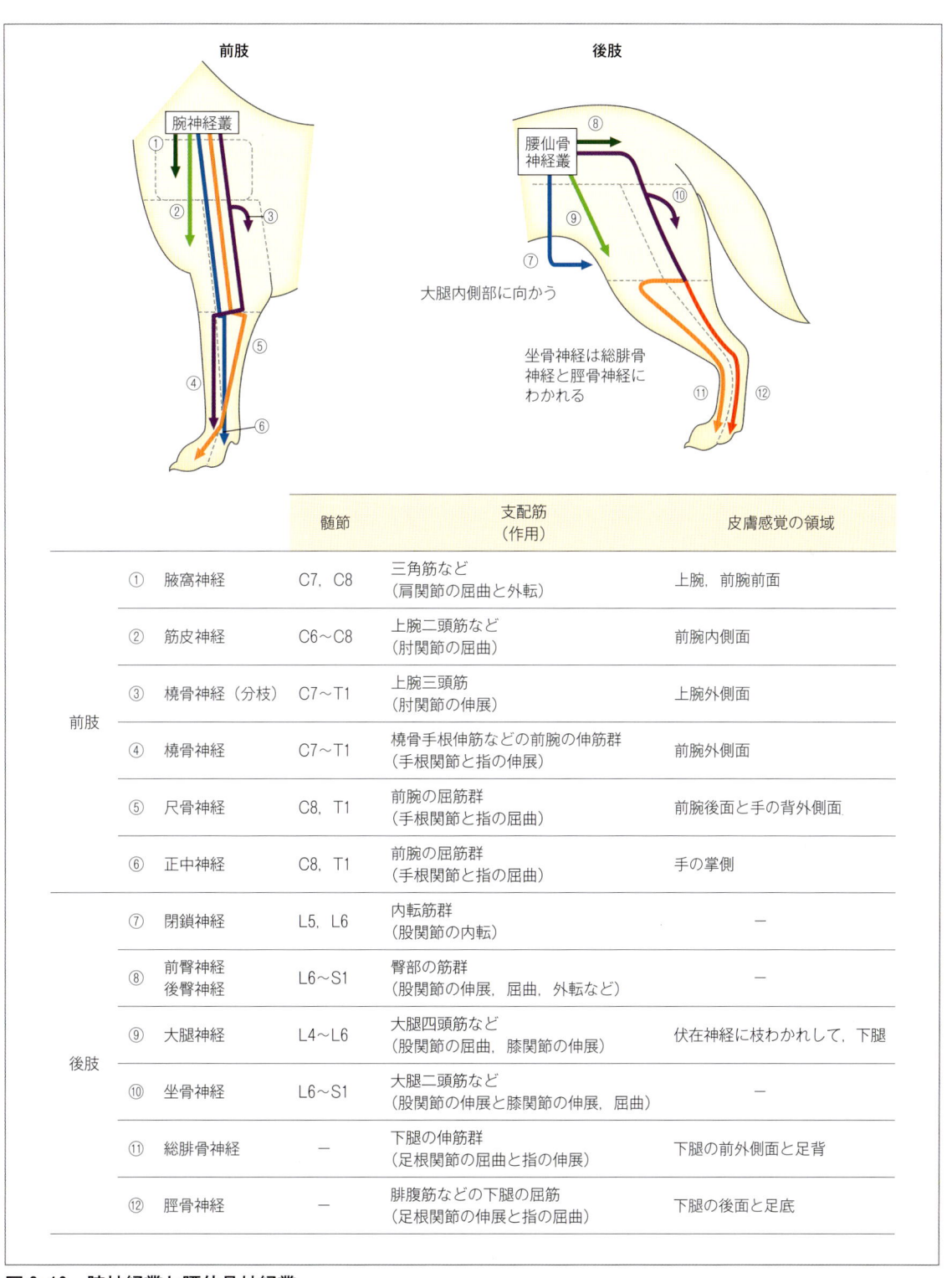

		髄節	支配筋 （作用）	皮膚感覚の領域
前肢	① 腋窩神経	C7, C8	三角筋など （肩関節の屈曲と外転）	上腕，前腕前面
	② 筋皮神経	C6〜C8	上腕二頭筋など （肘関節の屈曲）	前腕内側面
	③ 橈骨神経（分枝）	C7〜T1	上腕三頭筋 （肘関節の伸展）	上腕外側面
	④ 橈骨神経	C7〜T1	橈骨手根伸筋などの前腕の伸筋群 （手根関節と指の伸展）	前腕外側面
	⑤ 尺骨神経	C8, T1	前腕の屈筋群 （手根関節と指の屈曲）	前腕後面と手の背外側面
	⑥ 正中神経	C8, T1	前腕の屈筋群 （手根関節と指の屈曲）	手の掌側
後肢	⑦ 閉鎖神経	L5, L6	内転筋群 （股関節の内転）	―
	⑧ 前臀神経 後臀神経	L6〜S1	臀部の筋群 （股関節の伸展，屈曲，外転など）	―
	⑨ 大腿神経	L4〜L6	大腿四頭筋など （股関節の屈曲，膝関節の伸展）	伏在神経に枝わかれして，下腿
	⑩ 坐骨神経	L6〜S1	大腿二頭筋など （股関節の伸展と膝関節の伸展，屈曲）	―
	⑪ 総腓骨神経	―	下腿の伸筋群 （足根関節の屈曲と指の伸展）	下腿の前外側面と足背
	⑫ 脛骨神経	―	腓腹筋などの下腿の屈筋 （足根関節の伸展と指の屈曲）	下腿の後面と足底

図 9-10　腕神経叢と腰仙骨神経叢
前肢と後肢に分布する脊髄神経は神経叢で再編成されたあと，支配する筋や皮膚に向かう．それぞれの神経は，類似した作用をもつ筋のグループを支配する．筋の反射を利用した神経学的検査では，筋と支配神経を結びつけて評価する（CHAPTER 2「F［1］骨格筋」参照）．

ニューロンがあります（図9-12）。1つ目のニューロンは中枢神経系（脊髄と脳幹）に細胞体があり，**節前ニューロン**といいます。また節前ニューロンの軸索は**節前線維**とよばれます。節前線維は中枢神経系から出て，末梢にある自律神経節または効果器の近くでつぎのニューロンである**節後ニューロン**に連絡します。節後ニューロンの軸索は**節後線維**とよばれ，シナプスを介して効果器を制御します。交感神経系と副交感神経系の節前ニューロンはどちらも，**アセチルコリン**を神経伝達物質として放出します。一方で2つの神経系の節後ニューロンは異なる分子を神経伝達物質としており，交感神経系の節後ニューロンは**ノルアドレナリン**を，副交感神経系の節後ニューロンは**アセチルコリン**をそれぞれ放出します。

[3] 交感神経系

猫が自分の縄張りに侵入してきたほかの猫に対して，背中を丸め，毛を逆立てながら，うなり声をあげているのを見たことがあると思います。このような状況で，動物が戦ったり逃げたり（闘争か逃走か：Fight or Flight）するためにはたらく神経が交感神経系です。交感神経系は激しい運動を可能にするために，呼吸量や心拍数を増やして，骨格筋への血液量を増やします。一方で，急ぐ必要のない消化活動は抑制されます。骨格筋の血管，皮膚の立毛筋や汗腺は，交感神経系のみによって支配されます。交感神経系の節前ニューロンは胸髄から腰髄の側角にあり，節後ニューロンは**交感神経幹**の神経節や**腹腔神経節**などにあります（図9-11）。

[4] 副交感神経系

副交感神経系は，動物が食事をしたあとリラックスをしている状況ではたらく神経系です。副交感神経系がはたらくと，心拍数と呼吸数はゆっくりとなる一方で，消化活動は促進され，つぎの活動のためのエネルギーが確保されます。副交感神経系の節前ニューロンは脳幹と仙髄にあります（図9-11）。脳幹にある節前ニューロンの軸索（節前線維）は一部の脳神経（動眼神経，顔面神経，舌咽神経，迷走神経）に含まれて，節後ニューロンのある神経節や器官に向かいます。このうち迷走神経に含まれる節前線維は，脳幹を出たあと頸部を尾側に向かい，胸・腹部の内臓を支配します。仙髄から出た節前線維は骨盤内の臓器で節後ニューロンに連絡して，生殖器や膀胱を支配します。

F 反射

動物は木のとげを踏んだりしたときに，素早く足を引っこめます。このような特定の刺激に対して起こる無意識の（不随意的な）反応を，**反射**とよびます。この反射の経路を**反射弓**といい，感覚ニューロンからの情報が運動ニューロンに切り替わるところを**反射中枢**といいます（図9-13）。

♂ **ノルアドレナリン**
交感神経系ではノルアドレナリンが効果器に作用し，心筋の収縮力を増強したり，気管筋を弛緩させて気管を広げたりしています。この作用を利用し，心不全時や気管支ぜんそく時に，ノルアドレナリンに似た作用をもつ薬物が使われます。

♂ **アセチルコリン**
副交感神経系の効果器には，アセチルコリンと結合するムスカリン受容体が存在します。ムスカリン受容体遮断薬（アトロピンなど）は受容体へのアセチルコリンの結合を阻害するため，副交感神経系活動の抑制に使われます。たとえば，消化管潰瘍の治療や，眼の検査時に瞳孔を散大させるために使用されています。

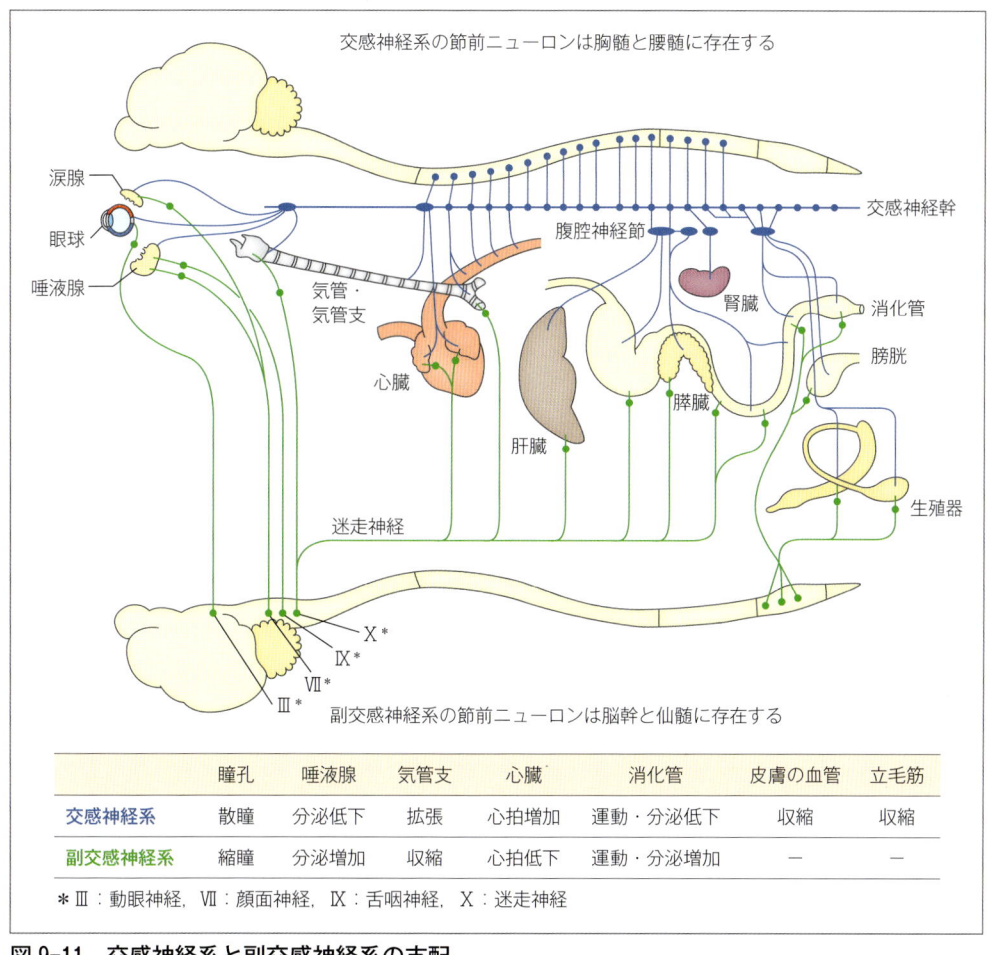

図 9-11　交感神経系と副交感神経系の支配

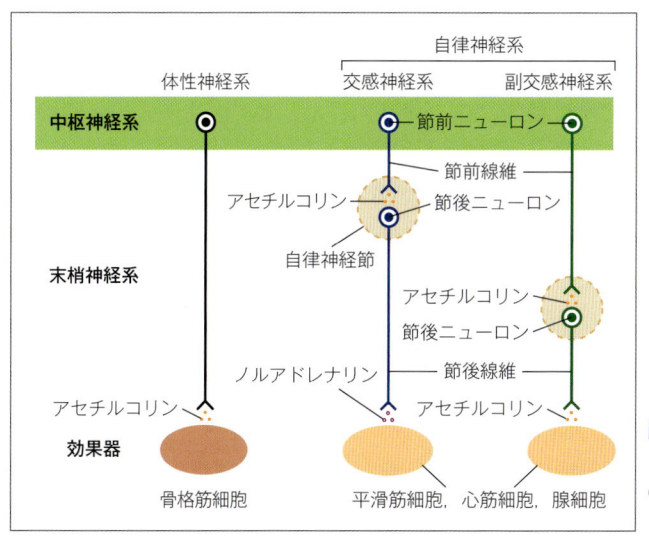

	瞳孔	唾液腺	気管支	心臓	消化管	皮膚の血管	立毛筋
交感神経系	散瞳	分泌低下	拡張	心拍増加	運動・分泌低下	収縮	収縮
副交感神経系	縮瞳	分泌増加	収縮	心拍低下	運動・分泌増加	ー	ー

＊Ⅲ：動眼神経，Ⅶ：顔面神経，Ⅸ：舌咽神経，Ⅹ：迷走神経

図 9-12　自律神経系の神経細胞と伝達物質

自律神経系は，中枢神経系と効果器のあいだに2つのニューロンがある。交感神経系の節前ニューロンと節後ニューロンは異なる伝達物質を放出する。

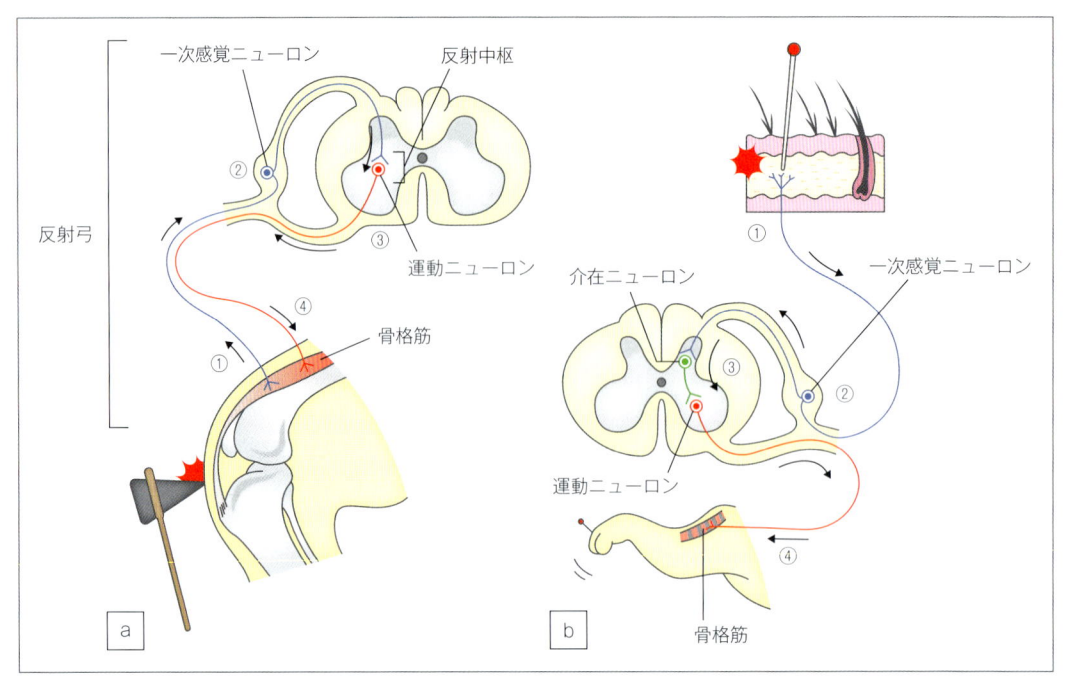

図 9-13　反射の経路
a：伸張反射
b：屈曲反射
伸張反射の反射弓を膝蓋腱反射を例に説明する。骨格筋の腱がハンマーで叩かれると，筋紡錘は筋の急な伸張を感知する（a①）。脊髄神経節の一次感覚ニューロンは，情報を反射中枢である脊髄に伝える（a②）。さらに，情報が一次感覚ニューロンから運動ニューロンに伝わると運動ニューロンは興奮して（a③），筋の長さを一定に保つよう骨格筋を収縮させる（a④）。また，屈曲反射では，受容器が痛み刺激を感知すると（b①），一次感覚ニューロンは興奮し（b②），その情報は介在ニューロンを中継して運動ニューロンに伝えられる（b③）。興奮した運動ニューロンは骨格筋を収縮させ，痛み刺激から逃げるよう足を引っこめる（b④）。

　脊髄が反射中枢としてはたらく反射を脊髄反射といい，伸張反射と屈曲反射（引っこめ反射）があります。
　伸張反射は骨格筋が受動的にひき伸ばされたときに，筋がすぐに収縮して，その長さを一定に保つようにする反射です。伸張反射では，感覚ニューロンが運動ニューロンに直接接続しているという，もっとも単純な反射弓からできています。この反射は動物の姿勢保持に重要な反射で，常にはたらいています。また，膝蓋骨の周囲をハンマー（打腱器）で軽く叩くと足が上がる膝蓋腱反射は，この反射により起きています。屈曲反射は，痛みの刺激が起きたときに足を引っこめる反射であり，感覚ニューロンと運動ニューロンのあいだに，介在ニューロンを1つはさみます。
　また，反射には脊髄だけでなく，脳幹を反射中枢とする反射（脳幹反射）もあります。

伸張反射
膝蓋靭帯（膝蓋腱）をハンマーで叩いたとき，下腿をけり上げる反射が膝蓋腱反射です。これは伸張反射の1つで，臨床検査で使われる代表的な反射です。反射が消失している場合は，末梢神経または反射中枢の脊髄に異常があると推測されます。

G 皮膚感覚

皮膚には，**触覚**，**圧覚**，**温度覚**，**痛覚**があります。皮膚には特定の刺激に対して周囲より感受性の高い部分（**感覚点**）が存在します。

触覚と圧覚は，皮膚の伸張やゆがみに反応する**機械的受容器**により検出されます（図9-14）。温度覚を検出する温度受容器には，冷たさに反応する冷受容器と温かさに反応する温受容器があります。痛覚を検出する**侵害受容器**は極端な温度や圧力，機械的傷害などに反応します（痛みについては「H 疼痛」参照）。

顔面部以外の皮膚にある感覚受容器は，脊髄神経に含まれる求心性（感覚性）線維の終末（末端）からつくられます。そのため皮膚の感覚領域は，脊

> **感覚点**
> 感覚受容器の分布する部分（点）が感覚点です。それぞれの感覚受容器は特定の刺激によく反応するので，皮膚には各刺激（感覚種）に対応する触点，圧点，冷点，温点，痛点が存在します。

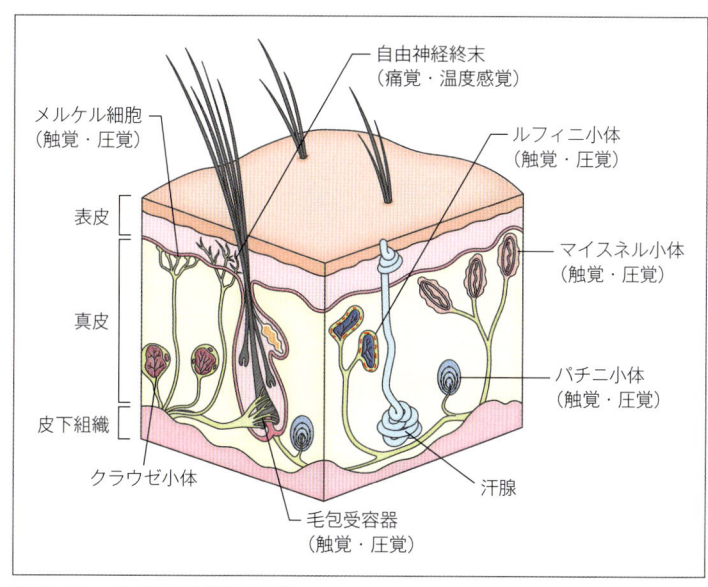

図9-14 皮膚の感覚受容器
皮膚の機械的受容器には，メルケル細胞，クラウゼ小体，毛包受容器，ルフィニ小体，マイスネル小体，パチニ小体などがある。温度受容器と侵害受容器は自由神経終末である。

臨床で役立つコラム
麻酔深度をみるための脳幹反射

動物の麻酔のかかり具合（麻酔深度）を判定するとき，脳神経を経路，脳幹を反射中枢とする脳幹反射である眼瞼反射が利用されます。眼瞼反射とは動物の眼周囲の皮膚を触ると，まばたきをする反射のことです。眼瞼の皮膚を触られたという情報が三叉神経を通り，反射中枢の脳幹に伝わります。脳幹から出た運動指令は顔面神経を通って眼輪筋に伝わり，動物は眼球を守ろうと眼を閉じます。麻酔深度が浅すぎる場合には明瞭な眼瞼反射が起こり，麻酔薬の追加が必要になります。

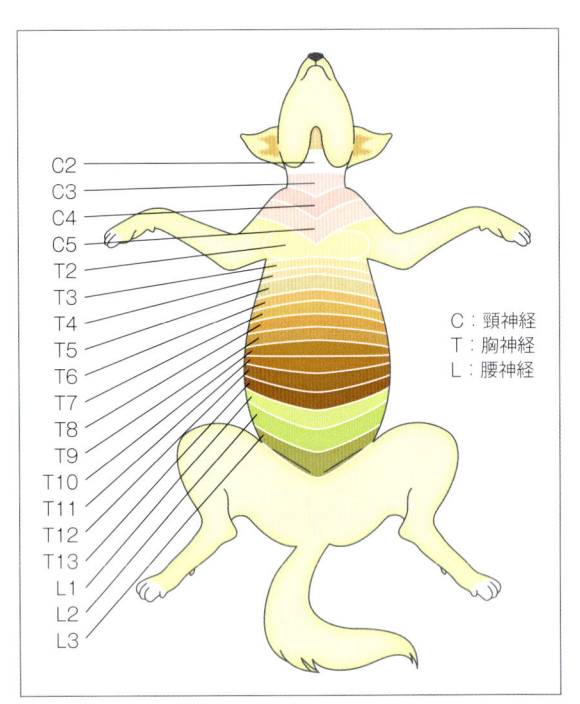

図 9-15 犬の皮膚分節
脊髄神経の出る部位によって，皮膚の感覚を支配する領域が決まっている。

C：頸神経
T：胸神経
L：腰神経

皮膚分節
体幹の脊髄神経は肋骨に沿って走行するので，皮膚分節も規則正しく帯状に配列します。感覚障害が起こった皮膚領域から，脊髄の障害された高さを推測できるので，皮膚分節の理解は臨床的に重要です。

神経線維　p.22

速い痛み（一次痛）と遅い痛み（二次痛）
伝わる速度の違う2種類の痛みは，誰もが経験するでしょう。指をけがしたとき，すぐに痛むのが「速い痛み（一次痛）」，少ししてから感じる重くて長時間続く痛みが「遅い痛み（二次痛）」です。

柱の椎間孔から出る脊髄神経の走行に一致して配列します。それぞれの脊髄神経が出る脊髄分節に対応した皮膚領域を**皮膚分節**（デルマトーム）とよびます（図9-15）。一方，顔面皮膚の感覚は脳神経である三叉神経〔Ⅴ〕（図9-9）によって伝えられます。

H 疼痛

疼痛（痛覚）は，皮膚，骨膜，筋，内臓などに分布する侵害受容器が刺激されて起こる不快な感覚です。痛覚は一次感覚ニューロンによって受容され，その神経線維は背根を通って脊髄に入ります。その情報は脊髄の背角と視床にある2つのニューロンで中継され，大脳皮質に伝わることで痛みとして意識されます（図9-16）。痛覚を伝える一次感覚ニューロンの神経線維には，伝導速度の速い有髄線維と伝導速度の遅い無髄線維が含まれます。この2つの線維の伝導速度の違いによって，速い痛み（**一次痛**）と遅い痛み（**二次痛**）があります。痛みは椎間板ヘルニアによる脊髄の圧迫など，中枢神経系の異常が原因となって起こることもあります。

[1] 体性痛と内臓痛

痛みは**体性痛**と**内臓痛**にわけられます（図9-16）。体性痛はさらに，皮膚

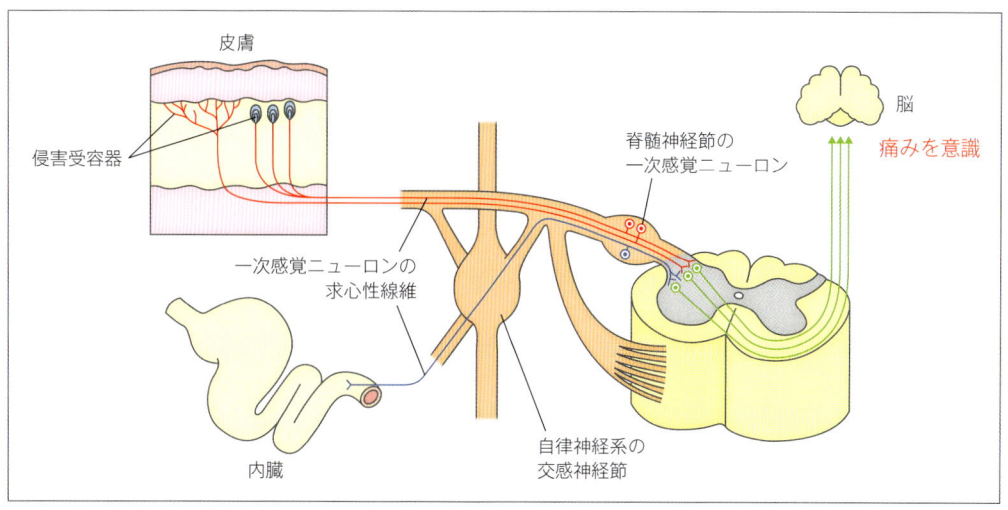

図9-16　皮膚・内臓からの痛みの入力
皮膚と内臓からの痛みは，脊髄神経節にある一次感覚ニューロンによって受容される。その情報が大脳皮質に伝えられると，痛みを意識する。

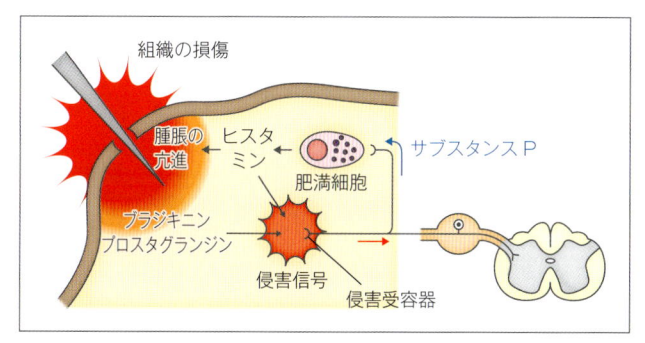

図9-17　疼痛に関係する物質

の自由神経終末（図9-14）が刺激されて起こる表在痛と，骨膜・関節・筋などが刺激されて起こる深部痛があります。一方，内臓痛は内臓平滑筋が痙攣したときなどに起こる痛みです。

[2] 疼痛のメカニズム

痛覚を伝える侵害受容器は，外部からの刺激によって組織が壊されると興奮します。さらに組織が損傷されたときに放出される多くの物質も，侵害受容器の興奮性を調節しています（図9-17）。組織が損傷すると，ブラジキニンやプロスタグランジンとよばれる物質が細胞から産生されます。ブラジキニンは侵害受容器を直接興奮させて，痛みを起こします。プロスタグランジンは侵害受容器のブラジキニンに対する感受性を増大させて痛みを強くします。侵害受容器自身もサブスタンスPという物質を産生し，肥満細胞から侵害受容器の興奮に作用するヒスタミンを放出させます。

プロスタグランジン
疼痛の治療では，糖質コルチコイド（ステロイド薬）や非ステロイド性抗炎症薬（NSAIDs）がよく使われます。これらの薬物はプロスタグランジン産生にはたらく酵素を抑制するため，鎮痛・抗炎症作用を発揮します。

肥満細胞　p.220

CHAPTER 9　神経系
確認問題

Q1 つぎの文章の空欄に正しい用語を入れなさい。
- 神経系は中枢神経系と末梢神経系からなり，中枢神経系は脳と（①　　　　　　）からなる。
- 大脳は正中にある大脳縦裂によって左右の（②　　　　　　）にわけられる。大脳実質は表層から（③　　　　　　），大脳髄質，（④　　　　　　）にわけられる。③は大脳をおおう灰白質であり，④は神経核で運動の調節にはたらく。
- 脊髄の（⑤　　　　　　）には運動ニューロンがあり，（⑥　　　　　　）には感覚ニューロンがある。また，（⑦　　　　　　）には自律神経系の神経細胞が存在する。
- 髄膜は脳と脊髄をおおう膜で，外側から（⑧　　　　　　），（⑨　　　　　　），（⑩　　　　　　）からなる。⑨と⑩のあいだには（⑪　　　　　　）があり，ここには脳脊髄液が流れている。脳脊髄液は脳室の（⑫　　　　　　）でつくられる。
- 脊髄が反射中枢としてはたらく反射を（⑬　　　　　　）といい，（⑭　　　　　　）と屈曲反射がある。

Q2 中枢神経系について正しい記述を1つ選びなさい。
① 大脳皮質の一次感覚野は随意運動の中枢である。
② 視床下部は大脳の一部であり，ホルモン分泌を制御する。
③ 間脳は中脳，橋，延髄にわけられる。
④ 小脳は自律神経系の中枢である。
⑤ 脳神経のほとんどは脳幹から出入りする。

Q3 末梢神経系について正しい記述を1つ選びなさい。
① 末梢神経系は脊髄から出る神経のみで構成されている。
② 犬の頸神経は7対ある。
③ 脳神経は13対ある。
④ 脊髄神経は椎間孔を通って脊柱管の外に出る。
⑤ 脊髄の腹根には脊髄神経節が存在する。

Q4 自律神経系について間違っている記述を1つ選びなさい。
① 自律神経系は交感神経系と副交感神経系からなる。
② 自律神経系の運動性線維は骨格筋を支配する。
③ 中枢神経系に細胞体のあるニューロンを節前ニューロンという。
④ 交感神経系の節後ニューロンはノルアドレナリンを放出する。
⑤ 副交感神経系の節前ニューロンは脳幹と仙髄に存在する。

Q5 皮膚感覚について正しい記述を1つ選びなさい。
① 顔面の皮膚感覚は顔面神経によって伝えられる。
② 痛覚刺激は，皮膚に存在するパチニ小体によって検出される。
③ 中枢神経系の異常では痛みは発生しない。
④ 組織が障害を受けたとき，細胞から痛みを和らげる物質のブラジキニンが放出される。
⑤ 痛みは伝達速度によって速い痛みと遅い痛みの2つにわけられる。

→解答は p.243 へ

MEMO

CHAPTER 10 感覚器系 sensory system

> 学習の目標
> ・各特殊感覚と対応する感覚器の名称を挙げることができる。
> ・各特殊感覚器の構造を理解する。
> ・適刺激と特殊感覚の特徴を理解する。

♦**適刺激（適当刺激）**
それぞれの感覚器が感知できる刺激。たとえば，視覚器であれば光，聴覚器であれば音が適刺激になります。

♦**眼窩**
頭蓋骨に存在する，眼球が収まるくぼみのことです。複数種類の骨から構成されています。

[参考] **鳥類の視覚**
鳥類は非常に視覚が発達しています。たとえば，毛様体が特殊に発達しており，すみやかに水晶体の厚さを変え，焦点をあわせることができるほか，網膜の視細胞には多種類の視物質が存在し，人では感知できない光の波長を感知し，見ることができます。

♦**線維性結合組織**
コラーゲンなどの線維が多く含まれる組織で，引っぱられる力に対して強いという特徴があります。

　一般に私たちは五感（**視覚**，**嗅覚**，**聴覚**，**味覚**，**触覚**）といわれる感覚によって，外界のできごとを感じとっています。触覚（体性感覚）を除いた4つは**特殊感覚**とよばれ，それぞれ特定の**適刺激**に対して，特定の器官で感受されます。本章では，これらの特殊感覚器について学習します。

A 眼の構造と機能

　眼は**視覚**の感覚器です。頭蓋骨の眼窩に収まっているため，外からはその一部しか確認することができませんが，古くから多くの研究がなされ，構造や視覚のしくみが明らかにされてきました。眼は視覚に直接かかわる眼球と，眼球の保護や運動にかかわる付属物（副眼器）からなります（図10-1，図10-2）。眼球は眼球壁からなり，そのなかに多くの眼球内容物が含まれています。鳥類は視覚が発達しており，体に対する眼球の割合が哺乳類と比較してきわめて大きくなっています。

[1] 眼球壁

　眼球壁は眼球を形づくる基本構造で，犬や猫ではほぼ球形をしています。同心円状の3つの膜からなり，それぞれ構造的特徴が異なります。

①眼球線維膜（外膜）

　眼球壁のもっとも外側の層で外膜ともよばれています。後方3/4は**強膜**，前方1/4は**角膜**からなります。

・強膜

　密な線維性結合組織で，眼球の形状を保つ役割があります。また，眼球を動かす眼筋が付着します。後方には視神経や動脈などが貫通する穴が開いています。

・角膜

　透明な膜で，光を通過させるとともに屈折させて，視覚細胞が分布する網膜（「③眼球神経膜（内膜）」参照）に集める役割をもちます。正常な場合で

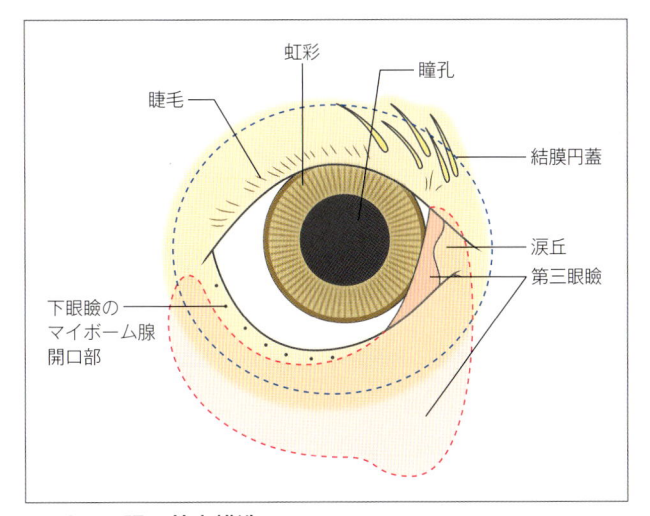

図10-1　眼の基本構造

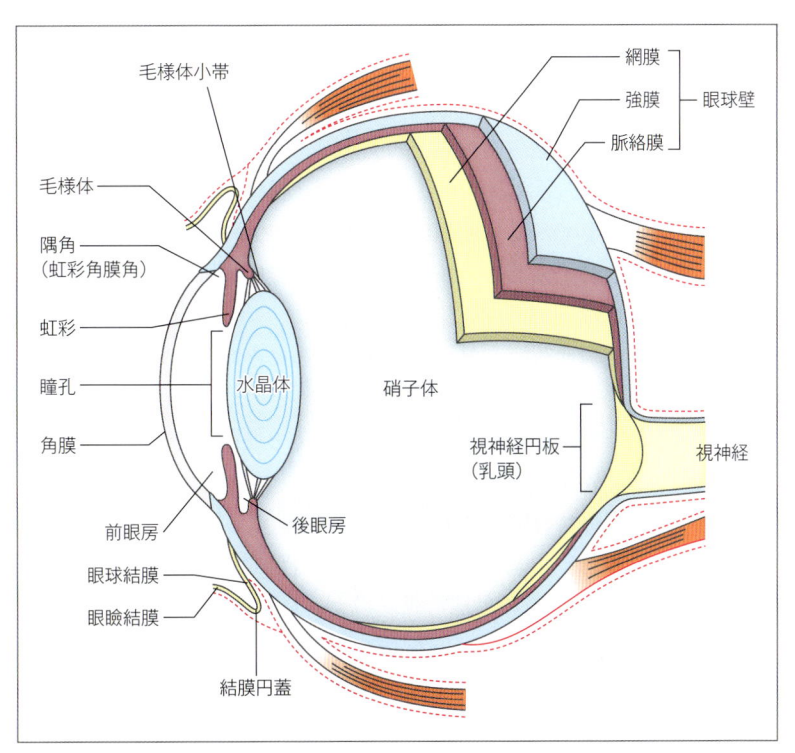

図10-2　眼球の基本構造

は血管を含みませんが，けがや炎症などで血管が侵入することがあります。角膜には体性感覚神経が分布しており，角膜に触るなどの刺激を与えると，瞬目反射（まばたき）や流涙反射を引き起こします。

②眼球血管膜（中膜，ぶどう膜）

眼球線維膜の内側にあり，脈絡膜，毛様体，虹彩によって構成されています。血管とメラニン細胞に富み，網膜に栄養供給をしているほか，光を眼球外に漏らさないように遮断する役割があります。

・脈絡膜

強膜と網膜のあいだにあるメラニン細胞が豊富な膜で，光を吸収します。血管と神経の通路になっており，網膜側で毛細血管網を形成し，栄養を供給しています。多くの動物では脈絡膜の眼底背側面に輝板といわれる光を反射する構造があります。

・毛様体

眼球血管膜が肥厚して眼球内に突出したもので，内部に毛様体筋（平滑筋）が存在します。毛様体からは毛様体小帯（チン小帯）というひも状の構造物が伸び，レンズである水晶体（後述）に付着して水晶体の厚みを調整し，光の焦点をあわせています。毛様体筋が収縮して厚みが増すと，毛様体と水晶体のあいだの距離が縮まるため，毛様体から伸びる毛様体小帯がゆるみ，水晶体が厚くなります。逆に毛様体筋が弛緩すると，毛様体小帯が緊張して水晶体が薄くなります（図10-3）。

なお，鳥類の毛様体筋は骨格筋で構成されています。

・虹彩

眼球血管膜の前端，水晶体表面に存在しています。中心に孔があいている円形の構造物で，孔の部分を瞳孔といいます。虹彩には平滑筋が存在し，これを収縮させることによって瞳孔の大きさを変え，眼内に入る光の量を調節しています。

③眼球神経膜（内膜）

眼球壁の最内層は，網膜といわれる視神経の一部が突出した膜です（図10-4）。網膜の外層（脈絡膜側）にはメラニン色素を含んだ色素上皮細胞が存在し，光の乱反射を防止しています。また，視細胞に視物質（ロドプシン）を供給しています。内側（硝子体側）には多くの視細胞（錐体細胞と杆体細胞）が存在し，視細胞が感知した光刺激は，視神経を介して中枢神経へと伝えられます（図10-4）。視神経が強膜，脈絡膜を貫通し，網膜に広がる部分は視神経円板（視神経乳頭）とよばれ，ここには視細胞が分布していません（図10-4）。このため盲点とよばれ，ここに結ばれた像は見ることができません。

鳥では視神経乳頭の前方に網膜櫛といわれる構造が突出しています。この構造は，網膜に栄養を供給するためにあるといわれています。

🐾 **体性感覚神経** p.162

♂ **瞬目反射**
角膜に異物が触れると，自動的に瞬きし，眼を保護しようとする反射です。顔面神経や三叉神経に異常があるとこの反射が見られなくなるため，神経疾患の検査（威嚇まばたき反応）に利用されています。反射については p.174 参照。

♂ **ぶどう膜**
眼球血管膜の別名。血管が豊富で，色と形がぶどうの房に似ていることからつけられました。また虹彩と毛様体をあわせて前部ぶどう膜とよびます。前部ぶどう膜に炎症が起こると眼房水の産生や排出に影響を与え，緑内障などの眼の疾患を引き起こします。

♂ **メラニン細胞**
黒色のメラニン色素を産生する細胞です。黒色は光を吸収しやすいため，皮膚などでは紫外線を吸収することで，細胞を保護します。

♂ **輝板**
別名タペタム。脈絡膜の血管が走行しない部分のことで，暗所で猫の目が光る現象や，写真の際に動物の目が赤くなる（いわゆる赤目）のはこの構造によるものです。

🐾 **骨格筋** p.20

♂ **ロドプシン**
光を吸収する色素たんぱくで，視細胞のなかに存在します。ロドプシンに光が当たるとオプシンとレチナールに分解されます。このときの刺激が視神経を通して脳に伝わり，その結果視覚が生じます。

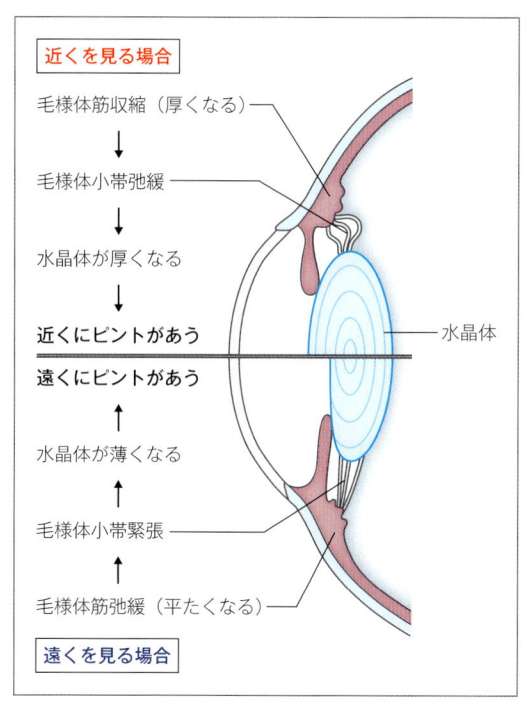

図 10-3　水晶体による視力調節

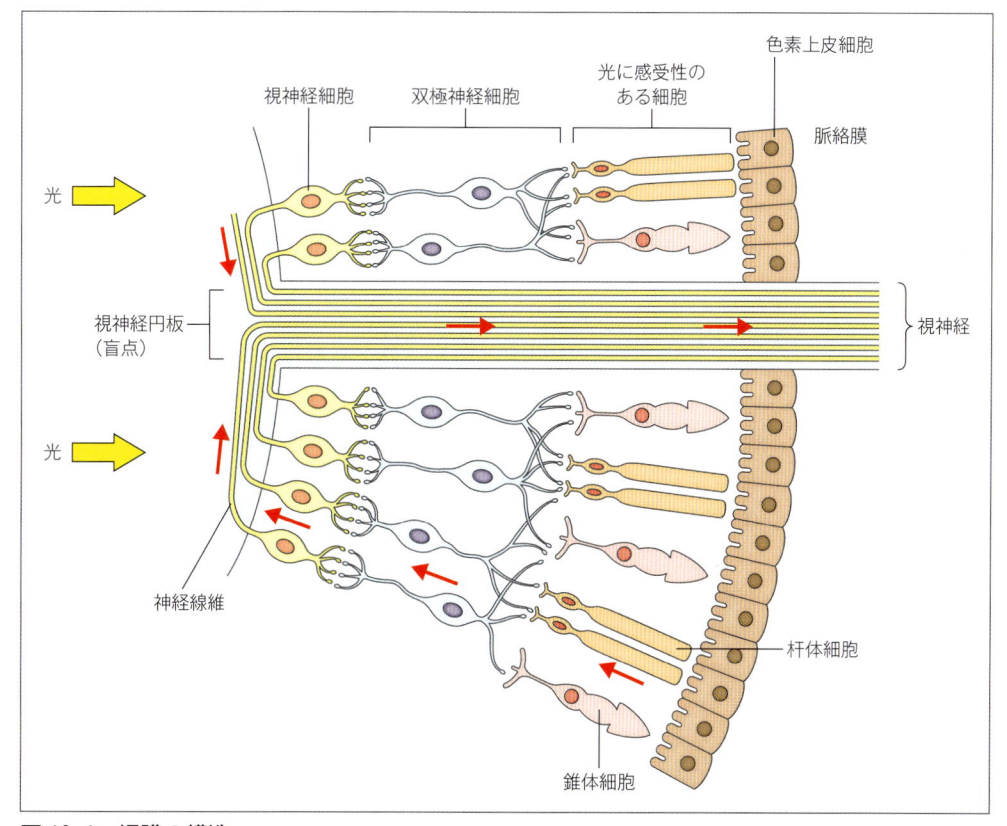

図 10-4　網膜の構造
黒矢印は視覚情報が伝達される方向を示す。

[2] 眼球内容物

眼球内は透明な内容物で満たされており，眼球の形状維持に関与するとともに，光の経路を構成しています。

①水晶体

水晶体は両面凸の透明の構造物で，眼のなかに光を通すレンズとしての役割をもちます。前述の通り，水晶体の厚みは毛様体の筋肉と毛様体小帯によって調整されており，厚みを変えることで湾曲率を変化させ，光の屈折率を調節し，網膜に焦点をあわせています。

②硝子体

水晶体の後方を満たすゼリー状の物質で，90％以上が水分です。細胞成分をほとんど含まず，眼圧や眼球形状の維持，外力に対するクッションの役割をはたしています。

③眼房水

角膜と水晶体のあいだを眼房といい，虹彩を境に角膜側の前眼房と水晶体側の後眼房にわけられます。眼房内を満たす液を眼房水といい，毛様体上皮で産生され，虹彩と角膜の結合部である隅角（虹彩角膜角）にある静脈洞に吸収されます。眼房水には，角膜や水晶体に栄養を補給するほかに，眼圧を維持する役割があります。

[3] 眼球付属物（副眼器）

①涙器

涙液は角膜および結膜を潤すとともに，ゴミなどを洗い流すための液体です。涙器はこの涙液の分泌や排出にかかわる器官で，涙腺や涙路などからなります。

涙腺は，眼球の上外側に存在する腺組織で（図10-5），漿液性の涙液を常に結膜表面に分泌しています。

涙路は，涙液の排出路で，内眼角（いわゆる目頭の部分）にある涙点から入り，涙小管，涙嚢，鼻涙管を経て，鼻腔に排出されます（図10-5）。短頭種の犬や猫では，しばしば涙路が閉塞して涙液の排出が障害されるため，流涙が多くなることがあります。

②眼瞼

眼瞼とはまぶたのことで，上眼瞼と下眼瞼があり，閉じたり開いたりする

眼圧
眼球内の液体によって生まれる眼球内圧のこと。眼圧が高くなりすぎると緑内障などの疾患を引き起こします。

臨床で役立つコラム

白内障

白内障は水晶体が白濁することによって光が網膜に届かなくなり，視力が低下する疾患です。原因はさまざまで，外傷，感染症，糖尿病や老化による水晶体の変性が挙げられます。水晶体の疾患である核硬化症でも白濁がみられますが，通常視力の低下は起こりません。

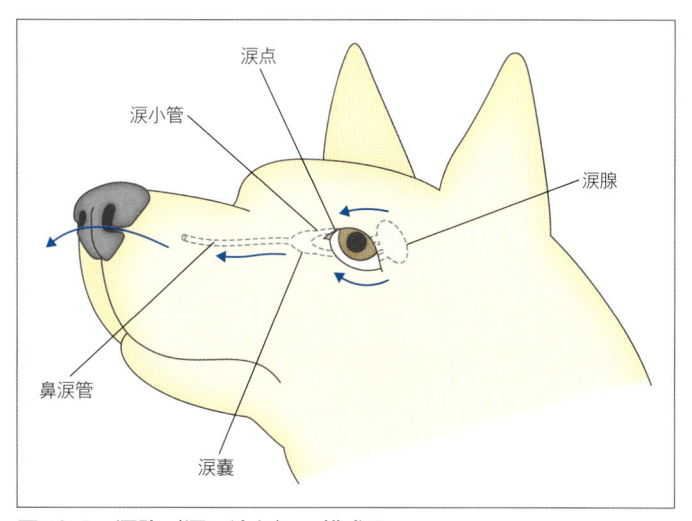

図10-5 涙路（涙の流れ）の模式図
青矢印は涙の流れを示す。鼻涙管は副鼻道に開通し，鼻道を通って鼻孔から排出される。

ことで眼を乾燥から防いだり，ゴミや強い光から眼を守ります。
　眼瞼の先端にはマイボーム腺といわれる脂腺があり（図10-2），涙液の表層に油層を形成することで，涙液の蒸発を防ぎます。
　眼瞼の内側は結膜という粘膜でおおわれており，眼瞼結膜と眼球結膜があります。眼瞼結膜は結膜円蓋で反転して，眼球表面をおおう眼球結膜になります（図10-2）。
　睫毛とはまつ毛のことで，ゴミなどが眼に入らないよう保護しています。しかし，時々，眼瞼の内側や眼球結膜に睫毛が生えることがあり（異所性睫毛という），このような異常な生え方をすると，角膜に傷をつけてしまい，治療が必要になることがあります。
　第三眼瞼（瞬膜）は，涙丘（内眼角のふくらみ）と眼球のあいだに存在し，水平方向に突出する結膜のヒダです（図10-1）。機能はほぼ眼瞼と同じで，眼球を保護しています。

[参考] **白目と黒目**
眼球結膜は眼球表面に露出した強膜をおおう半透明の膜です。強膜の色によって白く見えるため，この部分は一般的に白目とよばれています。また，黒目は虹彩と瞳孔にあたります。虹彩の色は動物種や個体によって異なりますが，瞳孔の色は黒色をしています。これは，黒色をした眼球後方の網膜色素上皮細胞を孔を通して見ているためです。

臨床で役立つコラム
ホルネル症候群

　眼瞼を引き上げたり，第三眼瞼を眼の内側に引っ張る筋，瞳孔を広げる筋は交感神経によって支配されています。もし交感神経に異常が生じると眼瞼下垂，第三眼瞼突出，縮瞳などが引き起こされます。眼の筋肉に関係する交感神経は，前肢に向かう神経と同様に胸髄から出ています（胸髄についてはCHAPTER 9「D [2] 脊髄神経」参照）。そのため交通事故などで前肢が異常に牽引されると，眼の筋肉に分布する交感神経も障害を受け，顔面に外傷がなくても上記のような症状が現れることがあります。これをホルネル症候群といいます。

③眼筋

　眼を動かすための筋肉で，眼球の外側に付着しています。7種類の横紋筋からなり，眼を上下左右に動かしたり，眼球を後ろに引っこめたりすることができます。これらの横紋筋を外眼筋とよび，毛様体や瞳孔括約筋などの眼球内部にある平滑筋を内眼筋とよぶことがあります。

B　耳の構造と機能

　音を聞く感覚を聴覚，体の傾きや回転を感じ取る感覚を平衡覚といいます。この2つの感覚器はいずれも耳の内部に存在しています。生きるために音の収集は重要であり，とくに野生動物は人に比べて敏感であるといえます。

[参考] 可聴域
認識できる音の周波数の範囲のこと。人の可聴域が12～23,000Hzであるのに対し，犬では15～60,000Hz，猫は45～63,000Hzと広くなっています。なお，2音の弁別能力は犬や猫より人の方が優れています。

[1] 外耳

　外耳は，体表から飛び出している耳介と，耳介から頭蓋骨に入り，中耳まで続く外耳道からなります。

　多くの動物の耳介は，漏斗状の軟骨（耳介軟骨）によって形成されています。この形は音を集めやすく，耳介筋によって耳介を動かすことで音源を突き止めます。耳介の外側の皮膚は毛でおおわれますが，内側面の皮膚では毛はまばらになります。耳介は鳥類には存在しません。

　犬の外耳道ははじめ垂直に下に向かいますが（垂直耳道），途中で方向を変えて水平に内側に向かい（水平耳道），直線状ではありません（図10-6a）。また，アポクリン汗腺が発達し，分泌物がたまると耳垢（みみあか）になります。

☛ アポクリン汗腺　p.202

[2] 中耳

　中耳（図10-6b）は鼓膜より内側の領域で，外耳から受けた音の振動を拡大し，雑音を減らして内耳へと伝えます。また，咽頭と連絡することで，中耳と外界の空気圧を等しくします。中耳は鼓膜，耳小骨および鼓室から構成されます。

　耳小骨は3つの骨からなり，鼓膜側からツチ骨，キヌタ骨，アブミ骨とい

臨床で役立つコラム

犬と外耳炎

　犬の外耳はほかの動物より長く，屈曲しているために内部の観察や洗浄が困難です。このため耳垢の蓄積や細菌の繁殖による外耳炎が多く，治療にも時間を要します。とくに垂れ耳の犬種では湿潤で細菌の繁殖しやすい環境になるため注意が必要です。

　原因としては細菌のほかに，ダニや酵母類，全身疾患からの波及もありますので，耳だけでなく全身状態の観察が重要です。

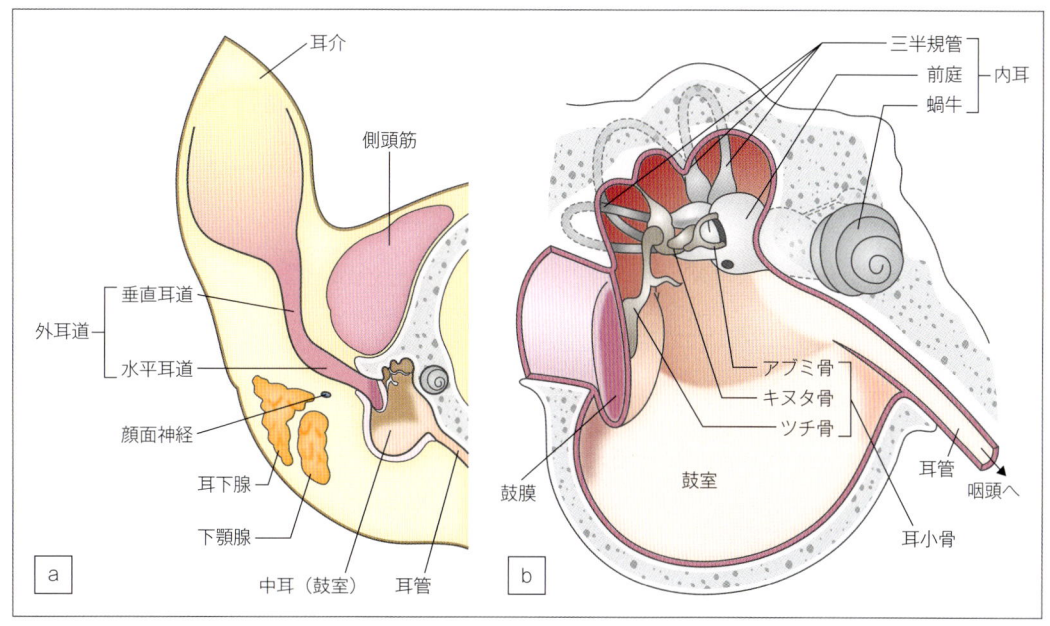

図 10-6　犬の聴覚器
a：外耳道の位置と構造
b：中耳から内耳までの構造

います。鼓膜が受けた振動を拡張して，内耳へと伝えます。また，これらの骨に付着する筋は雑音を軽減させます。

　中耳には広い空間があり，これを**鼓室**とよびます。この鼓室には咽頭とつながる**耳管**があります。耳管は鼓室内と外界の圧力を等しくする役割があり，通常閉じていますが，あくびや嚥下をすると一時的に開き，内外圧を均等にします。

[3] 内耳

　内耳（図10-6b）は外耳，中耳に続いてもっとも奥にあり，複雑な形をした骨の空洞（**骨迷路**）とそのなかに同様の形の**膜迷路**（図10-7a）が存在します。この膜迷路のなかに平衡覚と聴覚の受容器が存在し，神経を通じて脳に向かいます。内耳の構成は，**前庭部**と**蝸牛部**にわけられます。

①前庭部

　平衡覚の受容器が存在します。前庭部は前庭と半規管という2つの骨迷路と，そのなかに入る**球形嚢**，**卵形嚢**，**半規管**という膜迷路からなります。半規管は3つあり，あわせて三半規管とよばれています。前庭には球形嚢と卵形嚢が入り，ここにある感覚器官では体の傾きを感知してます（図10-7b）。この情報が脳に伝わり，頭の位置を決定しています。半規管では回転を感知しています（図10-7c）。

[参考] **中耳と耳鳴り**
耳鳴りは中耳と外気圧の差が生じることで鼓膜が圧迫されて起こる現象です。中耳は耳管により咽頭（外気）と連絡しているため，通常中耳内圧と外気圧は同じですが，外気圧が急激に変化すると差が生じてしまいます。そのため，ある程度時間が経ち，中耳と外気圧の差がなくなると耳鳴りは治まります。

[参考] **内耳神経**
脳神経の1つで，第Ⅷ脳神経ともよばれます。内耳神経は，前庭部から起こる前庭神経と蝸牛部から起こる蝸牛神経から構成されます。前庭神経は回転や平衡感覚といった平衡覚の情報を，蝸牛神経は音の情報を脳に伝達します（脳神経についてはp.170参照）。

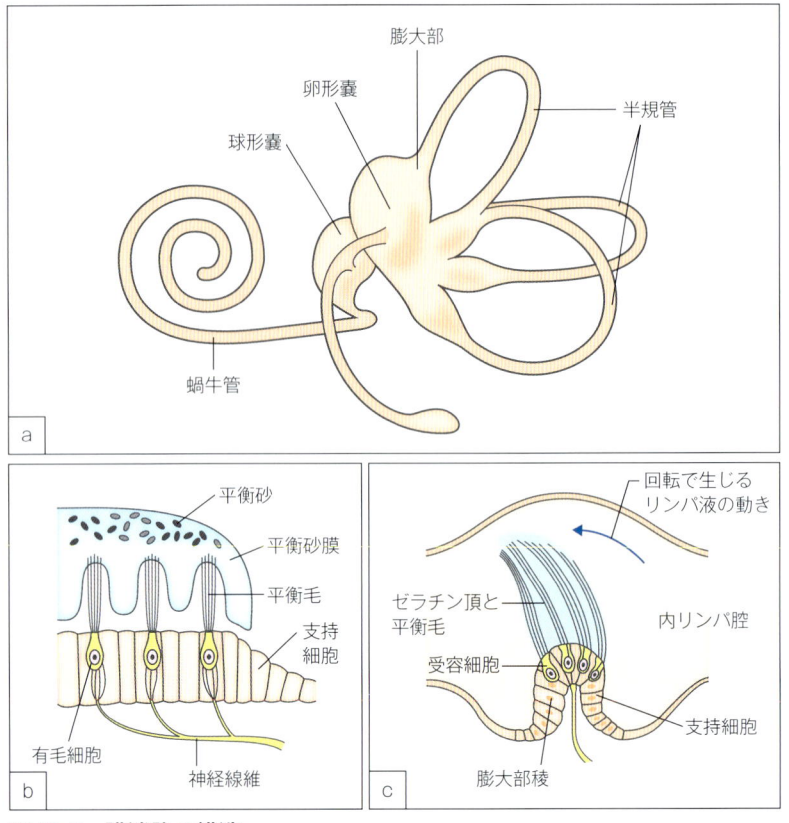

図 10-7　膜迷路の構造
a：膜迷路の外観
b：前庭（球形嚢および卵形嚢）における傾きの知覚器の構造
c：半規管における回転の知覚器の構造

②蝸牛部

　聴覚の受容器が分布しています。骨迷路の蝸牛のなかに膜迷路の蝸牛管があり，蝸牛管の上下にはリンパ液で満たされた前庭階と鼓室階が存在しています（図 10-8）。蝸牛管と鼓室階を隔てる基底膜の上にコルチ器という感覚器官があり，膜迷路のなかのリンパ液を伝わってきた音の振動はこの器官によって感知されます。

☞ リンパ液　p.94
血管から進出した血液の液体成分のことで，血漿とほぼ同じ成分です。

C　嗅覚

　においの感覚である嗅覚は鼻腔内に存在する嗅覚器によって感知されます。一般的に動物は人より嗅覚が優れていますが（嗅覚過敏動物），これは鼻腔内の嗅覚を感じる領域（嗅部）が人よりも広いためです。鳥類の嗅覚は，一部の鳥種を除いて哺乳類ほど発達していません。

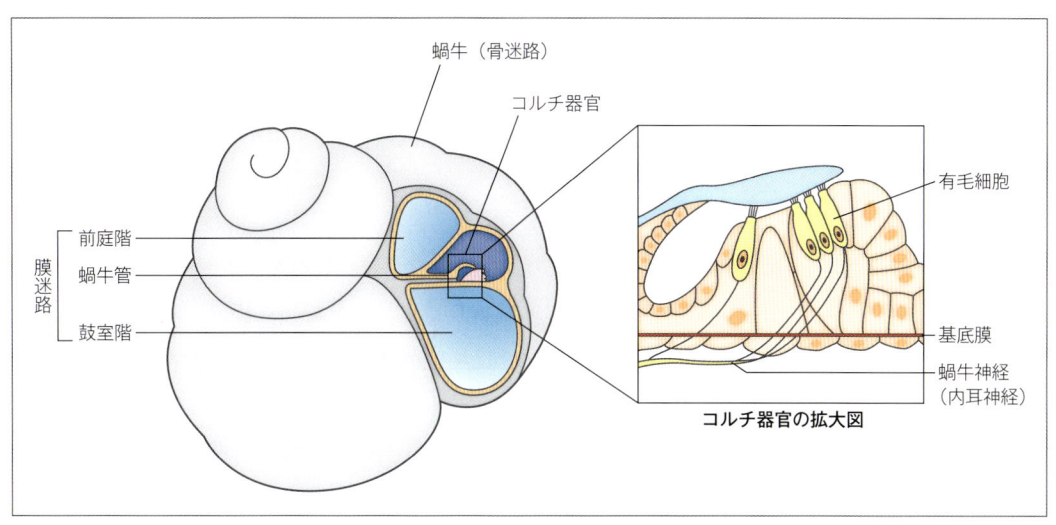

図 10-8　蝸牛の構造

[1] 嗅覚器の構造

嗅覚器は鼻腔の一部ですが，その境界は肉眼でははっきりとわかりません。顕微鏡で観察すると，呼吸部の上皮とは異なる細胞で構成されているのがわかります。嗅覚器は感覚上皮細胞，支持細胞，基底細胞の3つの細胞からなります（図10-9）。

[2] においの受容

感覚上皮細胞は神経細胞の一種で，におい物質が感覚上皮細胞の受容体に結合すると興奮します。興奮は鼻腔と反対側に伸びる軸索を介して脳に伝わります。この神経を嗅神経といいます。嗅神経は頭蓋骨の1つである篩骨を貫通して脳の**嗅球**（きゅうきゅう）に興奮を伝えます。

におい物質は自然界に2万種近くあるといわれていますが，そのすべてをかぎわけることができるメカニズムは，まだ完全にはわかっていません。また，同じにおい物質でも強さによって感じ方が変わります。

[3] フェロモンの感覚器

動物ではにおいの一種にフェロモンといわれるものがあり，これは副嗅覚器（鋤鼻器，図10-9）によって感知されます。動物にみられるフレーメンはフェロモンを嗅ぎとるための行動といわれています。

フレーメン
猫や馬などの哺乳類にみられる行動で，においに反応して唇を引きあげる生理現象です。よく「猫がしかめっつらをする」「馬が笑う」などといわれますが，感情とは連動していません。フェロモンだけでなく，煙や強い香水などのにおいなどでもみられることがあります。

D　味覚

味の感覚である味覚の受容器は，味蕾（みらい）といわれる構造で，主に舌に存在しますが，口蓋や喉頭蓋にも存在します。鳥では舌も小さく，味蕾も哺乳類より少数です。

[1] 舌乳頭

　舌粘膜上には，多くの小突起がみられます。これらは舌乳頭とよばれ，舌を保護する役割をもちます。一部の舌乳頭には味蕾が存在し，これに該当するものには葉状乳頭（ようじょう），茸状乳頭（じじょう），有郭乳頭（ゆうかく）があります（図10-10a）。なお，犬の葉状乳頭は痕跡的で，はっきりと観察することはできません。

[2] 味蕾の構造

　味蕾は顕微鏡でみると，タマネギ型の構造をしており，味細胞，支持細胞，基底細胞の3種類の細胞からなります（図10-10b）。味孔に味物質が触れることで，味細胞が興奮し神経へと刺激を伝えます。味物質は漿液性の唾液によって洗い流されます。

[3] 味覚

　味覚は一般に五味（甘味，塩味，酸味，苦味およびうま味）があり，動物はこれを感じわけることができます。しかし，動物種によって味蕾の数が異なるため，感受性には差があります。一般的に草食動物では多く，肉食動物では少ないといわれています。味覚は単に嗜好性（しこう）だけでなく，毒物などを選りわけるためにも重要な感覚です。なお，辛みは味覚ではなく，体性知覚感覚の一種である痛覚にあたります。

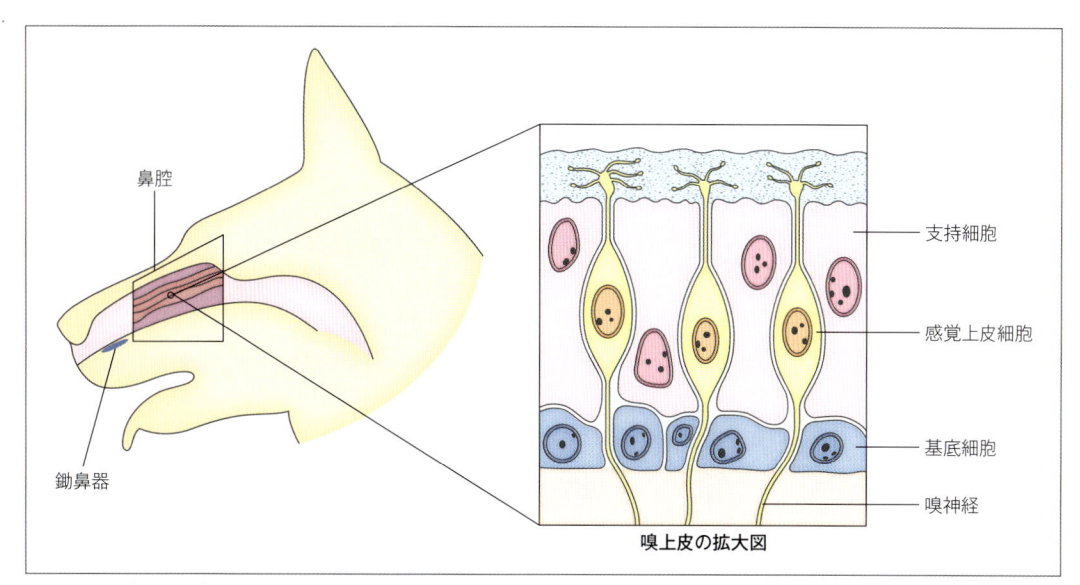

図 10-9　犬の嗅覚器の構造

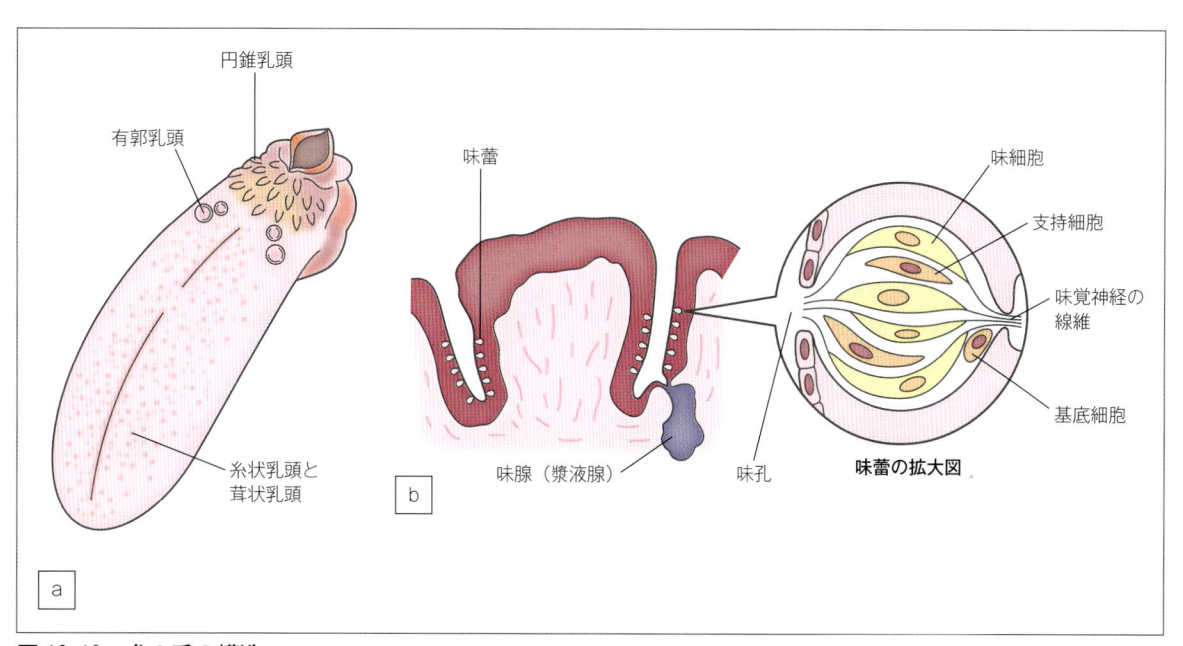

図 10-10　犬の舌の構造
a：舌の肉眼構造
b：有郭乳頭の縦断面と味蕾

CHAPTER 10 感覚器
確認問題

Q1 つぎの文章の空欄に正しい用語を入れなさい。
- 特殊感覚には，視覚，（①　　　　　　　），聴覚，嗅覚および味覚がある。
- 眼球壁は3層からなり，外側から，眼球線維膜，（②　　　　　　　），眼球神経膜である。眼球線維膜には強靭な強膜と透明な（③　　　　　　　）がある。
- 眼球の内容物には水晶体，硝子体などがあるが，厚みを変えて焦点をあわせる役割は（④　　　　　　　）が行っている。
- 眼の付属物には，眼球を保護する眼瞼や涙器があるが，涙腺から分泌された涙は涙路を通って，（⑤　　　　　　　）に排出される。
- 平衡聴覚器である耳は外から外耳，中耳，内耳にわけられる。聴覚を受容する細胞は内耳の（⑥　　　　　　　）に存在し，中耳の（⑦　　　　　　　）は咽頭と連絡している。
- 嗅覚は（⑧　　　　　　　）の一部に感覚器が存在する。味覚は舌などに存在する（⑨　　　　　　　）で感知される。

Q2 眼について正しい記述を1つ選びなさい。
① 光を受容する細胞は脈絡膜に存在する。
② 犬の毛様体筋は横紋筋である。
③ 遠くを見るとき，水晶体は厚くなる。
④ 瞬膜は角膜の一部である。
⑤ 涙液は鼻涙管から鼻腔に排出される。

Q3 耳について正しい記述を1つ選びなさい。
① 犬の外耳道は直線的である。
② 鼓膜を境に，中耳と内耳にわけられる。
③ 中耳には耳小骨が存在する。
④ 蝸牛は平衡感覚を感知している。
⑤ 前庭の半規管では体の傾きを感知する。

Q4 嗅覚，味覚について正しい記述を2つ選びなさい。
① においは鼻腔のどの粘膜でも感知できる。
② においを感知する細胞は基底細胞である。
③ 犬の舌では円錐乳頭に味蕾が存在する。
④ 味蕾の味細胞が神経に味刺激を伝える。
⑤ 辛みは特殊感覚ではなく，体性知覚に分類される。

→解答は p.243 へ

MEMO

CHAPTER 11

外皮系 integumentary system

学習の目標
- 正常な動物の皮膚の構造を学び，解剖学用語を理解する。
- 皮膚と皮膚の付属器官の役割を学び，器官同士の関連性を理解する。
- 動物ごとに特徴的な皮膚の構造やしくみについて学び，理解する。

[参考] 皮膚の主な機能
① バリア機能
② 体温調節
③ 免疫機能
④ 感覚器官
⑤ ビタミン合成
⑥ 腺分泌
⑦ エネルギー代謝

　皮膚は動物の体をおおい外界と接していて，外部環境からのさまざまな刺激から体を保護しています。さらに，爪や毛，腺などのさまざまな構造が存在し，体温調節や分泌，栄養，感覚，免疫などの多数の機能をもっています。これらの構造をまとめて**外皮系**といいます。

A　皮膚の構造

[1] 表皮

　表皮（図11-1）は皮膚の最表層を構成する組織です。**重層扁平上皮**からなり，表層から**角質細胞層**，**顆粒細胞層**，**有棘細胞層**，**基底細胞層**にわけられます。各層は**角化細胞**からなり，表皮深層の基底細胞層に存在する基底細胞が細胞分裂することで新たな角化細胞が生まれ，上方へと移動しながら最表層の角質細胞へと成熟し，最終的にははがれ落ちます。これを**ターンオーバー**といいます。有棘細胞層では隣りあう細胞同士が細胞質の棘を出しあい，その先端は**デスモゾーム**によって結合しています。顆粒細胞層の細胞は，細胞質内にケラトヒアリン顆粒をもちます。この顆粒は角質細胞層の角化に関与します。角質細胞層は死んだ無核の細胞（角質細胞）と多量のケラチンからなり，ケラチンは保水力，化学物質や熱などに対する抵抗性に関係しています。犬や猫の**肉球**のように刺激を多く受ける部分では角質細胞層が厚くなっており，角質細胞層と顆粒細胞層の間に淡明層（透明層）という層があります。

　表皮には角化細胞以外にも色素細胞やランゲルハンス細胞などが存在します。色素細胞は基底細胞層や有棘細胞層に存在している細胞で，メラニンを産生し，基底層や有棘層の細胞にメラニンを供給しています。その役割は紫外線から細胞内の核を保護することで，核DNAが損傷するのを防いでいます。有棘細胞層には食作用をもつランゲルハンス細胞が認められることがあります。この細胞は表皮を通過してきた病原体などを貪食し，免疫反応に重要な役割をはたしています。

[参考] 皮膚のターンオーバー
1サイクルは20〜30日。

♂ 角化
表皮の大部分を占める角化細胞が生まれてから脱核して角質細胞となり，垢としてはがれ落ちるまでの過程をいいます。

♂ メラニン
動物の皮膚や眼などに存在する色素顆粒。

☞ DNA　p.16

196

CHAPTER 11 外皮系

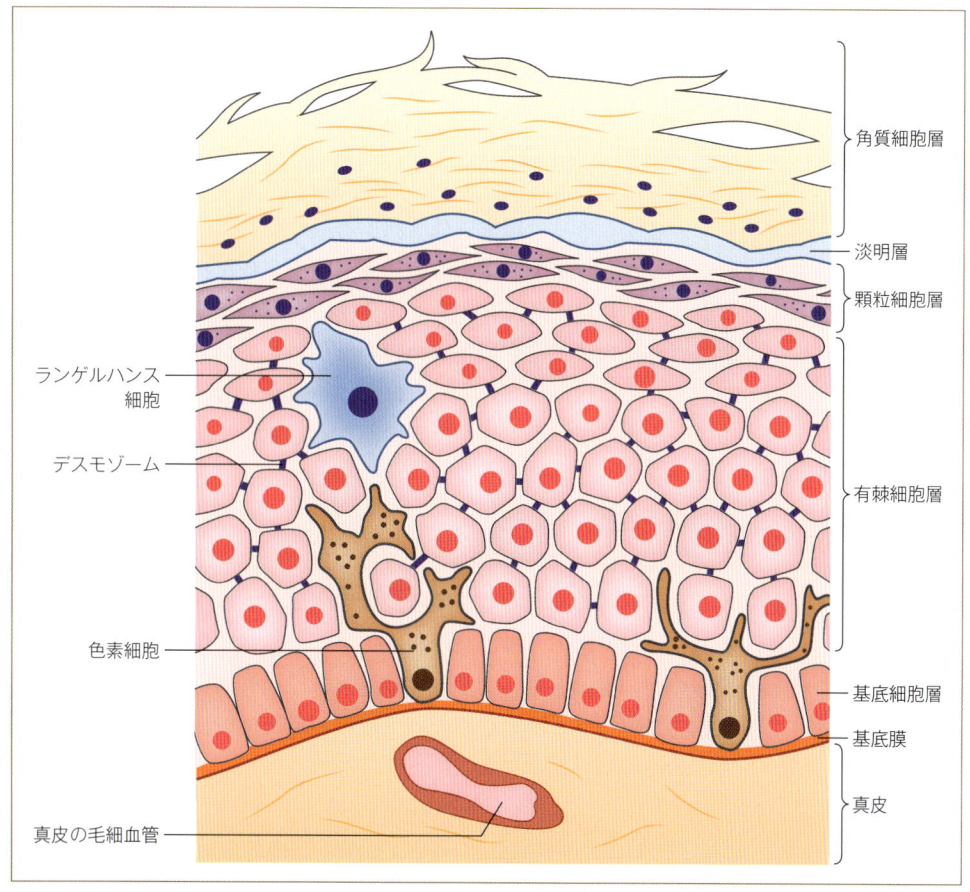

図中ラベル：
- 角質細胞層
- 淡明層
- 顆粒細胞層
- ランゲルハンス細胞
- デスモゾーム
- 有棘細胞層
- 色素細胞
- 基底細胞層
- 基底膜
- 真皮
- 真皮の毛細血管

図 11-1　表皮の構造（肉球）
肉球など刺激を受ける部位では多くの角化細胞が図のように並んでいますが，犬猫の場合，そのほかの通常の部位の表皮は 2〜3 層の角化細胞からなります。

臨床で役立つコラム

デスモゾームと天疱瘡

　自己免疫性疾患の1つに皮膚に糜爛（びらん）や潰瘍（かいよう）を形成する天疱瘡（てんぽうそう）があります。これは，自分の免疫がデスモゾームに対する抗体を産生し，細胞同士の接着が壊れることで発症します。天疱瘡には6つの型がありますが，犬と猫では落葉状（らくようじょう）天疱瘡の発生頻度がもっとも高くなっています。秋田犬やダックスフンド，コリーなどが好発犬種で，まぶたや鼻，耳，指のあいだ，肉球などに水疱（すいほう）や膿疱（のうほう）ができ，脱毛や痂皮（かひ）（かさぶた）が認められます。皮膚生検では，水疱内にほかの細胞から分離した丸い細胞（棘融解細胞（きょくゆうかいさいぼう））がみられることがあります。

197

表皮には血管が分布していません。栄養分などの物質の輸送は，細胞と細胞のあいだに流れる組織液を介して行われています。

[2] 真皮

真皮（図11-2）は表皮の下にある組織で，表皮とは基底膜によって隔てられています。真皮は線維成分（膠原線維や弾性線維）が比較的豊富な結合組織からなり，線維を産生する線維芽細胞や免疫を担うマクロファージ，肥満細胞などの細胞が多く存在しています。真皮の線維は老化にともなって減少するため，加齢とともに皮膚の弾力は失われていきます。

真皮には血管やリンパ管，神経が分布し，さらに毛根，毛包，汗腺，脂腺，立毛筋などの皮膚の付属器が存在します。

[3] 皮下組織

皮下組織は真皮の深部の層に位置づけられていますが，真皮と皮下組織は入り交じっており，両者を明瞭に区別することは困難です。皮下組織は脂肪組織を多量に含んだ疎性結合組織でできており，衝撃の吸収や保温，脂肪の蓄積などの役割をもちます。比較的大きな血管が存在しますが，それ以外には重要な器官はなく，このため，皮下組織は注射によって薬剤を投与するのに有効な部位となります。

皮下注射
薬液を皮下組織に注入する方法。静脈注射や筋肉注射に比べると薬液の吸収速度は遅いですが，効果の持続時間は長いことが特徴です。

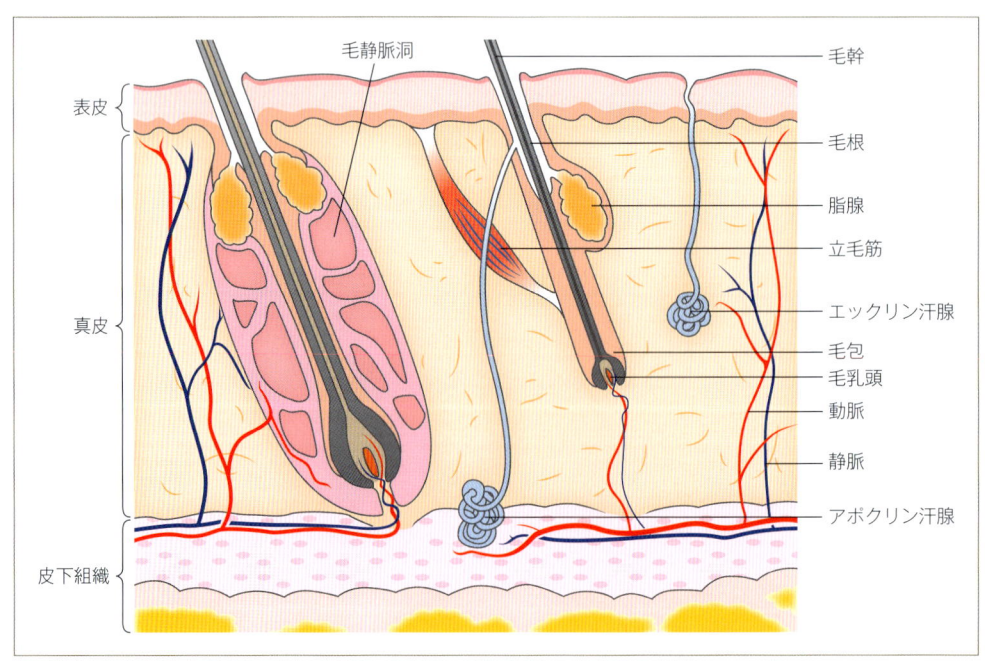

図11-2 真皮の構造
真皮は皮膚の主体であり，さまざまな皮膚の付属器や細胞成分が存在する。

B 皮膚の付属器

[1] 毛

　毛は肉球や口唇，乳頭，外陰部の一部などを除いて，全身のほとんどの部位に生えています。毛は皮膚に埋もれている毛根と皮膚から露出している毛幹の2つの部位からなります。毛根の周囲は毛包によって包まれており，その基底部は毛母基とよばれています。この部位は毛細血管や神経を含んだ真皮からなる毛乳頭が取り巻いています（図11-3）。毛母基では毛と毛包が細胞分裂により新生しています。

　一般的な毛包には平滑筋からなる立毛筋が付着しており，これは交感神経の刺激を受けて収縮します。犬や猫が驚いたときや，敵を威嚇するときに背中や尾の毛が逆立つのはこの作用によります。

　毛は体表をおおう一般的な被毛と，特殊な触毛（図11-4）に分類されます。被毛はさらに上毛（topcoat，保護毛）と下毛（undercoat，綿毛）にわけられます。上毛は直線状でかなり硬い毛であり，水を弾くことで保温や皮膚の感覚に関与します。鼻毛，耳毛，睫毛などは上毛が特殊化したものです。下毛は軟らかく，細く波状を呈しており，断熱効果があり体温を調節する機能があります。一般的に下毛は上毛よりも短く，被毛の深層を形成しています。

　触毛は，毛包に特別に神経が分布している剛毛で，感覚に関係する毛です。太く長く，上毛の層から飛び出しており，ほとんどが顔面にありますが（顔面触毛），猫では手根にも存在しています（手根触毛）。触毛には静脈洞

[参考] 毛の伸びる速度
猫では1日あたり約0.3mm。

[参考] シングルコート
多くの犬種は上毛と下毛をもちますが，マルチーズなどの一部の犬種は下毛をもちません。このような被毛をシングルコートといいます。

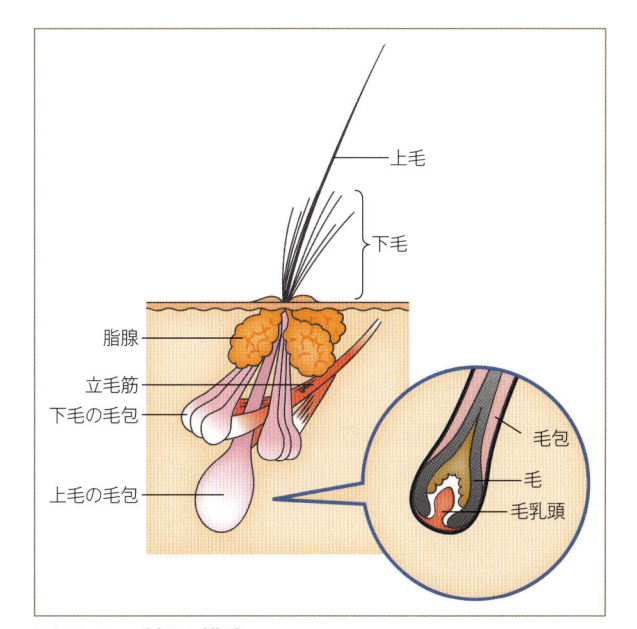

図11-3 毛根の構造

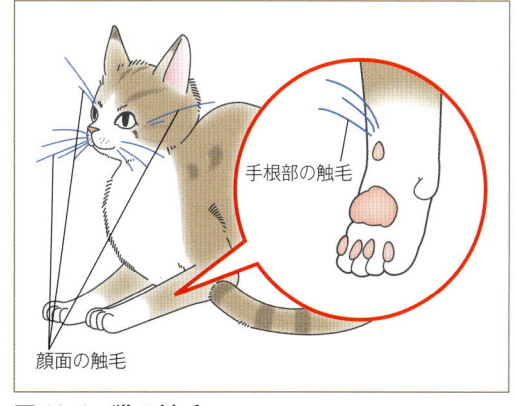

図11-4 猫の触毛
猫の触毛は体のバランスを保ったり，暗闇やせまいところを通り抜ける際のレーダーとしての役割をもつ。

(毛静脈洞または毛包血洞，図11-2）によって囲まれている毛包が存在し，触毛への機械的刺激は，毛静脈洞の血液の波動によって増幅され，洞壁内の神経終末に伝えられます。これらの作用によって，より鋭敏な感覚を得ることができます。

　触毛などの特殊なものを除いて，毛は季節の移り変わりにともなって一定の周期（毛周期，図11-5）で入れかわっており，このことを換毛といいます。成長期にある毛は，温度や日照時間の変化によって毛母基での細胞分裂が弱まり，毛の成長が止まります（退行期）。毛の成長が止まったあと，毛は休止期に入り，毛包や毛乳頭が退縮します。毛母基が活性化すると毛は再び成長期に入り，古い毛は新しい毛に押し出され脱落し，脱毛が起こります。

[参考] 換毛期
通常，犬では春と秋，猫は春に毛が生えかわります。この時期を換毛期といいます。換毛期は日照時間や温度に影響されるため，室内で過ごす時間が多い動物では明確にみられない場合もあります。

[2] 羽毛

　鳥の毛は羽毛とよばれ，正羽や綿羽などに分類されます（図11-6）。正羽は主に飛行するための羽で，中央の羽軸と左右に伸びた羽枝が集まった羽弁からなります。正羽の付け根で羽枝がない部分を羽柄とよび，その末端には羽乳頭があります。綿羽は正羽の下の皮膚に近いところに密生する羽で，体温を保温する機能があります。正羽と異なり，羽枝は不規則な配列を示し，羽弁を形成しません。羽毛も年齢や季節に従って生えかわっており，このことを換羽といいます（図11-7）。新しい羽毛は羽乳頭周囲で発生し，古い羽毛を押し出すように成長します。このとき，犬や猫の毛とは異なり，鳥の毛では血管が発達し，動脈は毛の表層まで進出してくるので，成長途中の羽毛を傷つけると出血の原因となります。

[参考] 換羽の周期
多くの鳥は年に1度，通常繁殖期のあとに換羽します。この時期は飛行能力や活動性が低下しますが，食物摂取量は増加します。期間は種類によって異なり，1ヵ月程度で完了するものや，100日以上かかるものもいます。

[3] 爪

　爪は肢端を保護するために皮膚が特殊化した構造物で，指の末端にある骨（末節骨）を包んでいます（図11-8）。形からさまざまな名称がつけられており，犬や猫，ウサギなどの先のとがった鉤爪（claw），馬や牛の蹄（hoof），多くの霊長類の爪である平爪（nail）にわけられます。爪も皮膚同様に表皮と真皮で構成されていますが，皮下組織はなく，真皮が直接骨に結合しています。爪の表皮は，角化細胞が並ぶ薄い層と，厚く硬く発達した角質層からなります。

　犬や猫などに認められる鉤爪は末節骨に沿って湾曲しており，先は鋭く尖っています。末節骨の腹側には爪の隙間（爪底）が存在し，比較的軟らかい組織で満たされています。爪の付け根には爪冠とよばれる部位があり，爪壁の成長に重要な役割を果たしている爪母基が存在します。猫の爪は皮膚のなかに引っこめることが可能です。

[参考] 爪の伸びる速度
爪冠において1日あたり約0.1mm（末端では摩擦などの影響を受けます）。

CHAPTER 11　外皮系

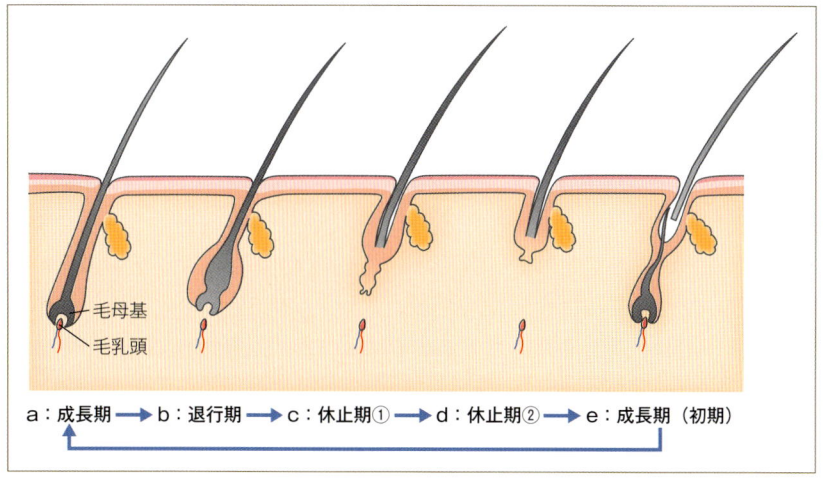

図 11-5　毛周期
成長期（a）には毛の成長が促進される。退行期（b）では毛母基が毛乳頭の血管から離れ，毛の成長が停止する。休止期では毛包が萎縮し（c），毛が毛母基から離れる（d）。休止期のあと，毛母基は毛乳頭と再度連絡して成長期に入り（e），新しい毛が成長する。古い毛は成長した毛によって押し出され，抜け落ちる。

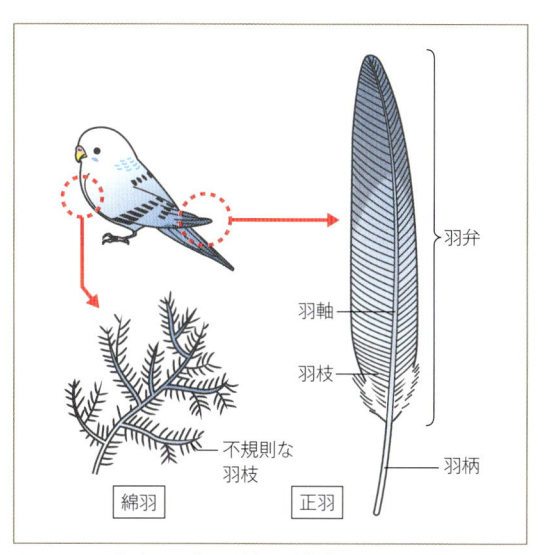

図 11-6　主な羽毛の種類と構造

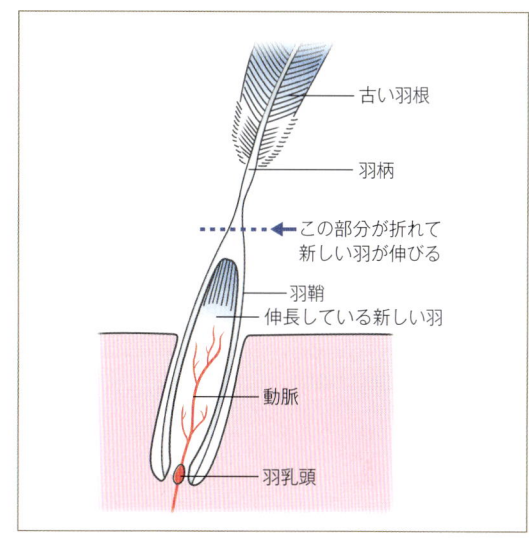

図 11-7　換羽中の正羽

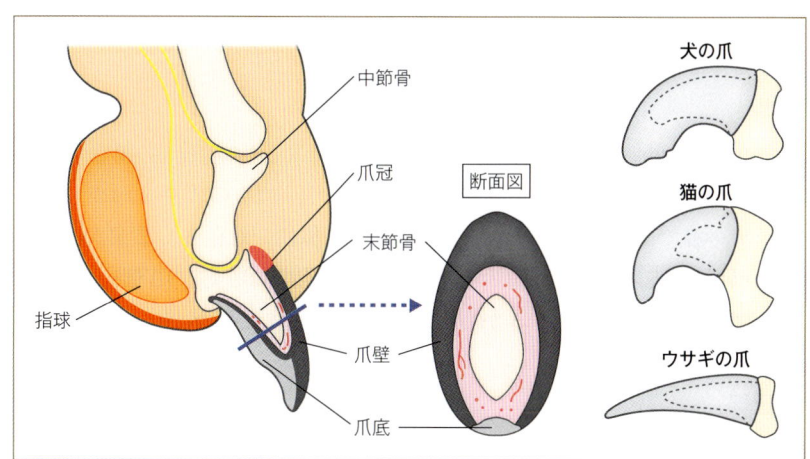

図 11-8　鉤爪の構造
爪の形は，内側にある末節骨の形を反映する。猫は犬よりも末節骨が短く，かつ先端が湾曲しているため爪も先端が曲がり鋭くなる。これに対してウサギは犬よりも細長い末節骨をもつため，爪もまっすぐ伸びる。

[4] 皮膚腺，脂腺，汗腺

皮膚には脂腺，汗腺，さらにそれらが特殊化した腺があります。脂腺は毛や表皮をおおう脂質を産生し，汗腺はいわゆる汗を産生するほかにも特殊な機能があります。

①脂腺

脂腺は眼瞼（まぶた）や口唇，肛門の周囲などを除き，通常は毛包に開口します。脂腺から分泌される皮脂は毛や皮膚表面をおおうケラチンの乾燥を防ぎ，潤いを与えて保護する役割があります。このほかにも皮脂は防水作用や，殺菌作用および特殊なにおいであるフェロモン作用などに関与しています。

②汗腺

汗腺は外分泌腺の一種であり，大きくエックリン汗腺とアポクリン汗腺に分類されます。腺細胞の分泌活動は自律神経やホルモンによって支配されています。

- エックリン汗腺

分泌物を産生する部位（分泌部）は真皮に存在し，導管は毛包とは関係なく，直接皮膚表面に開口しています。エックリン腺は水溶性の汗を分泌する腺ですが，全身には存在せず，一部の無毛部である肉球（**肉球腺**）などにしか分布していません。

- アポクリン汗腺

分泌部は真皮から皮下組織にかけて存在し，導管は毛包に開口しています。エックリン腺とは異なり，毛のあるところ，全身に分布しています。たんぱく成分を含む汗を分泌して，脂腺から分泌物とともに動物特有のにおいを与えるため，香腺ともよばれています。

[5] 脂腺や汗腺が特殊化した皮膚腺

脂腺や汗腺が特殊化した腺から分泌される分泌物は，繁殖や縄張りを示すマーカーとしての機能をもつものが多く，代表的なものには以下のようなものがあります。

①乳腺

乳腺（図11-9）は特殊化した汗腺であり，新生子の成長に必要な栄養分（乳）を分泌します。乳腺は動物の腹側面にあり，複数の乳房を形成しています。犬や猫では胸部，腹部，鼠径部に左右対称に一対存在しますが，乳頭の数は品種によってさまざまです。一般的に，犬では5対（10個），猫では4対（8個）の乳頭をもち，5から15個の乳腺の開口部（乳頭口）が1つの乳頭に開口しています。

②耳道腺

外耳道に存在し，分泌物によって**耳垢**（みみあか）をつくります。アポクリン汗腺からなります。

♂外分泌
外分泌とは生物が体の内外表面へ物質を分泌することで，体液中へ分泌を行う内分泌と区別されます。外分泌腺には，ほかに唾液（唾液）腺や胃腺などがあります（外分泌腺については p.150 参照）。

♂肉球
犬や猫の指に付属している構造物で，衝撃を吸収したり，関節を守るはたらきをもちます。厚い表皮をもち，角質におおわれています。ウサギには肉球がなく，足底は被毛におおわれています。

[参考] 乳の産生と分泌
乳は血液をもとに乳腺でつくられています。

♂犬の耳
犬の耳には耳道腺よりも脂腺が多く存在します。

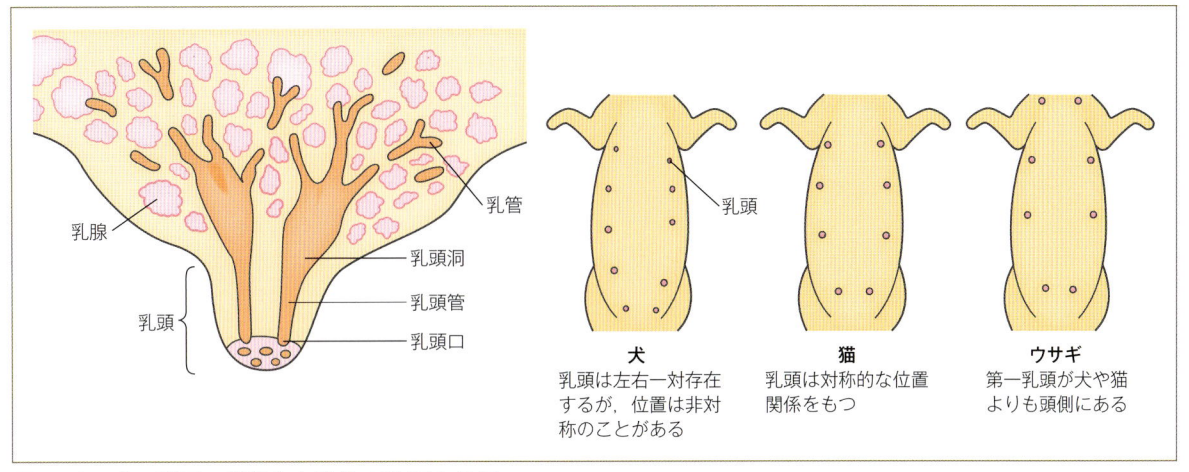

図 11-9　犬の乳房の構造と各動物の乳頭の位置

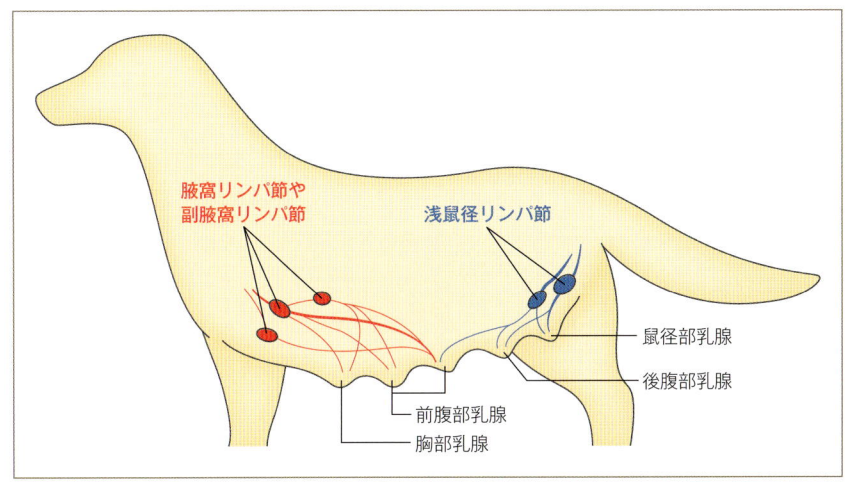

犬
乳頭は左右一対存在するが、位置は非対称のことがある

猫
乳頭は対称的な位置関係をもつ

ウサギ
第一乳頭が犬や猫よりも頭側にある

図 11-10　犬の乳腺と関連リンパ節

臨床で役立つコラム

乳腺腫瘍とリンパ節

　胸部および前腹部乳腺のリンパ液は前方に向かって流れ、脇の下にある腋窩リンパ節や副腋窩リンパ節に達し、後腹部および鼠径部乳腺のリンパ液は後方に向かって流れ、内股にある浅鼠径リンパ節に達します（図11-10）。犬や猫で起こる乳腺腫瘍（にゅうせんしゅよう）の転移は、このリンパ流の方向に関係しており、胸部および前腹部乳腺の腫瘍は腋窩リンパ節へ、後腹部および鼠径部乳腺の腫瘍は浅鼠径リンパ節に転移（てんい）しやすいといわれています（リンパ液の詳細はCHAPTER 4「F [2] リンパ液」、リンパ節の詳細はCHAPTER 13「C [3] リンパ節」参照）。

③肛門傍洞

肛門の左右に一対存在し，脂腺とアポクリン汗腺からなる腺で，肛門嚢ともよばれています。肛門傍洞腺の分泌物は強いにおいを発し，個体識別やマーキングなどの役割をもつと考えられています。

④尾腺

性成熟した雄猫でとくに発達した腺で，尾の付け根に存在しています。脂腺とアポクリン汗腺からなります。

C　熱産生・熱拡散および体温調節機構

視床下部にある体温調節中枢は，皮膚にある外気温を感知する感覚受容器（冷点や温点など）からの情報や，血液の温度をモニターしています。外気温や血液の温度が変化すると，体温調節中枢はこれを感知し，自律神経系にはたらきかけたり，ホルモン分泌を調節したりして発熱や熱放散を行います。これらの作用により，恒温動物は外気温などが変化しても体温をほぼ一定に保つことができます。

体温が低いときは，肝臓や筋における代謝を上げることによって熱を産生し，同時に皮膚の血管を収縮させて温かい血液をできるだけ体表から離します。また，立毛筋を収縮させ毛を立たせ，毛のなかに空気の層をつくり，断熱性を高めます。このようにして動物は熱の喪失を防いでいます（図11-11a）。

体温が高いときは，基本的に反対の反応が起こります（図11-11b）。これらの反応以外にも人や馬では全身の汗腺がよく発達しており，汗を蒸発させることで熱を放散しています。しかし，犬や猫では発達した汗腺の分布が肉球などに限られており，熱の放散に対する汗の効果はわずかです。そのため，汗のかわりに唾液を体表につけて蒸発させることで体を冷やします。また，ハーハーと荒い呼吸（パンティング）をすることで，口のなかの唾液を蒸発させ，熱の放散を助けています。

ウサギは犬や猫と比較してさらに汗腺の発達が悪く，唾液を使った熱の放散やパンティングも行いません。そのかわり，耳を体温調節装置として使用しています。ウサギの耳は体表の約12%と大きく，さらに血管が発達しているため，耳を使って熱の放散を行っています。

小動物は人と比べると熱の放散能力が低く，かつ体が地面に近いことから地熱を受けやすくなっています。犬では夏の散歩時に熱射病が発生しやすいため，昼間の暑い時間帯を避けるなど，暑さ対策が必要です。

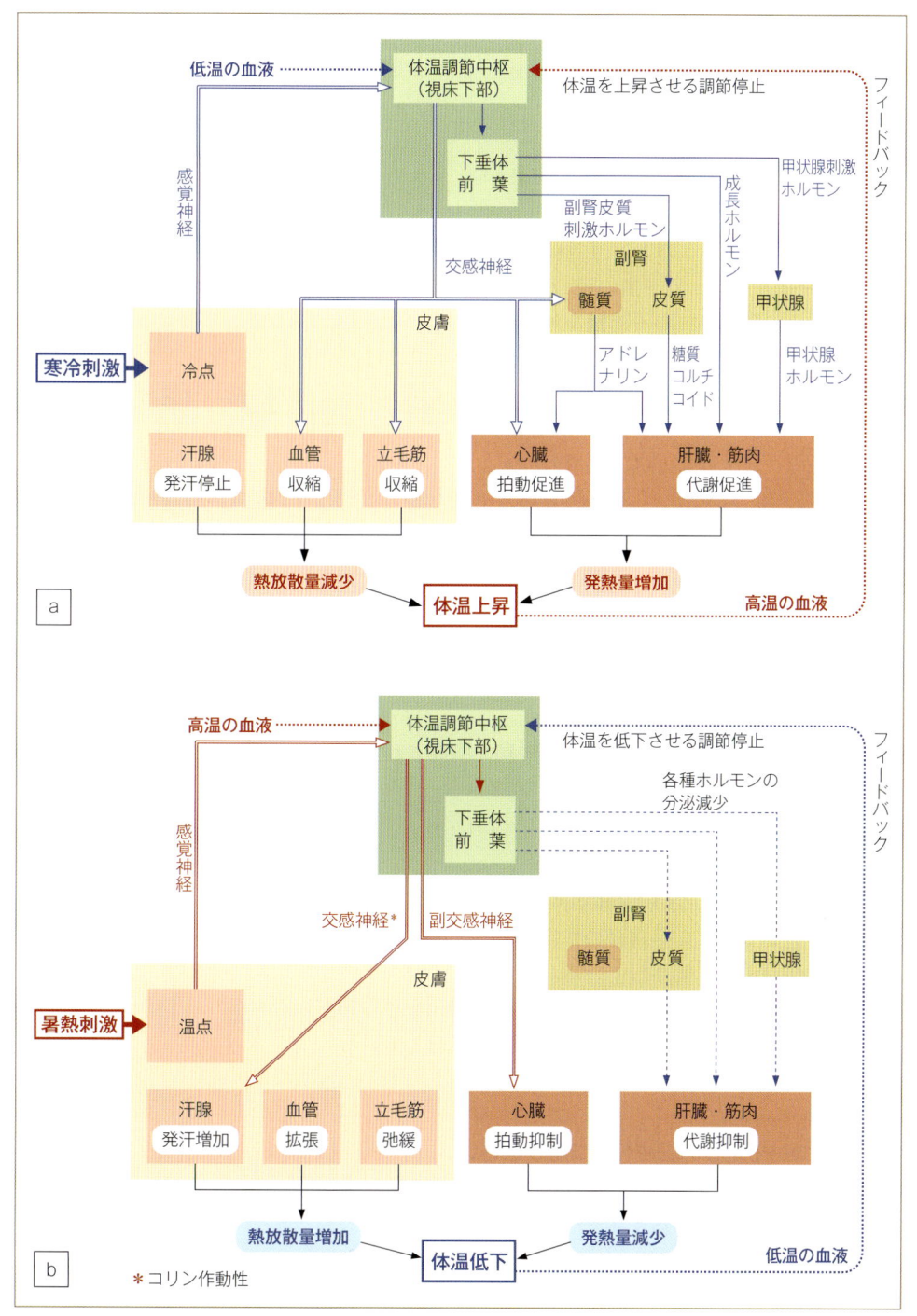

図11-11　体温調節のメカニズムとフィードバック

a：低温時　b：高温時

体温調節中枢は，血液温度の変化や外気温の変化を感知すると，適正な体温を維持するために自律神経系やホルモン分泌に対してさまざまな指令を出す。これらの反応の結果，血液温度が変化すると，体温調節中枢にフィードバックされ，過剰な体温の上昇や低下は起こらず，ほぼ一定に保つことができる。

（⟶は寒冷時に作用する神経，⟶は高温時に作用する神経，⟶は低温時に作用するホルモン，⟶は高温時に作用するホルモン，┄┄▶は低温の血液，┄┄▶は高温の血液を示す）

＊コリン作動性

CHAPTER 11　外皮系
確認問題

Q1　つぎの文章の空欄に正しい用語を入れなさい。
- 皮膚には，毛包に開口する（①　　　　　　　）腺と，体表に開口する汗腺がある。汗腺は大きく2つにわけられ，（②　　　　　　　）腺と，アポクリン汗腺がある。
- （③　　　　　　　）は，犬や猫の足の指に付属する構造物で，クッションの役割をもち，歩いたり走ったりしたときに関節に加わる衝撃を和らげる。
- 犬の乳腺は5対あり，胸部，前腹部，後腹部，鼠径部乳腺にわけられる。胸部および前腹部乳腺のリンパ液は（④　　　　　　　）リンパ節に向かって流れ，後腹部および鼠径部乳腺のリンパ液は（⑤　　　　　　　）リンパ節に向かって流れる。
- 毛包，汗腺，脂腺，立毛筋などは，皮膚の（⑥　　　　　　　）に存在する構造である。
- 皮膚の主な機能には，外環境から有害物質が入ってくることを防いだり，体内から栄養が出ていかないようにする（⑦　　　　　　　）機能，体温調節機能，ランゲルハンス細胞や肥満細胞などがかかわる（⑧　　　　　　　）機能，感覚機能，ビタミンDの合成機能，腺分泌機能，代謝などがある。

Q2　皮膚について正しい記述を1つ選びなさい。
① 表皮には血管が分布している。
② 犬や猫の肉球は角質細胞層が薄い。
③ 皮膚は外側から，表皮，皮下組織，真皮の順で構成されている。
④ 皮膚のターンオーバーは通常1週間である。
⑤ 皮下組織には脂肪が多く蓄えられている。

Q3　毛や羽毛について間違っている記述を1つ選びなさい。
① 犬や猫の毛が逆立つのは交感神経の作用による。
② 動物の下毛は体温調節に関与している。
③ 触毛はほとんどが顔面に存在するが，猫では手根にも存在している。
④ 正羽は飛ぶための羽であり，羽枝は不規則な配置をしている。
⑤ 成長途中の羽を傷つけると出血の原因となる。

Q4　体温調節について正しい記述を1つ選びなさい。
① 体温調節中枢は小脳にある。
② 体温調節のための反応は神経を介してのみ起こる。
③ 体温が低くなると，肝臓や筋肉における代謝を上げて熱を産生する。
④ 人や犬では汗腺がよく発達しており，汗の蒸発によって熱を放散している。
⑤ ウサギはパンティングを行うことで熱の放散をしている。

→解答は p.243 へ

MEMO

CHAPTER 12 血液 blood

> 学習の目標
> ・血液を構成する成分と，その構造と機能および産生の過程を理解する。
> ・動物ごとに異なる血球の形態を理解する。
> ・血液凝固の過程を理解する。

血液は心血管系を循環している液体で，体重の約7％を占めています。血液は生体における運搬と調節，防御の役割を担っており，生命の維持に重要な臓器です。さまざまな細胞や物質が血液中に含まれており，それぞれが異なる役割をもっています。

A 血液の成分

血液の成分は，血球と血漿にわけられます。抗凝固剤を加えた血液を遠心分離すると，血球成分が下に沈みます（図12-1）。血液の37〜45％は血球成分で，残りの55〜63％は血漿成分です。犬に比べて，猫の血球成分は少ない傾向にあります。

血球は血液中の細胞成分で，赤血球や白血球，血小板からなり，そのほとんどを赤血球が占めます。

血漿は血液中の液体成分で，ほとんどが水で構成されていますが，そのなかには血漿たんぱくや電解質，ホルモン，糖質，脂質などさまざまな物質が含まれています。また，血漿には血液が固まるために必要な凝固因子という物質も含まれています（「C　血液凝固」参照）。採血した血液を放置すると，血球成分とともに凝固因子の1つであるフィブリノゲンがフィブリンとなって固まり，血餅となります。このときに固まらずに残ったものが血清です。つまり，血清は血液から血球とフィブリノゲンがなくなったもので（厳密にはほかの成分の量も変わっています），血漿とは異なるものです。血漿や血清は血液検査でよく利用されます。測定する項目によってどちらを用いるのか異なる場合がありますので，血漿と血清の違いには注意が必要です。

B 血球の種類

血球には異なる機能をもったものが何種類もありますが，すべての血球は造血幹細胞という1種類の細胞が分裂・増殖し，それぞれの機能をもった細

抗凝固剤
血液が固まらないようにする物質で，血液検査にはヘパリンやEDTA（エチレンジアミン四酢酸），クエン酸ナトリウムが用いられます（p.215 コラム「採血管と血液凝固」参照）。

血漿たんぱく
血漿中に含まれるたんぱく質で，アルブミンとグロブリンにわけられます。アルブミンは血液の浸透圧の維持や物質の輸送などの機能をもっています。グロブリンは複数のたんぱくの総称で，抗体としてはたらく免疫グロブリンも含まれます。

造血幹細胞
自己複製能力とすべての血球に分化する能力をもつ細胞のこと。

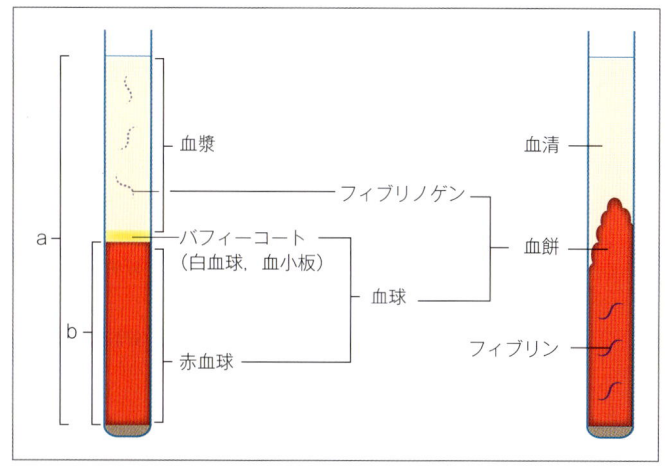

図 12-1　血液の成分
抗凝固処理後に遠心した血液は，左図のように分離する。血液中の赤血球容積の割合（b/a）は，ヘマトクリット値とよばれ，％で示される。白血球と血小板は，赤血球層の上に薄い層（バフィーコート）として見られる。フィブリノゲンは血漿に溶け込んでいるため，実際は見えない。一方，抗凝固処理をせずにそのまま放置した血液は凝固し，右図のように血餅を形成する。

胞に分化・成熟していくことでつくられます（造血）。造血は，胎子期には肝臓，脾臓，骨髄で，生後には主に骨髄で行われます。成熟した血球は骨髄から出て末梢血中に入ります（図 12-2）。

それぞれの血球の構造と機能はつぎの通りです。

[1] 赤血球

①構造

赤血球は，細胞質にヘモグロビンという物質を含むために，赤い色をしています。赤血球は中央がへこんだ円盤状の形をしています。このへこんだ部分はセントラルペーラー（central pallor）とよばれ，犬では明瞭ですが，猫ではあまり目立ちません（図 12-3）。赤血球はこの形状によって容易に変形し，細い血管も通過することができます。また，円盤状は球状よりも表面積

> 骨髄　p.36
>
> **末梢血**
> 血管を流れている血液のこと。血液は血管以外にも骨髄や脾臓，肝臓に貯蔵されているため，このように区別されます。

臨床で役立つコラム

血液検査

血液は動物の状態をよく反映し，採取も容易であることから，臨床検査の対象として頻繁に利用されます。血液検査の解釈には機械で測定できる情報だけではなく，顕微鏡で形態を観察することでしか得られない情報も必要となります。各血球の数や形態の変化をみることで，動物にどのようなことが起きているのか推測することができます。そのためには各血球の機能と正常な形態を熟知しておく必要があります。

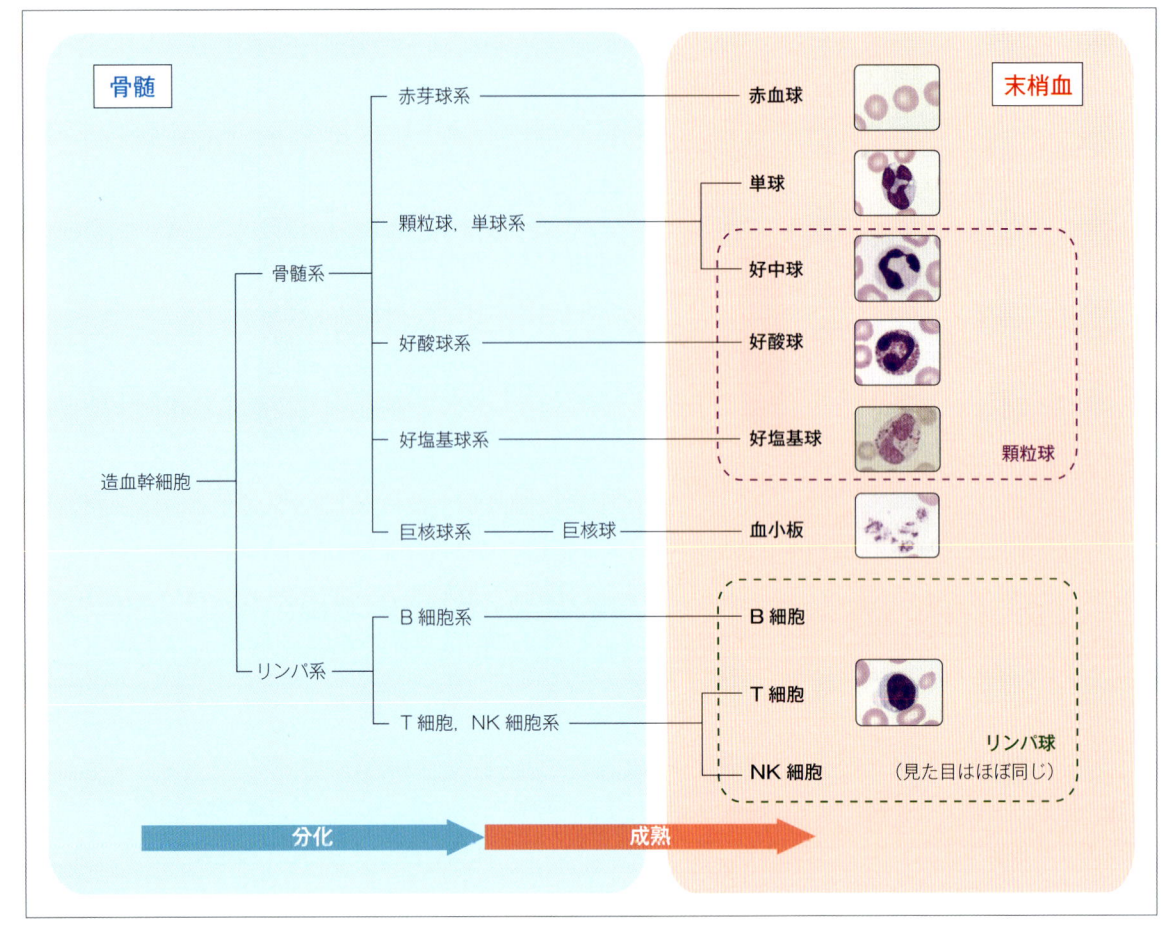

図 12-2 血球の分化・成熟

◀ ガス交換 p.102

が大きいため、ガス交換の効率化に役立っていると考えられています。哺乳類の赤血球は分化の途中で核を失う（脱核）ため、循環している成熟した赤血球は核をもちません。ただし、鳥類や爬虫類などではこの脱核が起こらず、核をもったままの赤血球が循環します（図 12-4）。このように動物種によって、赤血球の形態はやや異なっています。赤血球の形態の変化から動物の状態がわかることもあります。そのため、それぞれの動物種の正常な赤血球の形態を知っておく必要があります。

②機能

赤血球の主な役割は酸素の運搬で、赤血球内のヘモグロビンがこの機能を担っています。酸素はヘモグロビンと結合することで全身に運ばれます。ヘモグロビンと酸素は、酸素が多いところでは離れにくく、酸素が少ないところでは離れやすい性質をもっています。この性質によって、ヘモグロビンは肺で酸素を受けとり、全身の組織へ酸素を供給します。また、赤血球は二酸化炭素運搬の仲介も行っています。

[参考] ヘモグロビンと貧血
末梢血中のヘモグロビン濃度やヘマトクリット値（図12-1）、赤血球数が基準値以下に低下した状態を貧血といいます。

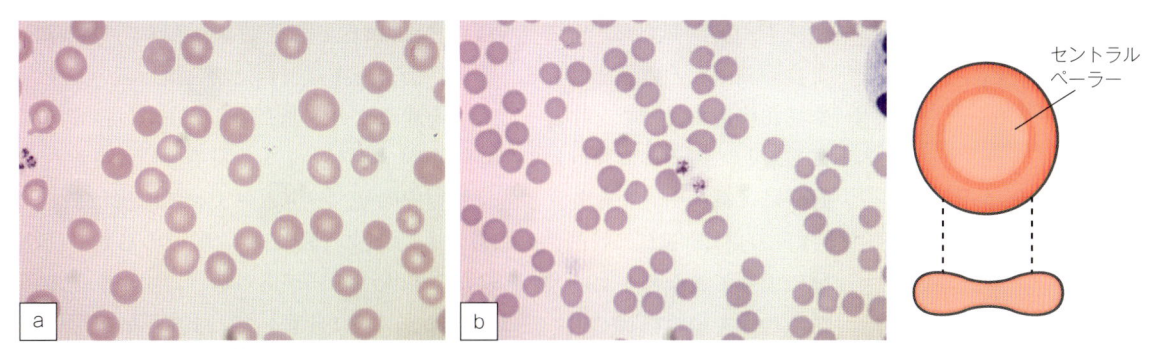

図 12-3　赤血球の形態
a：犬
b：猫
犬の赤血球の直径は約7μm，猫は約6μmである。猫の赤血球ではセントラルペーラーは見えにくい。

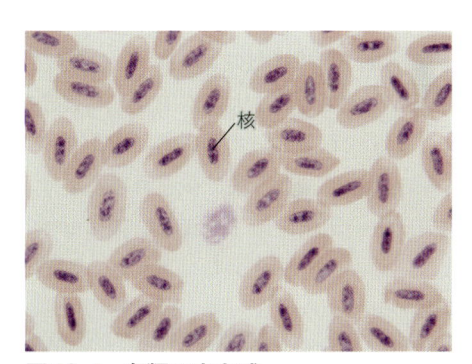

図 12-4　鳥類の赤血球

[2] 白血球

白血球は生体の防御機構を担っている細胞で，もとになっている細胞によって，骨髄系とリンパ系にわけられます。骨髄系の細胞には**好中球**，**好酸球**，**好塩基球**，**単球**があり，リンパ系の細胞にはさまざまな**リンパ球**があります（図12-2）。好中球や好酸球，好塩基球は，細胞質に顆粒をもつために**顆粒球**ともよばれます。成熟した白血球はそれぞれ異なる機能をもっており，染色された血液を顕微鏡で観察することで形態学的に区別することができます。臨床検査では，それぞれの白血球の数や形態の変化が評価され，患者の状態把握に利用されます。

①顆粒球

顆粒球は細胞質内に豊富な顆粒をもつ白血球で，ロマノフスキー染色を行ったときの顆粒の色調で分類されます。

犬や猫の好中球は直径10〜15μmで，細胞質に好中性の顆粒をもちます（図12-5）。ただし，ウサギやモルモット，ニワトリなどの好中球は好酸性の顆粒をもつため，**偽好酸球**とよばれます。好中球は成熟とともにくびれる（分葉する）核をもち，分葉したものは**分葉核球**といいます。分葉する前の

ロマノフスキー染色
赤橙色の酸性色素であるエオジンと青色の塩基性色素であるメチレンブルーを基本とした染色法で，ライトギムザ染色などがあります。この染色によって，無色〜薄いピンク色に染まる性質を好中性，赤く染まる性質を好酸性，紫に染まる性質を好塩基性といいます。

偽好酸球
ウサギやモルモット，ニワトリなどの好中球は好酸性の顆粒をもち，好酸球に似ているためにこうよばれます。ヘテロフィルともいいます。機能は犬や猫の好中球に類似しています。

核をもつ好中球は桿状核球といい，分葉核球とは区別されます。好中球は貪食や殺菌などの機能をもち，感染防御や異物除去の役割を担っています。組織が細菌や異物などによって炎症を起こすと，血液中の好中球は血管内皮に接着し，血管外に移行して炎症組織内へ遊走します。炎症部位へ遊走した好中球は細菌や異物を貪食し，細胞質内のリソソームによって消化します。

好酸球は細胞質に好酸性の顆粒をもちます（図12-6）。顆粒の形態は動物種によって異なります。犬の顆粒はやや大小不同がある球状ですが，猫の顆粒は均一で短い桿状です。核は好中球と同様に分葉しています。好酸球は寄生虫の除去やアレルギー反応に関与します。寄生虫は細菌やウイルスよりもかなり大きく，好中球などほかの白血球では処理できません。一方，好酸球は好酸性顆粒のなかに主要塩基性たんぱく質（Major Basic Protein：MBP）という物質をもっています。MBPは強い傷害作用をもち，寄生虫を破壊します。しかし，MBPは正常な組織も傷害してしまいます。たとえば，接触性皮膚炎など非即時型のアレルギーでは，好酸球のMBPが正常な組織を傷害し，その症状発現に大きく関与しています。

好塩基球は細胞質に好塩基性の顆粒をもちます（図12-7）。末梢血中の好塩基球の顆粒は，犬と猫で少し異なります。犬の顆粒は暗い紫色ですが，猫の顆粒は薄い紫色に染まります。核は好中球と同様に分葉しています。好塩基球の顆粒はヒスタミンやヘパリン，好酸球走化因子などを含み，これらの物質がアナフィラキシーなど即時型のアレルギー反応に関与しています。好塩基球の表面にはIgE抗体が結合しています。アレルゲンが特異的なIgE抗体と結合すると，好塩基球は顆粒を放出してアレルギー症状を起こします。

②単球

単球は好中球より大きい細胞で，さまざまな形態をとります（図12-8）。単球の核は分葉することがあり，好中球と似ることがあります。好中球との区別に迷ったときは，核のクロマチンの様子が参考になります。単球の核は，好中球よりクロマチン結節（クロマチンが粗大，結節状に凝集したもの）が少なく，やや淡い紫色に染まります。細胞質は広いことが多く，空胞やアズール好性顆粒をもつことがあります。単球は血液中から組織に移行するとマクロファージとよばれます。単球・マクロファージは主に免疫機能を担っています。これらは貪食能をもち，殺菌作用や抗原提示作用，抗腫瘍作用を示し，サイトカイン放出による炎症反応の調節なども行います。

③リンパ球

リンパ球は好中球よりやや小さい小型の細胞です（図12-9）。核のクロマチンは凝集していて，染色すると濃い紫色に染まります。リンパ球はB細胞，T細胞，ナチュラルキラー（Natural Killer：NK）細胞にわけられ，それぞれ異なる機能をもっています。しかし，見た目でその区別はできません。

B細胞は抗原と接触すると分裂を繰り返して増殖します。増殖後，B細胞は形質細胞や記憶B細胞（メモリーB細胞）に分化します。形質細胞は刺

貪食
細菌などの異物を細胞内に取り込み消化する作用で，生体の重要な防御作用の1つです。

リソソーム p.15

アレルギー p.228

ヒスタミン
好塩基球や肥満細胞から生成される物質。血管拡張や血管透過性の亢進を起こしたり，胃酸の分泌を刺激したりします。多量のヒスタミンはアレルギー症状を起こします。

アレルゲン
アレルギーの原因となる物質（抗原）。

クロマチン p.17
染色された細胞では，核の紫色に染まっている部分を指し，その凝集具合などが評価されます（図1-5）。

アズール好性顆粒
ライトギムザ染色液などに含まれるアズール色素によって赤紫色に染まる顆粒。

抗原提示作用 p.220
貪食した細菌などの抗原をT細胞に提示して，その抗原に対する免疫反応を活性化させる作用。

サイトカイン
細胞から産生され，細胞間の情報伝達物質としてはたらくたんぱく質。炎症や免疫に関与するものなどがあります。

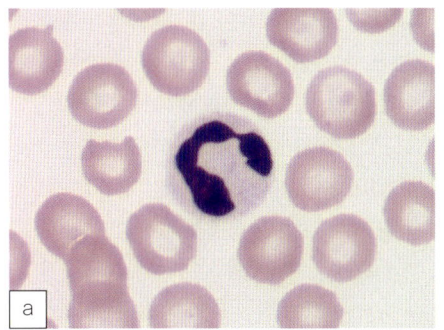

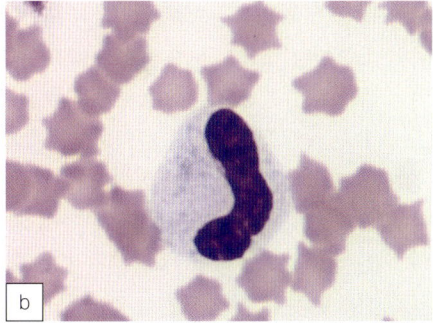

図 12-5　好中球
a：分葉核球
b：桿状核球
好中性の顆粒をもっているが，正常な犬や猫では明瞭なものはみられない。

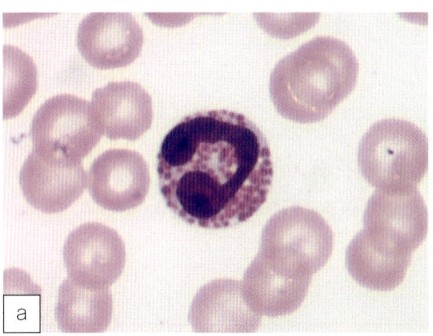

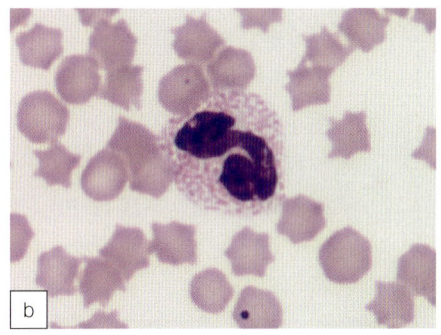

図 12-6　好酸球
a：犬の好酸球
b：猫の好酸球
犬と猫で顆粒の形状は異なっている。

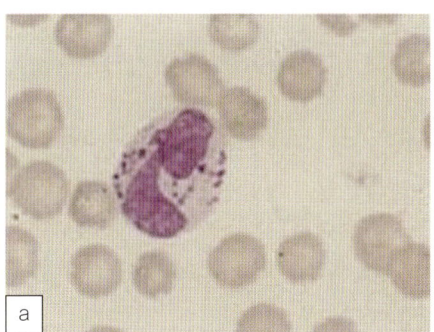

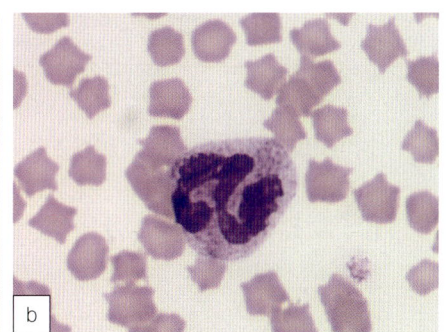

図 12-7　好塩基球
a：犬の好塩基球
b：猫の好塩基球

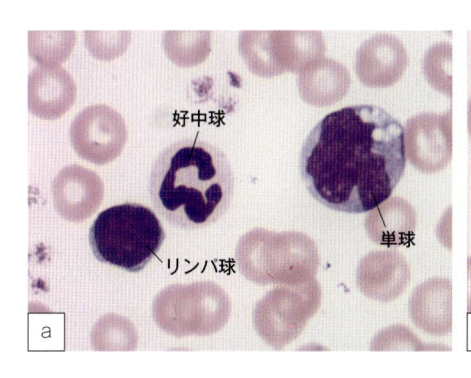

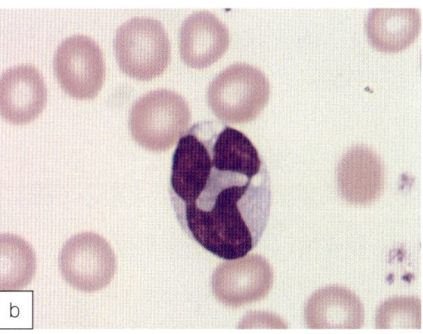

図 12-8　単球
単球はさまざまな形態をとる（a, b）。好中球と似ていることがあるが，核のクロマチンの様子で区別できる。好中球の核はクロマチン結節が多く，濃く染まってみえる（a）。

激のもとになった抗原だけに結合する抗体を産生し，その抗原の作用を阻止します。また，抗体は抗原に結合することでマクロファージの貪食を助ける作用ももちます。免疫記憶細胞は抗原を記憶してつぎの抗原の侵入に備えており，再び同じ抗原が侵入するとすぐに抗体を産生することができます。

T細胞はさらに**細胞傷害性T細胞**と**ヘルパーT（Th）細胞**にわけられます。細胞傷害性T細胞はウイルスに感染した細胞や腫瘍細胞の抗原を認識して破壊します。ヘルパーT細胞はTh1細胞とTh2細胞にわけられます。Th1細胞は細胞傷害性T細胞やマクロファージを活性化する物質を産生します。Th2細胞は形質細胞の抗体産生を助ける物質を産生します。

NK細胞は正常な自己抗原をもたないウイルス感染細胞や腫瘍細胞を非特異的に攻撃します。

[3] 血小板

血小板は骨髄中の**巨核球**という細胞の細胞質がちぎれてできたものであり，核をもちません（図12-10）。血小板は止血機構（「C　血液凝固」参照）に関与し，止血に必要な顆粒をもちます。

C　血液凝固

血液は全身の血管のなかをめぐっています（図12-11a）。血液が細い血管に詰まることなくスムーズに流れるために，正常な血管のなかでは血液が固まらないような作用がはたらいています。しかし，血管が損傷して出血すると，損傷部位に血液凝固が起こり，**血栓**が形成されて止血されます。血栓による止血のあと，血管は修復され，血栓は溶解されます。この血栓を溶かすしくみは**線溶系**とよばれます。止血は血管収縮，**一次止血**，**二次止血**，**線溶系**の4つのステップからなり，この行程はお互いに深く関係しあっています。

[1] 血管収縮

血管は損傷すると，まず神経学的な反射によって局所的な収縮を起こします。血管収縮によって，出血している血管の血流量は減少します（図12-11b）。

[2] 一次止血

一次止血では，血小板が血管の損傷部位に凝集し，血栓を形成します（図12-11c）。血管が損傷すると，血管内皮の下にあるコラーゲンが露出します。血小板はフォン・ヴィルブランド因子（von Willebrand factor：vWF）を介して血管壁のコラーゲンと結合します（粘着）。粘着した血小板は活性

フォン・ヴィルブランド因子
血小板が粘着を起こすために必要となる物質。血小板とコラーゲンをつなげる糊のような役割をもちます。

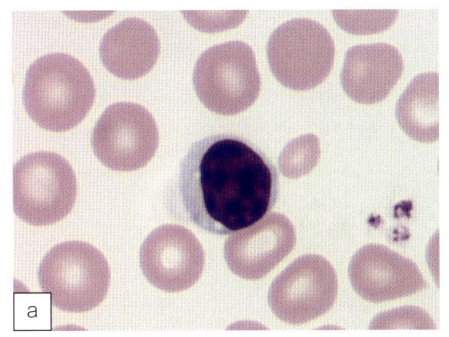

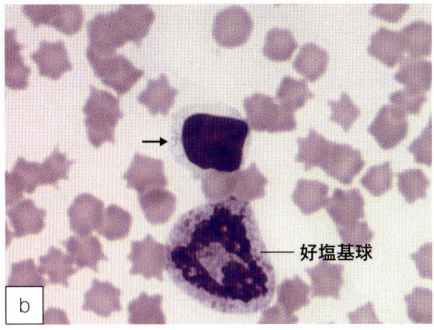

図 12-9 リンパ球

リンパ球にはB細胞やT細胞などさまざまな種類があるが、見た目では区別できない。また形態にも多様性があり、bの写真のリンパ球（矢印）のように細かい顆粒がみられるものもある。

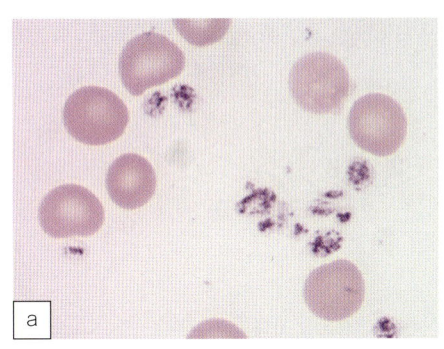

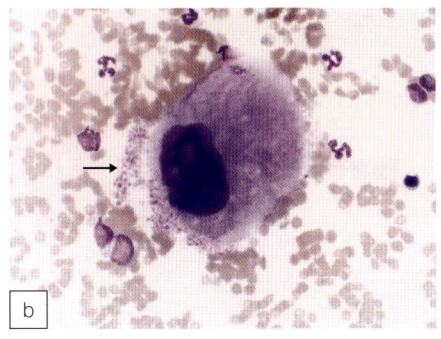

図 12-10 血小板と巨核球

a：血小板（末梢血標本）
b：巨核球（骨髄標本）
赤血球より小さく、内部にはアズール好性顆粒がみられる。bの写真は骨髄中にみられる巨核球で、細胞質がちぎれて血小板が放出されている様子がみられる（矢印）。

化し、形態変化を起こすとともに細胞内の顆粒を放出します。顆粒に含まれる物質がさらに血小板を活性化し、血小板はフィブリノゲンとともに凝集を起こして一次血栓を形成します。

[3] 二次止血

二次止血では、血小板からなる一次血栓がフィブリン（線維素）によって強化されます（図12-11d）。血管が損傷すると、血液が血管内皮下組織に存在する組織因子と接触し、次々に凝固因子の活性化が起こります。この一連

♂組織因子

凝固因子の1つで、血管内皮下組織に存在します。血管内皮細胞には正常では発現していませんが、炎症性サイトカインやエンドトキシンの刺激によって血管内皮細胞や単球なども産生するようになります。血液凝固における外因系は、この因子が血液と接触することではじまります（図12-12）。

臨床で役立つコラム

採血管と血液凝固

採取した血液を入れる採血管には、血液凝固が起こらないように抗凝固剤が入っているものがあります。臨床現場ではそれぞれヘパリン、EDTA、クエン酸ナトリウムが入っている採血管が使用されています。ヘパリンはアンチトロンビンと結合して凝固を抑制します。ヘパリン入りの採血管は主に血液化学検査を行うときに使用されます。EDTAとクエン酸ナトリウムは、凝固反応に必要な血漿中のカルシウムイオンと結合し、血液凝固を阻害します。EDTA入りの採血管は全血球計算（CBC）、クエン酸ナトリウム入りの採血管は血液凝固検査を行うときなどに使用されます。

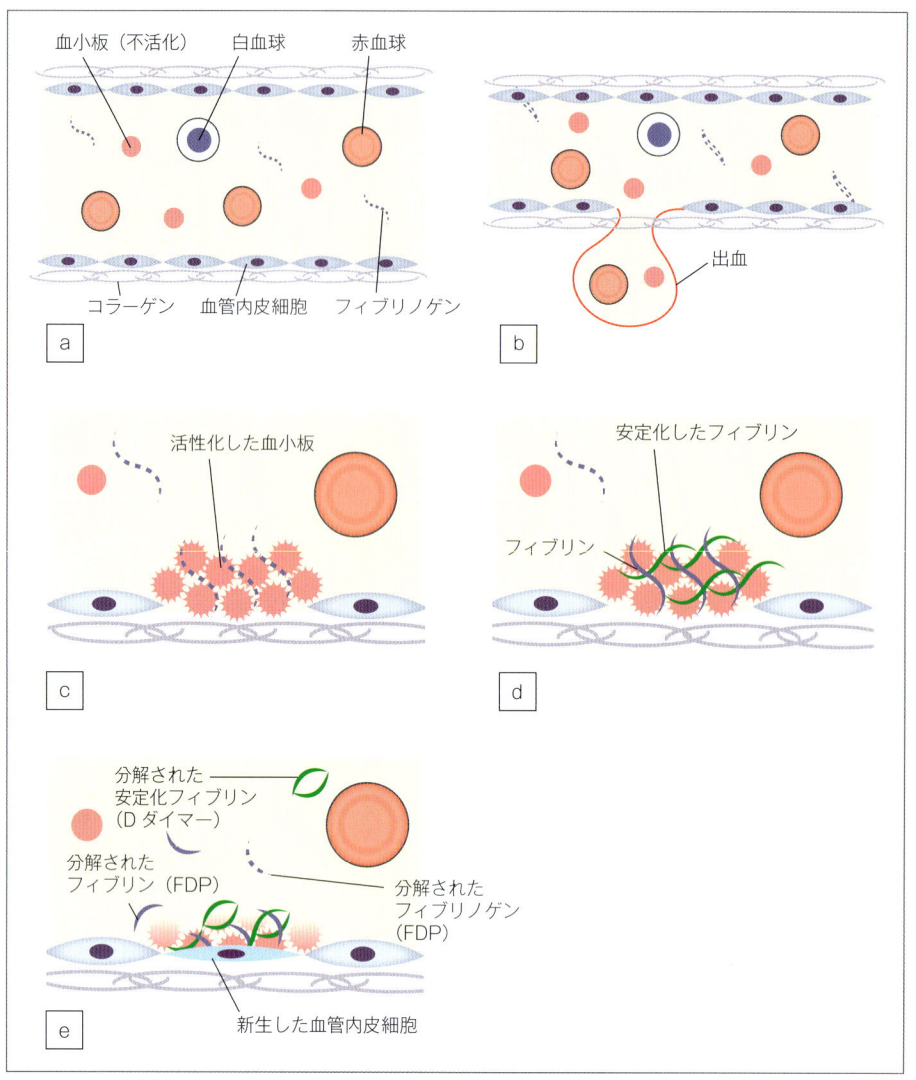

図 12-11 血液凝固
a：正常な血管
b：血管の損傷（出血）と血管収縮
c：一次止血
d：二次止血
e：線溶系

の反応は凝固カスケードとよばれ（図 12-12），最終的にフィブリノゲンが架橋形成フィブリン（安定化フィブリン）となり，強固な二次血栓が形成されます。実際には，一次止血と二次止血はほとんど同時に起こっています。

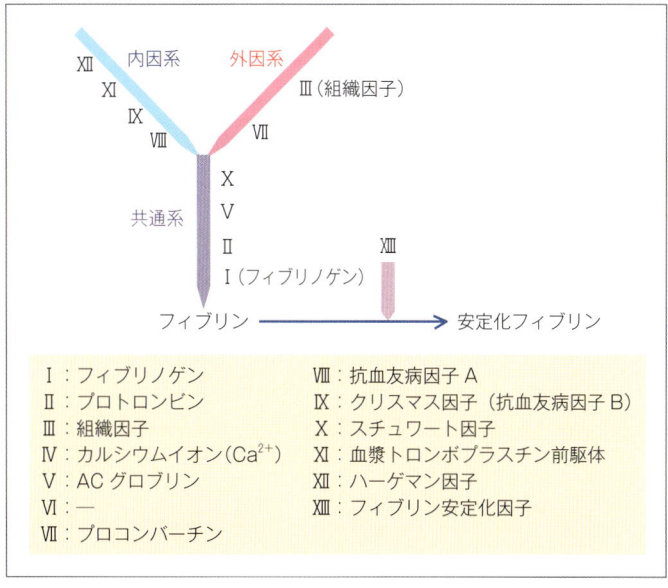

図 12-12　凝固カスケード
凝固因子にはⅠ〜ⅩⅢまでの番号が割り当てられている（Ⅵは欠番となっている）。図には代表的な因子を示した。

[4] 線溶系

　線溶系では，フィブリンの溶解が起こり，不要となった血栓が除去されます（図 12-11e）。損傷した血管が修復されると，血液中のプラスミノゲンが活性化されて<u>プラスミン</u>となります。プラスミンがフィブリンを分解することで血栓の溶解が起こります。このときに生じるフィブリンやフィブリノゲンが分解されたものは，<u>フィブリン・フィブリノゲン分解産物</u>（Fibrin and Fibrinogen Degradation Products：FDP）とよばれます。一方，安定化フィブリンの架橋結合は壊れず，架橋した部分はそのままで分解されます。安定化フィブリンが分解されたものはDダイマーとよばれます。FDPやDダイマーは血液検査でも測定されることがあります。

凝固カスケード
血液凝固反応では，凝固因子がドミノのように連続的に活性化されて，最終的にフィブリンを形成します。この反応を凝固カスケードといい，内因系や外因系，共通系からなります（図 12-12）が，外因系がより大きな役割をはたしていると考えられています。

架橋形成
凝固カスケードによって形成されたフィブリンはお互いに結合していきますが，この段階ではまだ不安定です。この結合が別の凝固因子によって強化され，安定化することを架橋形成といいます。

CHAPTER 12　血液
確認問題

Q1 つぎの文章の空欄に正しい用語を入れなさい。

- 血液の成分は，血球と（①　　　　　　　　）からなる。血球は（②　　　　　　　　）や白血球，血液凝固に関与する（③　　　　　　　　）からなる。
- 顆粒球には貪食作用をもつ（④　　　　　　　　），寄生虫を除去する（⑤　　　　　　　　），ヒスタミンなどを分泌する（⑥　　　　　　　　）がある。
- 単球は組織に移行すると（⑦　　　　　　　　）とよばれる。
- 血栓には一次血栓と二次血栓があり，一次血栓は③と（⑧　　　　　　　　）によって形成され，二次血栓は⑧が（⑨　　　　　　　　）となり安定化することで強固になる。
- 血栓は（⑩　　　　　　　　）によって分解される。

Q2 赤血球について正しい記述を1つ選びなさい。
① 赤血球は細胞質内にヘモグロビンを含む。
② セントラルペーラーは猫で明瞭である。
③ 赤血球は球状の細胞である。
④ ウサギの赤血球には核がある。
⑤ 赤血球の主な役割は窒素の運搬である。

Q3 白血球について正しい記述を1つ選びなさい。
① ニワトリの好中球は偽好酸球ともよばれる。
② 好中球は成熟すると分葉し，桿状核球とよばれる。
③ 好塩基球のもつMBPは接触性皮膚炎の要因となる。
④ リンパ球は見た目によりB細胞，T細胞，NK細胞に区別される。
⑤ 単球は形質細胞に分化する。

Q4 止血について間違っている記述を1つ選びなさい。
① 損傷した血管の収縮は出血量を減らす作用をもつ。
② 血小板はコラーゲンに付着すると活性化する。
③ 血管が損傷されると凝固因子の1つである組織因子が放出される。
④ 凝固因子の反応は凝固カスケードとよばれる。
⑤ 安定化フィブリンが分解されたものをFDPという。

→解答はp.243へ

MEMO

CHAPTER 13 免疫系 immune system

学習の目標
- 動物の体がどのように守られているのか，基本的な免疫のしくみを理解する。
- 免疫を担う細胞のはたらきや免疫のメカニズムを理解する。
- 免疫にかかわる臓器の位置や構造を理解する。

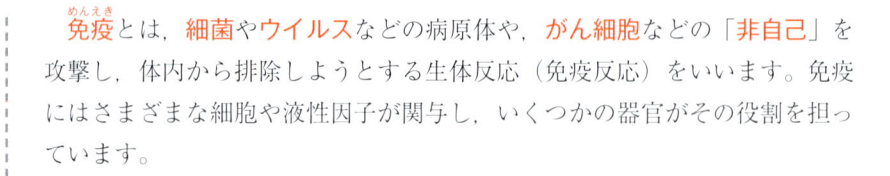

免疫とは，細菌やウイルスなどの病原体や，がん細胞などの「非自己」を攻撃し，体内から排除しようとする生体反応（免疫反応）をいいます。免疫にはさまざまな細胞や液性因子が関与し，いくつかの器官がその役割を担っています。

A 免疫担当細胞と液性因子

[1] 免疫担当細胞

免疫にかかわる細胞群を**免疫担当細胞**といいます。主な免疫担当細胞には，**顆粒球**，**リンパ球**，**単球**，**肥満細胞**などがあります。

顆粒球は，普段血液中を循環している免疫担当細胞であり，**好中球**，**好酸球**，**好塩基球**などに分類されます。このなかで，もっとも多く血液中に含まれるのは好中球です。好中球は細胞質にアズール顆粒という殺菌作用をもつ物質を多く含み，病原体などを取り込んで（貪食），殺菌を行います。

リンパ球は，ほかの免疫担当細胞に比べて小型の丸い細胞です。大きな球形の核をもつため，細胞質はあまり大きくありません。リンパ球は，**T細胞**，**B細胞**，**ナチュラルキラー（NK）細胞**に大きくわけることができます。T細胞はさらに**ヘルパーT細胞**や**細胞傷害性T細胞**などに分類されます。B細胞は分化すると抗体を産生する**形質細胞**になります。NK細胞は，非自己細胞を直接攻撃する機能をもち，がん細胞の攻撃において重要な役割をはたします。

単球は血管内に存在する免疫担当細胞で，主な機能は病原体などの貪食です。血管外に存在している単球のことをマクロファージとよびます。マクロファージは全身のさまざまな組織に分布しています。マクロファージ系の細胞は病原体を取り込んだあと，病原体の一部（抗原）を細胞の表面に提示します。これを**抗原提示**といいます。リンパ球などの細胞がこの提示された抗原を認識すると，免疫反応が起こります。抗原提示を行う細胞を**抗原提示細胞**といいます。

マクロファージ系細胞
皮膚に存在する樹状細胞や，肺の肺胞マクロファージ，肝臓のクッパー細胞などは，臓器特異的に存在する細胞で，マクロファージと同じように病原微生物を貪食することで体を防御しています。これらの細胞群をマクロファージ系細胞といいます。

抗原
体内に侵入した病原体などの異物で，抗体をつくり出す物質のことをいいます。通常は病原体の毒素やたんぱく質などが該当します。

肥満細胞は，細胞質に免疫反応を引き起こす顆粒を多く含み，アレルギーの誘導に関与します。

　顆粒球やリンパ球，マクロファージなどの免疫担当細胞は，組織のなかを自由に移動することができます。このことを遊走といい，これらの細胞を遊走細胞とよぶこともあります。

[2] 免疫にかかわる液性因子

　免疫担当細胞以外に免疫反応で重要となるのが液性因子です。免疫にかかわる液性因子には，抗体，補体，サイトカイン，ケモカインなどの血中たんぱく質があります。抗体は，形質細胞が産生する液性因子で，抗原と結合（抗原抗体反応という）することで免疫反応を引き起こします（「B [2] 液性免疫と細胞性免疫」参照）。サイトカインは，免疫反応の情報伝達や刺激を行う物質の総称です。代表的なものに，細胞間の情報伝達を行うインターロイキンや，ウイルスやがん細胞の増殖を抑制するインターフェロンなどがあり，免疫反応の誘導においてきわめて重要なはたらきをします。また，細胞の遊走にかかわる因子をケモカインといいます。ケモカインは炎症部位などで大量につくられ，免疫反応細胞を炎症部位に移動させます。補体は，抗体やマクロファージの機能を媒介する役割があります。

♦抗体のクラス
抗体にはクラスがあり，哺乳類ではIgG, IgM, IgA, IgD, IgEの5つのクラスが存在します。それぞれが異なる構造をもち，異なる免疫機能を担っています。鳥類にはIgM, IgA, IgYが存在します。

♦補体の作用
①細菌溶解作用
②オプソニン化（補体が細菌を取り囲むことでマクロファージなどに細菌を食べやすくさせる作用）
③貪食能をもつ細胞（マクロファージなど）の動員

B　免疫系の分類

　免疫反応には一連の流れがあり，感染初期にはたらく自然免疫と，より強力な免疫作用を示す獲得免疫に大別されます（図13-1）。獲得免疫はさらに液性免疫と細胞性免疫にわかれます。また，免疫系は免疫刺激の方法から能動免疫と受動免疫に分類されます。それぞれの免疫系には特徴があり，相互に関連しています。

[1] 自然免疫と獲得免疫

　自然免疫は病原体が侵入した際に最初に反応する免疫系です（図13-1）。好中球，マクロファージ，NK細胞などの免疫担当細胞がその中心的な役割を担います。そのほかに，補体，サイトカイン，ケモカインなどの液性因子が自然免疫系の誘導に関係します。自然免疫は免疫反応が速く即効性がある反面，特定の病原体に対する攻撃性が低いため，増殖している病原体を集中して攻撃することができないという特徴があります。

　これに対して，獲得免疫は自然免疫のあとにはたらく免疫系です。マクロファージなどの抗原提示細胞が病原体を取り込んで抗原提示を行うと，それを認識したリンパ球が活性化し，その病原体を集中的に攻撃します。また，特定の抗原に対して結合する抗体を産生することで，その抗原の排除を行います。獲得免疫は抗原提示や抗体産生を行う必要があるため，自然免疫と比

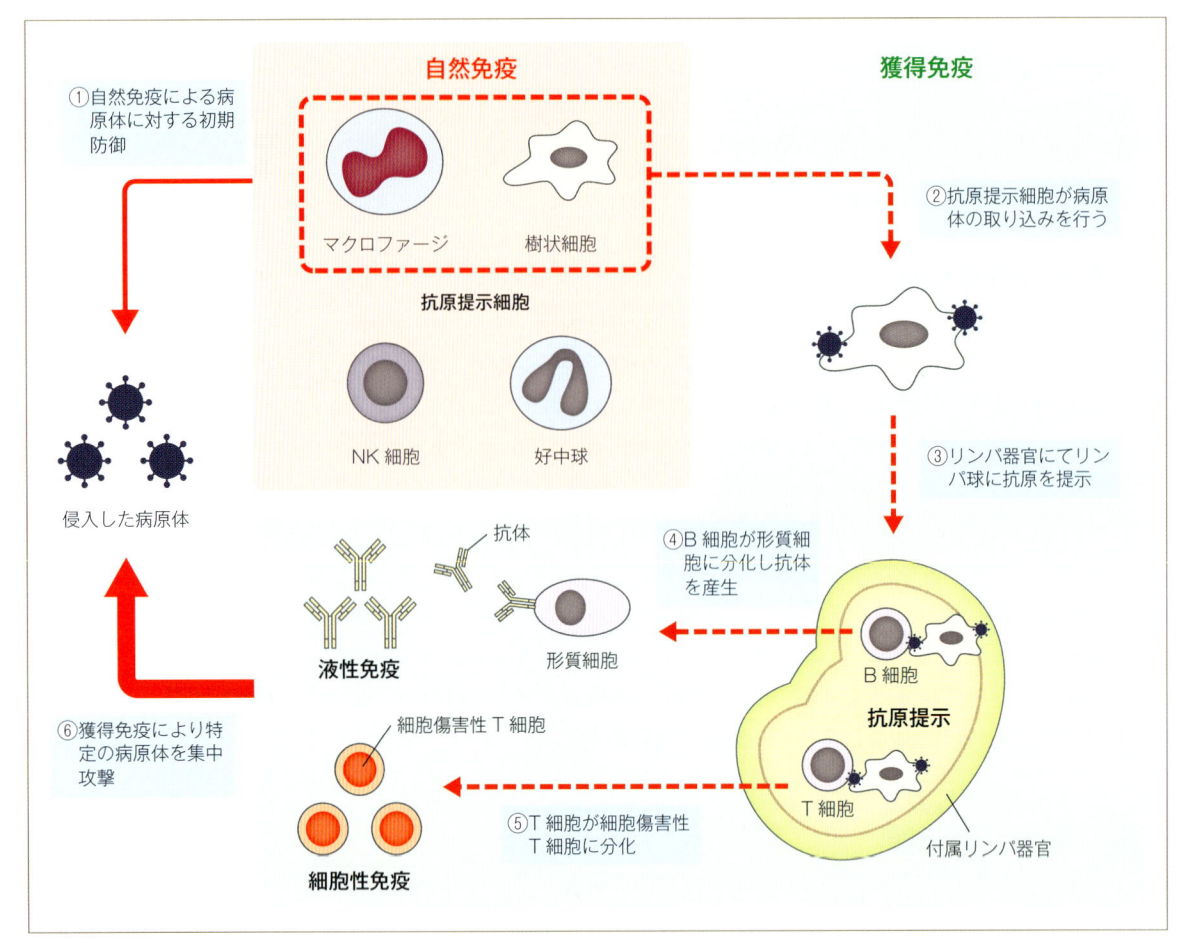

図 13-1　免疫系の分類

特異的
ある物質が特定の物質のみ認識し，反応することをいいます。

記憶細胞（メモリー細胞）
病原体を体から排除したあと，抗原の情報を維持したまま長期間存在しているB細胞やT細胞のことです。これらの細胞をそれぞれ記憶B細胞，記憶T細胞といいます。同じ病原体が再度侵入したときに，すばやくこれらの記憶細胞が反応し，病原体を排除します。

較して反応までに時間がかかります。しかし，病原体に対して特異的でかつ強力な免疫反応を示します。獲得免疫はさらに液性免疫と細胞性免疫に大別されます。

[2] 液性免疫と細胞性免疫

液性免疫は，抗体（図13-2）が主役となる免疫反応です。B細胞はマクロファージ，樹状細胞などの抗原提示細胞から抗原提示を受け，さらにヘルパーT細胞によって活性化されることで，形質細胞へと分化します。形質細胞は抗原となった病原体に特異的な抗体を産生します。抗体は①細菌や毒素の中和，②抗体のFc領域を認識する受容体を介した免疫細胞の活性化，③補体の活性化によって抗原の排除を行います（図13-2）。抗原提示を受けた一部のB細胞は記憶B細胞へと分化し，次回の病原体侵入に備えます。

細胞性免疫は，抗体に依存しない免疫系で，その主役は細胞傷害性T細胞です。細胞性免疫では，細胞傷害性T細胞やマクロファージが直接病原

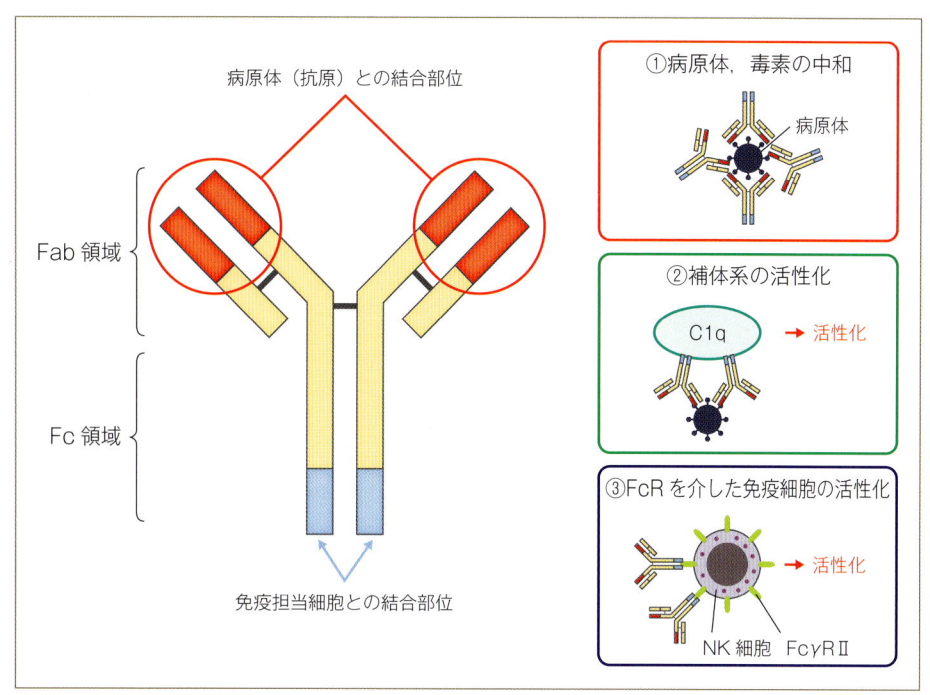

図13-2 抗体の構造と機能
抗体は大きくFab領域とFc領域にわけられる。Fab領域の先端部は抗原と結合する部分であり，この領域の構造を変えることで多様な抗原に反応できるようになっている。Fc領域は，白血球やマクロファージの表面にあるFc受容体と結合する領域である。貪食細胞はこの領域を介して抗原と結合した抗体を認識し，病原体を貪食する。

体を攻撃します。細胞性免疫の活性化には，抗原提示とヘルパーT細胞のはたらきが必須となります。

抗原提示を受けたあとに液性免疫が誘導されるか，あるいは細胞性免疫が誘導されるかについては，サイトカインがその調節を担っています。

[3] 能動免疫と受動免疫

通常，細菌やウイルスが生体内に侵入し，感染すると生体が反応して免疫が誘導されます。これを能動免疫といいます。これに対して受動免疫とは，外来の免疫細胞や抗体などが体内ではたらく免疫のことをいいます。受動免疫の例として，母子間における抗体の移行が挙げられます。母体で産生された抗体は胎盤や初乳を介して胎子，新生子へと移行し（移行抗体），生後間もない新生子の免疫反応において重要な役割を担います。そのほかに，ワクチン接種による免疫も受動免疫に分類されます。

初乳
分娩後数日間分泌される乳。通常分泌される乳とは成分が異なり，ビタミン類や免疫物質などが含まれます。牛や馬などは胎盤ではなく，初乳を介して抗体が移行します。

ワクチン
動物に接種して感染症の予防に用いる医薬品。病原体を使用しており，生きた病原体を弱毒化し，使用したものを生ワクチン，死んだ病原体を使用したものを不活化ワクチンといいます。

C　リンパ系器官

　免疫反応にかかわるさまざまな細胞は、いくつかの臓器や器官において産生され、成熟します。これらの組織を総称して、**リンパ系器官**といいます。
　リンパ系器官は、免疫細胞の分化の場としてはたらく**一次リンパ器官（中枢リンパ組織）**と、抗体の産生やリンパ球の活性化などが行われ、機能的にはたらく場となる**二次リンパ器官（末梢リンパ組織）**に分類されます。一次リンパ器官には胸腺、骨髄があり、二次リンパ器官として脾臓やリンパ節などがあります。また、鳥類にはファブリキウス嚢という特有の一次リンパ器官があります。

[参考] 骨髄と疾患
骨髄の病気の代表例として再生不良性貧血や白血病が挙げられます。これらの疾患の診断には、骨髄吸引検査が有用です。骨髄に針を刺し、取れた骨髄の細胞の形態や割合を評価することで、確定診断を行うことができます。

[1] 骨髄

　骨髄は造血機能を担う主要な器官です。骨髄は骨幹の内腔（骨髄腔）、および海綿骨の隙間にあります。骨髄は**赤色骨髄**と**黄色骨髄**に分類されます。

表 13-1　犬と猫のワクチン

	犬用	猫用
コアワクチン[*1]	狂犬病ウイルス 犬パルボウイルス 犬ジステンパーウイルス 犬アデノウイルス1型 犬アデノウイルス2型	猫パルボウイルス 猫ヘルペスウイルス1型 猫カリシウイルス
ノンコアワクチン[*2]	犬パラインフルエンザウイルス レプトスピラ 犬コロナウイルス	猫白血病ウイルス 猫免疫不全ウイルス 猫クラミジア

＊1：接種が勧告されているワクチン。
＊2：個々の動物の様子をみながら接種するワクチン。
これらのワクチンは接種する動物の月齢や年齢によって接種回数や期間が変わる。

臨床で役立つコラム
ワクチンと二次応答

　ワクチンは一定の期間を空けて複数回接種することがあります。これは、免疫の二次応答と関係しています。ある病原体がはじめて体に侵入したとき、B細胞がすぐにIgM抗体を産生し、つぎにIgG抗体も産生します（一次応答）。IgMは比較的早く血中から消えてしまい、つくられるIgGの量もそれほど多くありません。病原体が排除されるとB細胞の一部は記憶細胞として体内に存在します。再度同じ病原体が体内に侵入したとき、この病原体の情報を記憶した記憶細胞がすばやく、大量のIgG抗体を産生します。これを二次応答といい、ワクチンを複数回接種するのはこの反応を利用するためです（犬と猫の代表的なワクチンは表13-1を参照）。

赤色骨髄では血球が盛んに産生されているのに対し，黄色骨髄では血球は産生されず，主に脂肪から構成されています。免疫系にかかわる細胞のほとんどは赤色骨髄において産生されます。

[2] 胸腺

　胸腺は骨髄で産生された未熟な幹細胞を，成熟した T 細胞へと分化させる役割を担っています。犬や猫では胸腔のなかにあり，心臓の上方に位置します。胸腺は成熟期までに発達しますが，加齢にともない退縮し，脂肪組織に置きかわります。組織学的には小葉にわかれており，各小葉は皮質と髄質に区分されます（図 13-3）。胸腺は主に未分化な T 細胞と上皮系細網細胞から構成されており，そのなかに血管やリンパ管，結合組織が入り込んでいます。髄質にはハッサル小体という胸腺に特有の構造物が存在します。上皮系細網細胞は T 細胞が成熟するうえで重要な役割を担っています。T 細胞の分化は皮質からはじまり，髄質に向かって次第に成熟していきます。この過程で，T 細胞の分化が行われるのと同時に，不要な T 細胞の選択・排除が行われます（図 13-3）。成熟した T 細胞は血管を通り，全身の末梢性リンパ器官へ運ばれます。

[3] リンパ節

　リンパ節はリンパ管の走行に沿って位置し，全身に分布しています。組織学的には皮質と髄質にわかれ，皮質の外層は結合組織からなる被膜でおおわれています。皮質にはリンパ球が集まって，リンパ小節を形成しています（図 13-4）。リンパ液は輸入リンパ管を通って皮質に入り，髄質を経て輸出リ

[参考] B 細胞の分化・成熟
B 細胞は骨髄において幹細胞から分化し，二次リンパ器官において成熟 B 細胞となります。鳥類ではファブリキウス嚢でも B 細胞が分化・成熟します。

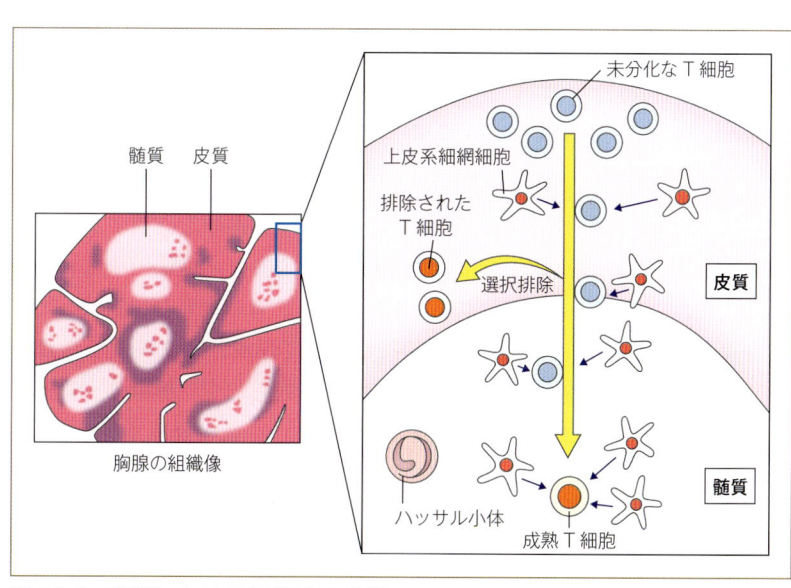

図 13-3　胸腺における T 細胞の成熟

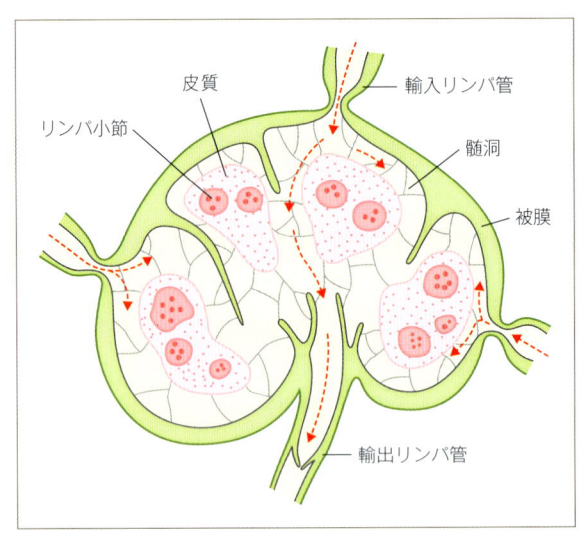

図 13-4　リンパ節の組織構造

ンパ管につながります。ある組織で感染が起こった場合，組織に近接するリンパ節（所属リンパ節という）が反応し，皮質においてリンパ球の成熟や抗体産生を行い，病原体を排除します。また，ある組織の細胞ががん化した場合もその組織の所属リンパ節においてがん細胞の排除が行われます（腫瘍免疫という）。

体表から触知できるリンパ節には耳下腺リンパ節，下顎リンパ節，浅頸リンパ節，腋窩リンパ節，浅鼠径リンパ節，膝窩リンパ節などがあります（表13-2，図 13-5）。

[4] 脾臓

脾臓の役割は大きくわけて2つあります。1つはB細胞の分化や抗体の産生など，二次リンパ器官としての役割です。骨髄から運ばれた未熟なB細胞は脾臓において成熟し，一部は形質細胞へと分化したあと，抗体を産生します。血液に含まれる病原体は，脾臓において免疫反応により，排除されます。もう1つの役割は，古くなった赤血球を破壊する溶血という機能です。そのほかに胎生期では造血機能をもち，赤血球の産生も行われます。

犬や猫の脾臓は左上腹部にあり，胃の大弯部に近接して位置します（p.67 図 3-12）。表面は結合組織によって形成された被膜でおおわれており，被膜は脾臓内部へと入り込み脾柱を形成します。脾臓の実質は赤脾髄と白脾髄にわかれます（図 13-6）。赤脾髄は，脾臓の静脈血管が広がって形成される脾洞からなり，そこには赤血球が豊富に存在します。赤血球の破壊は脾洞内部で行われます。脾洞の内皮にはマクロファージが存在し，破壊された赤血球を貪食します。白脾髄には多くのリンパ球が存在し，リンパ小節を形成しています。白脾髄ではリンパ球の新生や抗体の産生が行われます。

所属リンパ節
リンパ液は組織を出たあとリンパ管を介して複数のリンパ節を通過します。リンパ節のなかでも組織や臓器とリンパ管を介して直結しているリンパ節のことを所属リンパ節といいます。

[参考] **脾臓の腫大**
脾臓の腫大は特定の病気のサインになることがあります。溶血性貧血の際には赤血球の破壊が亢進し，脾臓の腫大が認められます。また，脾臓にがん細胞が浸潤すると脾臓のサイズが大きくなることもあります。脾臓の腫大は触診のほか，X線検査などの画像診断で確認することができます。

表 13-2 体表リンパ節

リンパ節	位置	関係する部位
耳下腺リンパ節	頬の骨の付け根	頭部（耳の周囲）
下顎リンパ節*	顎	頭部（口など）
浅頸リンパ節	肩の前	首，前肢の上部
腋窩リンパ節	前肢の付け根	前位乳腺，前肢，胸壁
副腋窩リンパ節	胸（肘の内側）	腋窩リンパ節と協調
浅鼠径リンパ節	後肢の付け根	後位乳腺，鼠径部，臀部
膝窩リンパ節*	膝の裏	後肢（膝から下）

＊正常でも触知可能。

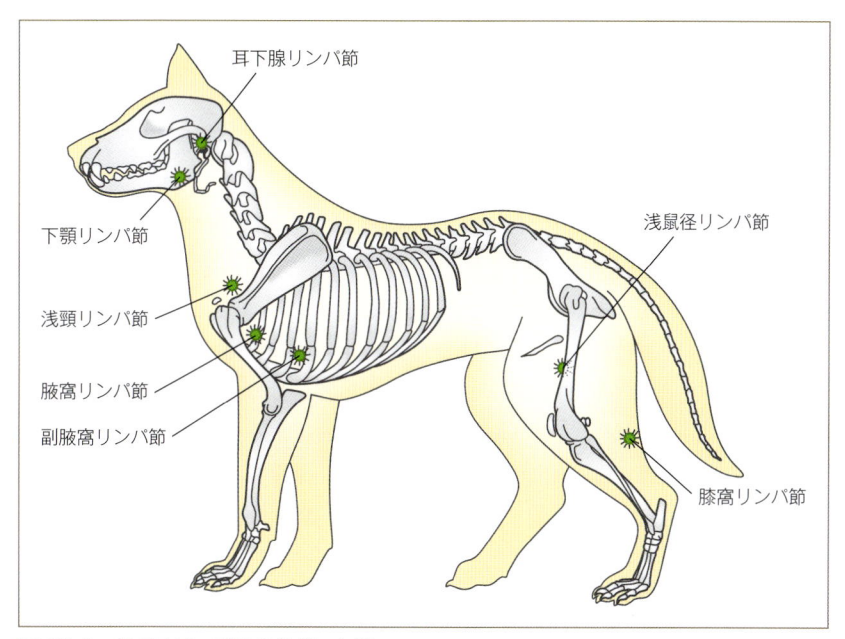

図 13-5 体表リンパ節の位置（犬）

臨床で役立つコラム

リンパ節の腫脹

動物に感染が起こると，感染部位付近のリンパ節の腫れが触診によって認められることがあります。また，リンパ球のがんである悪性リンパ腫では，体表のリンパ節が腫れることがあります。体表部の触診は，病気の早期発見につながります。犬や猫における体表リンパ節の位置と分布を覚えておきましょう。

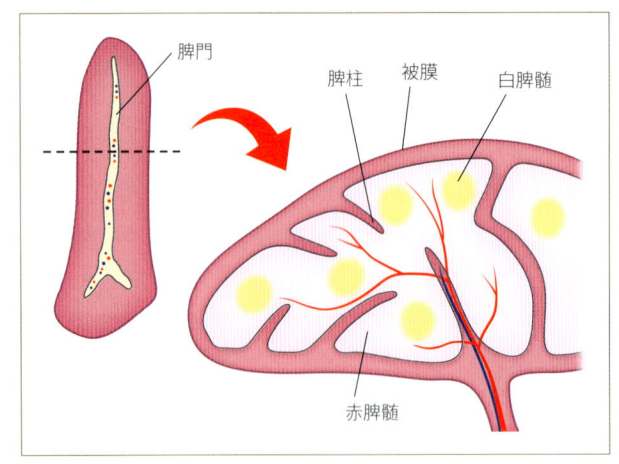

図 13-6 脾臓の組織構造

D 輸血と移植免疫

　臨床現場では，貧血の症例に対して輸血を行うことがあります。人と同様，犬や猫には血液型が存在します。輸血をする場合に血液を提供する動物（ドナー）と輸血される動物（レシピエント）の血液型が適合していないと，獲得免疫系がはたらき，拒絶反応を示すことがあります（**移植免疫**）。そのため，輸血をする際にはあらかじめ血液型を調べ，さらにドナーの血液とレシピエントの血液の反応を検査する必要があります（**クロスマッチ試験**という）。犬の血液型は，現在10種類以上に分類されています。猫の血液型はA型，B型，AB型の3つに分類されます。

クロスマッチ試験
交差適合試験ともいいます。主試験と副試験の2つがあり，レシピエントの血清中にドナー血球に対する抗体があるかを調べる試験を主試験，ドナー血清中にレシピエント血球に対する抗体があるかを調べる試験を副試験といいます。

E アレルギー反応と疾患

　免疫反応は本来，病原体などの非自己物質を適切に排除するためのしくみです。しかし，そのメカニズム自体に異常が起こると，非自己抗原に対して過剰に反応してしまったり，自分の体（自己抗原）に対して反応してしまうことがあります。免疫反応が抗原に対して過剰にはたらくことを**アレルギー**といいます。アレルギー反応はその機序から4つに分類され，さまざまな病気の発生にかかわっています（図13-7）。代表的なアレルギー性疾患として食物アレルギーや，喘息などがあります。

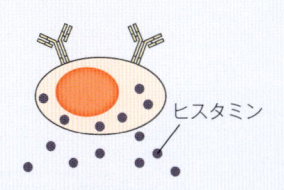

CHAPTER 13 免疫系

Ⅰ型アレルギー
肥満細胞と結合している抗体に抗原が結合することで，肥満細胞からヒスタミンなどの炎症物質が放出されて起こる。

代表疾患：アトピー性皮膚炎など

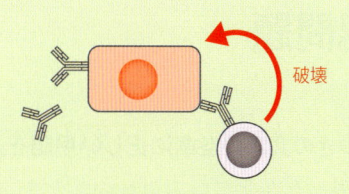

Ⅱ型アレルギー
自己の細胞に抗体がつくられ，抗体が細胞に結合し，それを認識したNK細胞やマクロファージによって細胞が破壊されることで起こる。

代表疾患：免疫介在性溶血性貧血など

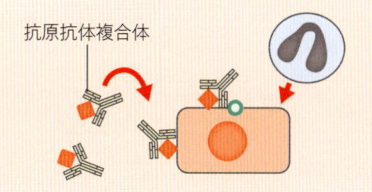

Ⅲ型アレルギー
抗原に対して大量の抗体がつくられると抗原と抗体が結合することで免疫複合体となる。これが組織に沈着すると補体が活性化される。これに好中球が反応し，炎症を起こす。

代表疾患：糸球体腎炎など

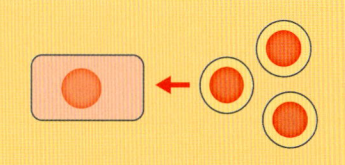

Ⅳ型アレルギー
T細胞による細胞免疫の過剰反応の結果として起こる。

代表疾患：接触性皮膚炎など

凡例：肥満細胞　自己の細胞　抗体　NK細胞　補体　好中球　細胞傷害性T細胞

図13-7　アレルギー反応の分類

CHAPTER 13　免疫系
確認問題

Q1 つぎの文章の空欄に正しい用語を入れなさい。

- 血管外に存在している単球のことを（①　　　　　　　）という。この細胞は病原体を貪食して殺菌する作用があり，同時に病原体の抗原を細胞表面に提示する（②　　　　　　　）である。
- 病原体感染初期にはたらく顆粒球やマクロファージなどによる貪食を主体とした免疫を（③　　　　　　　），リンパ球や抗体が病原体特異的にはたらく免疫を（④　　　　　　　）という。
- 抗体は液性免疫の主体であり，細胞傷害性T細胞は（⑤　　　　　　　）の主体である。
- 骨髄や胸腺などの免疫細胞の分化が行われる器官を（⑥　　　　　　　），リンパ節や脾臓などの抗体産生やリンパ球の活性化が行われる器官を（⑦　　　　　　　）という。
- リンパ節は（⑧　　　　　　　）と（⑨　　　　　　　）にわかれ，⑧にはリンパ球が集まり，リンパ小節を形成している。
- 脾臓には二次リンパ器官としての役割のほかに，古くなった血液を破壊する（⑩　　　　　　　）という役割がある。

Q2 動物の免疫について正しい記述を1つ選びなさい。
① B細胞は分化して肥満細胞となり，抗体を産生する。
② 哺乳類の抗体には3つのクラスがある。
③ 顆粒球には，好中球，好酸球，NK細胞などがある。
④ 抗体や補体，サイトカインなどは液性因子である。
⑤ リンパ球は病原体を貪食し，抗原提示を行う。

Q3 免疫の分類について間違っている記述を1つ選びなさい。
① 自然免疫とは，病原体の感染初期にはたらく免疫系である。
② 自然免疫では，リンパ球や抗体が中心となって病原体を除去する。
③ 獲得免疫には液性免疫と細胞性免疫がある。
④ 液性免疫とは，抗体が主役となる免疫系である。
⑤ 細胞性免疫では，細胞傷害性T細胞が直接病原体を攻撃する。

Q4 リンパ系器官の役割について正しい記述を1つ選びなさい。
① 骨髄は造血機能を担い，リンパ球の活性化や抗体産生を行う。
② 免疫系にかかわる細胞のほとんどは，黄色骨髄で産生される。
③ 胸腺はリンパ球の分化や，古くなった赤血球を破壊する溶血を行う臓器である。
④ リンパ節は，周囲の組織で感染が起こった場合に反応し，リンパ球の成熟や抗体産生を行う。
⑤ 脾臓は心臓の上方に位置し，未熟な幹細胞を成熟したT細胞へと分化させる。

→解答はp.243へ

MEMO

CHAPTER 14

代謝 metabolism

学習の目標
・動物がエネルギーを得るための代謝のしくみを理解する。
・栄養素ごとの代謝のしくみを理解する。
・動物種によって異なる代謝と必要な栄養素を学び，理解する。

A 代謝とは

動物は，人と同じように，体外から取り入れた物質から体に必要な物質を合成し，活動するためのエネルギーを得ます。化学反応によるこの一連の過程を，**代謝**といいます。この化学反応は酵素によって触媒され，体温程度の温度でも十分反応が進みます。通常，代謝はいくつもの酵素反応が連続して起こり，これを代謝経路とよびます。

> **触媒**
> 化学反応の反応速度を速める物質のこと。触媒自身は化学反応の前後で変化しません。

[1] 異化と同化

代謝はその目的から，**異化**（分解）と**同化**（合成）という2つの反応にわけることができます。異化とは，大きな分子を小さな分子に分解する反応であり，食物を分解し，体を成長あるいは維持するための材料とエネルギーを得ることです。同化とは，生体高分子の合成反応であり，異化反応で得た材料とエネルギーを使って生命活動に必要な大きな分子を合成することです（図14-1）。

動物は，置かれた環境（栄養状態など）によってエネルギーや物質の偏りが生じないように，異化と同化のバランスをとりながら，体内の代謝を調節しています。

[2] 基礎代謝

心臓の拍動や呼吸といった，生命維持に必要な最低限のエネルギー消費を**基礎代謝**といいます。具体的には，食後12時間以上経過した，暑くも寒くもない適温下で，動かずに静かにしているときの代謝量（必要なエネルギー量）を指します。

食後は食物の消化吸収のため，肝臓でのエネルギー消費が増加するので，消化吸収が終わってからが正確な基礎代謝となります。

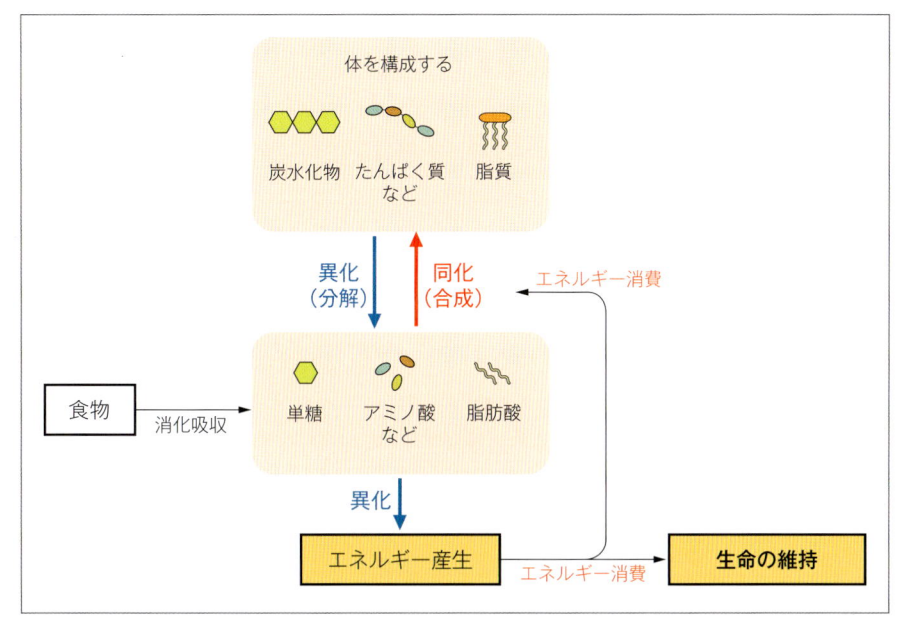

図 14-1 生命活動における異化と同化
動物は体の維持に必要な炭水化物，たんぱく質，脂質などの栄養素を食物として取り入れる。これらは消化・吸収を経て，糖，アミノ酸，脂肪酸などの小さな分子に分解される。この小さな分子は体内で炭水化物やたんぱく質を合成（同化）するための材料になったり，さらに分解（異化）されて，生体活動に必要なエネルギーをつくり出す材料になる。

B 栄養素の代謝

　腸で消化吸収された食べ物は，活動するためのエネルギーとなり，体に必要な物質を合成するために代謝され，動物の体を成長・維持します。エネルギー源となるのは**グルコース**（ブドウ糖）などの炭水化物や**アミノ酸，脂肪酸**などです。これらが代謝されると次々に分解されていき，最後は二酸化炭素と水になります。その過程でエネルギーが放出され，そのエネルギーによって合成された **ATP** が生命活動のエネルギーとなります。

[1] 炭水化物の代謝

　炭水化物は糖質ともよばれる化合物です。動物が生きていくうえで必要な栄養素の1つで，主に生体のエネルギー源として使用されています。非常に多くの種類があり，単糖と多糖に大きくわけられます。単糖は糖の最小単位で，グルコースやガラクトース，フルクトースなどたくさん種類があります。多糖は単糖が複数集まって構成されたものです。動物は食べ物から摂取した炭水化物を体内で単糖に分解し，さまざまな用途に使用しています。

①糖質からのエネルギー産生

　門脈を介して肝臓に運ばれた糖質は，①代謝されて ATP が合成されるか，②そのまま全身の血液循環に乗って体のさまざまな組織や細胞でエネ

♂ **ATP**
アデノシン三リン酸（adenosine triphosphate）。生体にエネルギーを供給する物質で，加水分解によってアデノシン二リン酸（adenosine diphosphate：ADP）とリン酸にわかれるときにエネルギーを放出します。生体におけるエネルギー貯蔵，供給，運搬にかかせない物質であり，エネルギー通貨ともよばれています。

🐾 **ミトコンドリア** p.14

♂ **NADH**
ニコチンアミドアデニンジヌクレオチド（nicotinamide adenine dinucleotide）のこと。生体内で電子を伝達する電子伝達体の1つ。電子を授与することで、さまざまな酵素のはたらきを補助しています。

♂ **FADH₂**
フラビンアデニンジヌクレオチド（flavin adenine dinucleotide）の還元型のこと。生体内で電子を伝達する電子伝達体の1つ。NADHと同様に酵素を補助する補酵素としてはたらく物質です。

[参考] **好気的代謝**
酸素を使ってエネルギーを産生する代謝のこと。クエン酸回路と電子伝達系がこれにあたり、酸素を使わない嫌気的代謝よりも効率よくATPが産生されます。

ギー源として利用されるか、③それでも余ってしまった糖質を<u>グリコーゲン</u>という貯蔵多糖に変換して必要なときまでためこむかのいずれかとなります（これは筋肉でも行われます）。グリコーゲンとして貯蔵できる量は限りがあるので、それ以上に余った糖質は脂肪に変換されて皮下脂肪や腹腔内の内臓脂肪として蓄えられます。

　グルコースからATPを合成するには、<u>解糖系</u>、<u>クエン酸回路（TCA回路）</u>、<u>電子伝達系</u>という3つの代謝経路を利用します（図14-2）。解糖系、クエン酸回路でグルコースが徐々に分解され、二酸化炭素とATP、電子エネルギーが放出されます。この二酸化炭素は呼気として肺から吐き出され、エネルギーはNADHやFADH₂といった形でミトコンドリアの電子伝達系に運ばれます。電子伝達系ではNADHやFADH₂のエネルギーを利用して<u>酸化的リン酸化</u>によってATPを合成します。この反応によってグルコース1分子から約30ATPが産生されます。

　酸化的リン酸化反応は酸素を必要とする<u>好気的</u>な代謝で、この一連の代謝は細胞が酸素を利用して二酸化炭素を放出し、呼吸しているようにみえることから内呼吸（<u>有酸素呼吸</u>）といいます。一方、激しい運動をすると酸素の供給が不足して有酸素呼吸が続けられなくなります。このときは、グルコー

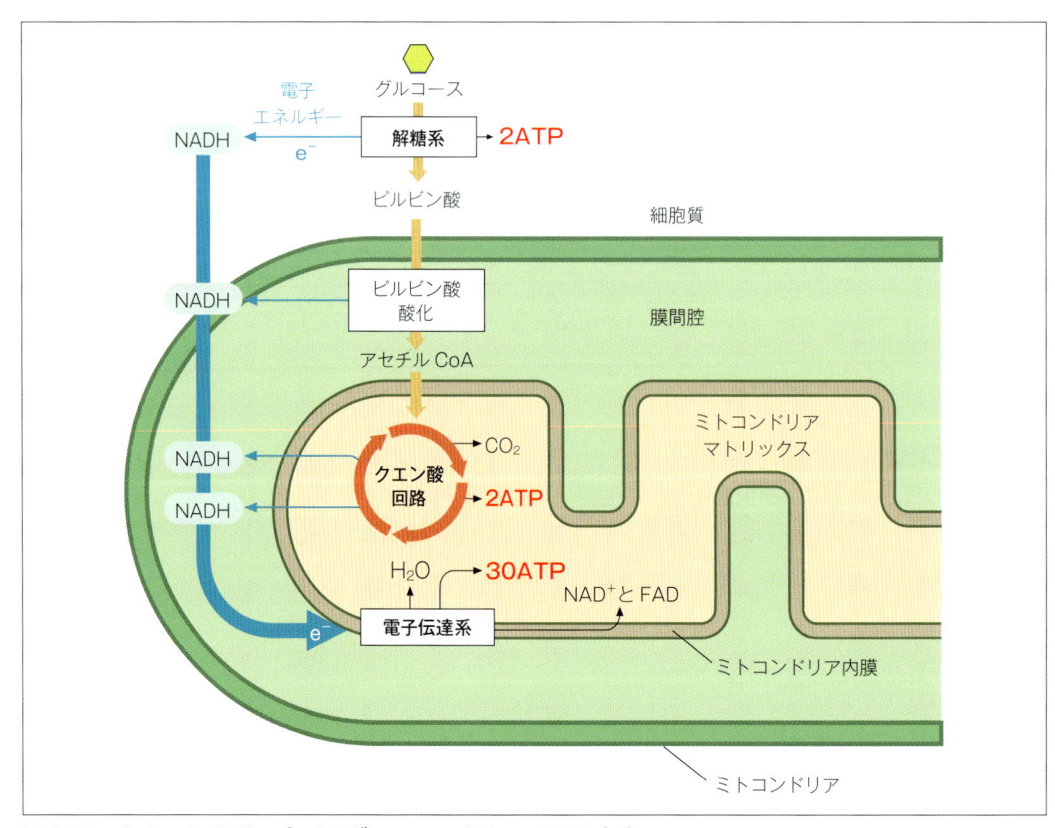

図14-2　ミトコンドリア内でのグルコースからのATP産生

スは解糖系で分解されたあとに，嫌気的に乳酸に分解される無酸素呼吸で代謝されます（図14-3）。無酸素呼吸ではグルコース1分子あたり2ATPしか得られませんが，一反応あたりに必要な時間は好気呼吸の1/100程度と短時間です。

②糖新生

動物の体の多くの細胞はエネルギー源として糖質や脂質を利用できます。しかし，脳などの神経細胞はグルコース以外のエネルギー源を使いにくく，赤血球にいたってはグルコースしか使えません。肝臓に蓄積しているグリコーゲンを使い切ってしまった場合には，肝臓で乳酸，アミノ酸やグリセロールをもとに糖新生とよばれる代謝経路でグルコースを合成します（図14-4）。

[参考] 嫌気的代謝
酸素を使わずにエネルギーを産生する代謝のこと。解糖系がこれにあたります。糖の分解が不完全なため，好気的代謝よりもATP産生の効率はよくありません。

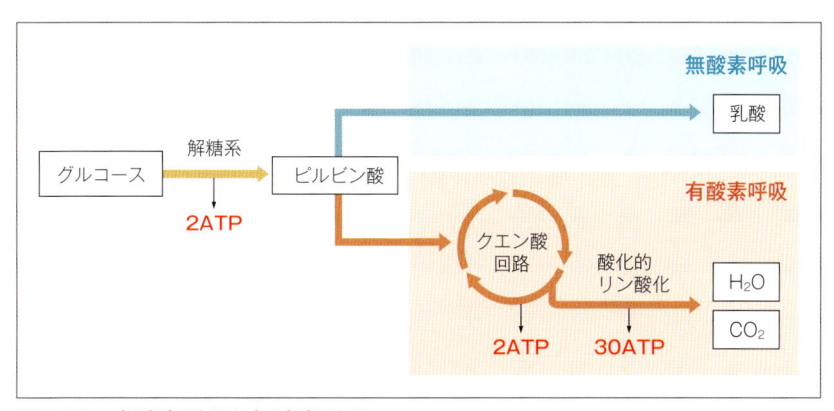

図14-3　有酸素呼吸と無酸素呼吸
無酸素呼吸では解糖系によって生じたピルビン酸から乳酸が生成されるが，この反応ではATPは産生されない。

臨床で役立つコラム
腎不全とたんぱく質の摂取

アミノ酸をエネルギー源として利用すると生成されるアンモニアは，肝臓で解毒され，尿素として腎臓から排泄されます（図14-5）。腎不全で腎機能が低下すると尿素をろ過する機能も低下するため，たんぱく質を通常通り摂取していると，代謝によって生じる尿素を排泄し続けなければならず，負荷がかかり続けて腎不全はますます悪化します。そのため，腎不全の動物に与えるたんぱく質は体を維持する最低量にして，老廃物を減らし，腎臓の負担を軽減して回復を促進させ，悪化を防ぎます。不足するエネルギーは炭水化物や脂質から摂取するようにします。また，リンやカリウムなどのミネラルも排泄されにくくなるため，摂取量を制限します。このような食事を調整するのは大変ですが，ペットフードメーカー各社から腎臓病に対応した療法食が販売されています。

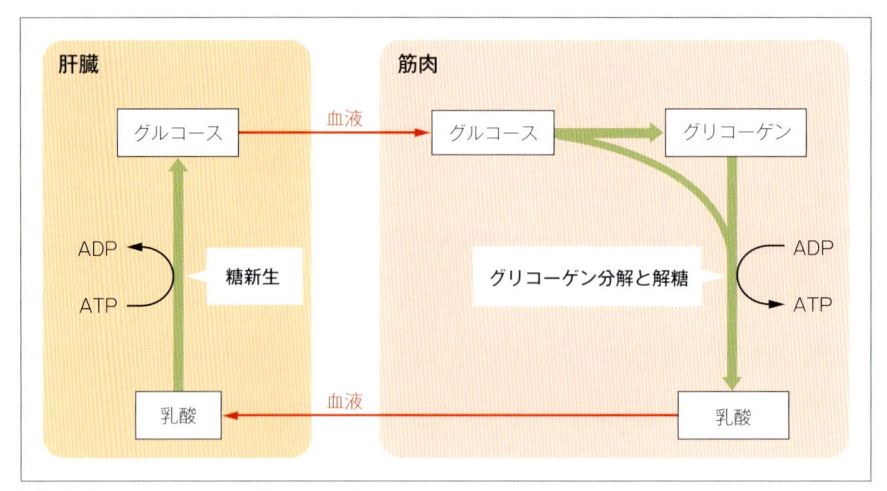

図 14-4　グルコース消費と糖新生
筋肉では無酸素運動によりグルコースおよびグリコーゲンから乳酸がつくられる。乳酸は血流に乗って肝臓に入り，肝臓でグルコースに変換される。

[2] たんぱく質の代謝

　たんぱく質は 20 種類ほどのアミノ酸が結合してできる化合物です。筋肉や組織などの体をつくる役割をもつほかに，生体内で起こるさまざまな反応を補助する酵素の構成成分でもあります。

　食物に含まれるたんぱく質は消化吸収によってアミノ酸に分解され，体内に取り込まれます。これらのアミノ酸は，あらゆるたんぱく質の材料として使われ，それ以上に余ると，ATP 合成のためのエネルギー源として使われます。アミノ酸は糖質や脂質と異なり，窒素（アミノ基：$-NH_2$）を含む化合物ですが，エネルギー源として使うときに窒素は必要ありません。そのため，**脱アミノ反応**という代謝反応によりアミノ酸からアミノ基を取り外し，残った炭素骨格（C, H, O の 3 つの元素からなる分子）を利用します。アミノ酸の種類によって異なりますが，炭素骨格はピルビン酸やオキサロ酢酸，アセチル CoA などのエネルギー代謝の中間体として，ATP 産生に使われます。または糖新生によってグルコースに変換され，エネルギー源として利用されます（図 14-5）。

　アミノ酸を代謝する際には，前述の通りアミノ基が取り外され，アミノ基は**アンモニア**（アンモニウムイオン）となります。アンモニアは非常に毒性の高い物質で，神経細胞において伝達物質の作用やエネルギー産生を妨げ，神経障害を引き起こします。このアンモニアは，肝臓にある**オルニチン回路**とよばれる代謝経路によって毒性の低い**尿素**に変換されます。尿素はその後，血流に乗って腎臓でろ過されて尿中に排泄されます（図 14-5）。

[参考] **必須アミノ酸**
体内のさまざまなたんぱく質は，どれも 20 種のアミノ酸からつくられています。そのうち，体内で合成されないため，食事から摂取する必要があるのが必須アミノ酸です。必須アミノ酸の種類は動物によって異なり，各動物の要求量と合成量のバランスによって決まります。

尿素　p.114

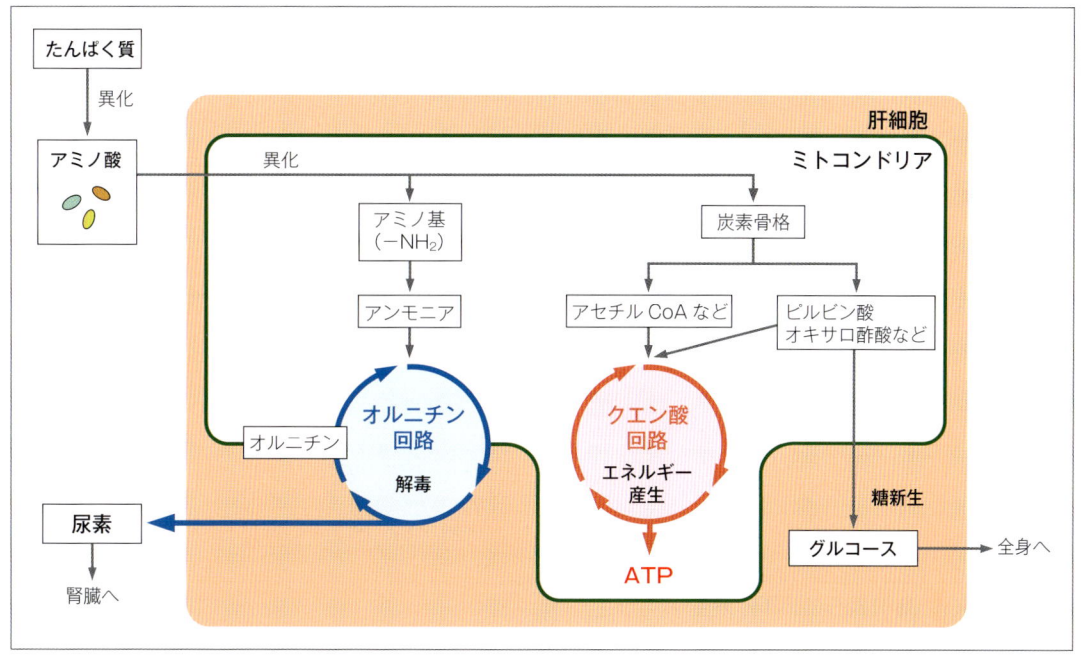

図14-5　アミノ酸からのATP産生とオルニチン回路

[3] 脂質の代謝

　脂質とは水に溶けずに有機溶剤（エーテルやベンゼンなど）に溶解する物質の総称です。生体内ではエネルギー源として使用されるほかに，皮膚や被毛の維持や，細胞膜の構成，ホルモン合成などに使用されています。

　食事中の脂質には**中性脂肪**（トリアシルグリセロール：TG）や**コレステロール**などがあります。消化により脂肪酸とグリセロールに分解されたTGやコレステロールは，体内に吸収されたあとにリポタンパク質とよばれる特殊なたんぱく質と複合体を形成し，リンパ管と血管を介して肝臓に向かいます。そのあいだに一部の脂質は，エネルギーや細胞膜などに使われるリン脂質の材料として，筋肉やその他の器官に取り込まれます。また，肝臓では吸収した脂質をもとに体内で必要なコレステロールなどを合成しています。

　細胞のエネルギー源として脂肪酸を利用するには，β酸化などの酸化分解が必要です。脂肪酸が分解されるとアセチルCoAという物質が生成されます。これをクエン酸回路で代謝することでATPが産生されるのです（図14-6）。

　アセチルCoAは脂肪酸だけでなく，糖やアミノ酸からも変換されます。食べ過ぎてカロリーが過剰な状態では余剰のアセチルCoAからTGが合成され，体内の脂肪細胞に蓄積されて太ります。また，飢餓などでは不足するエネルギーを補うために蓄積していた脂肪が分解されます。しかし，グルコースも不足しているとクエン酸回路の回転が低下し，脂肪酸の分解で得られたアセチルCoAを使うことができません。そこで，肝臓では余剰のアセ

酸化
物質が電子を失う化学反応を酸化といいます。ものが燃える，金属がさびるといった，物質が酸素と結合する反応が代表的です。

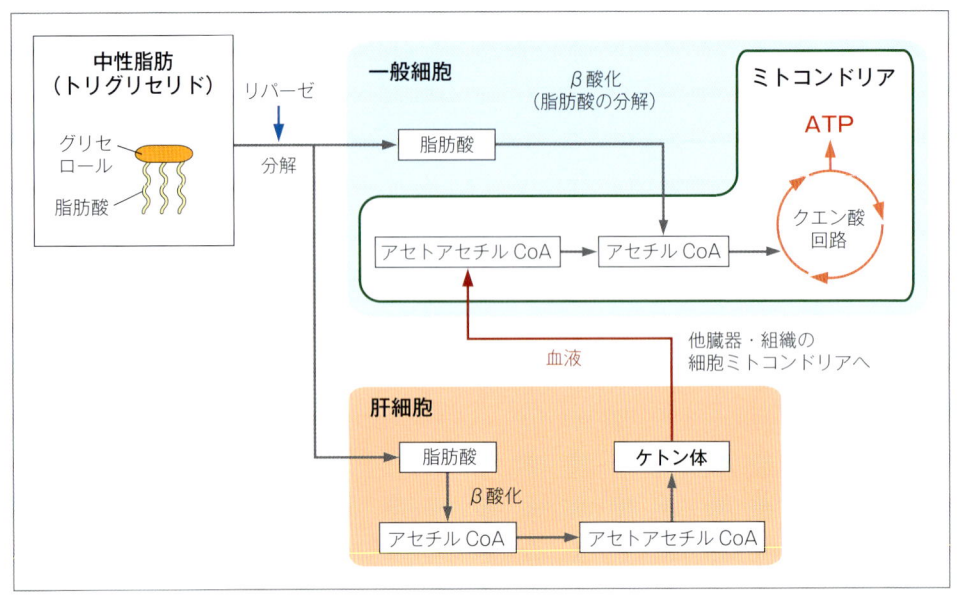

図14-6 脂質からのATP産生

チルCoAを**ケトン体**に変換します。ケトン体は筋肉など一般の組織・器官だけでなく，脳などの神経組織でもエネルギー源として利用できるので，生命活動を維持できます。

[4] ビタミンとミネラルの役割

　生物の生存・生育に必要な栄養素のうち，炭水化物やたんぱく質，脂質のようにエネルギー源としてではなく，代謝を円滑に行うために必要な微量の栄養素が**ビタミン**です。いわば機械の潤滑油のような存在です。ビタミンは生体では合成することができないため，主に食事から摂取されます。

　ビタミンは，油によく溶ける**脂溶性ビタミン**（ビタミンA，D，E，K）と水によく溶ける**水溶性ビタミン**（ビタミンB群，C）の2つにわけることができます。

　一方，ほかの栄養素が有機物であるのに対し，**ミネラル**は単独の元素であるのが特徴です。ミネラルは無機質ともよばれ，ビタミンと同様に代謝に関与するほか，生体を構成する成分として重要です。それぞれのビタミンとミネラルのはたらきは表14-1の通りです。

表14-1 ビタミンとミネラルのはたらき

分類	名称	主な役割
脂溶性ビタミン	ビタミンA（レチノール）	視力にかかわる視色素の成分として利用されるほか，体の表面をおおっている上皮細胞がかさつくのを防ぐ
	ビタミンD	小腸からのカルシウムとリンの吸収を促進し，腎臓からのカルシウムの排泄を抑制する（CHAPTER 8「C［3］上皮小体（副甲状腺）」参照）
	ビタミンE	細胞で発生する活性酸素を消去する（抗酸化作用）
	ビタミンK	血液凝固に必要な物質の産生に必要
水溶性ビタミン	ビタミンB_1（チアミン）	糖代謝の補酵素として利用される
	ビタミンB_2（リボフラビン）	クエン酸回路や電子伝達系で使用される補酵素の構成成分
	ビタミンB_3（ニコチン酸）	脱水素酵素の補酵素の構成成分で，糖・脂質・アミノ酸代謝に幅広く関与する
	ビタミンB_5（パントテン酸）	アセチルCoAの構成成分として糖代謝や脂質代謝に関与する
	ビタミンB_6（ピリドキシン）	たんぱく質の分解やアミノ酸代謝の補酵素としてはたらく
	ビタミンB_7（ビオチン）	カルボキシル基転移酵素の補酵素としてはたらき，糖・脂質・アミノ酸代謝に関与する
	ビタミンB_9（葉酸）	補酵素としてアミノ酸代謝や核酸代謝に関与する
	ビタミンB_{12}（コバラミン）	アミノ酸代謝に関与する
	ビタミンC（アスコルビン酸）	抗酸化作用と，皮膚や歯茎，血管などに含まれ，弾力性を維持するコラーゲンの合成を促進する
ミネラル	カルシウム リン	骨や歯の主要な構成成分，筋肉の収縮や血液凝固に必要
	ナトリウム カリウム 塩素	体液のなかに多量に含まれ，浸透圧やpHの維持に必要
	イオウ	含硫アミノ酸という特殊なアミノ酸（メチオニンやシステインなど）の構成成分
	マグネシウム	骨の成分として利用されるほか，酵素の補因子としてはたらく
	鉄	赤血球に含まれる血色素のヘモグロビンや筋肉に含まれるミオグロビンの構成成分で，酸素の運搬に関与する
	銅	ヘモグロビンの合成に不可欠
	ヨウ素	甲状腺ホルモンの構成成分

臨床で役立つコラム

ケトーシス

ケトーシスとは血中のケトン体濃度が基準値を超えて高くなった状態をいいます。飢餓では体に蓄積されている脂肪が肝臓で代謝され，ケトン体に変換されて全身のエネルギー源として利用されます。そのため血中のケトン体濃度は高くなりますが，これは生き延びるための生理的な反応です。一方，インスリンの欠乏による1型糖尿病では，インスリンが分泌されないため炭水化物を利用できず，代わりに脂肪を代謝して大量のケトン体を生成することでケトーシスとなります。ケトン体の一部は酸性の物質なので同時に血液が酸性に傾くケトアシドーシスになります。脱水，口渇，嘔吐などの症状がみられ，適切な治療を施さないと昏睡や死亡に至ることもあります。

C 動物種に特有の代謝と必要な栄養素

　人は肉や野菜，穀類などさまざまな食物を食べていますが，動物には肉しか食べない種類や草しか食べない種類も存在します。このような動物は摂取できる栄養素が偏ってしまうため，それを補えるように代謝を特化させたり，消化管を特殊に変化させ，栄養素を合成できるようなしくみをもっています。

[1] 猫は厳格な肉食動物

　猫は分類学上，食肉目ネコ亜目ネコ科に，犬は同じく食肉目のイヌ亜目イヌ科に分類され，同じ科に分類される多くの動物は肉食動物です。しかし，犬は家畜化の過程でかなり雑食化されており，一方で猫は肉食動物としての特徴を色濃く残しています。猫は，たんぱく質が多く炭水化物がほとんど含まれない肉だけを食べることに特化した栄養素の代謝経路をもっています。

　猫は，たんぱく質を多く摂取するので，アミノ酸からATPをつくったり，糖新生によってグルコースをつくる能力が高く，アミノ酸代謝が盛んです。そのため，アンモニアを分解するオルニチン回路に必要なアミノ酸であるアルギニンを多く必要とします。また，炭水化物をあまり摂取しないので，炭水化物の消化・吸収・代謝能力が低いといえます。

　さらに，心機能の維持にかかわるアミノ酸であるタウリンが合成できない，ほかの脂質から生体維持に必須であるアラキドン酸を合成できない，β-カロテンからビタミンAを合成できないといった代謝上の特徴をもっています。しかし，アルギニンを含め，これらの物質は肉に含まれているので，猫は肉を食べることで必要量をまかなうことができます。

[2] 反芻動物とルーメン発酵

　牛や羊などの反芻動物は，犬や猫と異なり，大きな第一胃（ルーメン）をもっています。ルーメンには多くの微生物が生息しており，これらの微生物による食物の発酵により，分解しにくい草の消化率を高めています。発酵により産生される揮発性脂肪酸は反芻動物の大事なエネルギー源です。揮発性脂肪酸はATP産生に使われるだけでなく，糖新生の材料として体内で必要なグルコースを得るためにも使われます。

　また，食事の草にたんぱく質があまり含まれていないかわりに，ルーメンの微生物をたんぱく源として小腸で消化・吸収し，必須アミノ酸を摂取しています。ビタミンもB_1, B_2, B_3, B_5, B_6, B_7, B_9, B_{12}, Kなどは微生物によって合成されるため，食事から摂取する必要がありません。

ルーメン p.76
反芻動物がもつ4つの胃のうち，食道に続くもっとも大きい1つ目の胃（第一胃）を指します。

揮発性脂肪酸
ルーメン内で微生物による分解・発酵で生成された化合物で，VFA（volatile fatty acid）ともいいます。主なものは酢酸，プロピオン酸，酪酸で，これらの多くはルーメン壁から吸収されます。反芻動物はこれらのVFAからグルコースを新生しており，かかせない主要なエネルギー源です。

CHAPTER 14　代謝
確認問題

Q1 つぎの文章の空欄に正しい用語を入れなさい。
- 代謝は大きな分子を小さな分子に分解する（①　　　　　）という反応と，小さな分子から大きな分子を合成する（②　　　　　）という反応にわけられる。
- 生体では（③　　　　　）が生命活動のエネルギーとして利用されている。
- 脳の神経細胞や赤血球などの主要なエネルギー源は（④　　　　　）である。
④は（⑤　　　　　），（⑥　　　　　），（⑦　　　　　）という代謝経路を経て徐々に分解され，その過程で ATP が合成される。
- たんぱく質を代謝すると有害な（⑧　　　　　）が産生される。これは肝細胞内で（⑨　　　　　）に変換され，体外に排出される。
- 代謝を行ううえで必要な微量の有機物を（⑩　　　　　）といい，無機物を（⑪　　　　　）という。

Q2 糖質の代謝について正しい記述を1つ選びなさい。
① グリコーゲンは肝臓にのみ貯蔵される。
② 過剰な糖質は内臓脂肪として貯蔵される。
③ 無酸素運動では有酸素運動に比べて多量の ATP が合成される。
④ クエン酸回路は糖新生を行う際の代謝経路である。
⑤ 体の多くの細胞はグルコースのみエネルギー源として利用することができる。

Q3 たんぱく質と脂質の代謝について間違っている記述を1つ選びなさい。
① アミノ酸の代謝によってアンモニアが生成される。
② アミノ酸はたんぱく質の材料だけでなく，ATP 合成にも使用される。
③ 中性脂肪は脂肪酸とグリセロールから構成される。
④ 脂肪酸が β 酸化されるとケトン体が生成される。
⑤ 脂肪は ATP 合成に使用されるだけでなく，細胞膜の構成や，ホルモン合成にも使用される。

Q4 ビタミンとミネラルについて正しい記述を1つ選びなさい。
① ビタミン B は脂溶性ビタミンである。
② 猫は体内でビタミン A を合成できない。
③ ビタミン D は血液凝固にかかわるビタミンである。
④ ヨウ素はヘモグロビンの合成に必須のミネラルである。
⑤ 鉄は骨や歯の主要な構成成分である。

→解答は p.243 へ

確認問題解答

CHAPTER 1　体の基本構造 (pp.12〜35)
Q1 ①細胞小器官　②核　③塩基　④遺伝子　⑤コドン　⑥上皮組織　⑦神経組織　⑧骨格筋　⑨平滑筋　⑩心筋　⑪星状膠細胞（アストロサイト）　⑫小膠細胞（ミクログリア）　⑬体腔　⑭胸腔　⑮腹腔
Q2 ①　**Q3** ①　**Q4** ①　**Q5** ④

CHAPTER 2　筋骨格系 (pp.36〜53)
Q1 ①骨皮質　②骨髄腔　③緻密骨　④橈骨　⑤尺骨　⑥大腿骨頭　⑦膝蓋骨　⑧頸椎　⑨胸椎　⑩腰椎　⑪仙骨（仙椎）　⑫大動脈裂孔　⑬大静脈孔
Q2 ③　**Q3** ⑤　**Q4** ③　**Q5** ②

CHAPTER 3　消化器系 (pp.54〜81)
Q1 ①エナメル質　②セメント質　③歯根膜（歯周靭帯）　④胃小窩　⑤壁細胞　⑥主細胞　⑦十二指腸　⑧空腸　⑨回腸　⑩腸絨毛　⑪胆汁　⑫胆嚢　⑬ルーメン（第一胃）　⑭盲腸　⑮腺胃　⑯筋胃
Q2 ①　**Q3** ②　**Q4** ③　**Q5** ④

CHAPTER 4　循環器系 (pp.82〜95)
Q1 ①静脈血　②右心房　③肺動脈　④三尖弁　⑤僧房弁　⑥腱索　⑦乳頭筋　⑧半月弁　⑨自動能　⑩刺激伝導系　⑪房室束　⑫動脈　⑬静脈　⑭門脈　⑮卵円孔　⑯胸管　⑰右リンパ本幹
Q2 ③　**Q3** ⑤　**Q4** ④

CHAPTER 5　呼吸器系 (pp.96〜106)
Q1 ①背鼻道　②中鼻道　③腹鼻道　④喉頭蓋　⑤気管軟骨　⑥気管支　⑦肺胞　⑧肺葉　⑨横隔膜　⑩気嚢　⑪延髄　⑫二酸化炭素
Q2 ④　**Q3** ⑤　**Q4** ⑤

CHAPTER 6　泌尿器系 (pp.108〜120)
Q1 ①腎動脈　②尿管　③腎門　④皮質　⑤髄質　⑥腎小体　⑦糸球体　⑧糸球体包（ボーマン嚢）　⑨近位尿細管　⑩遠位尿細管　⑪下行脚　⑫上行脚　⑬膀胱　⑭総排泄腔
Q2 ⑤　**Q3** ③　**Q4** ②

CHAPTER 7　生殖器系 (pp.122〜149)

Q1 ①精巣　②陰嚢　③精細管　④精上皮　⑤セルトリ細胞　⑥精管膨大部　⑦前立腺　⑧精嚢腺（精嚢）　⑨尿道球腺　⑩卵巣　⑪卵胞　⑫黄体　⑬卵管　⑭子宮　⑮絨毛膜　⑯尿膜　⑰羊膜

Q2 ③　**Q3** ⑤　**Q4** ⑤　**Q5** ①

CHAPTER 8　内分泌系 (pp.150〜161)

Q1 ①c　②e　③h　④g　⑤d　⑥a　⑦b　⑧f

Q2 ②・③　**Q3** ①　**Q4** ①

CHAPTER 9　神経系 (pp.162〜180)

Q1 ①脊髄　②大脳半球　③大脳皮質　④線条体（大脳基底核）　⑤腹角　⑥背角　⑦側角　⑧硬膜　⑨クモ膜　⑩軟膜　⑪クモ膜下腔　⑫脈絡叢　⑬脊髄反射　⑭伸張反射

Q2 ⑤　**Q3** ④　**Q4** ②　**Q5** ⑤

CHAPTER 10　感覚器 (pp.182〜194)

Q1 ①平衡覚　②眼球血管膜　③角膜　④水晶体　⑤鼻腔　⑥蝸牛　⑦鼓室　⑧鼻腔　⑨味蕾

Q2 ⑤　**Q3** ③　**Q4** ④・⑤

CHAPTER 11　外皮系 (pp.196〜206)

Q1 ①脂　②エックリン　③肉球　④腋窩　⑤浅鼠径　⑥真皮　⑦バリア　⑧免疫

Q2 ⑤　**Q3** ④　**Q4** ③

CHAPTER 12　血液 (pp.208〜218)

Q1 ①血漿　②赤血球　③血小板　④好中球　⑤好酸球　⑥好塩基球　⑦マクロファージ　⑧フィブリノゲン　⑨フィブリン　⑩プラスミン

Q2 ①　**Q3** ①　**Q4** ⑤

CHAPTER 13　免疫系 (pp.220〜230)

Q1 ①マクロファージ　②抗原提示細胞　③自然免疫　④獲得免疫　⑤細胞性免疫　⑥一次リンパ器官　⑦二次リンパ器官　⑧皮質　⑨髄質　⑩溶血

Q2 ④　**Q3** ②　**Q4** ④

CHAPTER 14　代謝 (pp.232〜241)

Q1 ①異化　②同化　③ATP（アデノシン三リン酸）　④グルコース（ブドウ糖）　⑤解糖系　⑥クエン酸回路（TCA回路）　⑦電子伝達系　⑧アンモニア　⑨尿素　⑩ビタミン　⑪ミネラル

Q2 ②　**Q3** ④　**Q4** ②

参考文献

CHAPTER 1　体の基本構造

図 1-1　Martini FH, Mckinley MP, Timmons MJ. 図 1-3 人体構造レベル. 井上貴央監訳. カラー人体解剖学　構造と機能：ミクロからマクロまで. p.3. 西村書店. 東京. 2003.

図 1-2　和田勝. 細胞生物学の世界へようこそ. http://www.tmd.ac.jp/artsci/biol/textbook/celltop.htm.

図 1-4　U.S. National Library of Medicine. What is DNA?. Genetics Home Reference. January 27, 2015. http://ghr.nlm.nih.gov/handbook/basics/dna.

図 1-5　Wikipedia. クロマチン. http://ja.wikipedia.org/wiki/クロマチン. 2014 年 11 月 27 日更新.

図 1-6　物質構造科学研究所. 鋳型を使わずに RNA を合成するしくみを解明. 物構研トピックス. 2014 年 1 月 20 日. http://imss.kek.jp/news/2014/topics/0120tRNA-CCA/.

図 1-7　Martini FH, Mckinley MP, Timmons MJ. 図 3-4 扁平上皮, 図 3-5 立方上皮と移行上皮, 図 3-6 円柱上皮. 井上貴央監訳. カラー人体解剖学　構造と機能：ミクロからマクロまで. pp.42-44. 西村書店. 東京. 2003.

図 1-8　藤田尚男, 藤田恒夫. 図Ⅶ-1 平滑筋（上）, 心筋（中）, 骨格筋（下）の構造の比較. 標準組織学総論第 4 版. p.235. 医学書院. 東京. 2002.

図 1-9　鈴木孝仁監修. 図 B　筋収縮のしくみ. 改訂版視覚でとらえるフォトサイエンス生物図録. p.118. 数研出版. 東京. 2007.

図 1-10　Mader SS. 図 13-2 神経細胞（ニューロン）の種類. Mader SS. 坂井建雄, 岡田隆夫訳. ヒューマンバイオロジー　人体と生命. p.247. 医学書院. 東京. 2005.
坂井建雄, 岡田隆夫. 図 8-2 ニューロンの構造. 坂井建雄, 岡田隆夫. 系統看護学講座　解剖生理学. p.376. 医学書院. 東京. 2014

図 1-11　Siegel A, Sapru HN. 図 5-4 異なるタイプの神経グリア. Siegel A, Sapru HN. 前田正信監訳. エッセンシャル神経科学. p.69. 丸善出版. 東京. 2008.

図 1-12　坂井建雄, 岡田隆夫. 図 8-5 神経細胞の静止電位と活動電位. 坂井建雄, 岡田隆夫. 系統看護学講座　解剖生理学. p.378. 医学書院. 東京. 2014.

図 1-13　河田光博, 稲瀬正彦. 図 14 活動電位の伝導. 坂井建雄, 河田光博総編集. カラー図解　人体の正常構造と機能. p.567. 日本医事新報社. 東京. 2008.

図 1-15　高橋孝雄監修. 図　てんかん発作の病態. 医療情報科学研究所編集. 病気がみえる vol.7　脳・神経. p.373. メディックメディア. 東京. 2011.

図 1-16　Martini FH, Mckinley MP, Timmons MJ. 図 3-17 骨組織の模式図と研磨標本の光顕像, 図 5-2 代表的な骨の内部構造, 図 5-4 骨膜と骨内膜. 井上貴央監訳. カラー人体解剖学　構造と機能：ミクロからマクロまで. p.57, 87, 89. 西村書店. 東京. 2003.

図 1-17　Aspinall V, O'Reilly M. 図 2-10　3 つの体腔を示すために長軸で切断した. 浅利昌男監訳. わかりやすい獣医解剖生理学. p.24. 文永堂出版. 東京. 2007.

図 1-18　Konig HE, Liebich HG. 図 6-6 縦隔の中部における犬の胸膜腔の横断像（模式図, 尾側から見た図, 漿膜腔は強調されている）. Liebich K 編. カラーアトラス獣医解剖学編集委員会監修. カラーアトラス獣医解剖学増補改訂版上巻. p.317. チクサン出版. 東京. 2010 年.

図 1-20　Aspinall V, O'Reilly M. 図 1-8A　拡散についての解説. 浅利昌男監訳. わかりやすい獣医解剖生理学. p.11. 文永堂出版. 東京. 2007.

図 1-21　Aspinall V, O'Reilly M. 図 1-8B　浸透についての解説. 浅利昌男監訳. わかりやすい獣医解剖生理学. p.12. 文永堂出版. 東京. 2007.

図 1-22　Aspinall V, O'Reilly M. 図 1-1 動物の体の方向と断面に関する用語. 浅利昌男監訳. わかりやすい獣医解剖生理学. p.4. 文永堂出版. 東京. 2007.

参考文献

CHAPTER 2　筋骨格系

図 2-1　Dyce KM, Sack WO, Wensing CJG. 図 2-25 犬の左大腿骨，前面（A），後面（B）および外側（C）．馬の左大腿骨，前面（D）および外側面（E）観．山内昭二，杉村誠，西田隆雄監訳．獣医解剖学第 2 版．p.80．近代出版．東京．1998.
　　　　大久保千代次．図 3-1 長骨の断面図．大久保千代次，大熊守也．理容・美容保健．p.28．日本理容美容教育センター．東京．2008.

図 2-2　Kainer RA, McCracken TO. 図版 7 骨格．日本獣医解剖学会監修．犬の解剖カラーリングアトラス．学窓社．東京．2003.

図 2-3　Aspinall V, O'Reilly M. 図 14-1 ウサギの骨格の主な特徴を示している．浅利昌男監訳．わかりやすい獣医解剖生理学．p.171．文永堂出版．東京．2007.

図 2-4　Dyce KM, Sack WO, Wensing CJG. 図 39-4 鶏の骨格．山内昭二，杉村誠，西田隆雄監訳．獣医解剖学第 2 版．p.725．近代出版．東京．1998.

図 2-5　Dyce KM, Sack WO, Wensing CJG. 図 2-18 肋椎関節．犬の脊柱の横断像（第八胸椎付近）．山内昭二，杉村誠，西田隆雄監訳．獣医解剖学第 2 版．p.39．近代出版．東京．1998.

図 2-6　Dyce KM, Sack WO, Wensing CJG. 図 2-15 脊柱の靱帯．犬の腰椎の正中傍断面，左側観．山内昭二，杉村誠，西田隆雄監訳．獣医解剖学第 2 版．p.37．近代出版．東京．1998.

図 2-8　Threlkeld AJ. 図 2-1 典型的可動（滑膜性）関節の要素．滑膜ヒダは図示していない．Neumann DA. 嶋田智明，平田総一郎監訳．筋骨格系のキネシオロジー．p.28．医歯薬出版．東京．2005.

図 2-9　Evans HE, de Lahunta A. 図 27 左前肢の伸筋と屈筋，図 54 後肢の主な屈筋と伸筋．鹿野 胖，醍醐正之監訳．犬の解剖の手引．p.46, 80．学窓社．東京．1981.

図 2-10　Evans HE, Lahunta AD. 図 2-77 腹壁の筋（腹側像）．尼崎肇訳．犬の解剖．p.83．ファームプレス．東京．2012.
　　　　Dyce KM, Sack WO, Wensing CJG. 図 2-26 犬の腹直筋鞘の横断面．臍の前（A）と後（B）および恥骨付近（C）．山内昭二，杉村誠，西田隆雄監訳．獣医解剖学第 2 版．p.48．近代出版．東京．1998.

CHAPTER 3　消化器系

図 3-1　Aspinall V, O'Reilly M. 図 9-1 犬の消化器系器官，左側観．浅利昌男監訳．わかりやすい獣医解剖生理学．p.103．文永堂出版．東京．2007.

図 3-2　Dyce KM, Sack WO, Wensing CJG. 図 3-3 犬の口腔の全体観．山内昭二，杉村誠，西田隆雄監訳．獣医解剖学第 2 版．p.92．近代出版．東京．1998.

図 3-3　奥田綾子．図 171 前臼歯頰舌断の模式図：歯根膜のコラーゲン線維束．イヌとネコの臨床歯科学 1 顎顔面の発生と解剖．p.50．ファームプレス．東京．2003.

図 3-4　Dyce KM, Sack WO, Wensing CJG. 図 8-68 犬の三叉神経の分布．山内昭二，杉村誠，西田隆雄監訳．獣医解剖学第 2 版．p.277．近代出版．東京．1998.

図 3-7　奥田綾子．図 1-10 口腔内の方向と名称（奥田綾子，小動物の口腔の発生と解剖，MVM, Vol.5, No.3, 1996, p40, ファームプレス，東京より引用）．奥田綾子，網本昭輝，山縣純次ほか．日本小動物獣医師会，動物看護師委員会監修．動物看護学全書 13 動物看護のための小動物歯科学．p.13．ファームプレス．東京．2003.

図 3-8　Martini FH, Mckinley MP, Timmons MJ. 図 25-2 消化管の組織構造，図 25-15 小腸の構造．井上貴央訳．カラー人体解剖学　構造と機能：ミクロからマクロまで．p.505, p.519．西村書店．東京．2003.

図 3-10　Martini FH, Mckinley MP, Timmons MJ. 図 25-13 胃の内腔．井上貴央訳．カラー人体解剖学　構造と機能：ミクロからマクロまで．p.517．西村書店．東京．2003.
　　　　von Kahle W, Leonhardt H, Platzer W. 図 D　胃底の胃腺（固有胃腺）．越智淳三訳．解剖学アトラス第 3 版．p.323．文光堂．東京．1990.

図 3-11　Konig HE, Sotonyi P, Liebich HG. 図 7-85 犬の腸管（模式図）．Liebich K 編．カラーアトラス獣医解剖学編集委員会監修．カラーアトラス獣医解剖学増補改訂版上巻．p.378．チクサン出版．東京．2010.

図 3-12　Dyce KM, Sack WO, Wensing CJG. 図 14-11 犬の十二指腸，盲腸および結腸の腹側観（原位置）．山内昭二，杉村誠，西田隆雄監訳．獣医解剖学第 2 版．p.383．近代出版．東京．1998.

図 3-13　Dyce KM, Sack WO, Wensing CJG. 図 3-43 犬の肛門管を通る背側（水平）断面．山内昭二，杉村誠，西田隆雄監訳．獣医解剖学第 2 版．p.120．近代出版．東京．1998.

図 3-14　Nickel R, Schummer A, Seiferle E. Fig. 157 The liver of domestic mammals. Visceral surface (Dog). The Viscera of the Domestic mammals. p.117. Springer-Verlag. Berlin. 1979.

図 3-15　Martini FH, Mckinley MP, Timmons MJ. 図 25-21 肝臓の組織．井上貴央訳．カラー人体解剖学　構造と機能：ミクロからマクロまで．p.527．西村書店．東京．2003.

図 3-16　Evans HE, de Lahunta A. 図 125 膵管を有する膵臓と総胆管．鹿野胖，醍醐正之監訳．犬の解剖の手引．p.157．学窓社．東京．1981.

図 3-17　アン・ウォー，アリソン・グラント．図 12.4 蠕動運動による食塊の移送．アン・ウォー，アリソン・グラント．島田達生，小林邦彦，渡辺皓ほか監訳．ロス＆ウィルソン　健康と病気のしくみがわかる解剖生理学．p.295．西村書店．東京．2008．

図 3-19　Berg MJ, Tymoczko LJ, Stryer L. 図 22.3 グリココール酸．Berg MJ, Tymoczko LJ, Stryer L. 入村達郎，岡山博人，清水孝雄監訳．ストライヤー生化学．p.603．東京化学同人．東京．2004．
　　　　　Ganong FW. 図 26.19．ヒトの胆汁より遊離された胆汁酸．Ganong FW. 星猛，林秀生，菅野富夫ほか共訳．医科生理学展望．p.500．丸善．東京．1996．

図 3-20　アン・ウォー，アリソン・グラント．図 12.30 小腸の絨毛を 1 本だけ拡大して示す．アン・ウォー，アリソン・グラント．島田達生，小林邦彦，渡辺皓ほか監訳．ロス＆ウィルソン　健康と病気のしくみがわかる解剖生理学．p.310．西村書店．東京．2008．

図 3-21　独立行政法人農業・食品産業技術総合研究機構．脂質素材ユニット．食品総合研究所組織図．2015 年 2 月 4 日．http://www.naro.affrc.go.jp/nfri/introduction/chart/0605/index.html．

図 3-22　Barone R, Pavaux C, Blin PC et al. 図 56 永久歯（左側）．望月公子訳．兎の解剖図譜．p.76．学窓社．東京．1977．

図 3-23　O'Malley B. Fig. 8.22 Diagram of digestive tract of the rabbit. Clinical Anatomy and Physiology of Exotic Species. p.187. Elsevier. 2005.

図 3-24　大泰司紀之．図 5-8 アナウサギの消化管（左）（Stevens, 1988）と糞食のメカニズム（右）（Grasse, 1955）．高槻成紀，粕谷俊雄編．哺乳類の生物学〈2〉形態．p.128．東京大学出版会．東京．1998．

図 3-25　山内高圓．図 19-19 ニワトリの消化管の模式図（香川大学，山内高圓原図）．日本獣医解剖学会編．獣医組織学第 5 版．p.301．学窓社．東京．2011．

CHAPTER 4　循環器系

図 4-1　浅利昌男．図 10-3 体循環と肺循環（胎子循環を含む）．改訂版犬と猫の解剖セミナー．p.98．インターズー．東京．1996．

図 4-2　Aspinall V, O'Reilly M. 図 7-3 心臓の構造と血流の方向．浅利昌男監訳．わかりやすい獣医解剖生理学．p.84．文永堂出版．東京．2007．

図 4-4　von Kahle W, Leonhardt H, Platzer W. 図 C 帆状弁，D 閉じたところ，E 開いたところ，G・H 袋状弁大動脈弁，I 閉じたところ，K 開いたところ．越智淳三訳．解剖学アトラス第 3 版．p.217．文光堂．東京．1990．

図 4-6　Martini FH, Mckinley MP, Timmons MJ. 図 21-14 心臓の自律神経支配．井上貴央監訳．カラー人体解剖学　構造と機能：ミクロからマクロまで．p.431．西村書店．東京．2003．

図 4-10　Drake RL, Vogl W, Mitchell AWM. 図 4.134 物質交換の際に毛細血管床から失われる組織液を集め，血管系の静脈側にもどすリンパ管．塩田浩平，瀬口春道，大谷浩ほか訳．グレイ解剖学［原著第 1 版］Gray's Anatomy for Students. p.333．エルゼビア・ジャパン．東京．2007 年．

図 4-11　Konig HE, Liebich HG. 図 13-12 犬のリンパ管系（模式図）（Budras, Fricke and Richter, 1996）．Liebich K 編．カラーアトラス獣医解剖学編集委員会監修．カラーアトラス獣医解剖学増補改訂版下巻．p.553．チクサン出版．東京．2010．

CHAPTER 5　呼吸器系

図 5-1　Aspinall V, O'Reilly M. 図 8-4 気管と肺の位置を示す図．浅利昌男監訳．わかりやすい獣医解剖生理学．p.96．文永堂出版．東京．2007．

図 5-2　Aspinall V, O'Reilly M. 図 8-4 気管と肺の位置を示す図．浅利昌男監訳．わかりやすい獣医解剖生理学．p.96．文永堂出版．東京．2007．

図 5-4　Dyce KM, Sack WO, Wensing CJG. 口絵 3 犬（A，B）と猫（C）の口腔咽頭．山内昭二，杉村誠，西田隆雄監訳．獣医解剖学第 2 版．近代出版．東京．1998．

図 5-5　Konig HE, Liebich HG. 図 8-25 各家畜種における器官の横断面（模式図）．Liebich K 編．カラーアトラス獣医解剖学編集委員会監修．カラーアトラス獣医解剖学増補改訂下巻．p.450．チクサン出版．東京．2010．

図 5-6　Konig HE, Liebich HG. 図 8-26 猫（左）と犬（右）の肺葉，気管支樹，およびリンパ節（模式図，背側面）（Ghetie, 1958 による）．Liebich K 編．カラーアトラス獣医解剖学編集委員会監修．カラーアトラス獣医解剖学下巻．p.452．チクサン出版．東京．2010．

図 5-7　Martini FH, Mckinley MP, Timmons MJ. 図 24-12 気管支と細気管支．井上貴央監訳．カラー人体解剖学　構造と機能：ミクロからマクロまで．p.494．西村書店．東京．2003．

図 5-8　Martini FH, Mckinley MP, Timmons MJ. 図 24-13 肺胞．井上貴央監訳．カラー人体解剖学　構造と機能：ミクロからマクロまで．p.496．西村書店．東京．2003．
　　　　　尼崎肇．図 4 肺へ空気が吸い込まれる仕組み．尼崎肇．これだけは知っておきたい動物の体の仕組み．p.62．ファームプレス．東京．2001．

図 5-10　Aspinall V, O'Reilly M. 図 8-6 肺胞内でのガス交換．浅利昌男監訳．わかりやすい獣医解剖生理学．p.98．文永堂出版．東京．2007．

図 5-11　Liem KF, Bemis WE, Walke WF Jr et al. Fig. 18-18A Lungs and air sacs. Functional Anatomy of the Vertebrates Third edition. p.594. Thomson Learning. 2001.

図 5-12　Nielsen KS. 図 1.26 ひと呼吸の気体が鳥類の呼吸器系を通る動き．沼田英治，中嶋康裕監訳．動物生理学［原著第 5 版］．p.41．東京大学出版会．東京．2003.

CHAPTER 6　泌尿器系

図 6-1　Evans HE, de Lahunta A. Fig. 6-44 Schematic transverse section through lumbar region, showing the fascial layers. Miller's Anatomy of the Dog 4th edition. p.233. Elsevier. 2012.

図 6-2　Nickel R, Schummer A, Seiferle E. Fig. 417 Right kidney of the dog, Fig. 419 Right kidney of the cat. The Viscera of the Domestic Mammals. p.291, p.292. Springer-Verlag. Berlin. 1979.

図 6-3　Adams DR. Fig. 13.1. Schematic of the urinary system, dorsal view. Canine Anatomy: A Systemic Study 4th Edition. p.237. Wiley-Blackwell. 2013.
　　　Dyce KM, Sack WO, Wensing CJG. 図 5-2 泌尿器と雌の生殖器（犬）．山内昭二，杉村誠，西田隆雄監訳．獣医解剖学第 2 版．p.153．近代出版．東京．1998.

図 6-4　Evans HE, de Lahunta A. Fig. 9-5 Details of structure of left kidney. Miller's Anatomy of the Dog 4th edition. p.363. Elsevier. 2012.

図 6-5　Konig HE, Maierl J, Liebich HG. 図 9-19 犬の腎盤（鋳型標本）（H. Dier, ［Vienna］の厚意による）．Liebich K 編．カラーアトラス獣医解剖学編集委員会監修．カラーアトラス獣医解剖学下巻．p.467．チクサン出版．東京．2010.

図 6-6　Aspinall V, O'Reilly M. 図 10-5 ネフロン．浅利昌男監訳．わかりやすい獣医解剖生理学．p.121．文永堂出版．東京．2007.

図 6-7　Dyce KM, Sack WO, Wensing CJG. 図 5-30 尿管膀胱接合．山内昭二，杉村誠，西田隆雄監訳．獣医解剖学第 2 版．p.166．近代出版．東京．1998.

図 6-8　Konig HE, Maierl J, Liebich HG. 図 9-25 犬の膀胱の内腔（腹側観）（左）と尿管の膀胱への移行部（右）（模式図）．Liebich K 編．カラーアトラス獣医解剖学編集委員会監修．カラーアトラス獣医解剖学下巻．p.467．チクサン出版．東京．2010.

図 6-9　Aspinall V, O'Reilly M. 図 10-7 ネフロンの異なる部位で生じる過程の概略図．浅利昌男監訳．わかりやすい獣医解剖生理学．p.123．文永堂出版．東京．2007.

図 6-11　土地正義．図 4 神経反射経路．排尿の神経支配．日本泌尿器科学会雑誌．80：1257-1277．1989.

図 6-12　Aspinall V, O'Reilly M. 図 13-15 雄鳥の泌尿生殖器系．浅利昌男監訳．わかりやすい獣医解剖生理学．p.167．文永堂出版．東京．2007.

CHAPTER 7　生殖器系

図 7-1　Dyce KM, Sack WO, Wensing CJG. 図 5-1 泌尿器と雄の生殖器（犬）．山内昭二，杉村誠，西田隆雄監訳．獣医解剖学第 2 版．p.152．近代出版．東京．1998.
　　　Evans HE, de Lahunta A. Fig. 9-20 Schematic left lateral aspect of pelvic structure and a median section of the penis. (Drawn by L. Buchholz, DVM class of 1994), Fig. 9-21 Internal morphologic characteristics of the penis. Miller's Anatomy of the Dog 4th edition. p.377. Elsevier. 2012.
　　　Budras KD, McCarthy PH, Fricke W et al. 図　雄の生殖器．林良博，橋本善春監修．犬の解剖アトラス．p.69．学窓社．東京．2002.

図 7-2　Dyce KM, Sack WO, Wensing CJG. 図 15-18 雄猫の生殖器，左外側観．山内昭二，杉村誠，西田隆雄監訳．獣医解剖学第 2 版．p.401．近代出版．東京．1998.
　　　Nickel R, Schummer A, Seiferle E. Fig. 470. Distal end of cat's penis, protruded from prepuce. Urethral surface. The Viscera of the Domestic Mammals. p.326. Springer-Verlag. Berlin. 1979.

図 7-3　Konig HE, Liebich HG. 図 10-6 牛の精巣，精巣上体，および精管（模式図，正中断面），図 10-15 羊の精索内の精巣動・静脈（血管鋳型標本）．Liebich K 編．カラーアトラス獣医解剖学編集委員会監修．カラーアトラス獣医解剖学下巻．p.475，p.480．チクサン出版．東京．2010.

図 7-4　Martini FH, Mckinley MP, Timmons MJ. 図 27-5 曲精細管と精子発生．井上貴央監訳．カラー人体解剖学　構造と機能：ミクロからマクロまで．p.556．西村書店．東京．2003.

図 7-5　Dyce KM, Sack WO, Wensing CJG. 図 5-2 泌尿器と雌の生殖器（犬），図 15-9 雌犬の生殖器の血管分布，背側面で卵巣嚢と尾側の生殖道は開いてある．山内昭二，杉村誠，西田隆雄監訳．獣医解剖学第 2 版．p.153, 395．近代出版．東京．1998.
　　　Evans HE, de Lahunta A. Fig. 9-38 Dorsal view of female genitalia, partially opened on midline. Smaller view shows a lateral view of a sagittal through cervix; the fornix is ventral. Miller's Anatomy of the Dog 4th edition. p.392. Elsevier. 2012

図 7-6　Evans HE, de Lahunta A. 図 4-25 左卵巣と左卵管の位置関係．尼崎肇監訳．犬の解剖．p.159．ファームプレス．東京．2012.

図 7-7 Dyce KM, Sack WO, Wensing CJG. 図 5-47 卵巣活性の変動的機能段階（模式図）. 山内昭二，杉村　誠，西田隆雄監訳. 獣医解剖学第 2 版．p.178．近代出版．東京．1998.

図 7-8 鈴木孝仁監修．図 A　減数分裂の過程，図 C　減数分裂と DNA 量の変化．改訂版視覚でとらえるフォトサイエンス生物図録．p.44, 45．数研出版．東京．2007.

図 7-9 鈴木孝仁監修．図 A　減数分裂の過程，図 C　減数分裂と DNA 量の変化．改訂版視覚でとらえるフォトサイエンス生物図録．p.44, 45．数研出版．東京．2007.

図 7-10 Martini FH, Mckinley MP, Timmons MJ. 図 27-5 曲精細管と精子発生，図 27-13 減数分裂と卵子形成．井上貴央監訳．カラー人体解剖学　構造と機能：ミクロからマクロまで．p.556, 568．西村書店．東京．2003.

図 7-11 鈴木孝仁監修．図 C　性周期とホルモン．改訂版視覚でとらえるフォトサイエンス生物図録．p.149．数研出版．東京．2007.

図 7-14 山田純三．図 14-22 成熟イヌの性周期にともなう腟スメアーの推移．日本獣医解剖学会編．獣医組織学第 5 版．p.217．学窓社．東京．2011.

図 7-15 木村順平．図 7-2 交尾・交配時における雄犬と雌犬の行動様式，図 7-3 犬の交尾時の雌雄生殖器の解剖模式図．1．陰茎・包皮・陰嚢の解剖と生理．山根義久総監修．小動物最新　外科学体系 8 泌尿生殖器系 2．p.164．インターズー．東京．2006.

図 7-16 Vejlsted M. 図 9-12 雌イヌの帯状胎盤．Hyttel P, Sinowatz F, Vejlsted M. 山本雅子，谷口和美監訳．カラーアトラス動物発生学．p.128．緑書房．東京．2014.

図 7-17 Aspinall V, O'Reilly M. 図 11-13 初期胚の発生．浅利昌男監訳．わかりやすい獣医解剖生理学．p.144．文永堂出版．東京．2007.

図 7-18 Dallas S. Fig. 4-49 Position of puppy during normal birth. Aspinall V. Textbook of veterinary nursing. p.84. Sunders, Elsevier. 2011.

図 7-19 Barone R, Pavaux C, Blin PC et al. 図 74 雄の尿生殖器（背側）．望月公子訳．兎の解剖図譜．p.94．学窓社．東京．1977.

図 7-20 O'Malley B. Fig. 8.26 Duplex uterus of the rabbit. Clinical Anatomy and Physiology of Exotic Species. p.190. Elsevier. 2005.
Barone R, Pavaux C, Blin PC et al. 図 80 腟と外陰部．望月公子訳．兎の解剖図譜．p.100．学窓社．東京．1977.

図 7-21 O'Malley B. Fig. 6-60 Ventral view of male passerine urogenital tract. Clinical Anatomy and Physiology of Exotic Species. p.139. Elsevier. 2005.

図 7-22 O'Malley B. Fig 6-61 Ventral view of female urogenital tract showing left oviduct and kidneys. Clinical Anatomy and Physiology of Exotic Species. p.141. Elsevier. 2005.
Aspinall V, O'Reilly M. 図 13-14 雌鳥の生殖管．浅利昌男監訳．わかりやすい獣医解剖生理学．p.167．文永堂出版．東京．2007.
Konig HE, Korbel R, Liebich HG. 図 20-101 雌鶏の生殖器官に分布する動脈（模式図）(Ghetie, 1976 による），図 20-104 鶏の成熟卵胞（Reese S 撮影）．Liebich K 編．カラーアトラス獣医解剖学編集委員会監修．カラーアトラス獣医解剖学下巻．p.846, p.847．チクサン出版．東京．2010.

図 7-23 小嶋篤史．図 2 産卵の仕組み．小型鳥類の卵塞　治療の成功率を高めるコツ．エキゾチック診療．8：27．2011.

CHAPTER 8　内分泌系

図 8-1 von Kahle W, Leonhardt H, Platzer W. 図 A　外分泌腺，図 C　濾胞形成を伴わない内分泌腺．越智淳三訳．解剖学アトラス第 3 版．p.288．文光堂．東京．1990.
貴邑冨久子，根来英雄．図 6-1 化学的情報伝達の方法，図 6-3 内分泌腺細胞の配列．貴邑冨久子，根来英雄．シンプル生理学改訂第 4 版．p.111, p.112．南江堂．東京．1999.

図 8-2 西飯直仁．図 49 内分泌器官．緑書房編集部編．動物看護の教科書第 2 巻．p.71．緑書房．東京．2013.
藤田尚男，藤田恒夫．図Ⅶ-9 視床下部下垂体の神経分泌と微小循環の原理を示す模式図．藤田尚男，藤田恒夫．標準組織学第 3 版．p.314．医学書院．東京．1992.

図 8-3 Marieb NE. 図 9.2 内分秘腺に対する刺激．Marieb NE 著．林正健二，小田切陽一，武田多一ほか訳．人体の構造と機能第 3 版．p.304．医学書院．東京．2010.

図 8-4 Martini FH, Mckinley MP, Timmons MJ. 図 19-7 甲状腺．井上貴央監訳．カラー人体解剖学　構造と機能：ミクロからマクロまで．p.394．西村書店．東京．2003.

図 8-5 前田健．図Ⅱ-10-5 副腎の構造．全国歯科衛生士教育協議会監修．最新歯科衛生士教本　人体の構造と機能 1　解剖学・組織発生学・生理学．p.232．医歯薬出版．東京．2010.

図 8-6 鈴木孝仁監修．図 A　血糖量の調節．改訂版視覚でとらえるフォトサイエンス生物図録．p.148．数研出版．東京．2007.

CHAPTER 9　神経系

図 9-1 Shively MJ, Beaver BG. Fig. 1-10 Nervous system. Shively MJ, Beaver BG. Dissection of the Dog and Cat. p.11. Iowa state university press. Iowa. 1985.

図 9-3	Dyce KM, Sack WO, Wensing CJG. Fig. 8-20A Dorsal view of the canine brain, Fig. 8-35 Cortical lobes of the canine brain. Dyce KM, Sack WO, Wensing CJG. Textbook of Veterinary Anatomy, 4th Edition. pp.282-293. Saunders Elsevier. Missouri. 2010. Meyer H. 図 14-3 右大脳半球内側面と脳幹外側面．Evans HE, Christensen GC. 望月公子監訳．新版犬の解剖学．p.664. 学窓社．東京．1985.
図 9-4	Bear MF, Connors BW, Paradiso MA. 図 7-1 哺乳動物の脳．Bear MF, Connors BW, Paradiso MA. 加藤宏司，後藤薫，藤井聡ほか監訳．神経科学　脳の探求．p.136. 西村書店．東京．2007.
図 9-7	Fletcher TF. 図 16-3 椎体に対する脊髄の分節関係．Evans HE, Christensen GC. 望月公子監訳．新版犬の解剖．pp.735-736. 学窓社．東京．1985. Siegel A, Sapru HN. 図 3-2 脊髄．Siegel A, Sapru HN. 前田正信監訳．エッセンシャル神経科学．p.38. 丸善出版．東京．2008. Dyce KM, Sack WO, Wensing CJG. Fig. 8-16 Transverse sections of the canine spinal cord. Dyce KM, Sack WO, Wensing CJG. Textbook of Veterinary Anatomy, 4th Edition. p.279. Saunders Elsevier. Missouri. 2010.
図 9-8	Dyce KM, Sack WO, Wensing CJG. Fig. 8-57 Schematic representation of the meninges of the brain, Fig. 8-61 Lateral view of a cast of the ventricles of the brain of the dog. Dyce KM, Sack WO, Wensing CJG. Textbook of Veterinary Anatomy, 4th Edition. pp.309, 310. Saunders Elsevier. Saunders Elsevier. Missouri. 2010.
図 9-9	Dyce KM, Sack WO, Wensing CJG. Fig. 8-19A Ventral view of the canine brain. Dyce KM, Sack WO, Wensing CJG. Textbook of Veterinary Anatomy, 4th Edition. p.281. Saunders Elsevier. Missouri. 2010.
図 9-11	König HE, Liebich HG, Červeny C. 図 14-80 馬の交感神経と神経節の模式図，図 14-82 頭部の交感神経と副交感神経の模式図，図 14-83 頸部，胸部，腹部，および骨盤部の副交感神経（模式図）．König HE, Liebich HG 編集．カラーアトラス獣医解剖学編集委員会監訳．カラーアトラス獣医解剖学　増補改訂版下巻．pp.629-631. チクサン出版社．東京．2012.
図 9-12	佐伯由香．図 13-32 自律神経系と体性神経系．林正健二編集．ナーシング・グラフィカ　人体の構造と機能①　解剖生理学．p.355. メディカ出版．大阪．2013.
図 9-13	de Lahunta A, Glass E. Fig. 5-6 Spinal nerve reflexes. de Lahunta A, Glass E. Veterinary Neuroanatomy and Clinical Neurology, 3rd Edition. p.82. Saunders Elsevier. Missouri. 2009.
図 9-14	Mader SS. 図 14-4 ヒトの皮膚の感覚受容器．Mader SS. 坂井建雄，岡田隆夫監訳．ヒューマンバイオロジー　人体と生命．p.275. 医学書院．東京．2005. Al-Bagdadi F, Lovell J. 図 3-11 知覚神経終末を示した皮膚の神経分布模式図．Evans HE, Christensen GC. 望月公子監訳．新版犬の解剖．p.94. 学窓社．東京．1985.
図 9-15	Constantinescu GM. 図 1-57 体幹の皮膚神経支配，腹側面―イヌ．Constantinescu GM. 尼崎肇監訳．イヌとネコの臨床解剖学．p.51. ファームプレス．2004.
図 9-16	Bear MF, Connors BW, Paradiso MA. 図 12-28 内臓と皮膚からの侵害受容入力の収斂．Bear MF, Connors BW, Paradiso MA. 加藤宏司，後藤薫，藤井聡ほか監訳．神経科学　脳の探求．p.321. 西村書店．東京．2007.
図 9-17	Bear MF, Connors BW, Paradiso MA. 図 12-24 末梢痛覚の化学調節物質と痛覚過敏．Bear MF, Connors BW, Paradiso MA. 加藤宏司，後藤薫，藤井聡ほか監訳．神経科学　脳の探求．p.320. 西村書店．東京．2007.

CHAPTER 10　感覚器

図 10-1	McCracken TO, Kainer RA. 図 1.12 イヌの眼：A. 眼球および付属構造．McCracken TO, Kainer RA. 浅利昌男翻訳．イラストで見る小動物カラーアトラス．p.13. インターズー．東京．2009.
図 10-2	McCracken TO, Kainer RA. 図 1.12 イヌの眼：C. 眼球の正中断面．McCracken TO, Kainer RA. 浅利昌男翻訳．イラストで見る小動物カラーアトラス．p.13. インターズー．東京．2009. Dyce KM, Sack WO, Wensing CJG. 図 9-3 実際よりも厚く描かれた 3 つの膜を示すために開かれた眼球（模式図）．Dyce KM, Sack WO, Wensing CJG. 山内昭二，杉村誠，西田隆雄翻訳．獣医解剖学第 2 版．p.292. 近代出版．東京．1998.
図 10-3	河野芳朗．図Ⅱ-7-8 視力調節機構の模式図．全国歯科衛生士教育協議会監修．最新歯科衛生士教本　人体の構造と機能 1　解剖学・組織発生学・生理学．p.200. 医歯薬出版．東京．2010.
図 10-4	Reece WO. Fig. 5-22 A simplified version of the retina. Reece WO. Functional Anatomy and Physiology of Domestic Animals. p.147. Wiley-Blackwell. 2009. Aspinall V, O'Reilly M. 図 5-16 網膜の構造（横断面）．Aspinall V, O'Reilly M. 浅利昌男監訳，わかりやすい獣医解剖生理学．p.68. 文永堂出版．東京．2007.
図 10-5	McCracken TO, Kainer RA. 図 1.14 イヌの耳：A. 頭部と外耳の縦断面．McCracken TO, Kainer RA. 浅利昌男翻訳．イラストで見る小動物カラーアトラス．p.13. インターズー．東京．2009.
図 10-6	McCracken TO, Kainer RA. 図 1.14 イヌの耳：B. 中耳および内耳．McCracken TO, Kainer RA. 浅利昌男翻訳．イラストで見る小動物カラーアトラス．p.15. インターズー．東京．2009. Evans HE, Christensen GC. 図 19-1 耳道を示す頭の横断面（Sis より改変）．Evans HE, Christensen GC 編．望月公子監修．新版改訂増補　犬の解剖学．p.832. 学窓社．東京．1985.

図 10-7　a：Reece WO. 図 5-10 膜迷路．Reece WO. 鈴木勝士，徳力幹彦監修．哺乳類と鳥類の生理学第 3 版．p.124．学窓社．東京．2006.
　　　　b：河野芳朗．図Ⅱ-7-12 平衡斑の模式図．全国歯科衛生士教育協議会監修．最新歯科衛生士教本　人体の構造と機能 1　解剖学・組織発生学・生理学．p.203．医歯薬出版．東京．2010 年．
　　　　c：河野芳朗．図Ⅱ-7-13 半規管膨大部の模式図．全国歯科衛生士教育協議会監修．最新歯科衛生士教本　人体の構造と機能 1　解剖学・組織発生学・生理学．p.203．医歯薬出版．東京．2010 年．
図 10-8　Reece WO. 図 5-13 内耳の蝸牛部．Reece WO. 鈴木勝士，徳力幹彦監修．哺乳類と鳥類の生理学第 3 版．p.126．学窓社．東京．2006.
図 10-9　Reece WO. 図 5-4 犬の嗅覚部と嗅覚に関する細胞．Reece WO. 鈴木勝士，徳力幹彦監修．哺乳類と鳥類の生理学第 3 版．p.120．学窓社．東京．2006.
図 10-10　Reece WO. 図 5-3 犬の舌上の乳頭に存在する味蕾．Reece WO. 鈴木勝士，徳力幹彦監修．哺乳類と鳥類の生理学第 3 版．p.118．学窓社．東京．2006.

CHAPTER 11　外皮系

図 11-1　大石元治．図 15-1 表皮の断面．九郎丸正道，小川和重，尼崎肇監修．獣医解剖・組織・発生学．p.173．学窓社．東京．2012.
図 11-2　大石元治．図 15-2 皮膚の断面．九郎丸正道，小川和重，尼崎肇監修．獣医解剖・組織・発生学．p.174．学窓社．東京．2012.
図 11-3　Aspinall V, O'Reilly M. 図 12-3 毛包における粗毛と下毛．浅利昌男監訳．わかりやすい獣医解剖生理学．p.149．文永堂出版．東京．2007.
図 11-5　Dyce KM, Sack WO, Wensing CJG. 図 10-7 毛周期の各段階．山内昭二，杉村誠，西田隆雄監訳．獣医解剖学第 2 版．p.317．近代出版．東京．1998.
図 11-6　Dyce KM, Sack WO, Wensing CJG. 図 39-3A：正毛．山内昭二，杉村誠，西田隆雄監訳．獣医解剖学第 2 版．p.723．近代出版．東京．1998.
　　　　Gill FB. 図 4-1　3 種類の羽毛と，典型的な正羽の詳細な構造．山岸哲日本語版監修，山階鳥類研究所訳．鳥類学．p.100．新樹社．東京．2009.
　　　　O'Malley B. Fig. 6.76 Contour wing feather (rectrix) showing asymmetry of vane. Clinical Anatomy and Physiology of Exotic Species. p.153. Elsevier. 2005.
図 11-7　Gill FB. 図 4-7 新しい羽毛が，羽嚢の乳頭と襟から伸びて，古い羽毛を押し出す［Watson 1963］，図 4-8 羽毛の成長と発達．山岸哲日本語版監修，山階鳥類研究所訳．鳥類学．p.108，109．新樹社．東京．2009.
図 11-8　Dyce KM, Sack WO, Wensing CJG. 図 10-16 爪，鉤爪，蹄（模式図）．山内昭二，杉村誠，西田隆雄監訳．獣医解剖学第 2 版．p.322．近代出版．東京．1998.
図 11-9　木村順平．図 5-2 乳頭の構造．1．乳腺の解剖と生理．山根義久総監修．小動物最新　外科学体系 8　泌尿生殖器系 2．p.115．インターズー．東京．2006.
図 11-10　Dyce KM, Sack WO, Wensing CJG. 図 14-1 犬の乳腺の血管とリンパ管．山内昭二，杉村誠，西田隆雄監訳．獣医解剖学第 2 版．p.374．近代出版．東京．1998.
図 11-11　鈴木孝仁監修．図 B　体温の調節．改訂版視覚でとらえるフォトサイエンス生物図録．p.148．数研出版．東京．2007.

CHAPTER 13　免疫系

図 13-1　大阪大学　大型教育研究プロジェクト支援室．免疫ダイナミズムの総合的理解と免疫制御法の確立．http://akira-pj.lserp.osaka-u.ac.jp/page_st1_akira.html．2010 年 8 月 5 日更新．
図 13-4　浅利昌男．図 11-6 リンパ節の基本．新・犬と猫の解剖セミナー　基礎と臨床．p.113．インターズー．東京．2003.
図 13-5　Hudson LC, Hamilton WP. Plate 5-2 Location and relative depth of peripheral lymph nodes. Atlas of Feline Anatomy. For veterinarians 2nd edition. p.123. Teton NewMedia. 2010.

CHAPTER 14　代謝

図 14-2　P. レーヴン，G. ジョンソン，J. ロソスほか．図 9.5 好気呼吸の概要．P. レーヴン，G. ジョンソン，J. ロソスほか共著．R/J Biology 翻訳委員会監訳．レーブン／ジョンソン生物学［上］．p.163．培風館．東京．2006.
図 14-3　Vote D, Vote GJ, Pratt. WC. 図 14.16 ピルビン酸の代謝経路．Voted D, Vote GJ, Pratt WC 共著．田宮信雄，村松正実，八木達彦ほか訳．p.274．東京化学同人．東京．2007.
図 14-4　Vote D, Vote GJ, Pratt. WC. 図 21.6 コリ・サイクル．Voted D, Vote GJ, Pratt WC 共著．田宮信雄，村松正実，八木達彦ほか訳．p.461．東京化学同人．東京．2007.

索 引

目次に記載のある用語は，索引には含まれません。

あ行

アクチン······19
アセチルコリン······174
アデニン······16
アドレナリン······160
アミノ酸······16, 74, 236
アルドステロン······156
移行抗体······223
移行上皮······19
胃小窩······62
胃腺······62
一次感覚野······166
陰核······130
陰茎骨······37, 127
陰唇······130
陰嚢······122
陰門······130
烏口骨······45
右心室······82
右心房······82
右房室弁······84
運動神経細胞（運動ニューロン）
······168
運動野······166
永久歯······58
腋窩リンパ節······226
エナメル質······56
延髄······102, 167
横隔膜······50, 102
黄色骨髄······224
黄体······134
黄体期······134
黄体形成ホルモン······155
黄体ホルモン······134
オステオン······27
オルニチン回路······236
悪露······143
温度覚······177

か行

外眼筋······50
外子宮口······129
外縦走筋······62
回腸······66
解糖系······234
外尿道口······113, 126
外胚葉······141
灰白質······164
外鼻孔······96
外腹斜筋······49
外分泌腺······17, 150
海綿骨······27, 36
海綿体······126
外肋間筋······48, 102
下顎骨······40
下顎腺······61
下顎リンパ節······226
蝸牛部······190
核······14
角質細胞層······196
顎二腹筋······50
角膜······182
下行脚······112
下歯槽神経······60
下垂体後葉······155
下垂体前葉······154
ガストリン······64
滑液······45
角化細胞······196
活動電位······22
滑膜層······45
可動関節······45
顆粒球······211, 220
顆粒細胞層······196
カルシトニン······158
感覚神経細胞（感覚ニューロン）
······168
感覚点······177
肝管······70
含気骨······104
眼球血管膜······184
眼球神経膜······184
眼球線維膜······182
眼筋······188
眼瞼······186
寛骨······42
寛骨臼······42
間質細胞······124
冠状動脈······82
関節液······45
関節腔······45
関節軟骨······45
関節包······45
環椎······41
眼房水······186
肝門······68
肝門脈······68, 90
眼輪筋······50
記憶細胞（メモリー細胞）······222
機械的受容器······177
機械乳頭······61
気管筋······98
気管分岐部······104
気管軟骨······98
偽好酸球······211
基節骨······42
基底細胞層······196
基底膜······17
亀頭球······126
希突起膠細胞······22
気嚢······44, 104
揮発性脂肪酸······240
輝板······184
嗅球······191
球形嚢······189
臼歯······57
嗅粘膜······96
橋······102, 117, 168
胸郭······98, 102
胸管······93
胸腔······29, 102
凝固因子······208, 215
凝固カスケード······217
胸骨······40
胸神経······172
胸髄······172
胸椎······41
胸膜······29
強膜······182
強膜骨······44
巨核球······214
筋胃······79

251

筋間神経叢……………………62	喉頭蓋軟骨……………………98	酸化的リン酸化………………234
筋腹……………………………47	後頭葉………………………165	三尖弁…………………………84
グアニン………………………16	興奮性シナプス………………24	耳下腺…………………………61
空腸……………………………66	硬膜…………………………170	歯冠……………………………56
クエン酸回路…………………234	肛門……………………………68	耳管………………………98，189
嘴…………………………44，79	肛門傍洞（肛門嚢）……68，204	子宮…………………………127
屈曲反射……………………176	抗利尿ホルモン……………155	子宮腺………………………128
屈筋……………………………47	口輪筋…………………………50	糸球体………………………110
クモ膜………………………170	股関節…………………………43	糸球体包……………………110
クモ膜下腔…………………170	呼吸細気管支………………100	子宮内膜……………………128
グリコーゲン………………234	呼吸中枢……………………102	軸索……………………………22
グルコース…………………233	鼓室…………………………189	軸椎……………………………41
脛骨……………………………43	骨格筋…………………………47	歯頚……………………………56
形質細胞…………212，220，222	骨芽細胞………………………26	指骨……………………………42
頚神経………………………172	骨幹……………………………37	趾骨……………………………43
頚髄…………………………172	骨吸収…………………………27	歯根……………………………56
頚椎……………………………41	骨細胞…………………………26	歯根膜（歯周靭帯）…………57
頚動脈小体…………………102	骨髄…………………36，209，224	歯式……………………………60
血漿……………………30，208	骨髄腔…………………………36	視床…………………………166
血清…………………………208	骨組織…………………………27	視床下部……………152，167
血栓…………………………214	骨端……………………………37	耳小骨………………………188
結腸……………………………68	骨単位…………………………27	視床上部……………………166
ケトン体……………………238	骨端軟骨………………………37	糸状乳頭………………………61
ケモカイン…………………221	骨盤……………………………42	歯髄……………………………56
腱………………………………45	骨盤腔…………………………29	歯槽……………………………56
嫌気的代謝…………………235	骨皮質…………………………36	膝蓋骨…………………………43
肩甲骨…………………………42	コドン…………………………16	膝窩リンパ節………………226
腱索……………………………84	固有胃腺部……………………64	シトシン………………………16
犬歯……………………………57	固有感覚……………………166	シナプス………………………26
腱中心…………………………50	固有卵巣索…………………127	歯肉……………………………57
原尿…………………………110	ゴルジ体………………………14	脂肪酸………………………233
好塩基球……………………211	コルチ器……………………190	尺骨……………………………42
口蓋……………………………55	コルチゾール………………156	周縁血腫……………………140
口蓋扁桃………………………98	コレシストキニン……………70	集合リンパ小節………………66
交感神経……………………174	コレステロール……………237	重層上皮………………………18
交感神経幹…………………174	根尖三角………………………56	重層扁平上皮………………196
好気的代謝…………………234		十二指腸………………………65
後臼歯…………………………57	**さ行**	重複子宮……………………145
咬筋……………………………50	サイトカイン…………212，221	終末細気管支………………100
抗原抗体反応………………221	細胞外液………………………30	絨毛膜………………………140
抗原提示…………………212，220	細胞質基質……………………14	手根骨…………………………42
硬口蓋…………………………56	細胞小器官……………………14	主細胞…………………………64
虹彩…………………………184	細胞内液………………………30	樹状突起………………………22
好酸球………………………211	細胞膜…………………………14	主膵管…………………………70
甲状腺ホルモン……………156	鎖骨……………………………42	受容器………………………162
甲状軟骨………………………98	坐骨……………………………42	受容体………………………151
口唇……………………………55	左心室…………………………82	シュワン細胞…………………22
抗体…………………………221	左心房…………………………82	上顎陥凹………………………98
後大静脈……………………110	サブスタンスP……………179	上行脚………………………112
好中球……………………211，220	左房室弁………………………84	小膠細胞（ミクログリア）…22

252

上歯槽神経 …… 60	水溶性ビタミン …… 238	前立腺 …… 125
硝子体 …… 186	正円小嚢 …… 78	双角子宮 …… 127
小十二指腸乳頭 …… 70	精管 …… 124	爪冠 …… 200
上唇溝 …… 56	精管膨大部 …… 125	槽間縁 …… 77
脂溶性ビタミン …… 238	精細管 …… 122	ゾウゲ質 …… 56
小唾液腺 …… 61	精索 …… 125	造血幹細胞 …… 208
上皮系細網細胞 …… 225	精子 …… 122	総鞘膜 …… 122
小胞体 …… 14	静止電位 …… 24	総腎乳頭 …… 110
漿膜 …… 29	星状膠細胞 …… 22	総胆管 …… 70
静脈 …… 88	精上皮 …… 124	爪底 …… 200
静脈管 …… 92	精巣 …… 122, 151	総排泄腔 …… 80, 118
小網 …… 64	精巣上体 …… 124	僧帽弁 …… 84
小葉間胆管 …… 70	声帯 …… 98	爪母基 …… 200
小弯 …… 64	成長板 …… 37	側角 …… 168
上腕骨 …… 42	精嚢腺（精嚢） …… 125	側索 …… 168
食道腺 …… 62	正のフィードバック …… 152	側頭筋 …… 50
食道裂孔 …… 50	赤色骨髄 …… 224	側頭骨 …… 46
食糞 …… 77	脊髄神経節 …… 172	側頭葉 …… 165
触毛 …… 199	脊髄反射 …… 176	側脳室 …… 170
所属リンパ節 …… 226	脊柱管 …… 40	鼠径管（鼠径輪） …… 125
触覚 …… 177, 182	脊柱起立筋 …… 48	鼠径リンパ節 …… 226
歯列弓 …… 60	脊椎 …… 40	組織因子 …… 215
腎盂 …… 110	赤脾髄 …… 226	咀嚼筋 …… 50
侵害受容器 …… 177	セクレチン …… 70	足根骨 …… 43
心基底部 …… 82	舌下腺 …… 61	そ嚢 …… 79
心筋 …… 20	赤血球 …… 103, 208	
伸筋 …… 47	節後線維 …… 174	**た行**
神経核 …… 164	舌骨装置 …… 40, 98	胎子 …… 141
神経細胞 …… 22	節後ニューロン …… 174	大十二指腸乳頭 …… 70
神経膠細胞 …… 22	節前線維 …… 174	体循環 …… 82
神経線維 …… 22	切歯 …… 57	大静脈孔 …… 50
神経伝達物質 …… 24	節前ニューロン …… 174	体性神経系 …… 162
心耳 …… 84	セメント質 …… 56	大腿骨 …… 43
心室中隔 …… 83	セルトリ細胞 …… 124	大腿骨頭 …… 43
腎小体 …… 110	腺胃 …… 79	大腿動脈 …… 89
心尖部 …… 82	線維素 …… 215	大唾液腺 …… 61
靭帯 …… 45	全か無かの法則 …… 24	大動脈小体 …… 102
伸張反射 …… 176	前白歯 …… 57	大動脈弁 …… 84
心内膜 …… 88	浅頸リンパ節 …… 226	大動脈裂孔 …… 50
腎盤 …… 110	仙骨 …… 41	大脳回 …… 165
心房中隔 …… 83	仙骨神経 …… 172	大脳溝 …… 165
心膜（心嚢） …… 86	前肢帯筋 …… 47	大脳髄質 …… 165
随意筋 …… 20	線条体 …… 166	大脳半球 …… 164
膵液 …… 70	染色質 …… 14	大脳皮質 …… 165
髄液 …… 170	染色体 …… 131	大肺胞上皮細胞 …… 100
髄鞘 …… 22	仙髄 …… 172	胎盤 …… 140
水晶体 …… 186	仙椎 …… 41	胎膜 …… 140
髄節 …… 172	前頭洞 …… 98	大網 …… 64
垂直耳道 …… 188	前頭葉 …… 165	大弯 …… 64
水平耳道 …… 188	線毛 …… 18, 96	脱分極 …… 24

多列上皮（偽重層線毛上皮）………18
単球………………………212, 220
短骨…………………………………37
胆汁…………………………………70
胆汁酸………………………………72
単層上皮……………………………18
胆嚢…………………………………70
胆嚢管………………………………70
恥骨…………………………………42
腟……………………………………127
腟スメア……………………………137
緻密骨…………………………27, 36
チミン………………………………16
中間帯………………………………168
中手骨………………………………42
中心管………………………………168
中心体………………………………15
虫垂…………………………………78
中枢リンパ組織……………………224
中性脂肪……………………………237
中節骨………………………………42
中足骨………………………………43
中脳…………………………………167
中脳水道……………………………171
中胚葉………………………………141
中皮…………………………………17
中鼻道………………………………96
腸陰窩………………………………62
聴覚…………………………………182
腸間膜………………………………29
長骨…………………………………37
腸骨…………………………………42
腸絨毛………………………………65
腸腺…………………………………62
腸ヒモ………………………………78
直腸…………………………………66
椎間板………………………………40
椎孔…………………………………40
椎骨…………………………………40
痛覚…………………………………177
蔓状静脈叢…………………………125
適刺激………………………………182
デスモゾーム………………………196
電解質コルチコイド………………156
電子伝達系…………………………234
転写…………………………………14
伝達…………………………………24
伝導…………………………………22
頭位…………………………………143
頭蓋骨………………………………40

瞳孔…………………………………184
瞳孔括約筋…………………………50
瞳孔散大筋…………………………50
頭骨…………………………………40
橈骨…………………………………42
糖質コルチコイド…………………156
糖新生………………………………235
頭頂葉………………………………165
洞房結節……………………………87
動脈管………………………………92
動脈弁………………………………84
洞様毛細血管………………………70
特殊感覚……………………………182
特殊感覚性神経……………………170
貪食…………………………………212

な行

内臓性神経系………………………172
内尿道口……………………………113
内胚葉………………………………141
内皮…………………………………17
内皮絨毛膜胎盤……………………140
内腹斜筋……………………………49
内分泌腺………………………17, 150
内輪走筋……………………………62
ナチュラルキラー（NK）細胞
……………………………212, 220
軟口蓋…………………………56, 98
軟骨……………………………37, 98
軟骨細胞……………………………27
軟膜…………………………………170
肉球…………………………………196
二次リンパ器官……………………224
二尖弁………………………………84
乳歯…………………………………58
乳腺…………………………131, 202
乳腺刺激ホルモン…………………155
乳頭筋………………………………84
乳び…………………………………94
乳び槽………………………………94
ニューロン……………………22, 174
尿素…………………………118, 236
尿道…………………………………113
尿道球………………………………126
尿道球腺……………………………125
尿膜…………………………………140
尿路…………………………………112
ネフロン……………………………112
ネフロンループ……………………112
粘膜…………………………………18

粘膜下神経叢………………………62
粘膜下組織…………………………62
粘膜筋板……………………………62
粘膜固有層…………………………62
粘膜上皮……………………………62
脳幹反射……………………………176
脳室…………………………………170
脳梁…………………………………164
ノルアドレナリン…………160, 174

は行

胚……………………………………140
背角…………………………………168
背索…………………………………168
肺循環………………………………82
肺静脈………………………………100
肺動脈………………………………100
肺動脈弁……………………………84
排尿筋………………………………113
排尿中枢……………………………117
背鼻道………………………………96
肺胞…………………………………100
肺毛細血管網………………………100
肺門…………………………………100
肺葉…………………………………100
白質…………………………………164
白線…………………………………49
白脾髄………………………………226
破骨細胞……………………………26
ハッサル小体………………………225
発情…………………………………136
馬尾…………………………………168
パラトルモン（PTH）……………159
半規管………………………………189
半月板………………………………45
半月弁………………………………84
反射弓………………………………174
反射中枢……………………………174
半透膜………………………………32
尾位…………………………………143
鼻甲介………………………………96
腓骨…………………………………43
尾骨神経……………………………172
尾髄…………………………………172
尾腺…………………………………204
鼻中隔………………………………96
尾椎…………………………………41
脾洞…………………………………226
腓腹筋種子骨………………………43
皮膚分節（デルマトーム）………178

肥満細胞············220	膨起··············78	**や行**
標的器官············151	方形骨·············44	有棘細胞層··········196
標的組織············151	膀胱三角············113	有酸素呼吸··········234
鼻涙管·············186	房室結節············87	有髄線維············22
披裂軟骨············98	房室束·············87	幽門··············64
ファブリキウス囊······80	房室弁·············84	腰神経············172
フィブリノゲン·······208	傍前立腺············144	腰椎··············41
フィブリン··········208	包皮··············126	羊膜·············140
フィブリン・フィブリノゲン分解産物	補体··············221	抑制性シナプス·······24
（FDP）··········217	ホルモン·······150, 208	翼突筋·············50
フォン・ヴィルブランド因子	翻訳··············18	
············214	ボーマン嚢··········110	**ら行**
腹横筋·············49		ランヴィエ絞輪······24
腹角·············168	**ま行**	卵円孔············92
副眼器············186	膜電位·············24	卵管············127
腹気囊············104	マクロファージ······212	卵形嚢············189
腹腔··············29	末梢リンパ組織······224	卵子············122
腹腔神経節·········174	末節骨·············42	卵巣·········127, 151
副交感神経·········174	ミエリン鞘··········22	卵胞············127
副甲状腺ホルモン····159	ミオシン···········19	卵胞刺激ホルモン····155
複合仙骨···········44	右リンパ本幹········93	卵胞ホルモン·······134
腹索·············168	ミトコンドリア······14	リソソーム··········15
副膵管·············70	脈絡叢············170	立毛筋············199
腹大動脈··········110	脈絡膜············184	リボソーム··········14
腹直筋·············49	味蕾··············192	輪状軟骨············98
副鼻腔·············96	無酸素呼吸·········235	輪状ヒダ············65
腹鼻道·············96	無髄線維············22	リンパ球········212, 220
腹膜··············29	鳴管·············104	リンパ系器官·······224
不随意筋···········20	メラトニン·········160	リンパ節·····93, 203, 225
不動関節···········45	メラニン細胞刺激ホルモン···155	涙器············186
ぶどう膜··········184	メラニン···········196	類洞··············70
負のフィードバック···152	メラニン細胞·······184	裂肉歯·············57
ブラジキニン·······179	毛幹·············199	狼指··············43
プラスミン·········217	毛根·············199	肋骨··············41
プルキンエ線維······87	毛細血管············88	ロドプシン·········184
プロスタグランジン··179	毛周期············200	
噴門··············64	盲腸··············66	**欧文**
平滑筋·············20	盲腸便·············77	B 細胞·········212, 220
平衡覚············188	毛包·············199	C 細胞············158
壁細胞·············64	網膜·············184	DNA···········16, 131
ヘモグロビン····103, 209	網様体············168	LH サージ·········134
扁桃腺·············98	毛様体············184	RNA··············14
扁平骨·············37	毛様体筋············50	T 細胞·········212, 220
扁平肺胞上皮細胞····100		

255

■監修者プロフィール

浅利　昌男
あさり　まさお

獣医学博士。麻布大学名誉教授。
麻布獣医科大学（現麻布大学）獣医学部卒業。岩手大学大学院農学研究科獣医学専攻修了。麻布大学獣医学部助手，講師，助教授および教授，大学院獣医学研究科委員，学長を歴任。この間，米国コーネル大学，テキサスＡ＆Ｍ大学にて在外研修。専門は獣医解剖学，リンパ管学，臨床解剖学。

大石　元治
おおいし　もとはる

博士（獣医学）。麻布大学獣医学部講師。
麻布大学獣医学部卒業。麻布大学大学院獣医学研究科博士課程修了。
専門は獣医解剖学，機能形態学，霊長類学，自然人類学。

ビジュアルで学ぶ伴侶動物解剖生理学

Midori Shobo Co.,Ltd

2015年4月20日　第1刷発行
2024年2月20日　第3刷発行Ⓒ

監 修 者　　　　浅利　昌男，大石　元治
発 行 者　　　　森田　浩平
発 行 所　　　　株式会社　緑書房
　　　　　　　　〒103-0004
　　　　　　　　東京都中央区東日本橋3丁目4番14号
　　　　　　　　ＴＥＬ 03-6833-0560
　　　　　　　　https://www.midorishobo.co.jp

カバーデザイン　　メルシング
印刷所　　　　　　アイワード

ISBN978-4-89531-218-9　Printed in Japan
落丁、乱丁本は弊社送料負担にてお取り替えいたします。

本書の複写にかかる複製、上映、譲渡、公衆送信（送信可能化を含む）の各権利は株式会社緑書房が管理の委託を受けています。

JCOPY 〈（一社）出版者著作権管理機構 委託出版物〉
本書を無断で複写複製（電子化を含む）することは、著作権法上での例外を除き、禁じられています。本書を複写される場合は、そのつど事前に、（一社）出版者著作権管理機構（電話 03-5244-5088、FAX03-5244-5089、e-mail: info@jcopy.or.jp）の許諾を得てください。
また本書を代行業者等の第三者に依頼してスキャンやデジタル化することは、たとえ個人や家庭内の利用であっても一切認められておりません。

『ビジュアルで学ぶ 伴侶動物 解剖生理学』
別冊付録

ぬりえワークブック

『ビジュアルで学ぶ 伴侶動物 解剖生理学』に掲載のイラスト（抜粋）で，「ぬりえ」と「名称（用語）の書き込み」ができます。組織や器官の模式図に色をぬることで，解剖生理学の理解をいっそう深めましょう。付録は取り外して使用することができます。

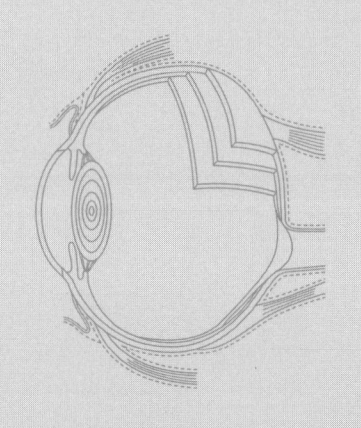

緑書房

🐾 別冊付録の使い方

[ぬりえ]

・本文ページのイラストを参照して器官や部位ごとに色をぬりましょう。
・掲載ページと図番号は各ぬりえタイトルの下にあります。
・色のぬり方が示されたイラストは，指示にしたがってぬりましょう。
・ぬりえには蛍光マーカーや色鉛筆をおすすめします。

[名称（用語）の書き込み]

・_____に該当する名称を書き込みましょう。
・解答は本文ページのイラストを参照してください。
（一部，イラストの配置や引き出し線の位置が本文掲載のものと異なっています）

体の方向

(p.34 図1-22)　・方向を示す矢印に色をぬりましょう。

_____面

中心軸

内側
外側

_____面

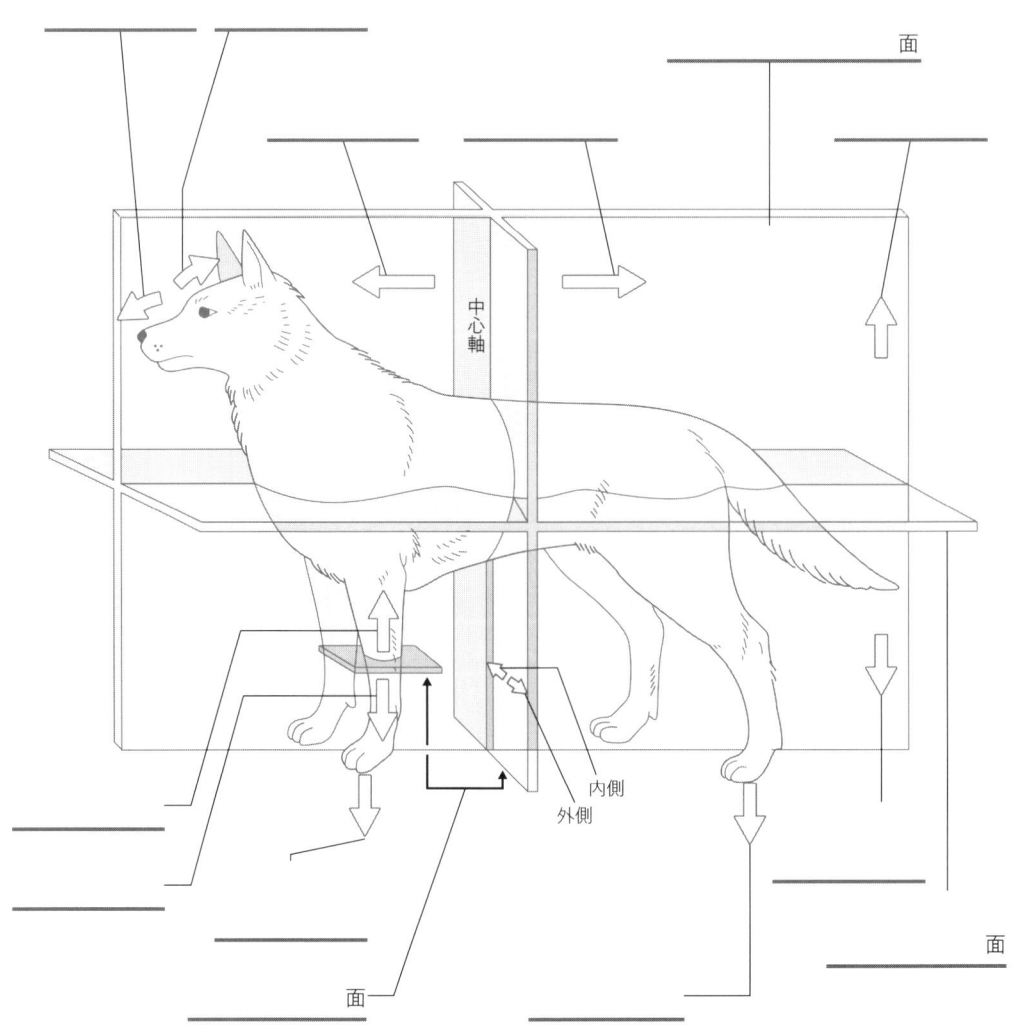

_____面

細胞の構造
(p.15 図 1-2)

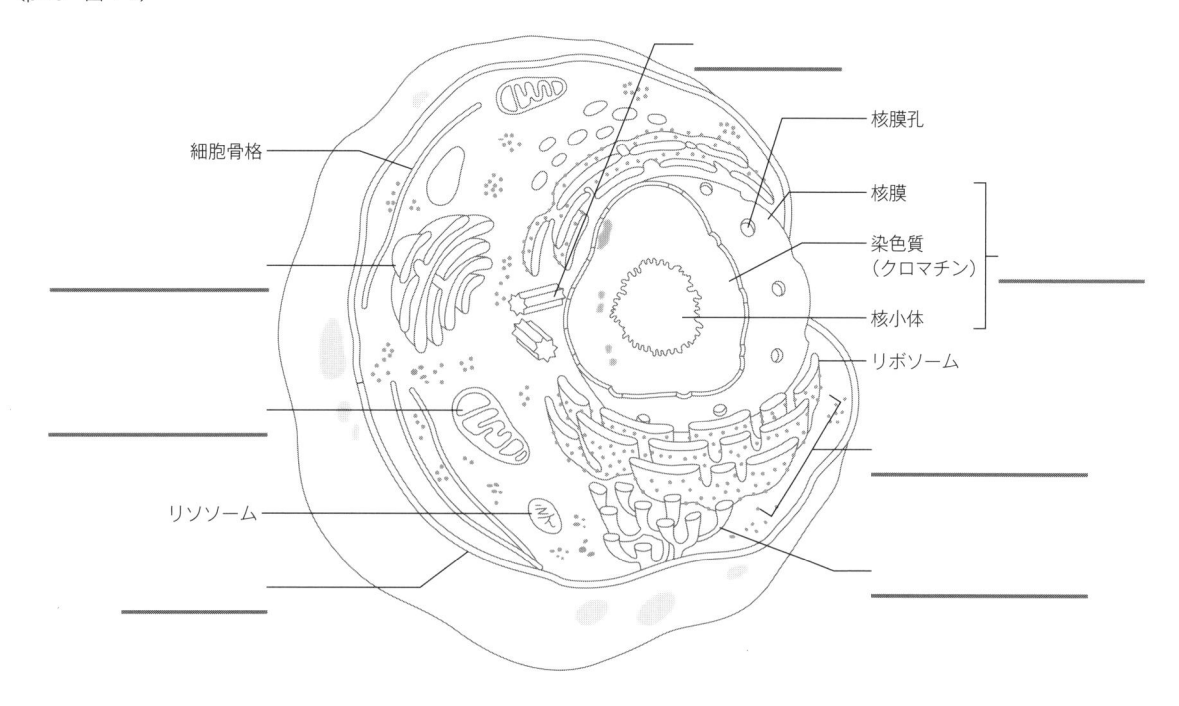

- 細胞骨格
- 核膜孔
- 核膜
- 染色質（クロマチン）
- 核小体
- リボソーム
- リソソーム

筋組織
(p.20 図 1-8)

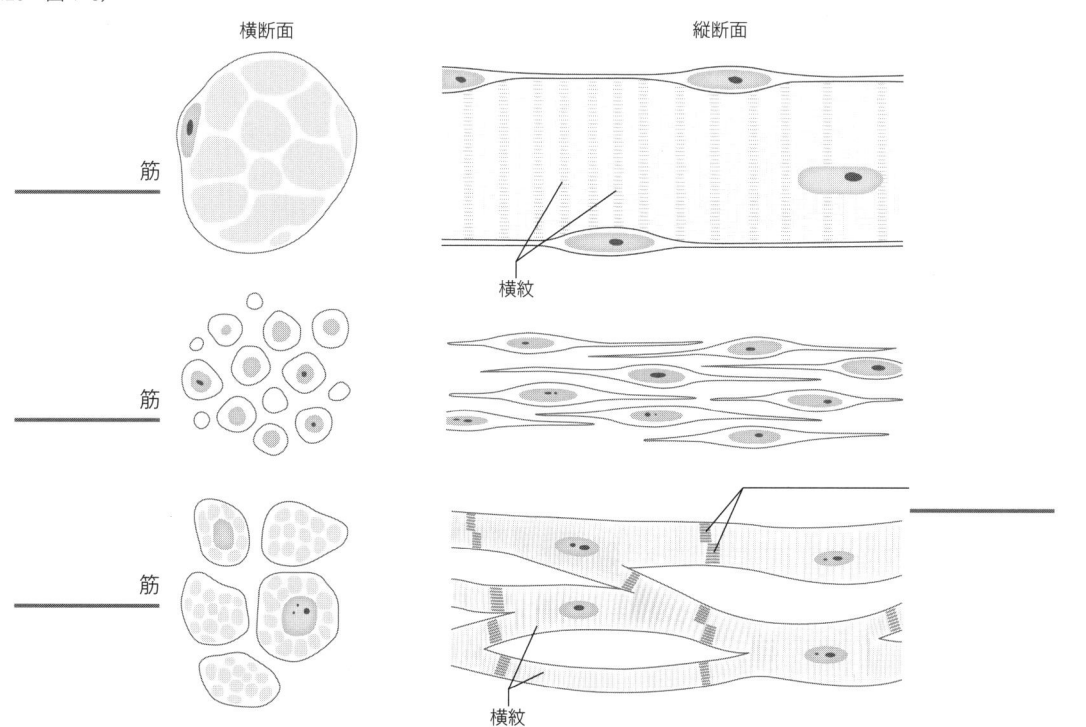

横断面　縦断面

___筋　横紋

___筋

___筋　横紋

神経細胞の構造
(p.23 図1-10)

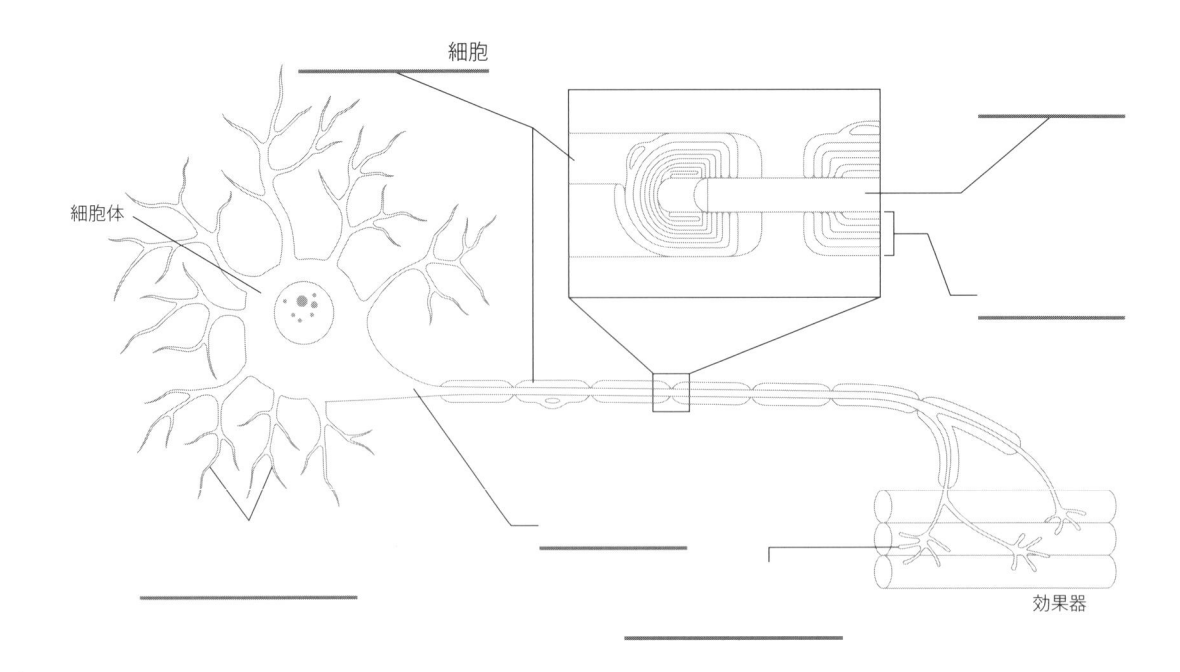

細胞

細胞体

効果器

神経膠細胞
(p.23 図1-11)

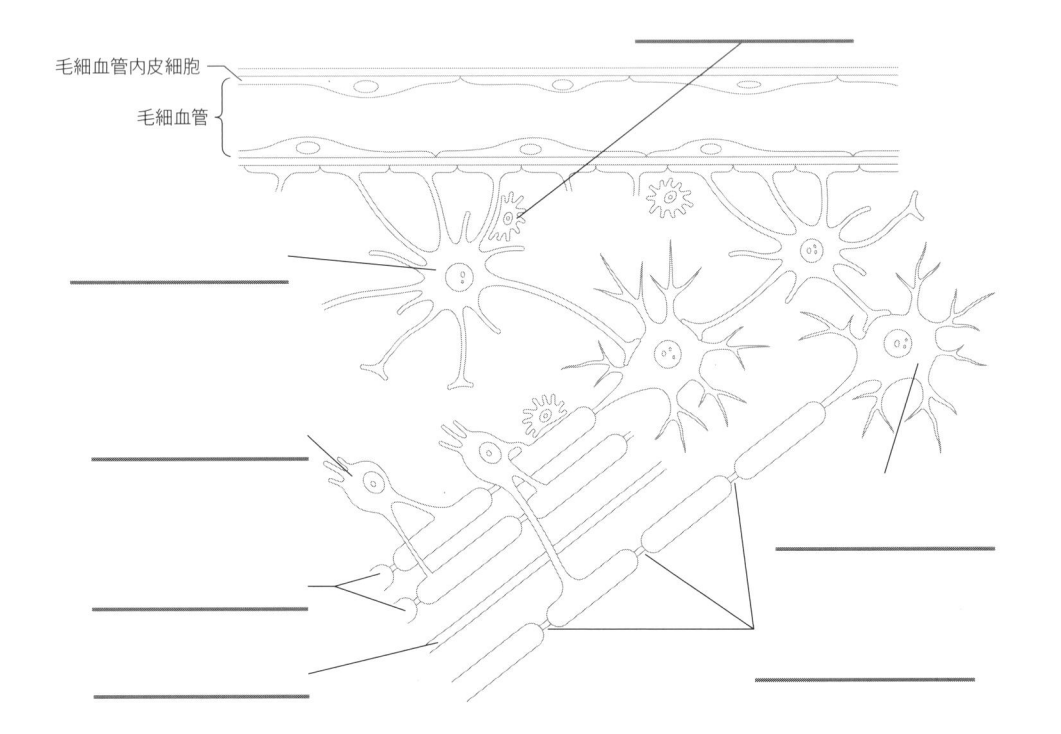

毛細血管内皮細胞
毛細血管

骨組織
(p.28 図1-16)

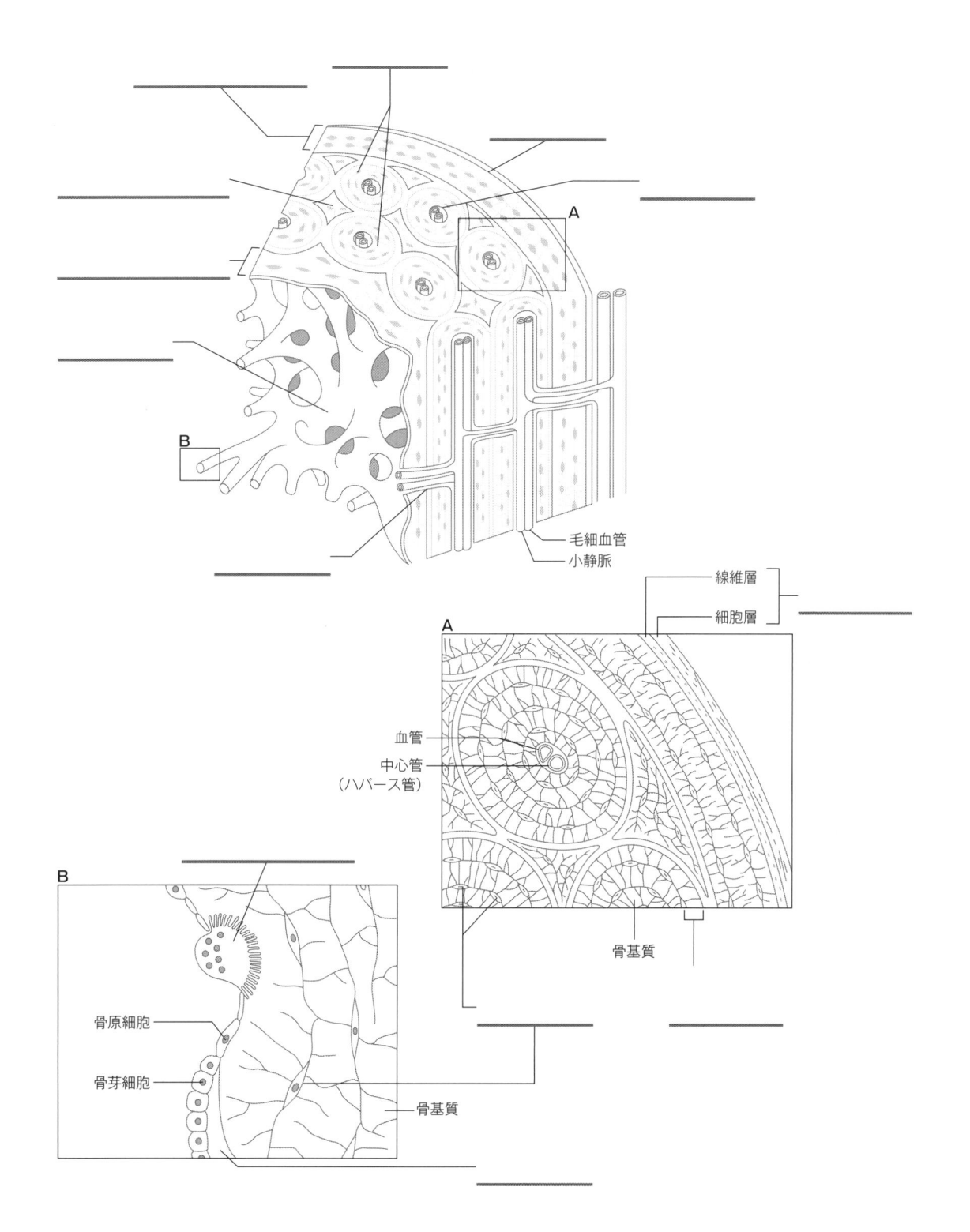

毛細血管
小静脈

線維層
細胞層

血管
中心管
（ハバース管）

骨基質

B

骨原細胞
骨芽細胞

骨基質

骨の構造
(p.36 図2-1)

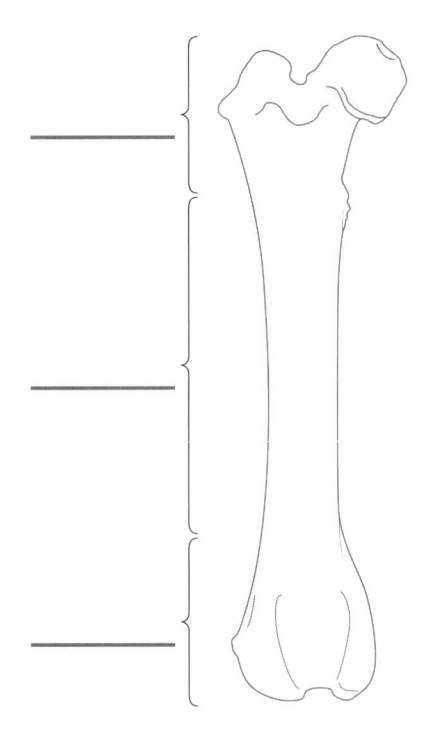

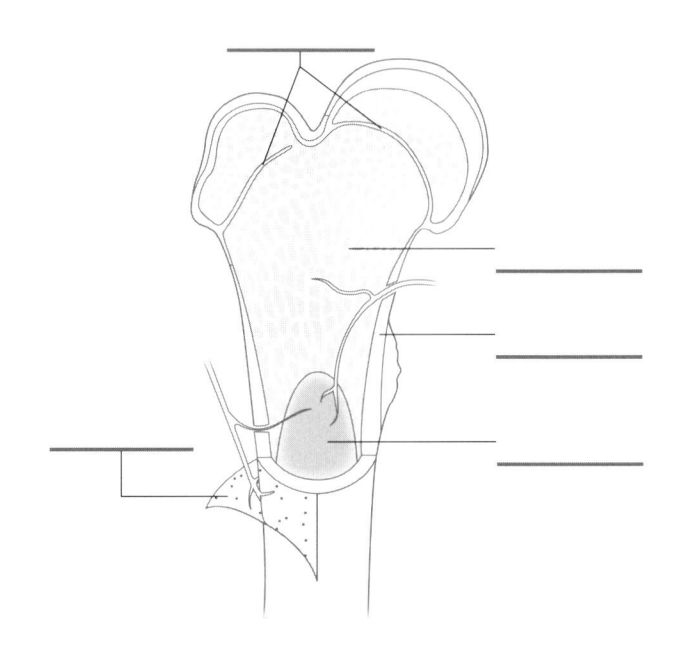

犬(雄)の骨格

(p.38 図 2-2)

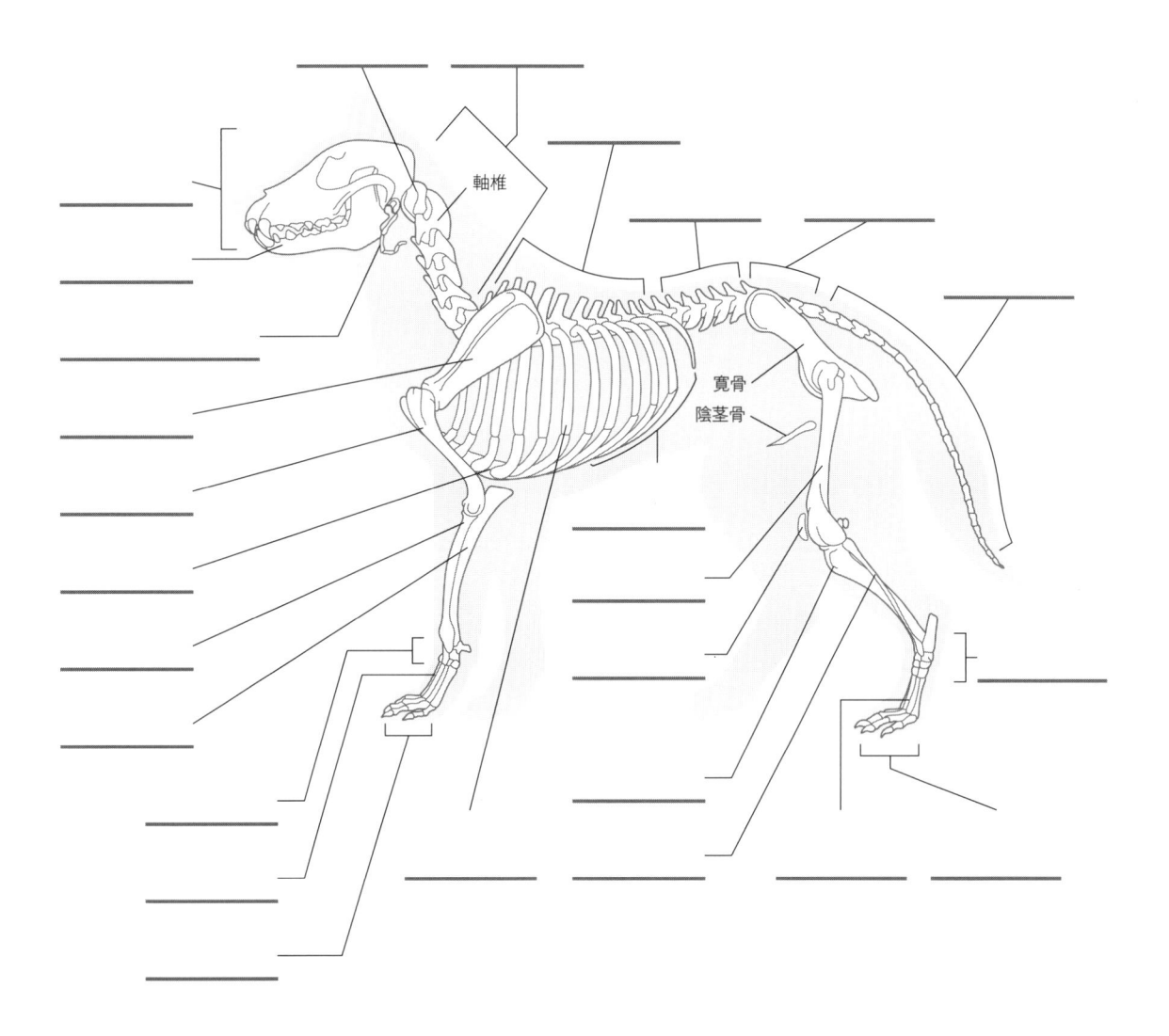

軸椎

寛骨
陰茎骨

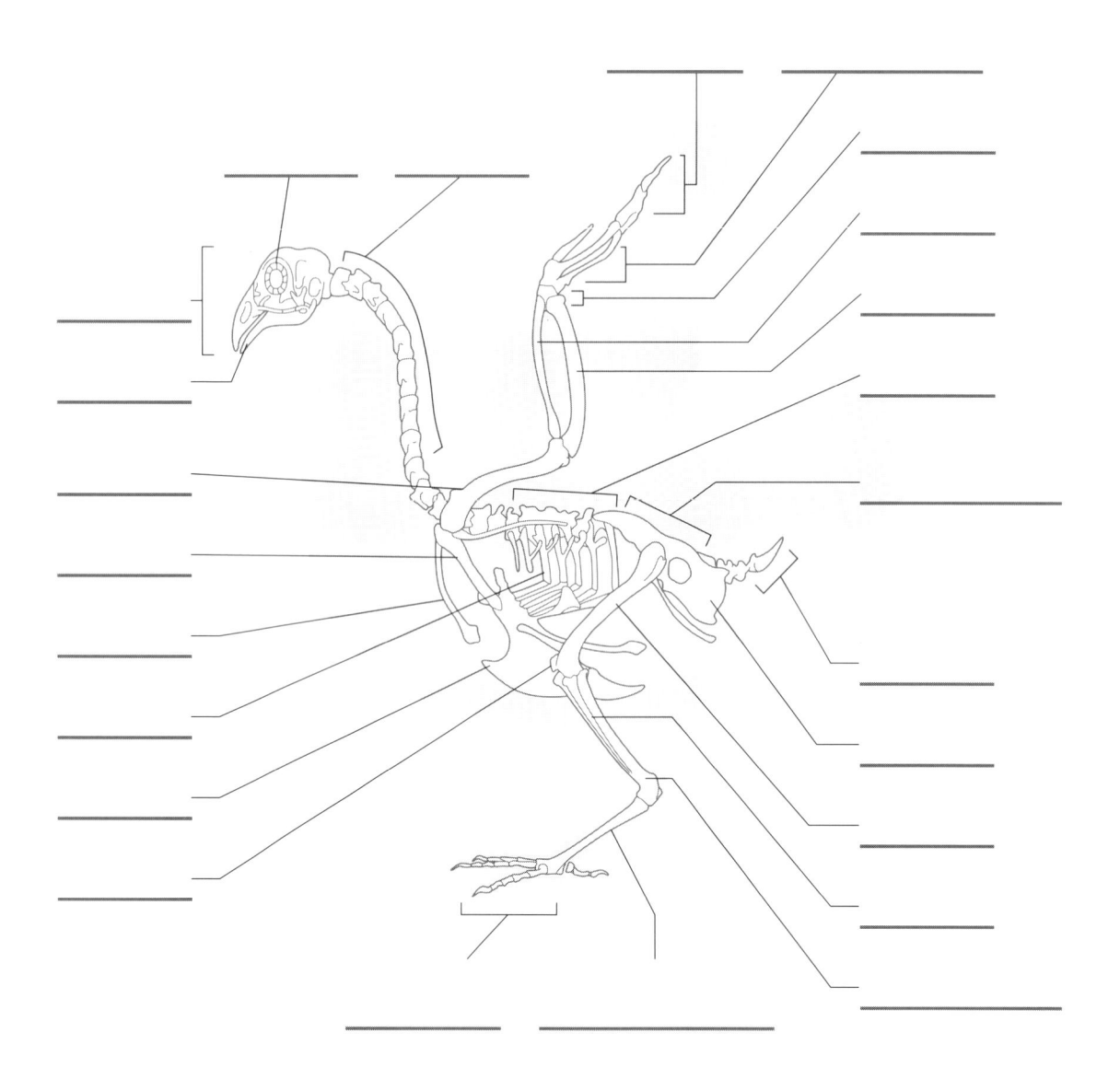

鳥類の骨格
(p.39 図2-4)

椎骨の構造
(p.40 図2-5)

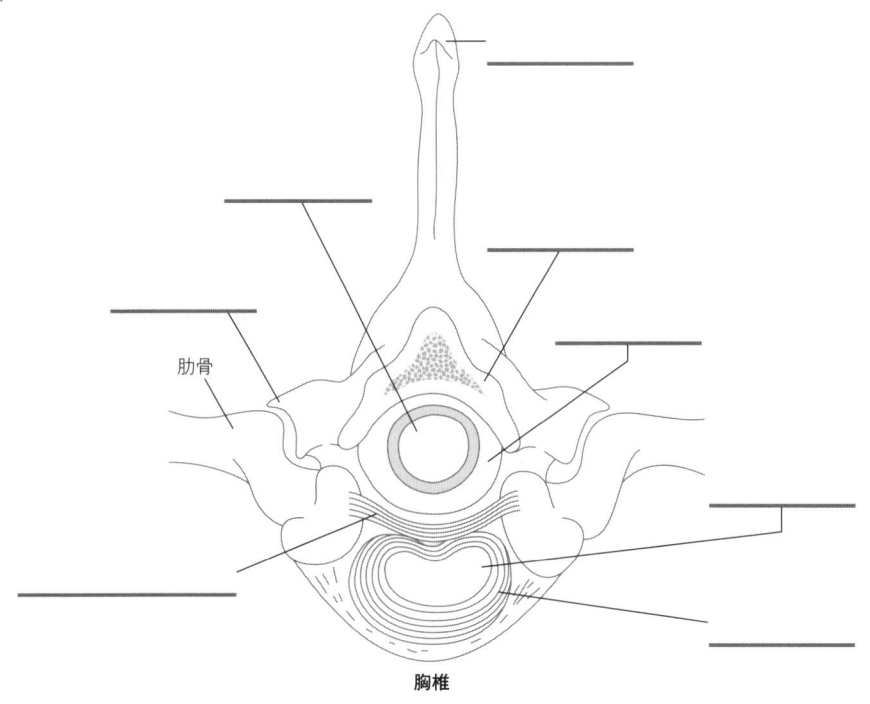

肋骨

胸椎

関節の構造
(p.46 図2-8)

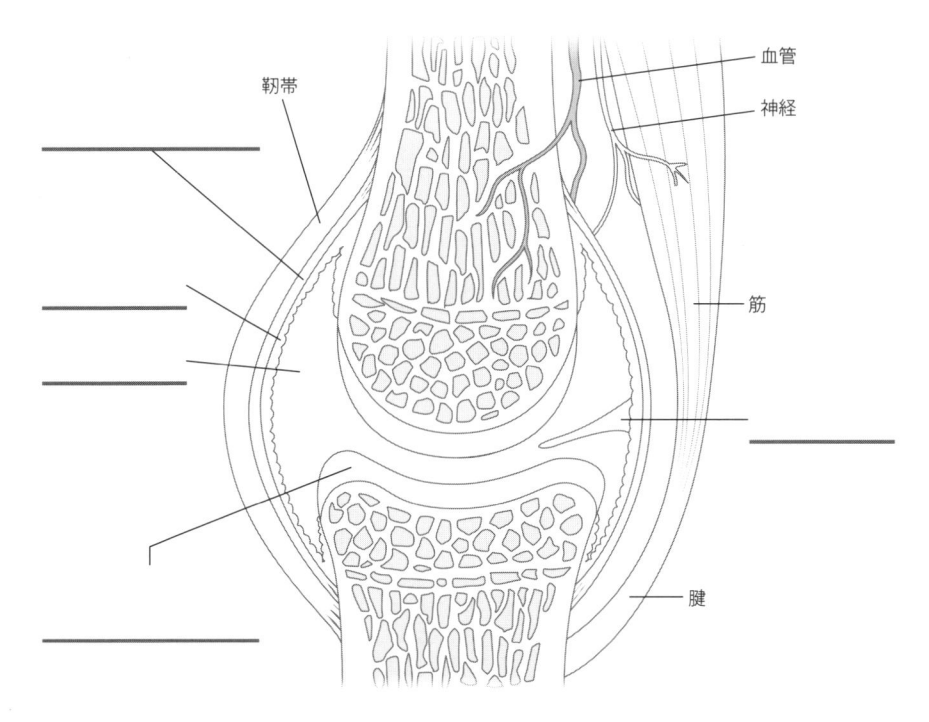

靱帯

血管

神経

筋

腱

歯の構造
(p.57 図 3-3)

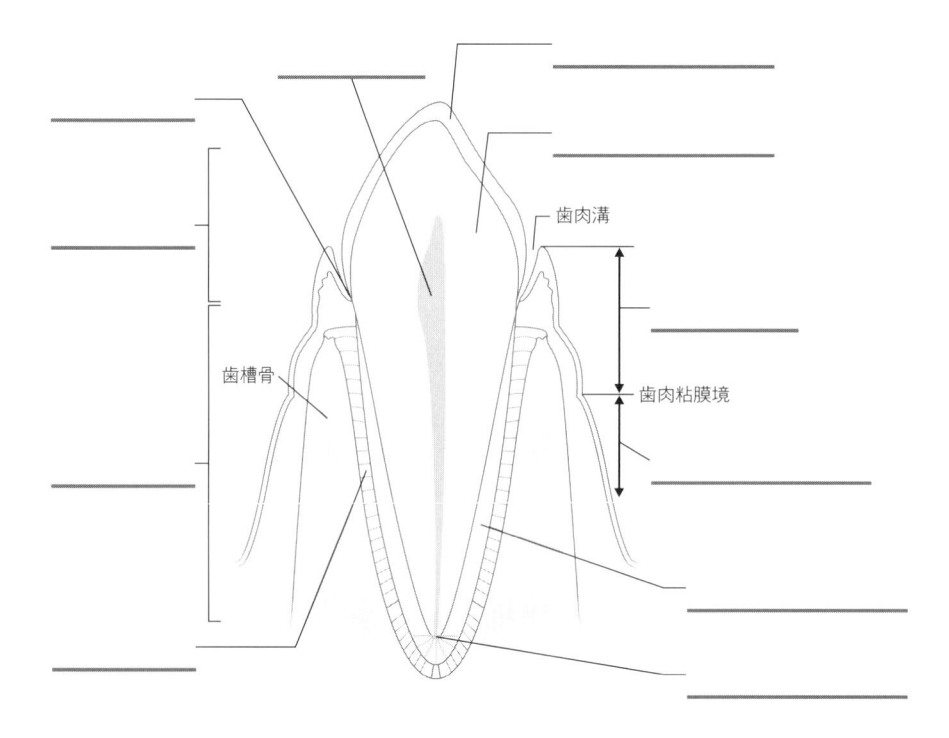

歯肉溝

歯槽骨

歯肉粘膜境

腸管の構造
(p.63 図 3-8)

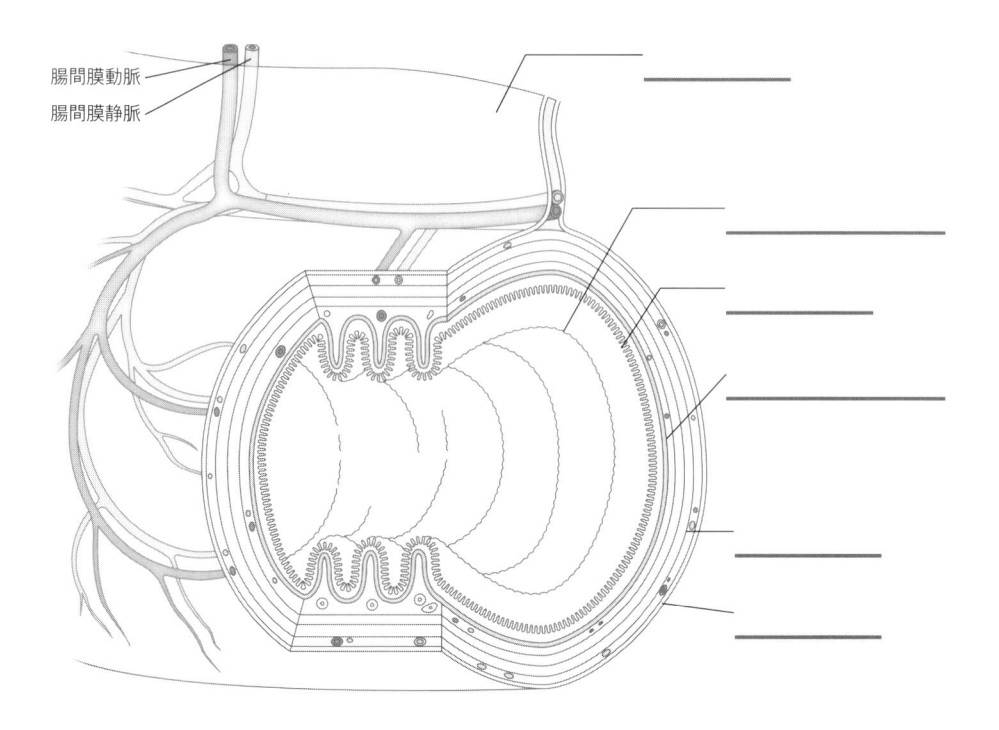

腸間膜動脈
腸間膜静脈

腹腔内臓器

(p.67 図3-12)

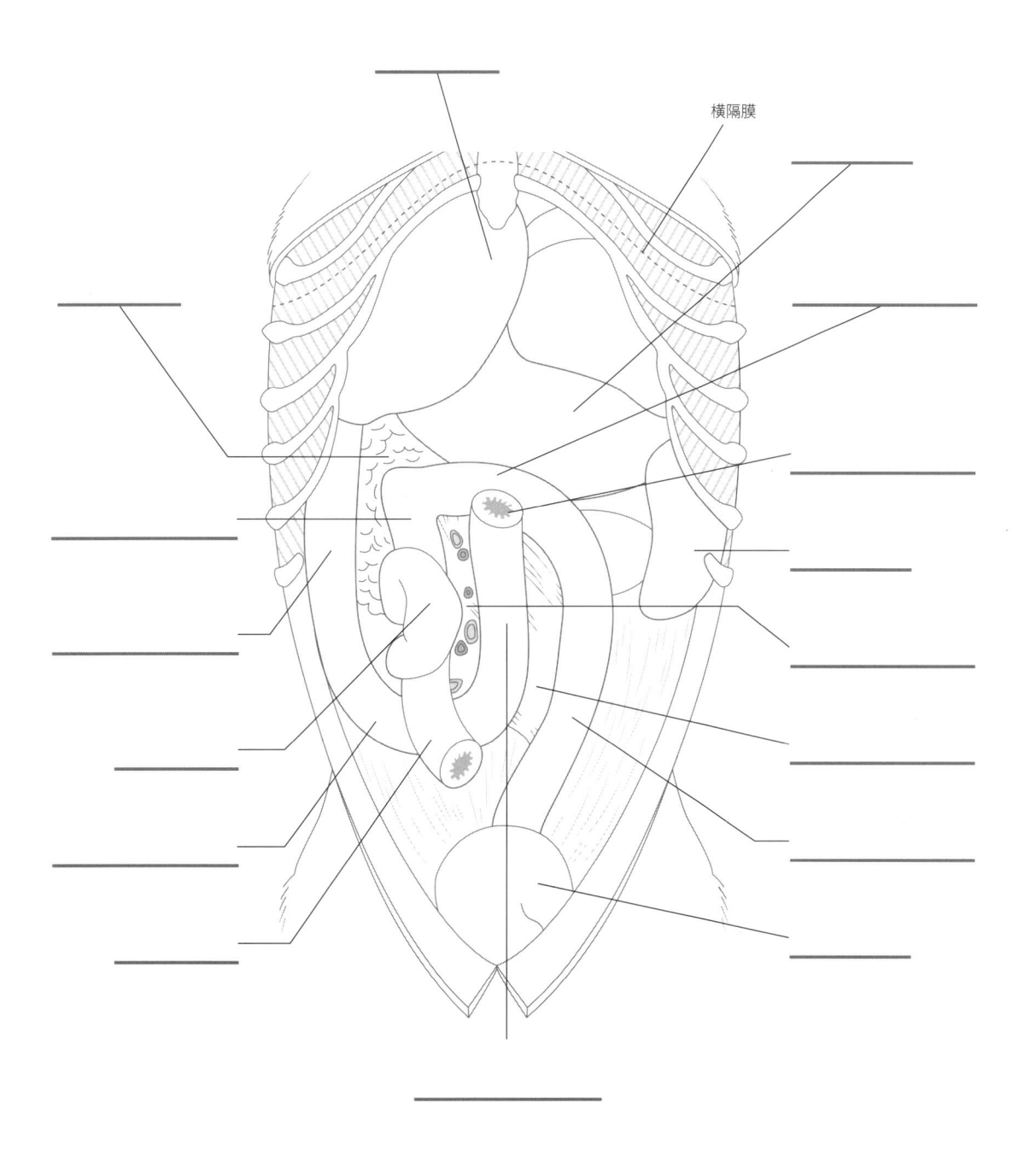

横隔膜

肝臓
(p.69 図 3-14)

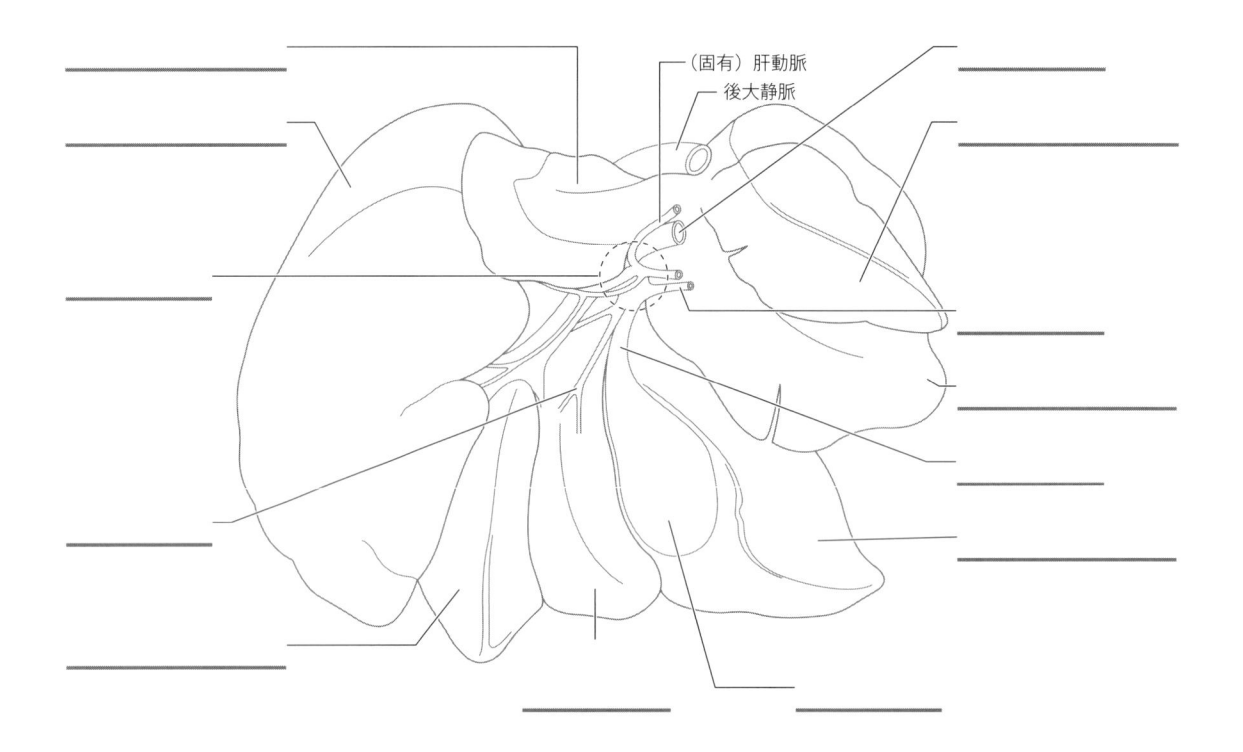

(固有）肝動脈
後大静脈

心臓の位置
(p.85 図 4-3)

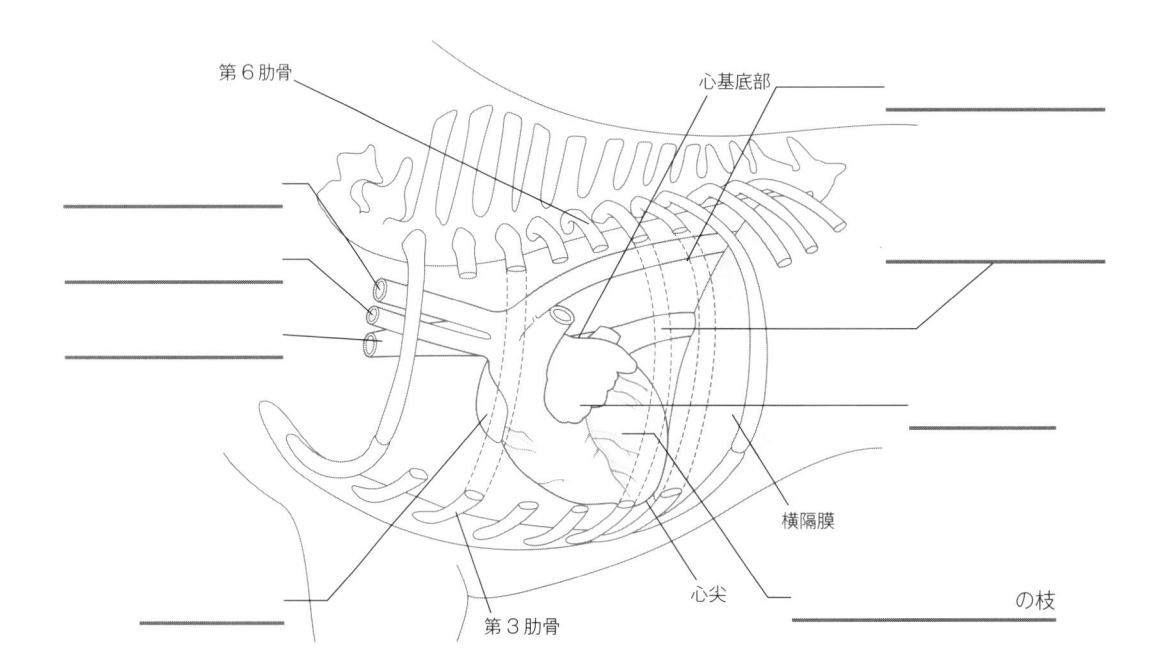

第６肋骨　　　　　　　　　心基底部

横隔膜

第３肋骨　　心尖　　　　　　　　　の枝

心臓の内観

(p.84 図 4-2)

・動脈の流れを示す矢印を赤色,静脈の流れを示す矢印を青色でぬりましょう。

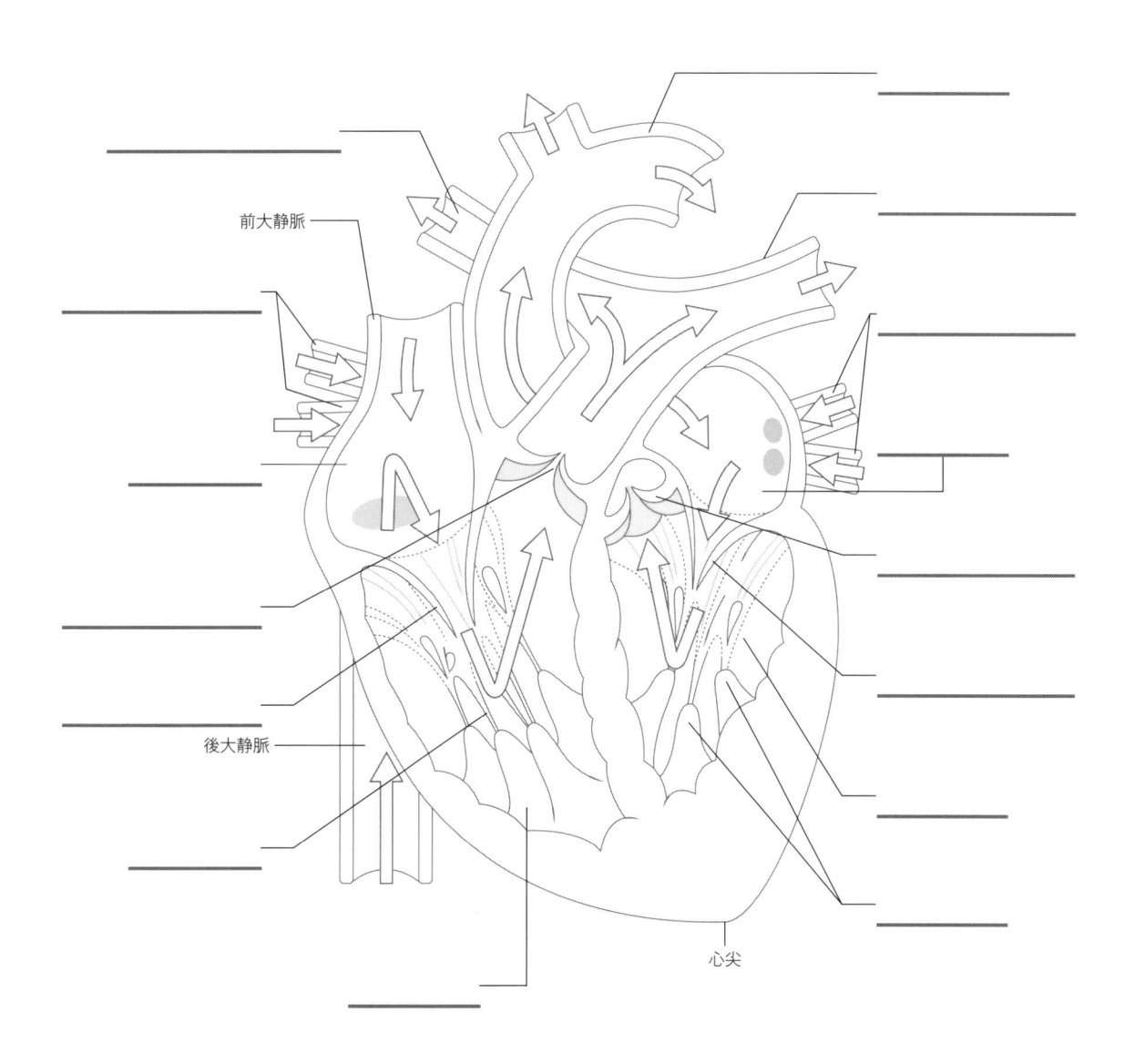

前大静脈

後大静脈

心尖

リンパ管とリンパ節

(p.94 図 4-11)

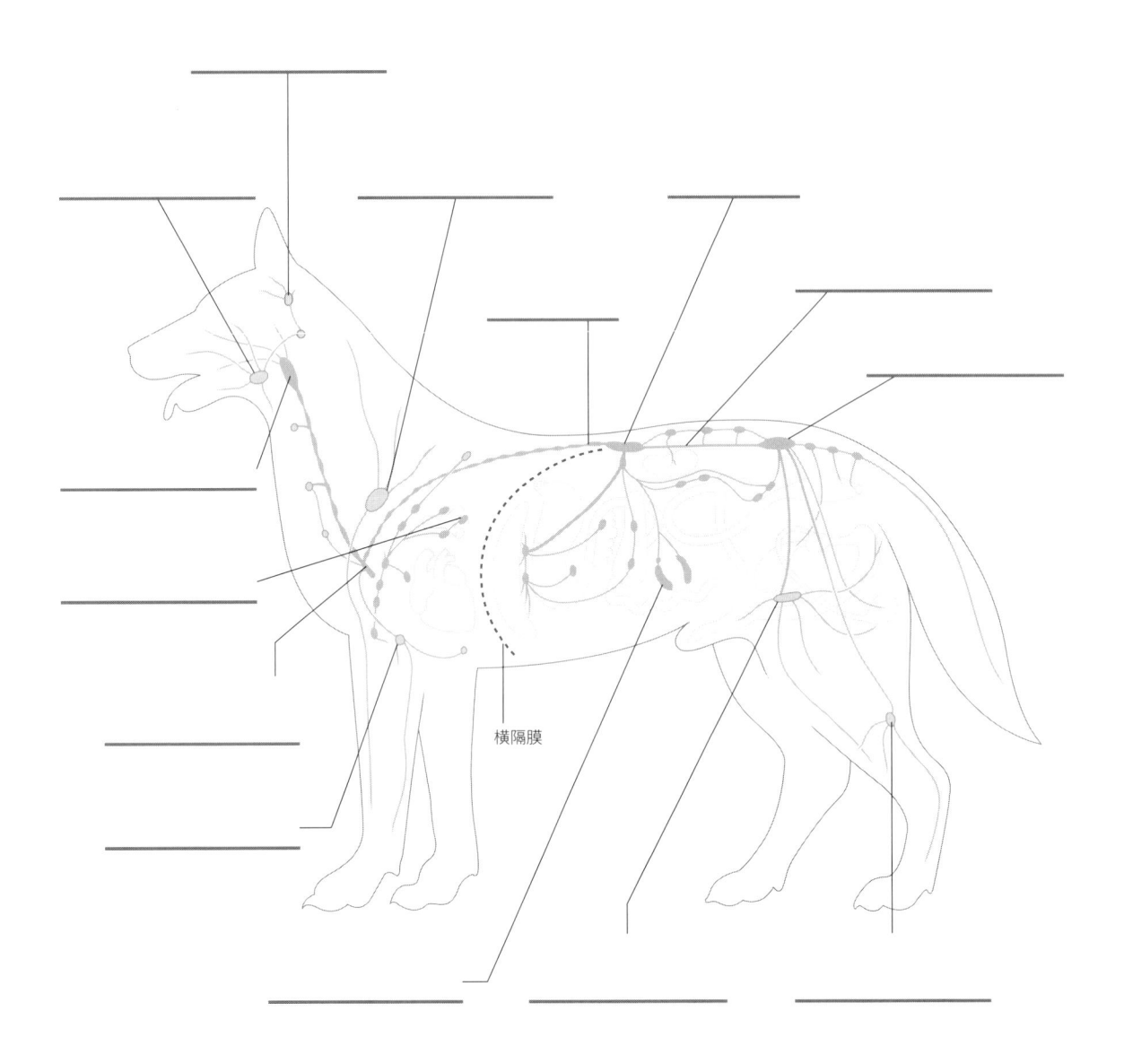

横隔膜

呼吸器（頭部）
(p.97 図 5-2)

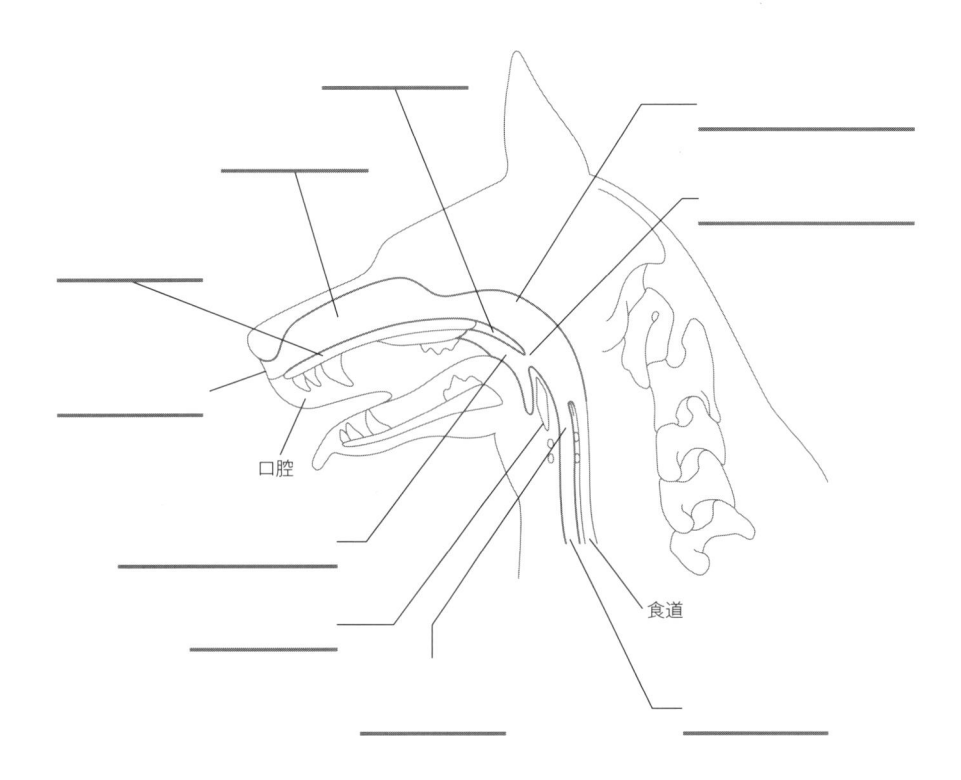

口腔

食道

肺
(p.101 図 5-6)

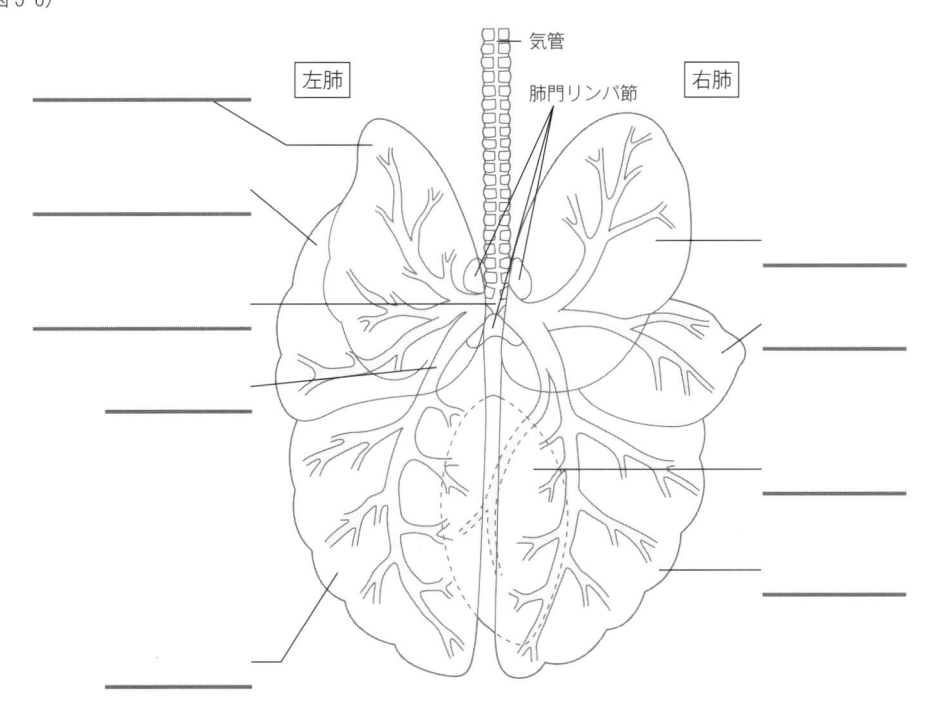

気管

左肺 　　肺門リンパ節　　右肺

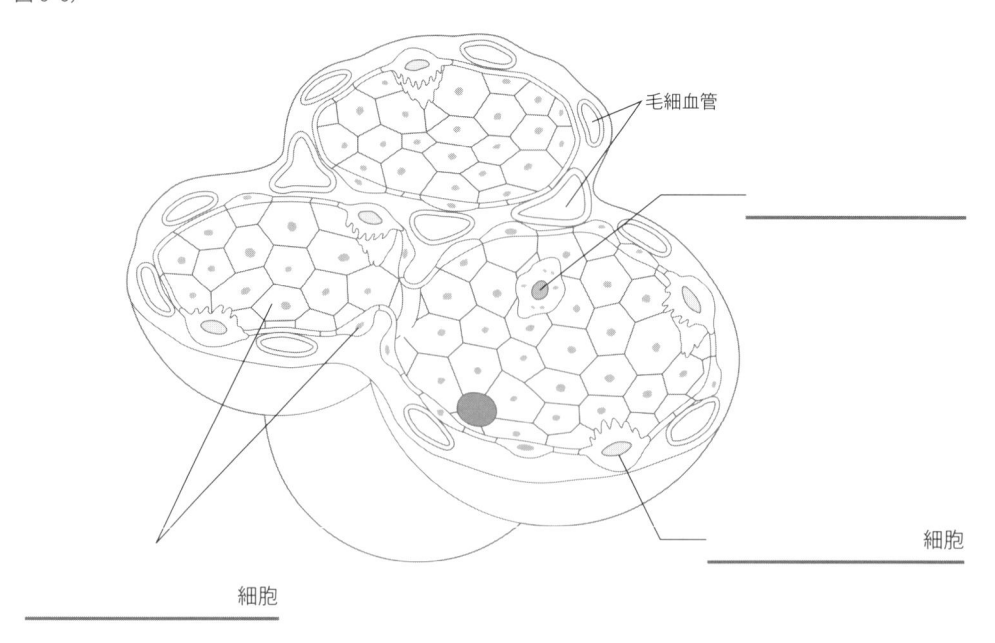

肺胞の構造
(p.101 図 5-8)

毛細血管

_____ 細胞

_____ 細胞

_____ 細胞

鳥類の呼吸器
(p.105 図 5-11)

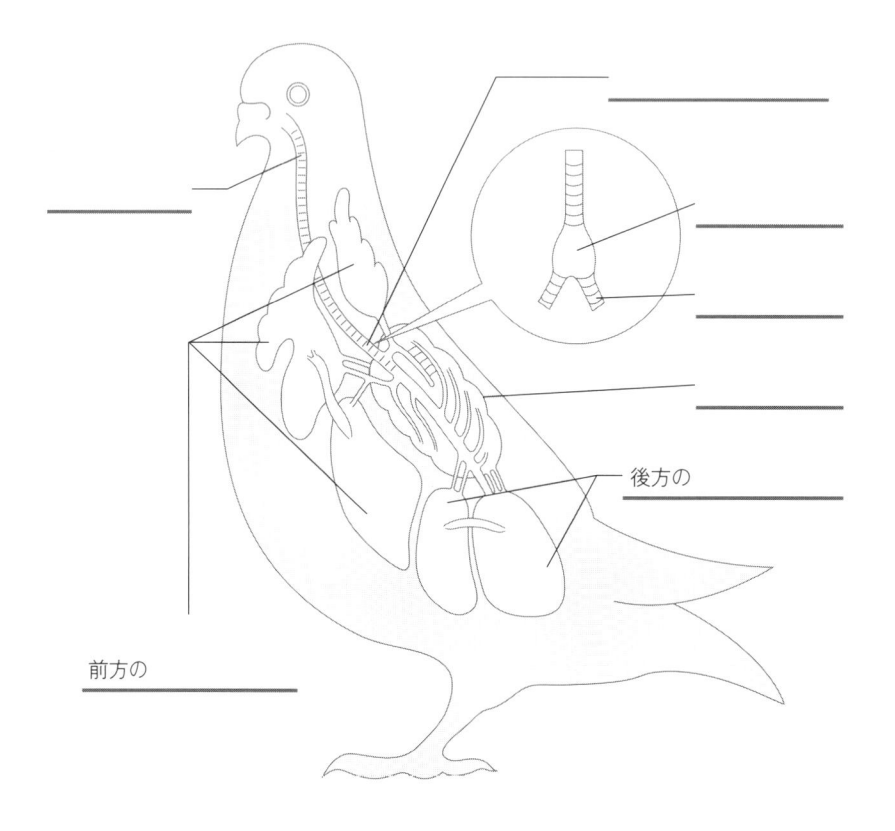

_____

_____

_____

_____

後方の_____

前方の_____

腎臓

(p.109 図 6-2
p.110 図 6-4)

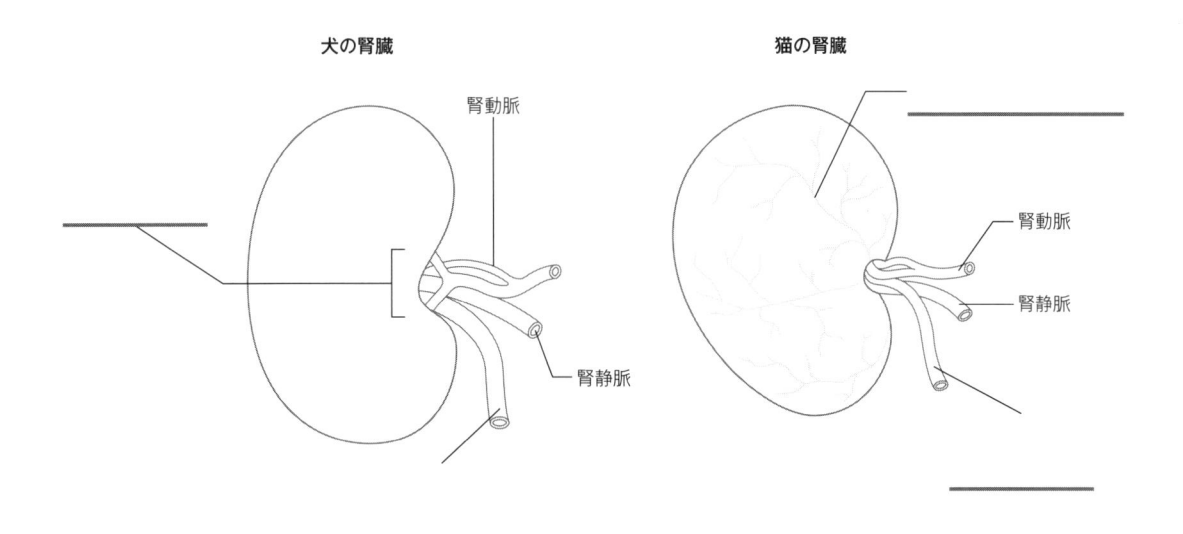

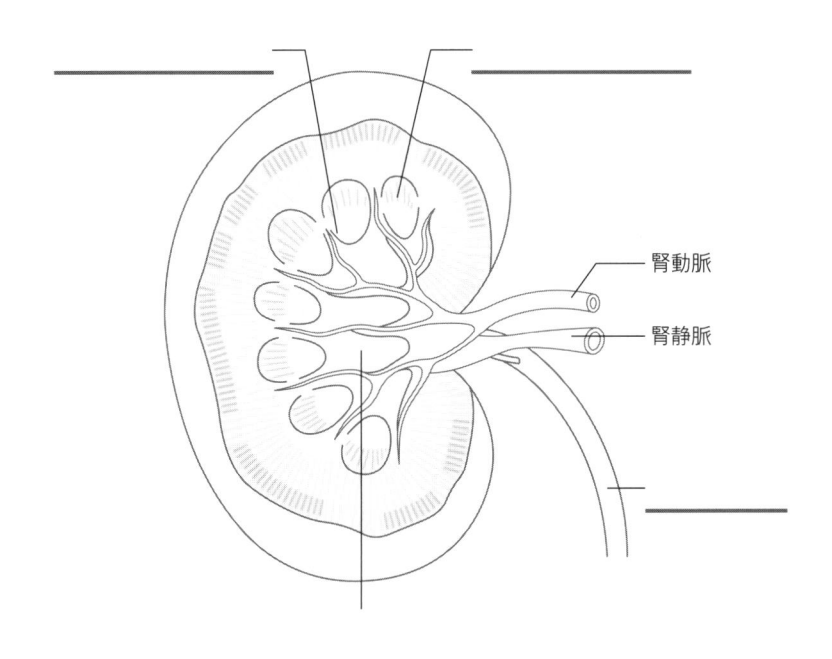

犬の腎臓 / 猫の腎臓

腎動脈
腎静脈

尿の生成
(p.111 図6-6)

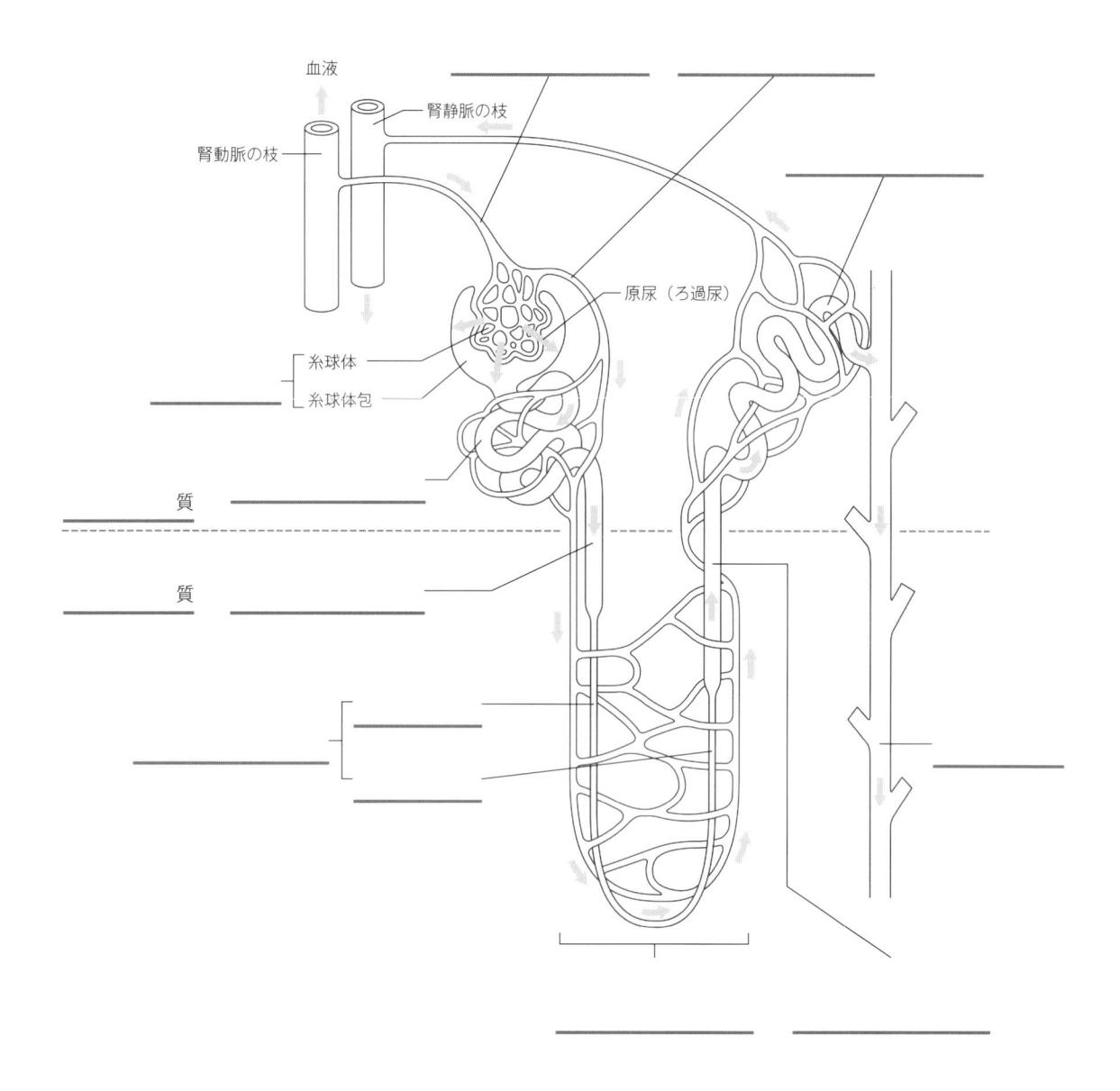

・血液の流れを示す矢印を赤色，尿の流れを示す矢印を青色にぬりましょう。

血液
腎静脈の枝
腎動脈の枝
原尿（ろ過尿）
糸球体
糸球体包

質

質

精巣と卵巣

(p.124 図7-3
p.130 図7-7)

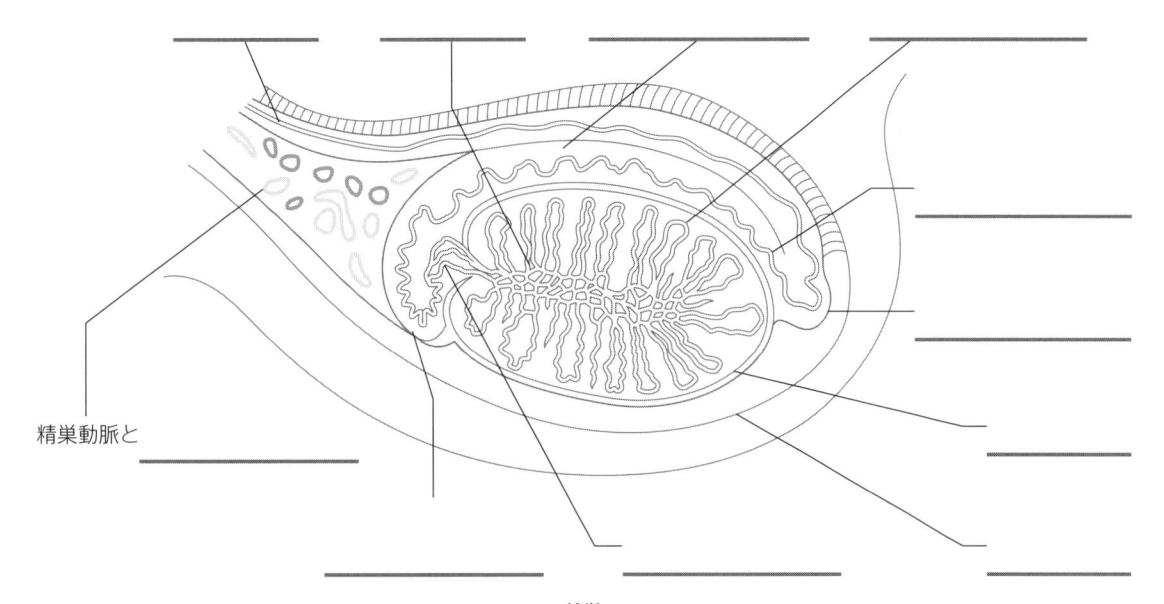

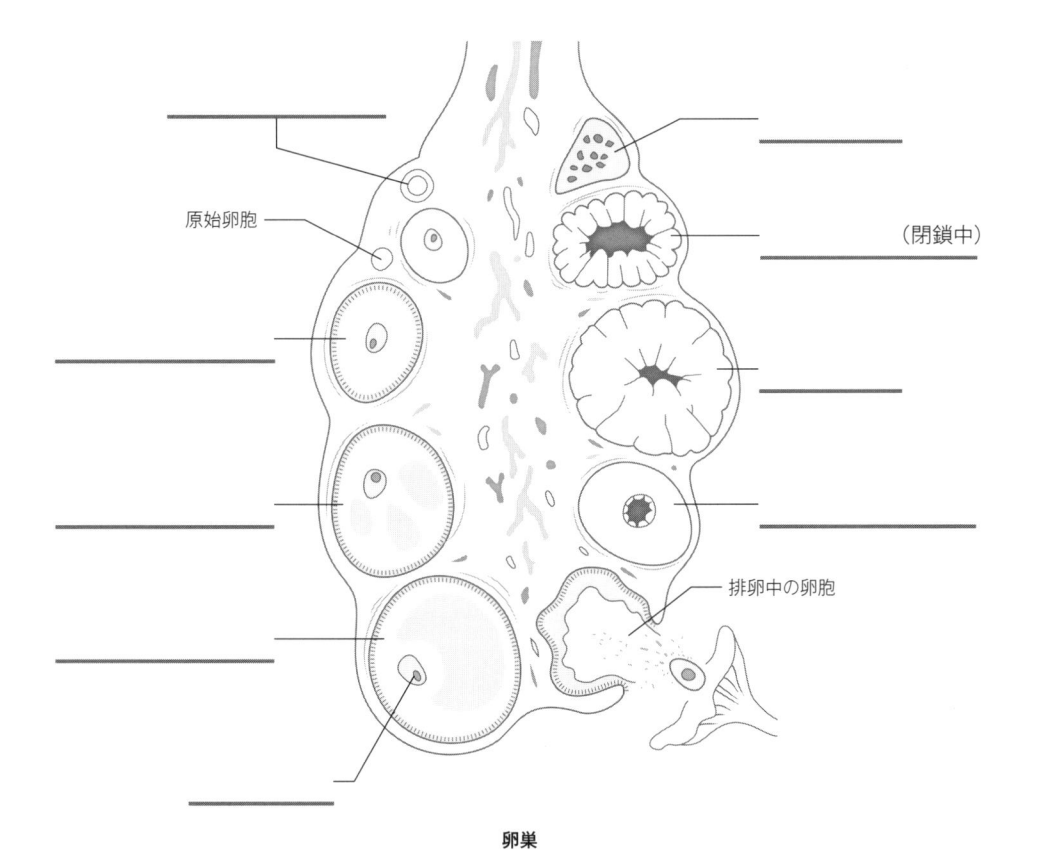

精巣動脈と

精巣

原始卵胞

（閉鎖中）

排卵中の卵胞

卵巣

雌犬の生殖器

(p.128 図 7-5)

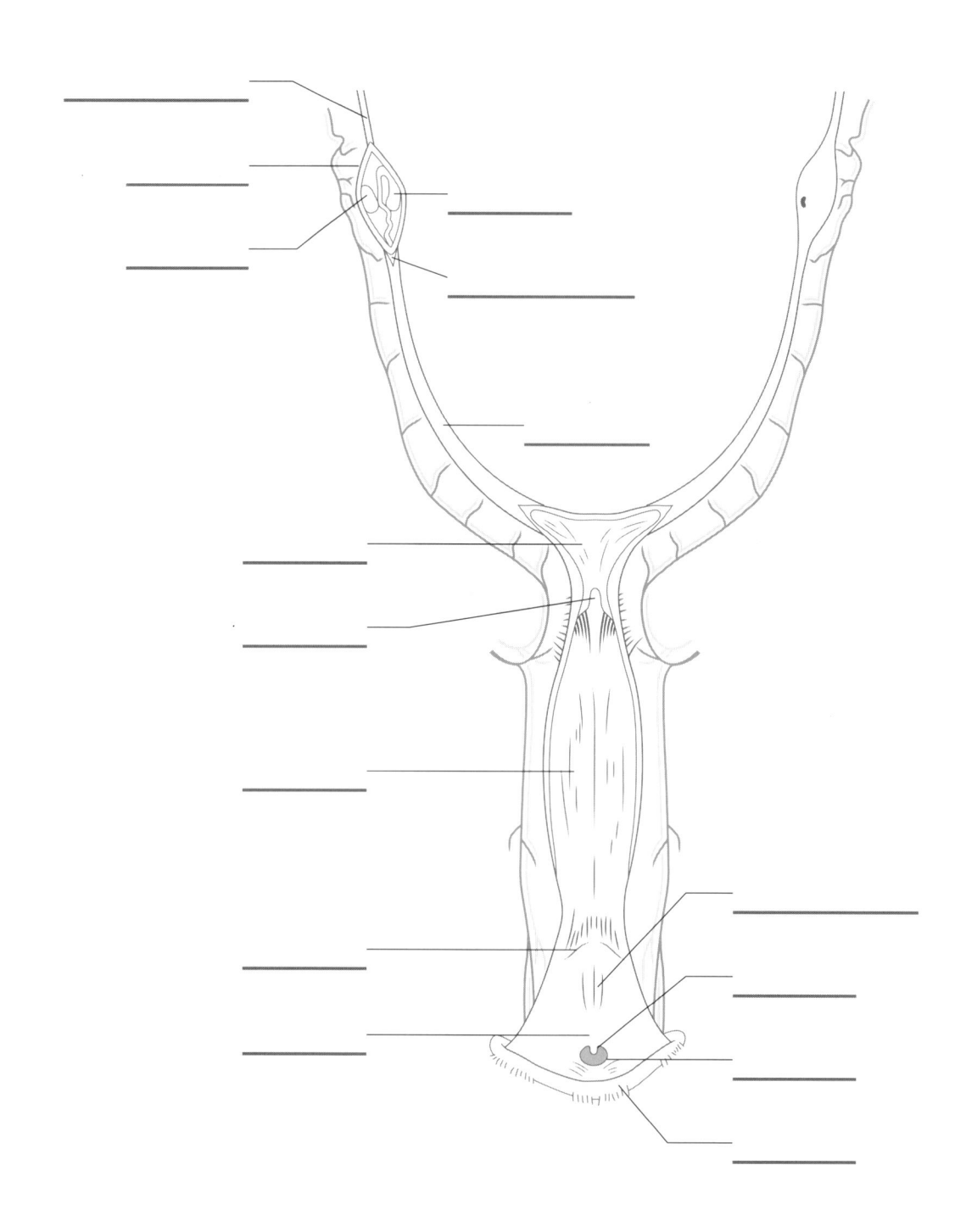

犬の胎盤
(p.140 図 7-16)

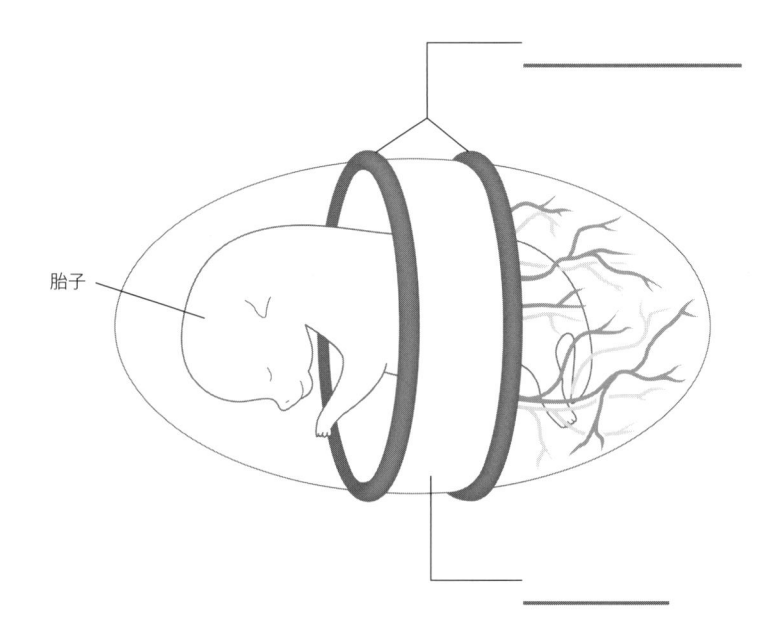

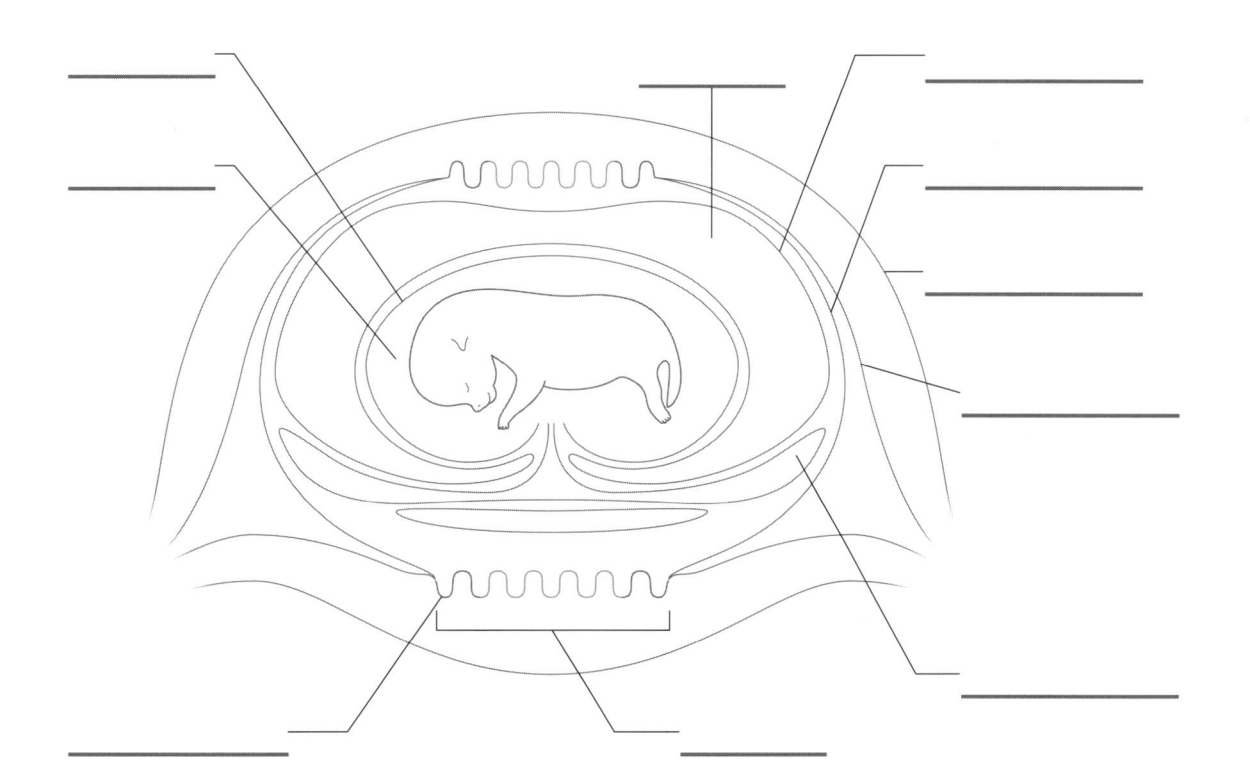

胎子

内分泌器官
(p.151 図8-2)

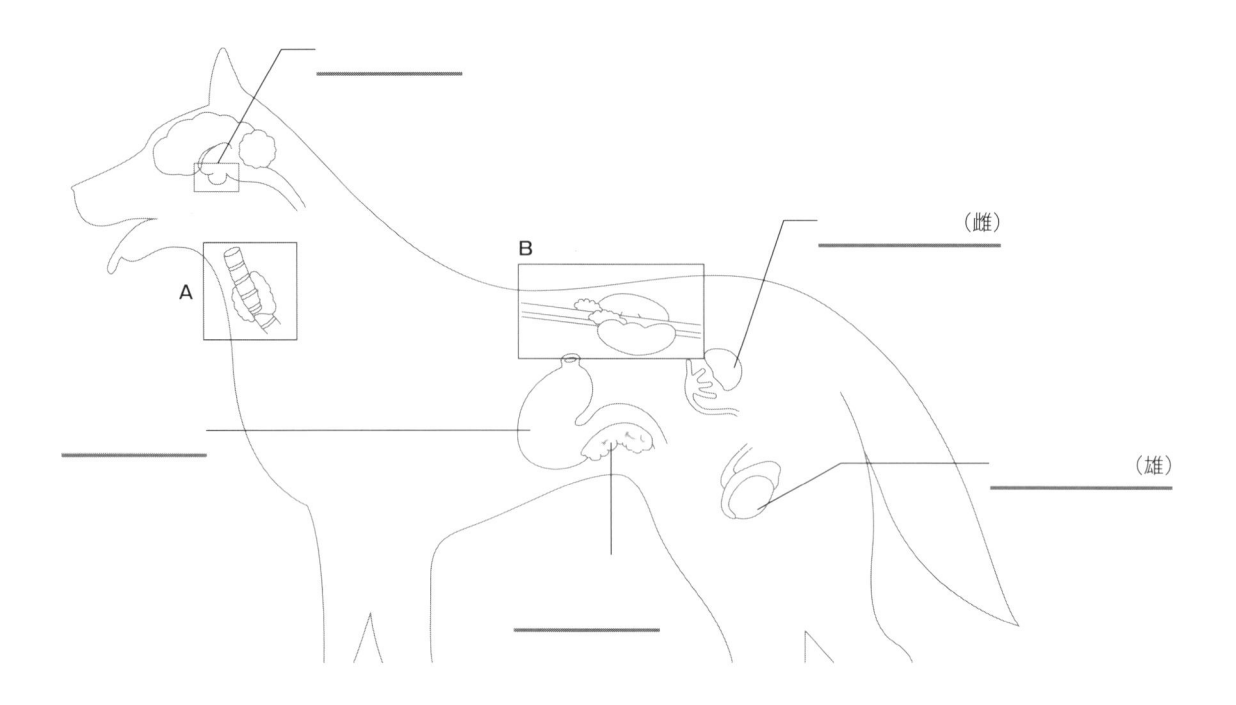

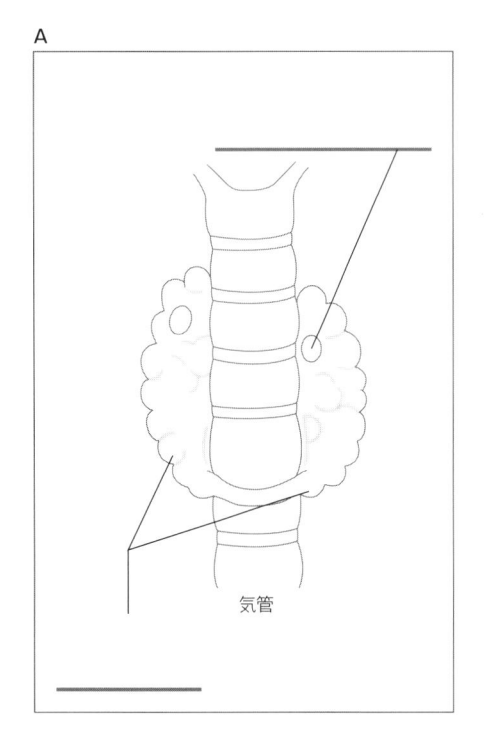

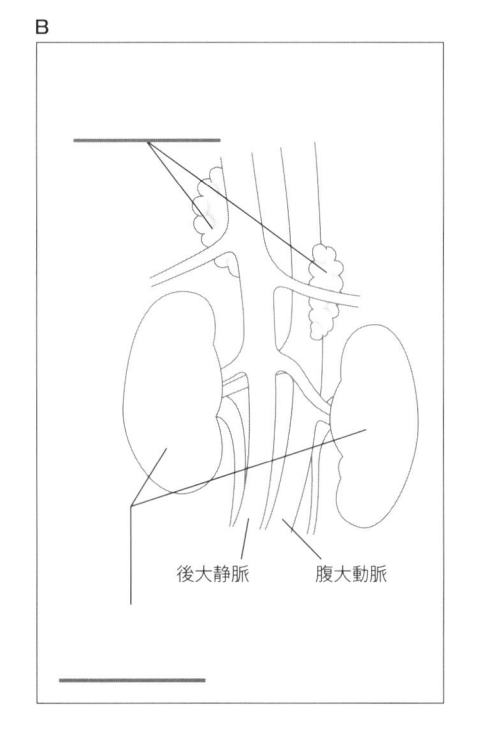

(雌)

(雄)

A

気管

B

後大静脈　腹大動脈

下垂体
(p.151 図8-2)

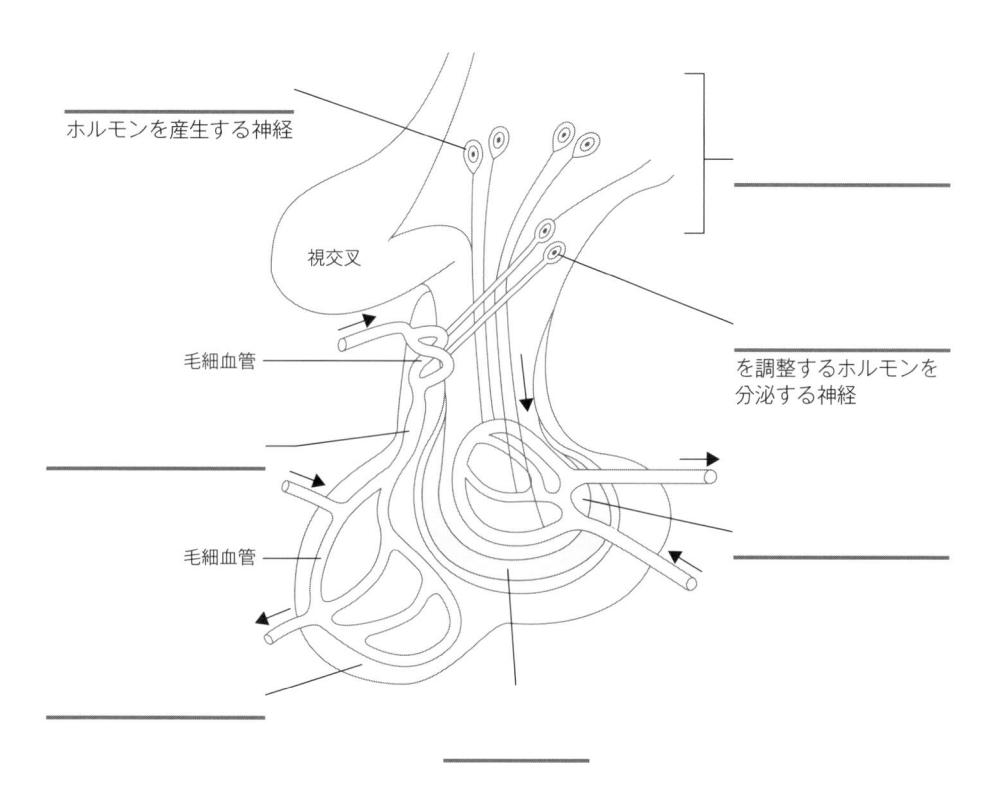

ホルモンを産生する神経

視交叉

毛細血管

を調整するホルモンを
分泌する神経

毛細血管

神経の分布
(p.163 図9-1)

・中枢神経系を緑色，末梢神経系をオレンジ色でぬりましょう。

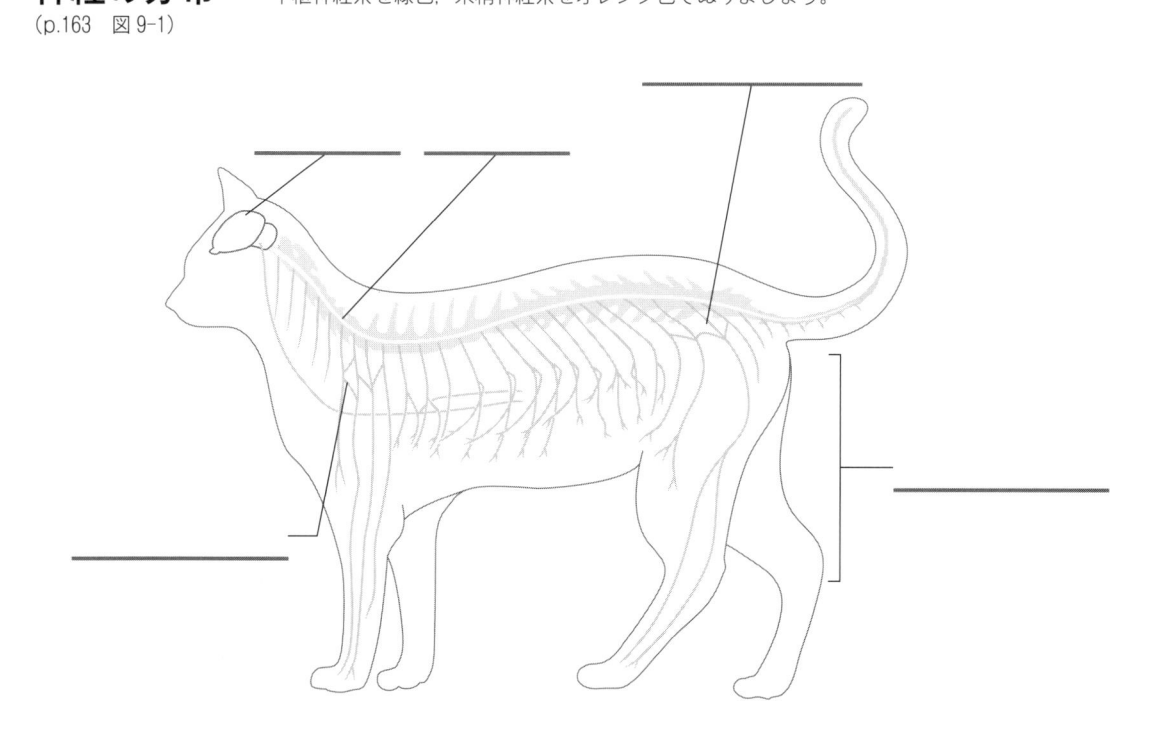

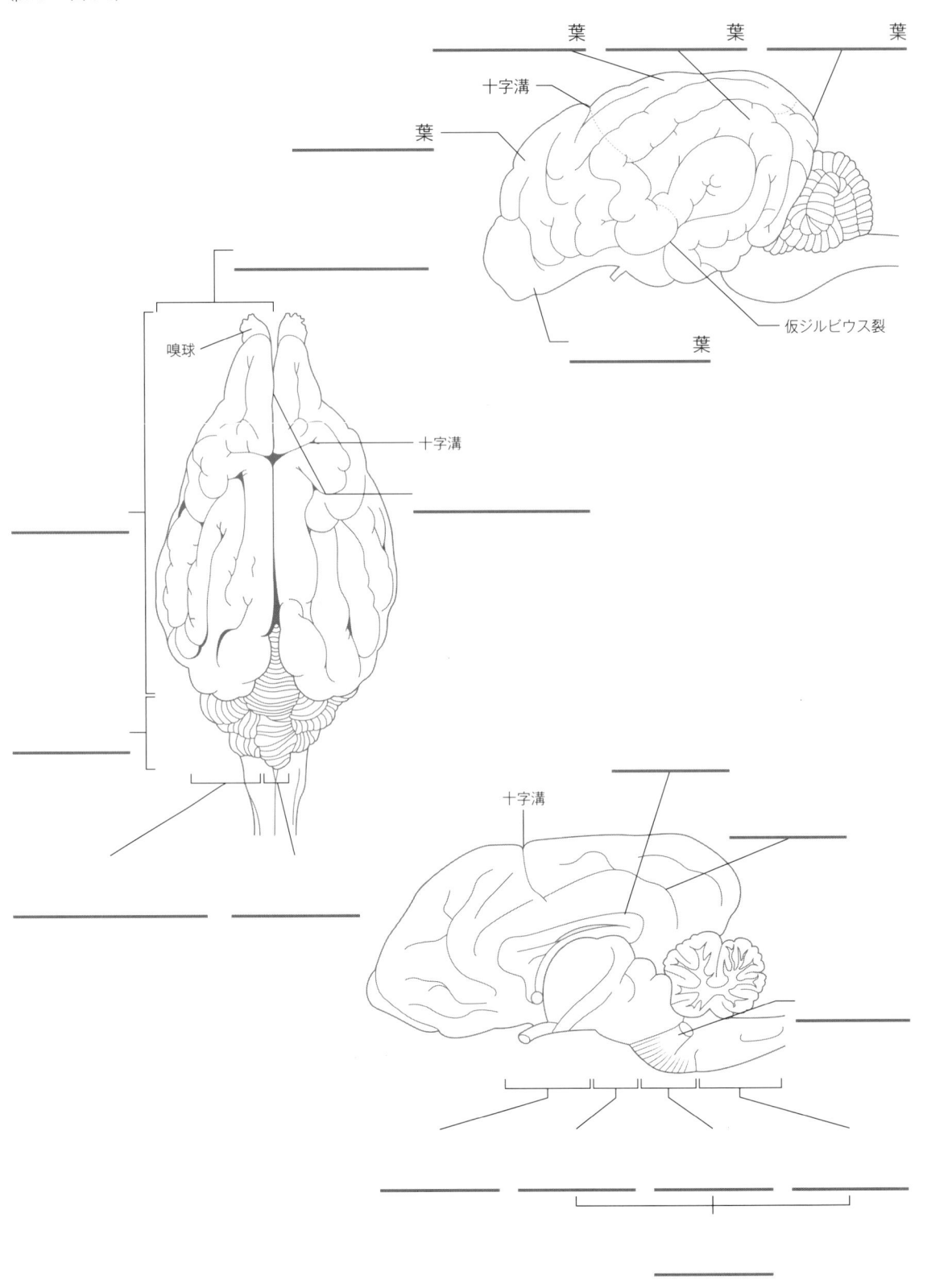

脳の構造
(p.164 図9-3)

葉　　葉　　葉

十字溝

葉

嗅球

十字溝

仮ジルビウス裂

葉

十字溝

脊髄
(p.169 図 9-7)

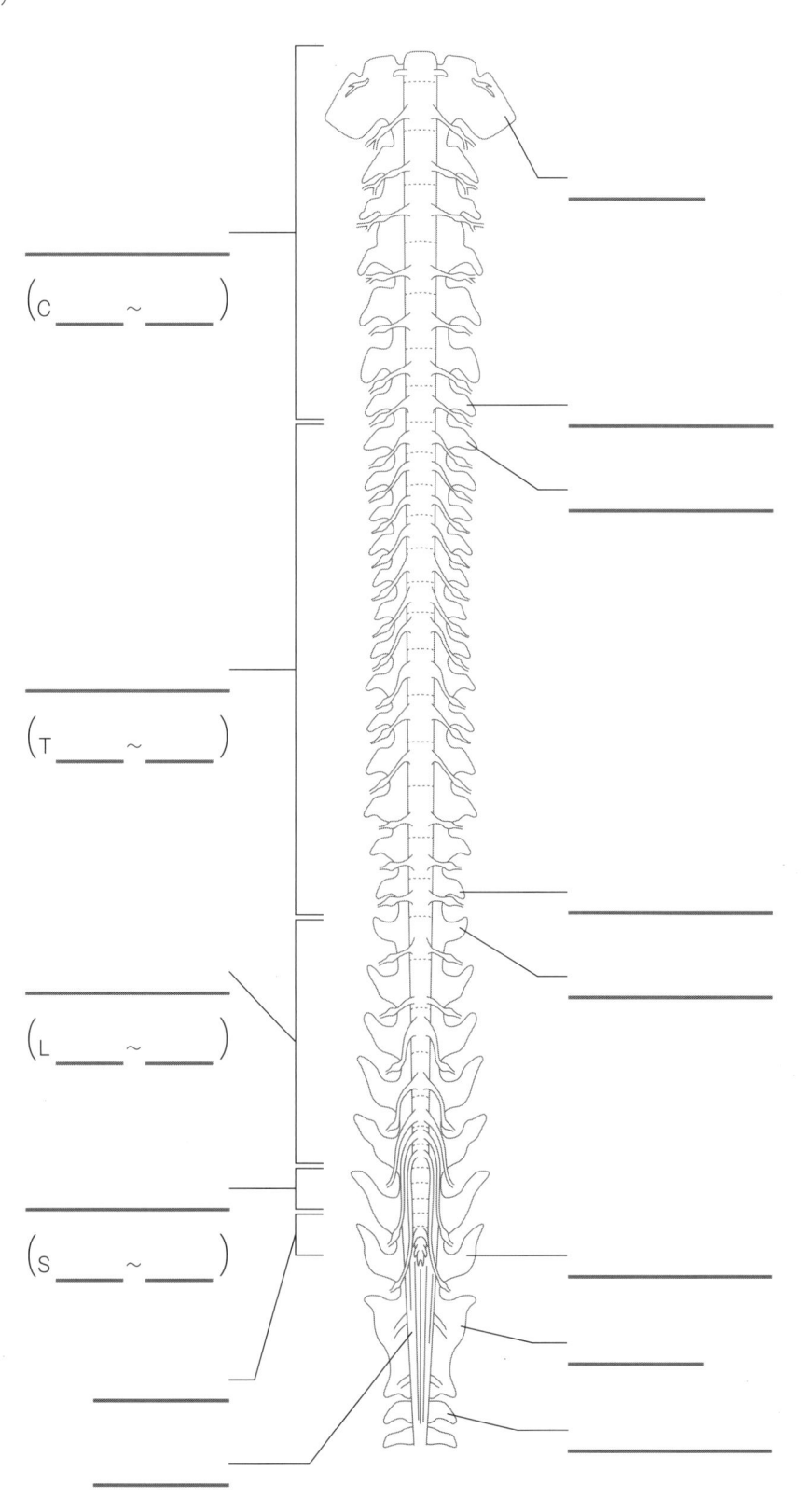

・髄節ごとに色をぬりわけましょう。

(C___ ~ ___)

(T___ ~ ___)

(L___ ~ ___)

(S___ ~ ___)

髄膜
(p.171 図9-8)

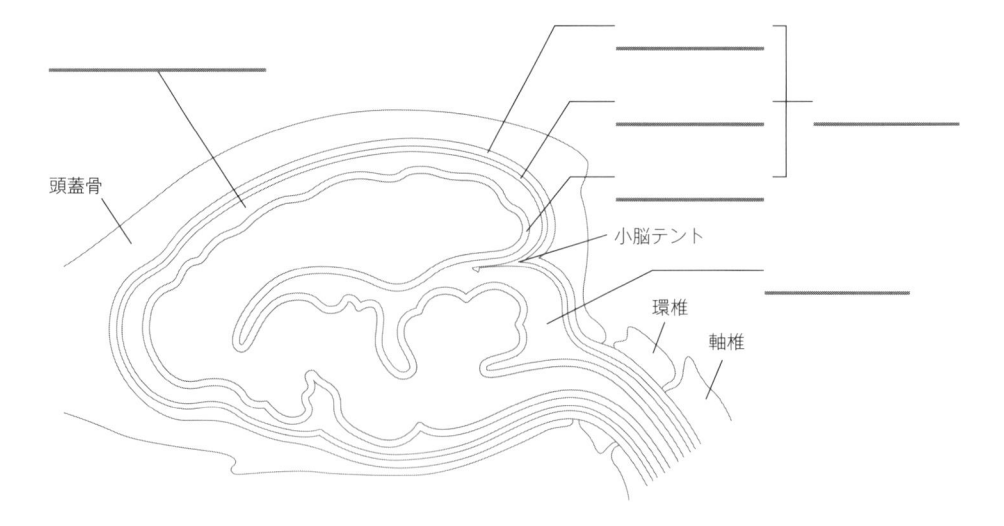

頭蓋骨
小脳テント
環椎
軸椎

脳神経
(p.171 図9-9)

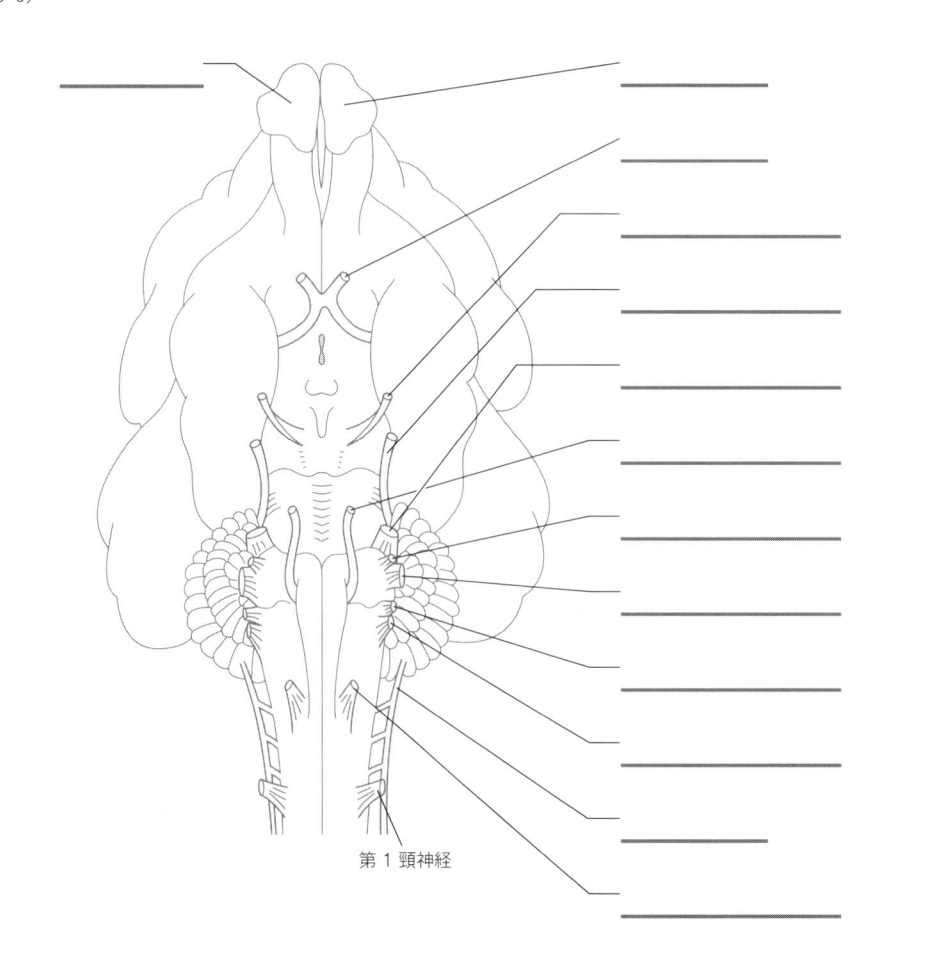

第1頸神経

自律神経系
(p.175 図9-11)

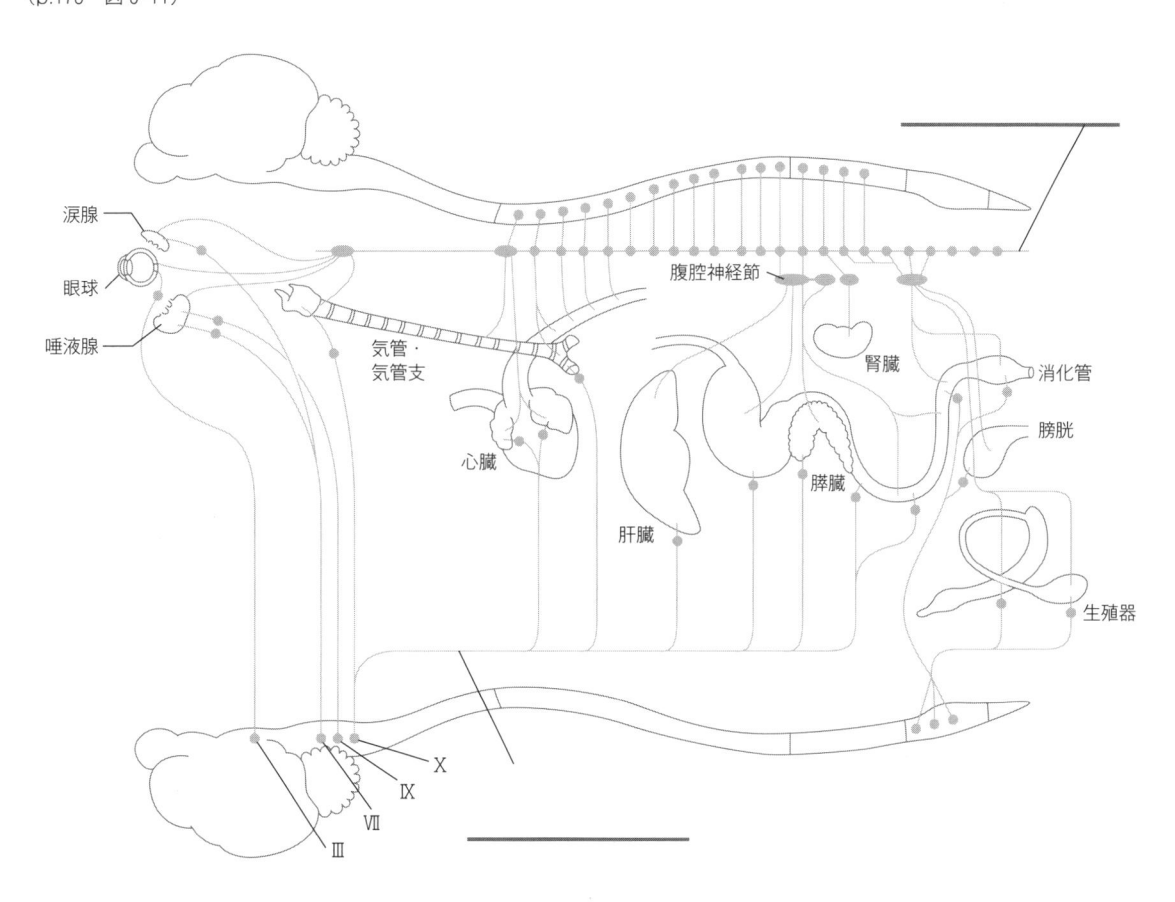

・交感神経を青色で，副交感神経を緑色でぬりましょう。
・表の空欄に各効果器におけるそれぞれの神経系の作用を記入しましょう。

図中のラベル：涙腺、眼球、唾液腺、気管・気管支、心臓、肝臓、腹腔神経節、腎臓、膵臓、消化管、膀胱、生殖器、Ⅲ、Ⅶ、Ⅸ、Ⅹ

	瞳孔	唾液腺	気管支	心臓	消化管	皮膚の血管	立毛筋
交感神経系							
副交感神経系							

眼の構造
(p.183 図 10-2)

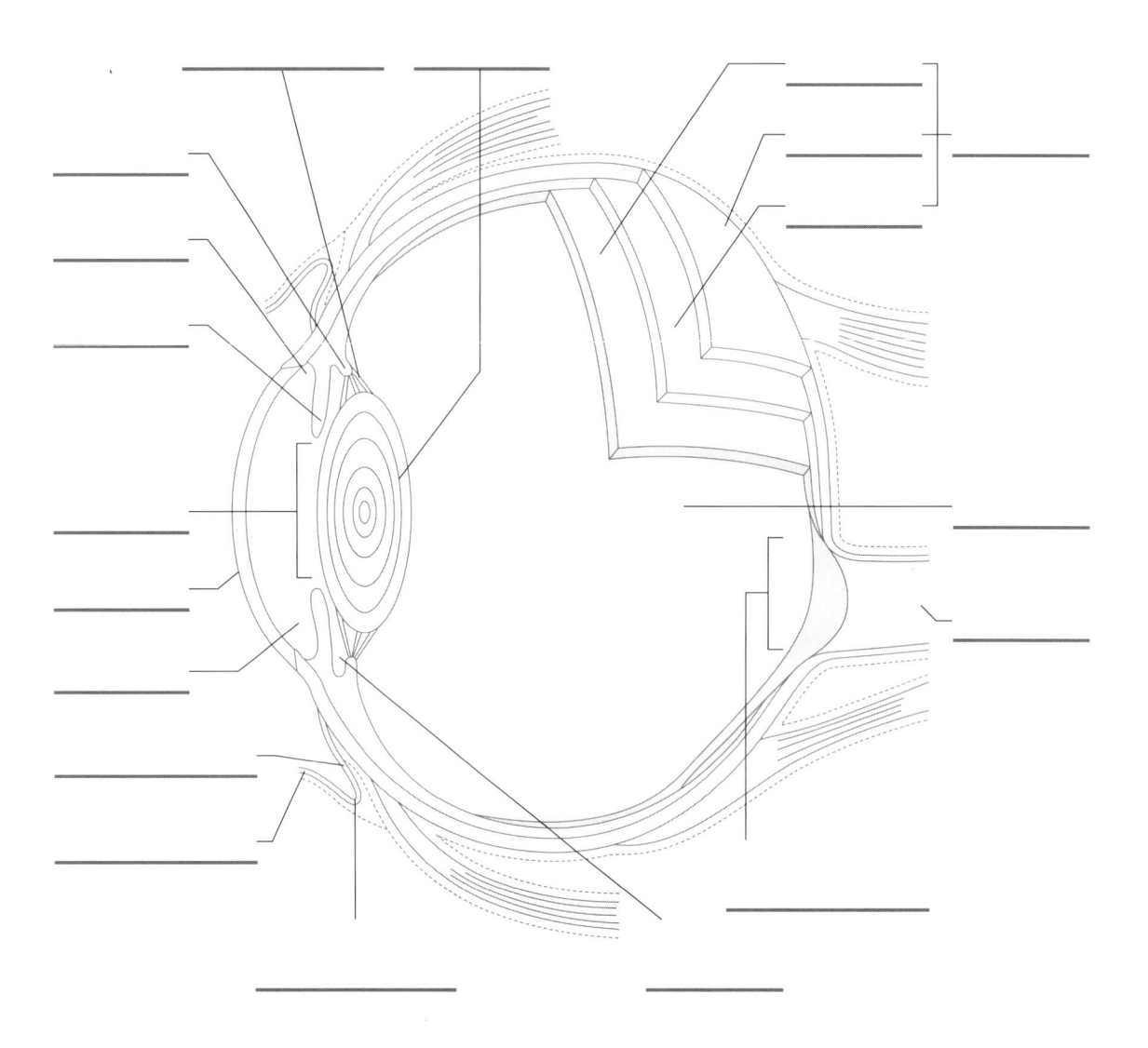

耳の構造

(p.189 図10-6)

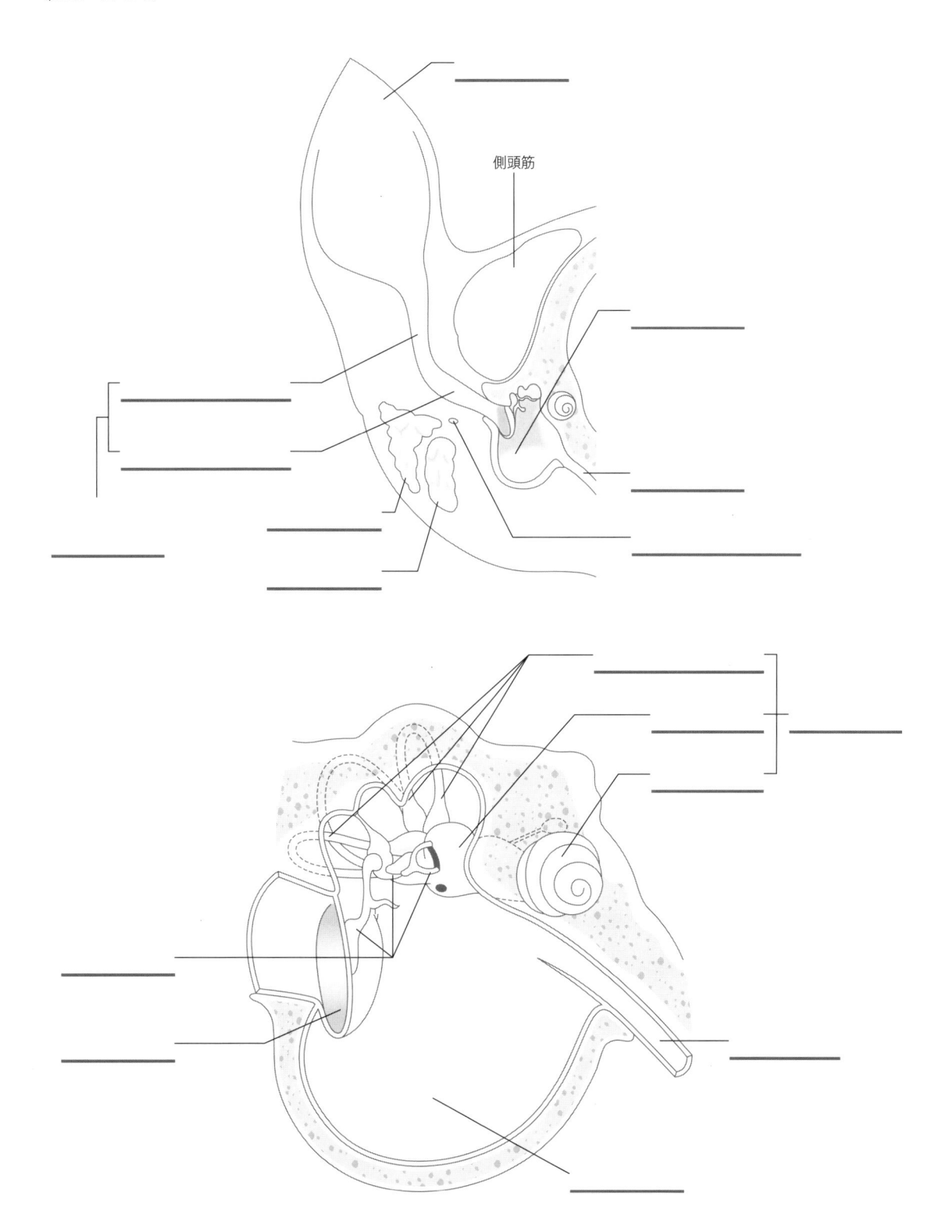

側頭筋

外皮の構造
(p.198 図11-2)

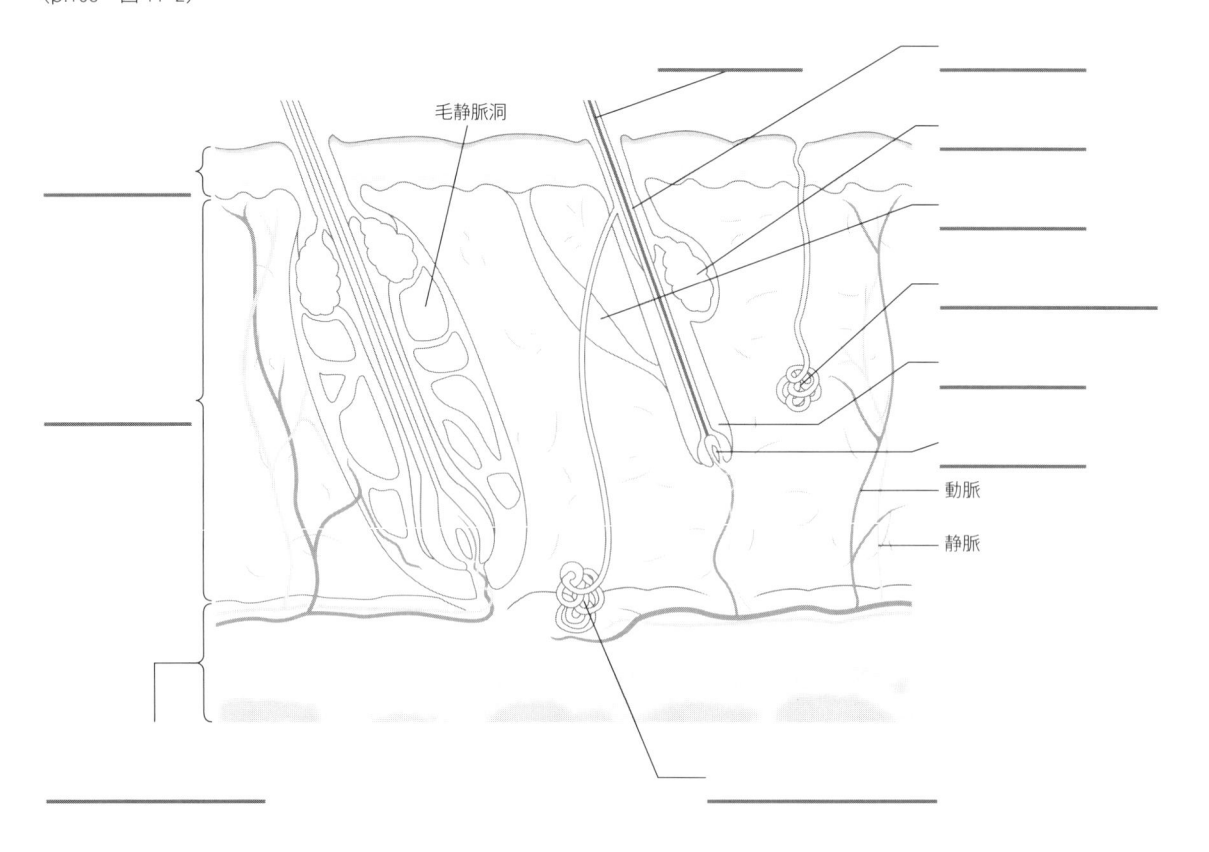

毛静脈洞

動脈
静脈

血液の組成
(p.209 図12-1)

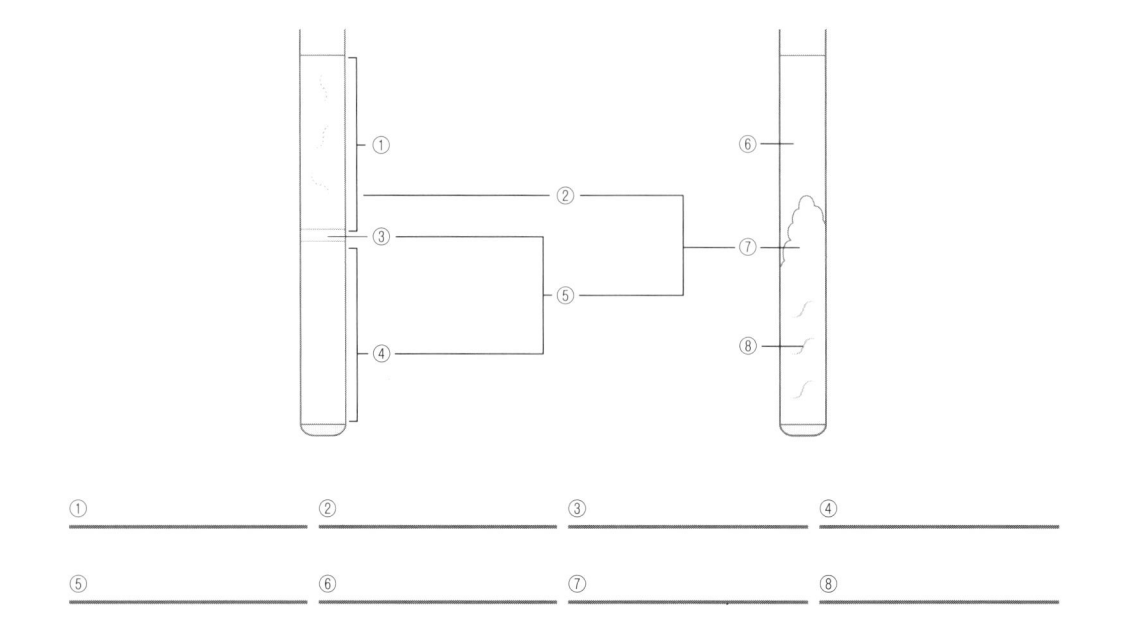

① ② ③ ④

⑤ ⑥ ⑦ ⑧

リンパ節の構造
(p.226　図 13-4)

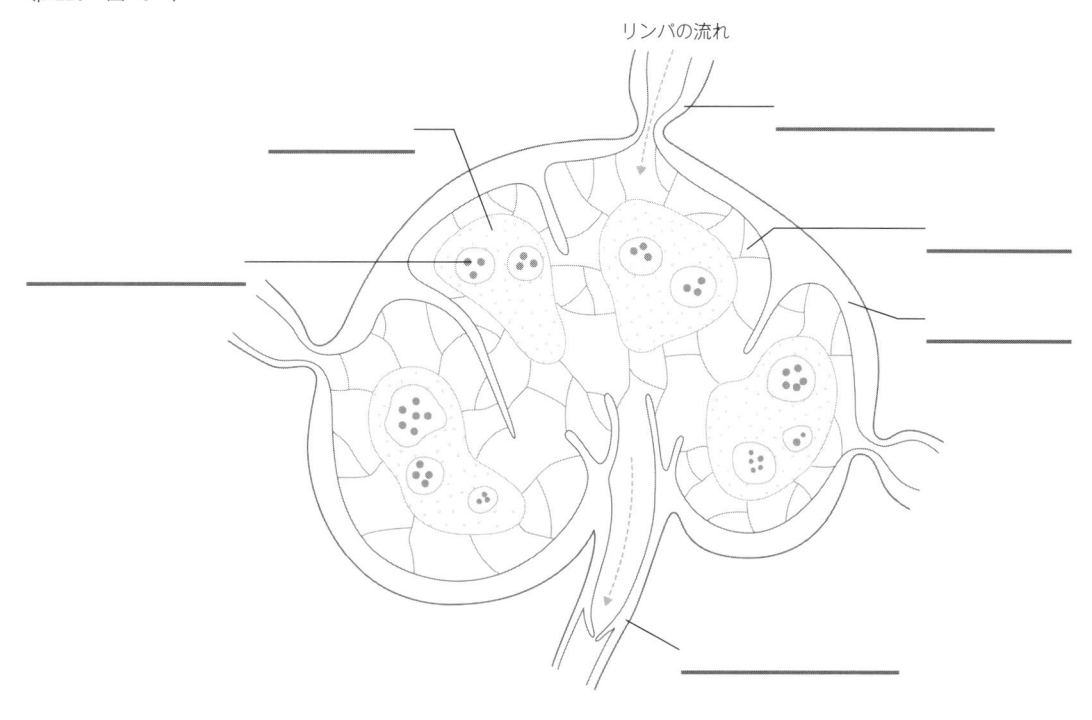

体表リンパ節
(p.227　図 13-5)

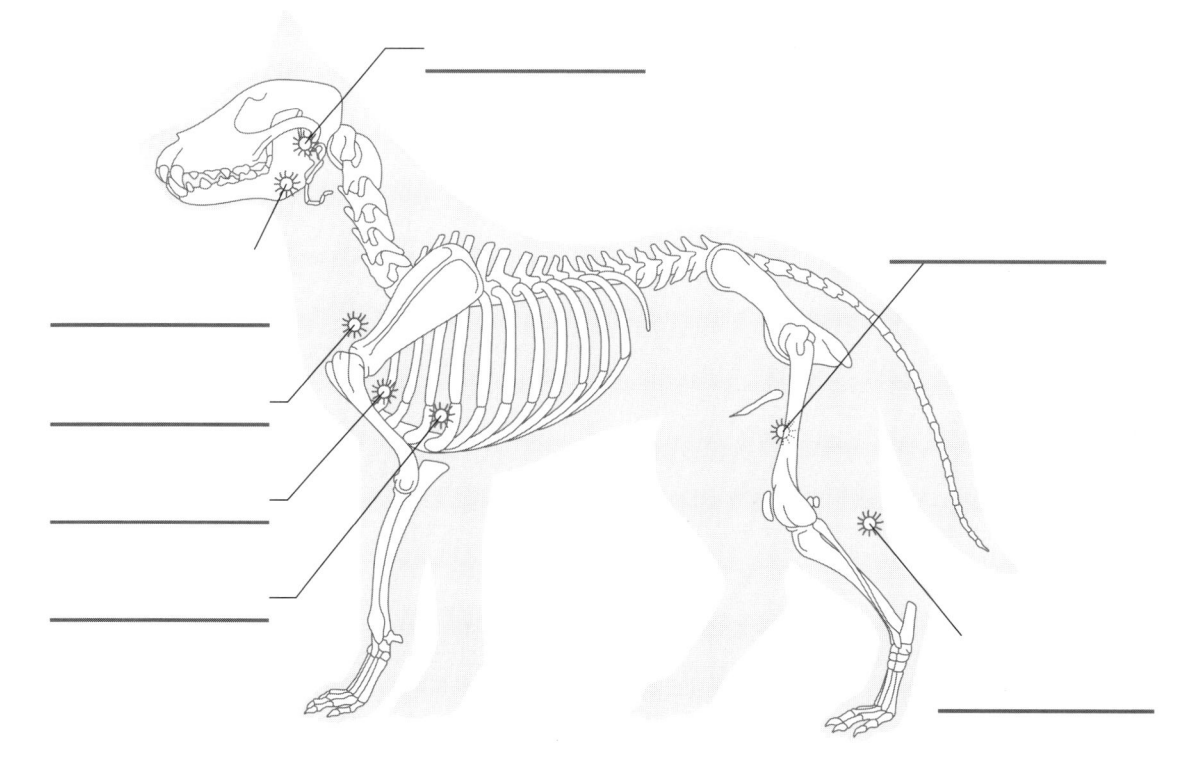

『ビジュアルで学ぶ伴侶動物解剖生理学』別冊付録:ぬりえワークブック
2015 年 4 月 20 日　第 1 刷発行
2024 年 2 月 20 日　第 3 刷発行 ©

発 行 者　　森田　浩平
発 行 所　　株式会社 緑書房
印 刷 所　　アイワード
ISBN 978-4-89531-218-9　Printed in Japan